日本エネルギー経済研究所＝編著

# これが石油産業の全貌だ！

石油化学産業も網羅！
その最新動向がわかる

# はじめに

２００８年、世界的な金融危機が、原油高にわいていた産油国や石油会社をいっきに苦境に陥れました。

ここ数年間上昇を続けていた原油価格は、２００８年７月に１バレル＝１４７ドル台という過去最高値を記録しましたが、直後の９月に世界金融危機が勃発し、12月には４分の１の33ドル台にまで落ち込みました。

当面は、原油価格が１００ドルを上回ることはないにしても、数年もたてば世界経済は再び成長軌道に乗り、石油需給がひっ迫し、原油価格が上昇に転じる可能性が高いと思われます。

現在、産油国は油田の国家管理を強化し、先進国は原油埋蔵地帯をめぐって開発競争を繰り広げています。石油をめぐる各国間の「争奪戦」は激しさを増しているのです。

＊

資源小国の日本は、石油のほぼ全量を輸入に頼っています。輸入された原油は国内各地の製油所で精製され、ガソリン、軽油、ジェット燃料、重油などの乗り物・工業用「石油燃料」に加工されるほか、アスファルト、潤滑油、ワックスなどの各種「石油製品」に姿を変えます。

また、原油精製過程で石油化学原料のナフサがつくられ、プラスチック、合成ゴム、合成繊維、洗剤、塗料といった「石油化学製品」に加工され、自動車・電気製品の部材、建築材料、衣料品、容器・包装材といった多種多様の「工業製品」になります。

さらに、有機ELディスプレイや太陽電池パネル、リチウムイオン電池、軽量素材の炭素繊維といった先進技術を支える「高機能部材」にも、石油化学製品が多く使われています。

このように、石油は実に様々な用途で使われ、なくてはならない資源なのです。したがって、原油価格が高騰すれば、あらゆる商品・サービスの価格に波及していくことになります。

例えば、ガソリンや軽油、灯油の販売価格が上がり、電気・ガス料金も値上げされます。燃料高で物流コストが高くなるので、食料品・日用品の小売価格も上がります。石油化学製品が使われている様々な工業製品も値上げされます。

石油需給の動向は、国内・国外の政治経済といったマクロから、企業の生産・販売活動、私たちの日々の暮らしといったミクロまで、あらゆる分野にかかわってきます。日々目まぐるしく変化する世界を読み解く上で、石油に関する正確な知識を得ることは、ますます不可欠になってきているのです。

本書は石油・石油化学産業の仕組みから、最先端の技術動向や業界のゆくえまでを、わかりやすく解説したものです。

＊

執筆は、長年オイルビジネスに携わり、研究をしてきた日本エネルギー経済研究所の研究員が石油（第1、2、3、5章）を、石油化学ビジネスの最前線の動きを日々取材している化学工業日報の記者が石油化学（第4章）を担当しました。

石油に関しては、専門家の間でも意見が分かれるテーマもありますが、信頼できる資料に基づいて、現在もっとも有力とされている見解を紹介しました。

本書が、石油と石油化学の今後をみる上での一助となれば幸いです。

2009年4月

日本エネルギー経済研究所

目次

これが石油産業の全貌だ！
はじめに…3

第1章 世界の原油市場と石油産業

1 幅広い原油の世界…16
原油はどのようにしてできたのか
原油の主成分は炭素と水素
原油の分類

2 偏った原油生産地域が生む問題…22
最大の生産地域は中東
ユコス事件でロシアの原油生産量が落ち込む
生産量の減少が続くOECD諸国の油田
OPECが世界の原油需給の調整役を果たす

3 原油埋蔵量は何年分あるのか…26
埋蔵量とは？
埋蔵量の60%が中東にある
沖合で油田開発が進む
超大型油田で埋蔵量の大半を占める
「ピークオイル」はいつやってくる？

4 石油消費国が様変わりする…32
80年代に原油価格が急落した
非OECD諸国が石油需要を牽引する
中国とインドの石油消費の伸びが著しい
金融危機で米国の石油消費量は減少している
石油製品別の需要
輸送用燃料の削減がカギになる
温暖化対策が進む

5 米国・欧州・アジアの3大石油市場…38
世界の石油市場には指標原油がある
北米市場はガソリン消費が多い
WTI原油は北米の指標原油
欧州市場は軽油の消費が多い
ブレント原油の指標性はWTIよりも高い
アジアは重油の消費が多い

6 原油価格を決定する2つの取引…44
世界の原油市場の大半は先物取引
契約形態はスポットとタームの2種類
原油先物市場のプレーヤー

✤ 原油価格を変動させる要因は？
✤ 産油国から買う価格

7 世界を席巻したスーパーメジャーズの今 …50
✤ セブン・シスターズ時代の終わり
✤ アジア金融危機の衝撃
✤ スーパーメジャーズの誕生
✤ 世界の石油資源の8割をNOCが保有
✤ 高収益を上げたが金融危機後は？
✤ 事業環境は厳しさを増している

8 国営石油会社が石油を握る …56
✤ 国営石油会社の台頭
✤ メジャーと産油国の関係が逆転した
✤ 主要な国営石油会社

9 産油国のOPECと消費国のIEAの関係 …60
✤ OPECとは？
✤ OPECの台頭
✤ 石油余りの時代とOPECの地位低下
✤ IEAは消費国の連携組織
✤ 日本人がIEA事務局長に就任
✤ 産油国・消費国の対話が欠かせない

## 第2章 日本の石油産業

1 転換点を迎えた日本の石油産業政策 …68
✤ 敗戦後、GHQの厳しい統制を受けた
✤ 50年代は外貨割当制度で石油輸入が制限された
✤ 60年代に石油輸入が自由化された
✤ 90年代に石油産業の規制緩和が進められた
✤ 00年代はエネルギー確保政策が進行中

2 石油製品ごとに消費量は大きく変化した …72
✤ 石油ショックで石油の需要が落ち込んだ
✤ 石油製品別の消費の状況
✤ 将来、需要は大幅に減少する

3 独特な石油産業のプレーヤーの仕組み …78
✤ 上流部門と下流部門に分かれる
✤ 上流部門の石油開発会社と下流部門の石油会社
✤ 流通・小売の仕組み

4 海外自主開発原油の獲得に動き出す …82
✤ 自主開発原油とは？
✤ 自主開発原油はなぜ必要か

❖ サウジアラビアの巨大油田を獲得
❖ まだある中東の自主開発原油
❖ 旧ソ連圏で新たなプロジェクトが進む
❖ 2030年の総輸入量の4割が自主開発原油

5 原油輸入先は遠く、輸入ルートは長い……88
❖ 原油輸入量は年々減っている
❖ 中東が増え東南アジアが減った
❖ 2つのオイルロード
❖ もっとも通航量の多いホルムズ海峡
❖ マラッカ海峡の問題

6 原油の輸送はタンカーが主流……94
❖ タンカーの種類
❖ タンカーの航海日数
❖ タンカー輸送は今後も増加する
❖ 石油会社のタンカー調達方法
❖ タンカー事故を予防する

7 日本政府が石油確保に本腰を入れ始めた……100
❖ 世界のエネルギー需給がひっ迫する
❖ エネルギー資源確保を戦略的に進める必要性
❖ 「新・国家エネルギー戦略」を策定した
❖ 重要な役割を果たす首脳外交
❖ 日本の強みを生かした資源外交とは?
❖ 企業体制の整備も進める必要がある

8 危機に備える石油備蓄制度……106
❖ 石油の備蓄が始まった
❖ 備蓄には国と民間の2つがある
❖ 様々な備蓄タンクの種類
❖ 石油の備蓄日数を拡大してきた
❖ 国際協力で緊急時に対応する

9 石油先物取引市場はどうなっているのか……112
❖ 東京工業品取引所はガソリン取引量が多い
❖ 海外市場と比べて石油製品が多い
❖ 欧米と比べて日本市場は小規模
❖ 元売の石油製品価格はTOCOMと連動

10 日本の石油産業は再編が進む……116
❖ 戦後8社体制でスタートした
❖ 石油ショックで成長の曲がり角が訪れる
❖ 新たな産業再編が90年代後半から加速した
❖ 産油国の石油会社が日本企業に続々出資
❖ 民族系企業の再編も進んでいる
❖ 製油所とSSが抱える余剰能力問題
❖ 石油上流部門でさらなる再編と規模拡大が必要

## 第3章 日本の石油製品と流通の仕組み


1 石油精製のプロセスはどうなっているのか …124
- 原油を精製して各種石油製品をつくる
- 蒸留装置で原油を分留する
- 分解装置における主な分解方法
- オクタン価を上げる改質装置
- 硫黄分を除去する水素化精製（脱硫）装置
- 化学反応で水素をつくる水素製造装置
- 材料油をブレンドする

2 石油製品にはどんなものがあるのか …132
- 石油製品にはJIS規格がある
- ガソリン・ナフサ留分の石油製品
- ジェット燃料、灯油になる灯油留分
- 軽油、A重油になる軽油留分
- 重油留分の中心はC重油
- その他にも様々な石油製品がある

3 石油製品はどのような流通経路をとるのか …138
- 陸上と海上に分かれる輸送手段
- 油槽所は輸送の中継基地
- 消費者に販売するサービスステーション
- 石油製品の販売形態は直売と特約店販売
- 灯油は独特な流通経路をとる

4 石油製品の価格決定と税制の仕組み …144
- 石油製品の販売価格の決まり方
- 市況を石油情報センターが公表する
- 石油製品価格は原油価格に連動している
- 石油製品の税制の仕組み
- ガソリン価格の約6割が税金
- 間接税収の第2位が石油諸税

5 品質向上が進んでいる石油製品 …150
- ガソリンの有害物質対策
- ガソリンの光化学スモッグ対策
- 自動車燃料中の硫黄分低下の取り組み
- 品確法が石油製品の品質を規制する
- SQマークは標準的な品質基準を表す

6 バイオディーゼルとバイオエタノール …156
- バイオ燃料は環境対策に適している
- 米国とブラジルで盛んなバイオエタノール
- 多様なバイオディーゼルの原料
- 日本もバイオ燃料を導入し始めた

✤バイオ燃料の問題点と改善の動き

第4章

# 日本の石油化学産業

1 発展を続ける石油化学工業…164
✤有機化学製品をつくる石油化学工業
✤大戦後、化学原料が石油に転換した
✤化学工業は英国で誕生しドイツで発展した
✤米国で石油化学工業が誕生した
✤国産化を進めた日本の化学各社
✤日本は50年代に石油化学工業がスタート

2 石油化学コンビナートの現状と課題…170
✤戦後、石油化学コンビナートを続々と建設
✤石油精製・石油化学・火力発電所の3点セット
✤使用原料を軽質ナフサに頼る理由
✤石油化学業界は過当競争体質
✤11社体制が確立した

3 大規模で幅広い用途をもつ石油化学産業…176
✤巨大な産業規模を誇る化学工業
✤化学工業の中心を占める石油化学工業
✤素材産業の中でもっとも用途が幅広い
✤基礎原料、中間製品、プラスチックの流れ
✤石油化学産業の規模はエチレン生産能力で測る
✤海外勢との競争が激化している

4 石油化学主原料ナフサとは何か…182
✤石油化学原料のナフサのつくり方
✤国産ナフサと輸入ナフサ
✤東京市場がアジアのナフサ価格の指標
✤ナフサ価格の決定方式
✤ナフサ調達のリスクヘッジ方法

5 石油化学基礎原料はどうつくられるのか…188
✤ナフサを分解し石油化学基礎原料をつくる
✤ナフサ分解で得られる各基礎原料の割合
✤ナフサ熱分解以外にも基礎原料生産方法がある
✤天然ガスからも基礎原料を生産する

6 石油化学中間原料のつくり方と用途…194
✤エチレン誘導品
✤プロピレン誘導品
✤ベンゼン誘導品
✤トルエン誘導品
✤キシレン誘導品

7 プラスチックのつくり方と用途…200
モノマーを重合してポリマーをつくる
2種類あるポリエチレン
ポリプロピレンの需要は一番大きい
塩化ビニル樹脂は成形しやすい
ポリスチレンとその改良型
高機能のエンジニアリング・プラスチック

8 多種多様な合成繊維・合成ゴム…206
3大合成繊維とは?
ポリエステル繊維はもっとも需要が多い
ナイロン繊維は工業用にも使われる
アクリル繊維は保温性が高い
合成ゴムの用途は自動車向けが多い
熱可塑性エラストマーはリサイクルできる

9 コスト構造と国際競争力はどうなっているのか…212
日本企業は国際競争の波にさらされてきた
生産規模が大きいほど製造コストは低くなる
日本とアジア諸国間でコスト格差が縮まる
生産品目・生産技術が企業の競争力を左右する
石油化学企業のコスト計算の仕組み
エチレンとプロピレンの価格決定方式

10 躍進する中東の石油化学産業と日本企業…218
中東諸国は資源収入依存経済を打開したい
イラン革命で日本・イラン合弁事業が頓挫した
サウジアラビアは世界最大規模に成長した
2009年以降、石油化学業界の懸念が現実に

11 台頭するアジアの石油化学産業と日本企業…222
中国では2大石油化学企業へ再編された
韓国企業は輸出中心
台湾では民間企業が台頭する
シンガポールは人工島に巨大プラントを集中
アセアン3カ国では日本企業がからむ

12 日本企業の再編はまだまだ続く…228
70~80年代の官製リストラ
バブル崩壊で事業再編・統合の動きが加速
企業本体の合併も始まる
欧州と比較して遅れている状況
石油精製と連携する動き
金融危機で再編機運が再燃

13 石油化学の新技術と成長期待分野…234
液晶ディスプレイに使われる重要部材
情報電子材料に使われる樹脂製品

✤日本企業が高機能フィルム市場を独占
✤自動車の次世代技術に使われる
✤太陽電池、ろ過膜に使われる

14 環境分野を通じて飛躍する石油化学産業…240
✤容リ法制定でプラスチックリサイクルが加速
✤バイオプラスチックへの取り組み
✤二酸化炭素プラスチックは究極の製品


## 第5章 これからの石油産業のゆくえ


1 世界の石油消費は今後どうなるのか…248
✤世界の石油消費は増えていく
✤中国、インド、中東などが需要増の中心
✤途上国の運輸部門が石油消費を拡大する
✤経済成長の見方しだいで消費は大きく変動する
✤省エネ・環境対策導入によっては大幅削減も

2 中国とインドは石油資源の獲得を進める…252
✤アジア新興国の経済成長で石油需要が拡大
✤中国、インドの国内原油生産が伸び悩む
✤中国は輸入先を多様化させている
✤中国の国営石油会社は海外進出を進める
✤インドも海外原油開発に目を向け始めた
✤インド国営石油会社は経済性にも配慮している

3 産油国・地域で高まる地政学的リスク…258
✤国際原油市場における地政学的リスクとは？
✤ウラン濃縮活動を続けるイランのリスク
✤イラク、サウジ、ナイジェリアのリスク
✤地政学的リスクが強まっている

4 台頭する資源ナショナリズムの猛威…264
✤資源ナショナリズムとは何か
✤資源ナショナリズムは70年代にもあった
✤資源ナショナリズムが起こる理由は？
✤資源ナショナリズムが原油高騰をもたらす
✤資源ナショナリズムは今後も続くのか

5 原油市場へ流入する巨額マネーの動向…270
✤金融市場でマネーがあふれ出した
✤マネーはなぜ原油市場に向かうのか
✤大きすぎる投資ファンドのマネー
✤商品インデックスは石油を多く組み込んでいる
✤マネーは投機目的と投資目的に分けられる
✤マネーの規制は可能なのか

6 非在来型原油の生産が本格化している…276
✤非在来型原油とは?
✤開発に追い風が吹くカナダのオイルサンド
✤開発が遅れるベネズエラのオリノコ超重質油
✤非在来型原油の生産は今後増えるのか

7 原油生産コストが上昇している…280
✤産油国の増産意欲がわかない理由
✤先進国は未開拓分野へ向かう
✤資機材価格の高騰と人材不足
✤コスト上昇が原油価格を下支えする可能性

8 地球温暖化対策を求められる石油業界…284
✤温室効果ガスの削減が課題になった
✤経団連の環境対策に石油産業が参加
✤製油所と輸送・消費段階で省エネ対策を実行
✤地球温暖化対策のエネルギー消費への影響

9 石油製品の環境規制が厳しくなっている…290
✤国によって石油製品規格が異なる
✤米国の硫黄分規制が強化された
✤欧州の硫黄分規制
✤ユーロ規格に準じた中国、インドの硫黄分規制
✤外航船の硫黄分規制はIMOが定める

10 石油代替燃料となる天然ガス・石炭の新技術…294
✤天然ガス・石炭を液化する
✤液化技術のFT合成
✤南アフリカのサソール社が有名
✤生産コスト、エネルギー効率で問題も
✤GTL・CTLプラント建設の状況
✤天然ガスからジメチルエーテルをつくる

11 運輸部門は省エネをどう進めているのか…300
✤運輸部門のエネルギー消費が増えている
✤自動車の燃費改善が進む
✤交通状況の改善
✤今後の自動車燃料消費は?
✤ハイブリッド車、燃料電池車普及の見通し

索引

イラスト／長縄キヌエ

# 第1章 世界の原油市場と石油産業

# 1 幅広い原油の世界

## 一口に原油といっても様々な種類がある

### ❖原油はどのようにしてできたのか

「原油」とはガソリンや軽油などの「石油製品」をつくるための原料で、油田から抽出された未加工の石油のことです。英語では「Crude Oil」と表記します。

原油ができた時代は、大半が2億～数千万年前、比較的新しいものでも170万年以上さかのぼります。太古の時代に動物、植物の死骸などが水中に沈んで積み重なり、発酵し、さらにその上に土砂が堆積して徐々に地下へと埋没していきました。これが石油の元になったと推定されています。

それらは長い時間をかけて地中で分解され、原油やガスになります。そして、発生した地層（根源岩）からそれよりも上部の地層に移動しますが、その中で、砂岩や石灰岩などのような無数の穴が存在し、発生した原油やガスを吸収しやすい地層（貯留岩）の中に、原油やガスが貯えられます。

このとき、この貯留岩の上に、泥岩のような緻密な構造をもち、原油やガスがこれ以上、上に移動できないような地層（帽岩）があることが重要です。その結果、原油やガスがたくさん貯蔵されたところが「油田」や「ガス田」になります。

### ❖原油の主成分は炭素と水素

原油は炭素（重量比82～87％）と水素（12～15％）を主成分とする炭化水素（炭素原子と水素原子の化合物）です。この主成分以外には、微量に含まれているものとして、硫黄（5％以下）、窒素（0・4％以下）、酸素（0・5％以下）、金属（0・5％以下）などがあります。

この微量に含まれている成分のうち、硫黄分と金

## 原油の誕生

① 海底に沈んだ生物の死骸が土砂に埋もれて積み重なる

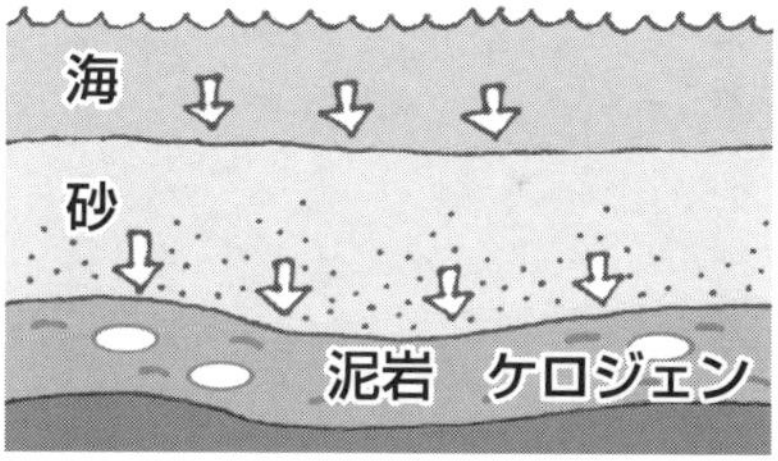


② 土砂の地層が岩石になる過程で、有機物（生物の死骸）が「ケロジェン」という化合物になる

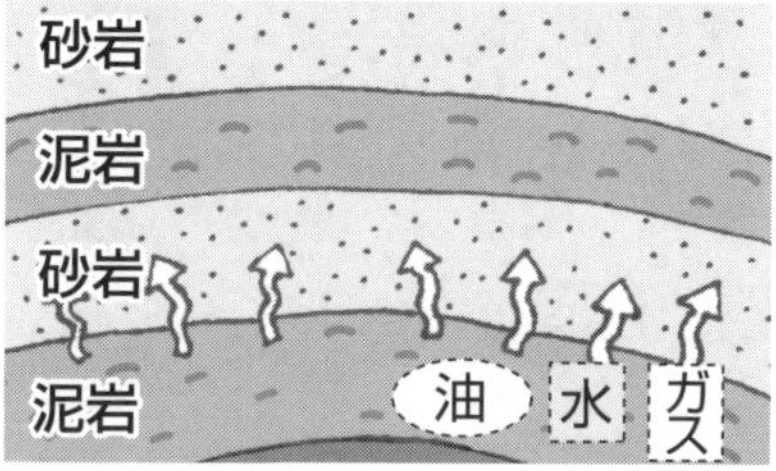


③ 地熱でケロジェンがガス、油、水分に分解される

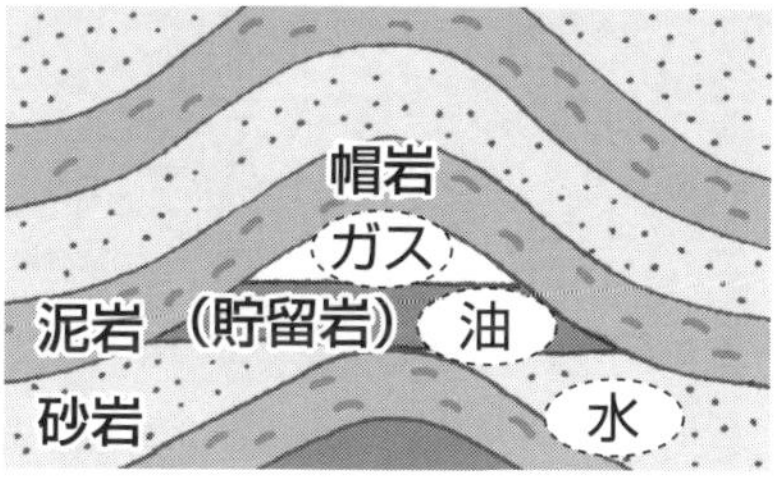


④ 地下からの上向きの圧力で上へ褶曲し、ガス、油、水分の順に盛り上がった緻密な泥岩（帽岩）の下部に貯まっていく

属分は、原油から石油製品をつくる際の障害となります。硫黄は原油の精製段階で除去するので、硫黄分の含有量が多ければ除去のための様々な負担がかかります。また、金属の含有量が多ければ、製品を生産する精製設備（→P124）に障害をもたらす恐れがあります。

現在の日本では「サルファーフリー化」（→P152）の技術が導入されたことで、石油精製の段階で硫黄分がほぼ完全に取り除かれています。その結果、ガソリンと軽油に含まれる硫黄分の含有量は、全体の10ppm（100万分の10）以下というレベルになっています。

## ❖原油の分類

原油にはいくつかの分類方法があります。

### ①在来型と非在来型

原油は、経済的・技術的に容易に生産できる「在来型」と、従来の生産技術とは異なった方法で生産される「非在来型」（→P276）に分けられます。

現在の世界の原油埋蔵量の多くは在来型で占められています。IEA（国際エネルギー機関）は、在来型原油の開発は2020年頃にピークを迎え、その後減少に転ずると予測しています。今後、在来型に代わって拡大していくのが非在来型なのです。

代表的な非在来型原油には、オイルサンド（原油を含んだ砂岩）、オイルシェール（原油を含んだ岩石）などがあります。

とくにカナダのオイルサンドは膨大な埋蔵量があり、原油抽出技術の発達にともなって、生産量が将来飛躍的に拡大することが期待されています。

このほか、ベネズエラの超重質油も埋蔵量が膨大であることから、将来在来型の原油生産量が減っていくなかで、重要性が一段と高まると考えられています。

また、在来型原油は、硫黄含有量2％未満の「低硫黄原油」と硫黄含有量2％以上の「高硫黄原油」に分かれます。代表的な低硫黄原油は米国、欧州の北海、中国、アフリカ、東南アジア、ロシア（シベリア地方）、オーストラリア産、代表的な高硫黄原

## 在来型原油と非在来型原油



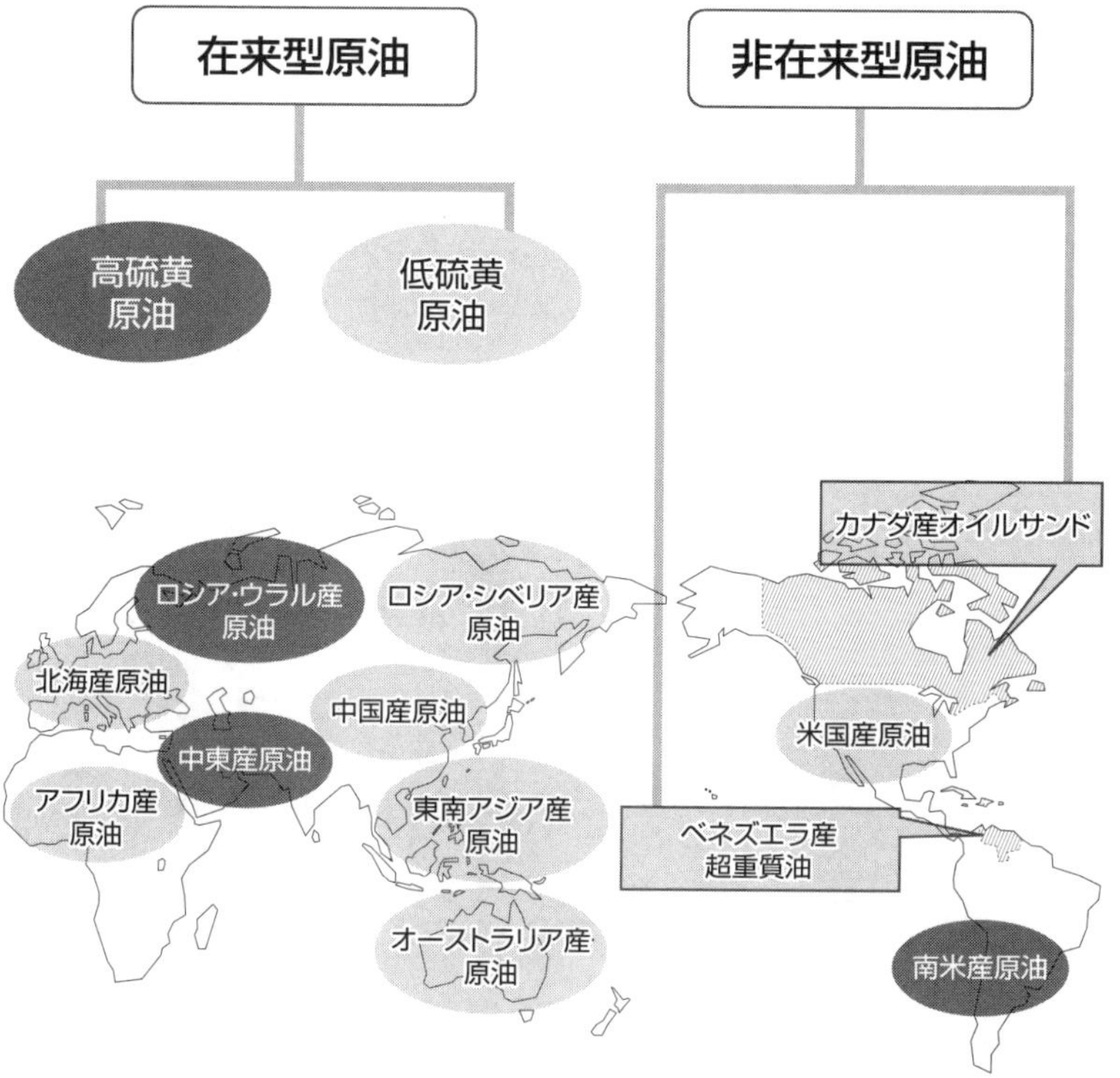

油は中東、ロシア（ウラル地方）、南米産の原油になります。

②比重（密度）

比重とはいわゆる密度のことです。原油は比重が軽い順に軽質油、中質油、重質油というように分けられます。原油の比重を示す基準は、米国石油協会（API）の「APIボーメ度」（API度）がよく用いられます。

API度では、超軽質原油は比重39・0以上、軽質原油は同34・0〜38・99、中質原油は同30・0〜33・99、重質原油は同26・0〜29・99、超重質原油は26未満となっています。比重が重くなるほど数字は小さくなります。

原油は比重ごとに分けて商品化されています。例えば、サウジアラビア産の原油は、比重ごとに約4種類に区分されて輸出されています。商品名は軽い順にアラビアンエクストラライト（超軽質）、アラビアンライト（軽質）、アラビアンミディアム（中質）、アラビアンヘビー（重質）原油となります。

一般的には、軽質油から多くのガソリンや軽油といった付加価値の高い製品がとれるので、軽質油の方が重質油より市場価格が高くなります。

一方で、重質油は重油留分（精製して重油になる部分）を多く含み、石油市場では重油の消費量が低下していることから、需要が少なく、価格が低くなっています。

③硫黄分の含有量

硫黄分の低い原油を「スウィート（Sweet）原油」、高い原油を「サワー（Sour）原油」と呼びます。

例えば、ニューヨークの商品取引所で取引の中心となっている「WTI（ウエスト・テキサス・インターミディエート）原油」（→P38）はスウィート原油です。WTI原油は通称名で、正式名称は「Light Sweet Crude Oil（軽質で低硫黄の原油）」といいます。

米国の石油需要は、ガソリンや軽油といった製品が中心です。そこで、これらの製品が多くとれる軽質で低硫黄のタイプの原油のニーズが高いのです。

## 比重別の原油の種類

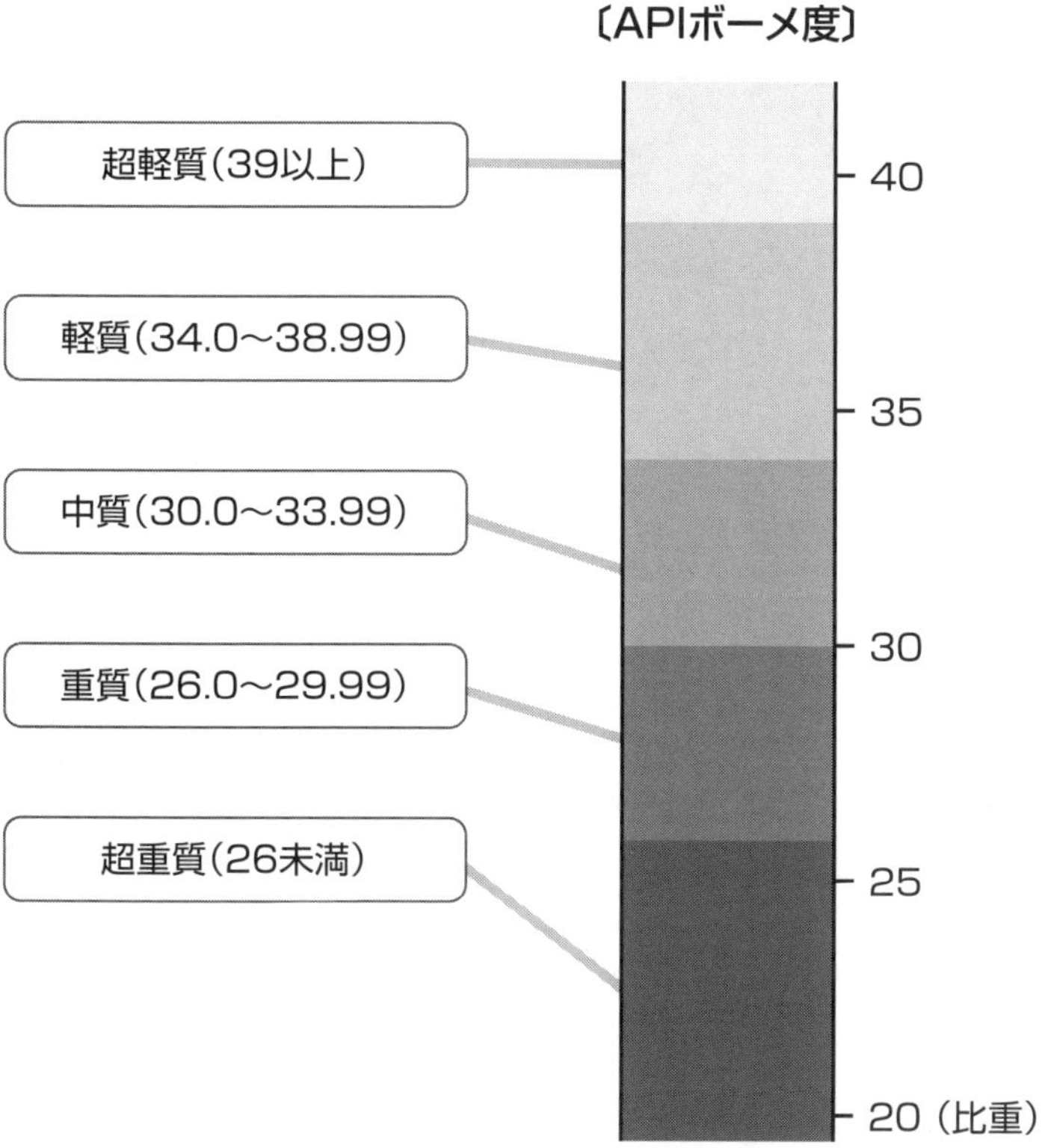
〔APIボーメ度〕
超軽質(39以上)
軽質(34.0〜38.99)
中質(30.0〜33.99)
重質(26.0〜29.99)
超重質(26未満)
40
35
30
25
20 (比重)

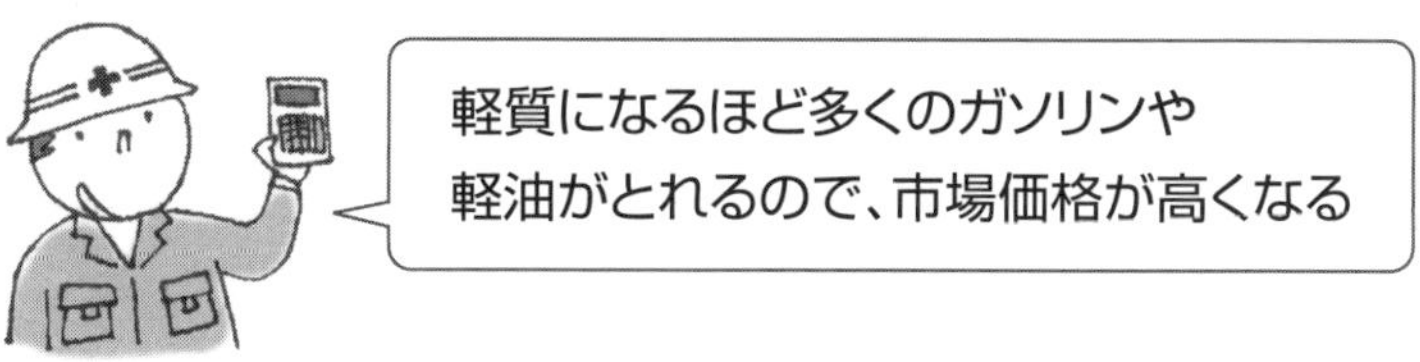
軽質になるほど多くのガソリンや
軽油がとれるので、市場価格が高くなる

2

# 偏った原油生産地域が生む問題

中東と旧ソ連地域で多くが生産されている

### ❖最大の生産地域は中東

世界の石油需要は今日まで堅調に伸び、石油供給も増えてきています。

07年の最大の原油生産地域は中東で、次いで旧ソ連、北米、アフリカ、中南米、欧州の順となっています。

石油ショック以降、中東以外の生産、とくに新油田の開発が進んだ北海（欧州）やアラスカの原油生産の拡大により、中東の比率が低下しました。

近年は、アジア太平洋と北米で石油需要が大きく伸びましたが、中東や旧ソ連地域が原油を増産したことで、需要の増加分をカバーできています。

現在、ロシアは中東最大の産油国サウジアラビアと世界第1位の産油量を競っています。また、旧ソ連地域のアゼルバイジャンとカザフスタン、アフリカのアンゴラ、ブラジルなどの新興産油国の原油生産量も拡大しています

### ❖ユコス事件でロシアの原油生産量が落ち込む

90～07年にかけての地域別の石油生産量の増減をみると、中東やアフリカ、中南米、旧ソ連地域の生産が伸び、欧州、北米など先進国地域での生産量が大きく減少しています。こうした傾向は今後も続くとみられています。

旧ソ連地域の原油生産の中心であるロシアの生産量は、00年代初めまで順調に伸びていましたが、05年以降は伸びが鈍化しました。

その原因として、ロシア最大の石油会社であったユコスのホドルコフスキー元社長が03年に脱税容疑などでロシア政府に逮捕され、その後のロシア政府の追及でユコスが大混乱に陥った、いわゆる「ユコ

## 世界の原油生産量の推移

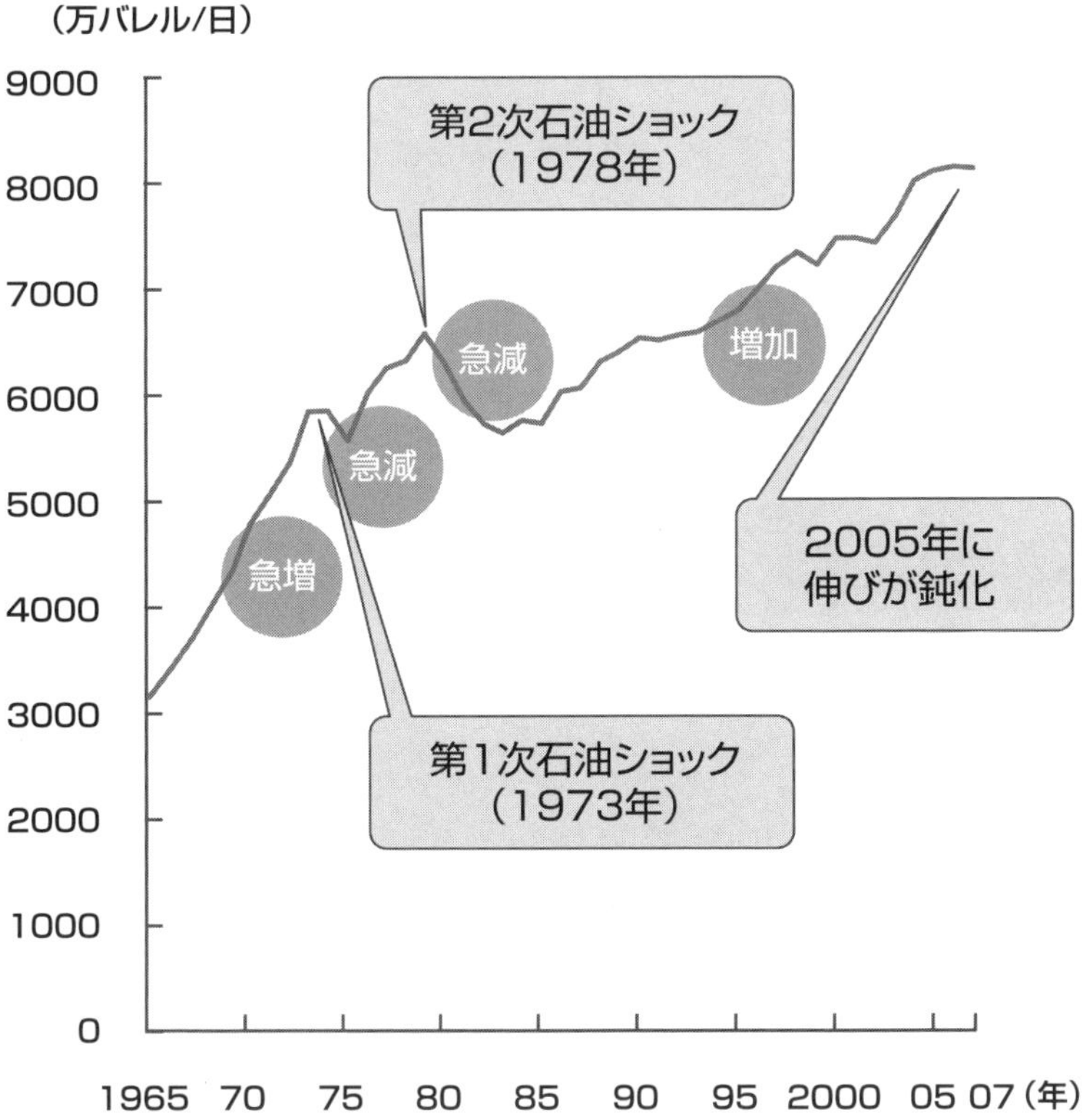
（万バレル/日）
9000
8000
7000
6000
5000
4000
3000
2000
1000
0
1965
70
75
80
85
90
95
2000
05
07
（年）
第2次石油ショック
（1978年）
急減
急減
急増
増加
2005年に
伸びが鈍化
第1次石油ショック
（1973年）

<出典：BP Statistical Review of World Energy 2008>

70年代の2度の石油ショックで
一時的に生産量が大きく落ち込んでいる

ス事件」の影響があります。その後、ユコスの子会社で原油生産の大半を担うユガンスクネフテガスなどの生産量は大きく低下しました。

さらに、ロシアで03年以降の原油価格高騰を受けて段階的に原油の抽出税や輸出税が引き上げられ、これも、生産量の伸びの鈍化につながっています。

米国では、05年に大型のハリケーン「カトリーナ」がメキシコ湾に襲来し、原油生産施設に大きな被害を及ぼし、原油生産が低下しました。

米国では、メキシコ湾の沖合油田は唯一、今後の増産が見込まれる地域です。石油メジャー（↓P50）などが深海での油田開発に拍車をかけており、今後これらのプロジェクトが実を結べば、将来生産量が増加することになります。しかし、この原油開発計画は、ハリケーンの影響で当初の想定よりも先延ばしされています。

こうした状況下、05年以降の世界の原油生産量の伸びは低い水準にとどまりました。

## 生産量の減少が続くＯＥＣＤ諸国の油田

米国ではメキシコ湾沖合の開発以外に、高コストで進まなかったロッキー山脈地域など内陸部での開発も進んでいます。

こうした動きの背景には、近年「資源ナショナリズム」（自国にある資源を自国で管理・開発しようとする動き↓P264）の高揚があります。米国の石油会社が「地政学的リスク（ある国での政治・経済情勢のリスク↓P258）」の高い地域を避けて、自国内で原油開発をしようとしているのです。

ＯＥＣＤ諸国（先進国）では、原油開発が進む一方で、既存の油田の衰退が進み、原油生産量の伸びは鈍化する傾向にあります。とくに、北海油田では英国領の減産傾向が顕著で、ノルウェー領についても近年低下傾向が伝えられます。

## ＯＰＥＣが世界の原油需給の調整役を果たす

04年以降に石油の需要が急増し、ＯＰＥＣ（石油輸出国機構↓P60）を始めとする産油国が生産を増やしてきました。

ＯＰＥＣの原油余剰生産能力（現時点よりも生産

## OPECの原油生産量と余剰生産能力

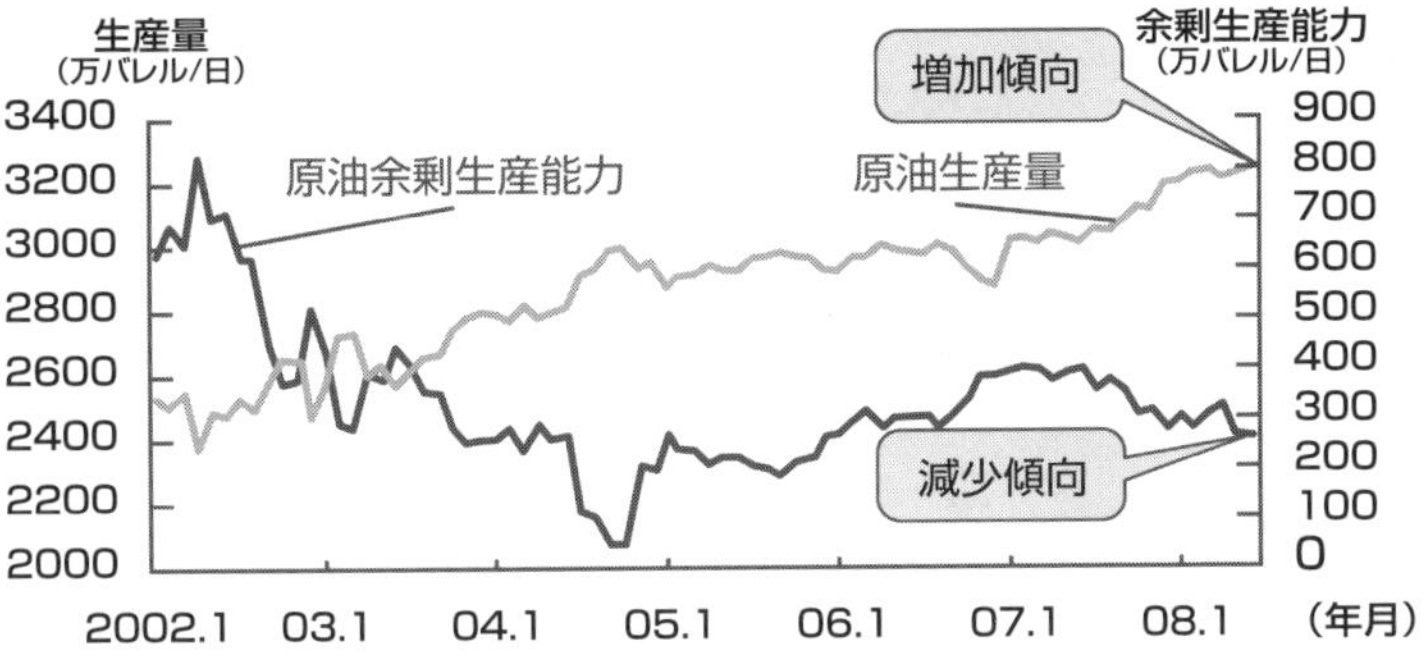


<出典：IEA "Oil Market Report">

量を拡大する能力）は04年の下期に最低レベルに達したものの、それ以降はサウジアラビアを中心とした能力増強がなされ、08年末までには1日あたり500万バレル弱に回復しました。

ただし、余剰能力の大半はサウジアラビアとアラブ首長国連邦（UAE）などに集中し、政情の不安定な中東に集中することによる供給面でのリスクが懸念されます。

08年の初めから7月までの原油価格高騰期では、米国をはじめとする消費国から増産要求が高まりましたが、OPECは原油市場に十分な供給がなされているとして、生産枠を据置してきました。

7月以降、サブプライムローン問題（米国の低所得者向け住宅ローンの焦げつき問題）を受けて金融危機が深刻化し、景気後退による需要減少が見込まれると、原油価格が急落し、OPECは12月の臨時総会で日量420万バレルの大幅な減産を決定しました。

# 3 原油埋蔵量は何年分あるのか

## 現時点の埋蔵量はあと40年分

### ❖ 埋蔵量とは？

原油の埋蔵量とは、原油が貯留されている貯留岩（→P16）の中に存在する原油の量のことで、「原始埋蔵量」と「可採埋蔵量」の2つに分かれます。

原始埋蔵量とは特定の油田に存在する原油の総量です。そのなかで、現在利用可能な技術で経済コストに見合った原油のみが生産されるので、油田の中に存在するすべての原油を生産できるわけではありません。

原油の性状や油田の状態にもよりますが、もっとも生産しやすい油田でも多くて40％程度の原油しか生産できません。生産の過程で、油田の中で原油を地中から押し出す圧力が低くなったり、地中に掘った井戸まで流れてこない貯留岩中の原油があるからです。

このことから、原始埋蔵量の中で経済的・技術的に生産が可能な埋蔵量を可採埋蔵量といいます。

可採埋蔵量の中でも採掘できる確率が高い原油で、すでに生産してしまった原油を除いたものを「確認可採埋蔵量」といい、一般に使われる「埋蔵量」という言葉はこれを指します。

したがって、埋蔵量はあくまで暫定的なものです。仮に新たな油田がみつからなくても、原油の採掘技術が進歩したり、原油価格の上昇でこれまで経済コストに見合わなかった油田で生産できるようになれば、確認可採埋蔵量は増加します。よく「石油の埋蔵量はあと何年」といわれますが、これはあくまで暫定的な指標と考えるべきでしょう。

### ❖ 埋蔵量の60％が中東にある

世界の確認可採埋蔵量（埋蔵量）は、米国の石油

## 原油埋蔵量の定義

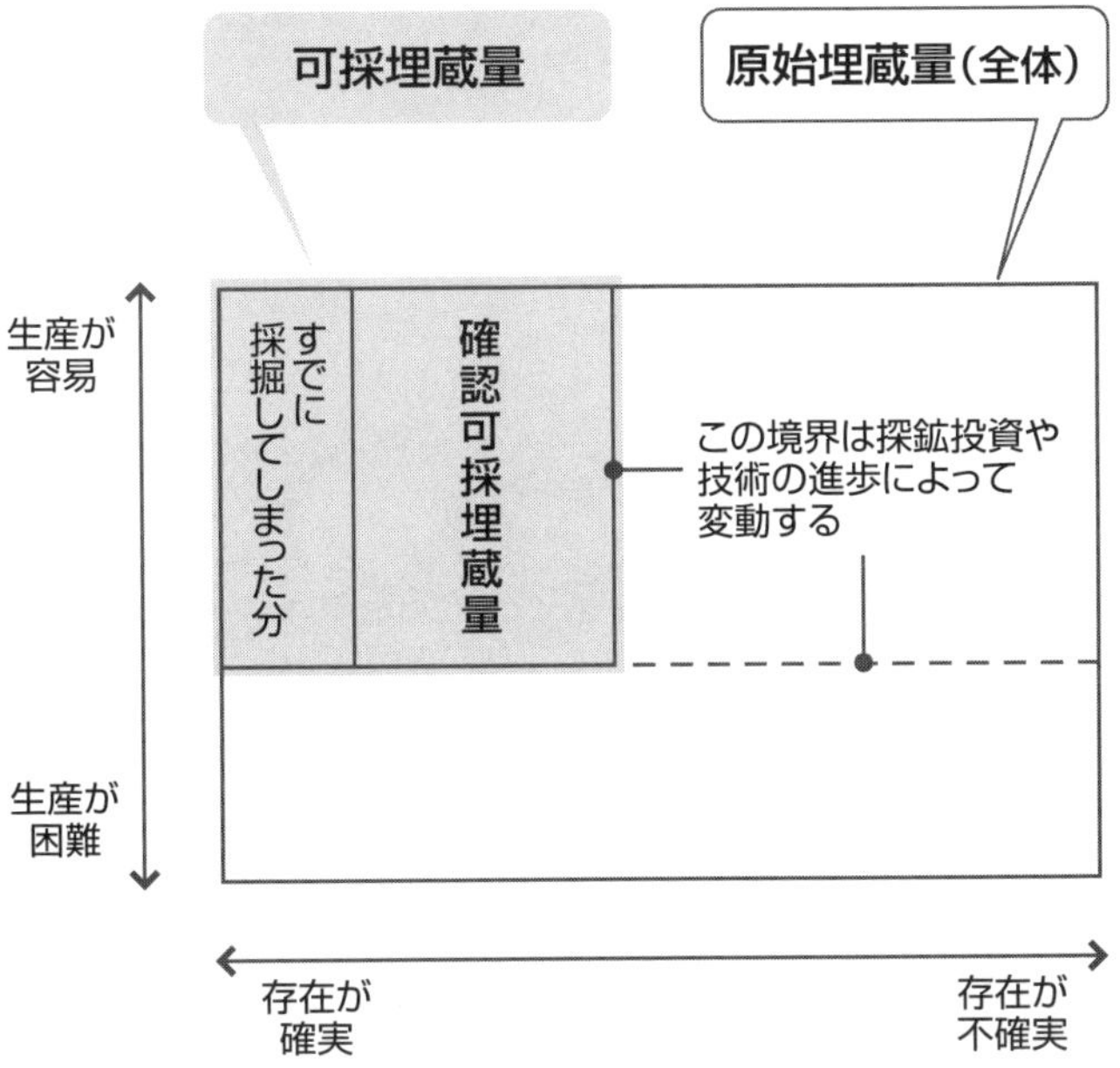
可採埋蔵量
原始埋蔵量(全体)
生産が容易
生産が困難
すでに採掘してしまった分
確認可採埋蔵量
この境界は探鉱投資や技術の進歩によって変動する
存在が確実
存在が不確実

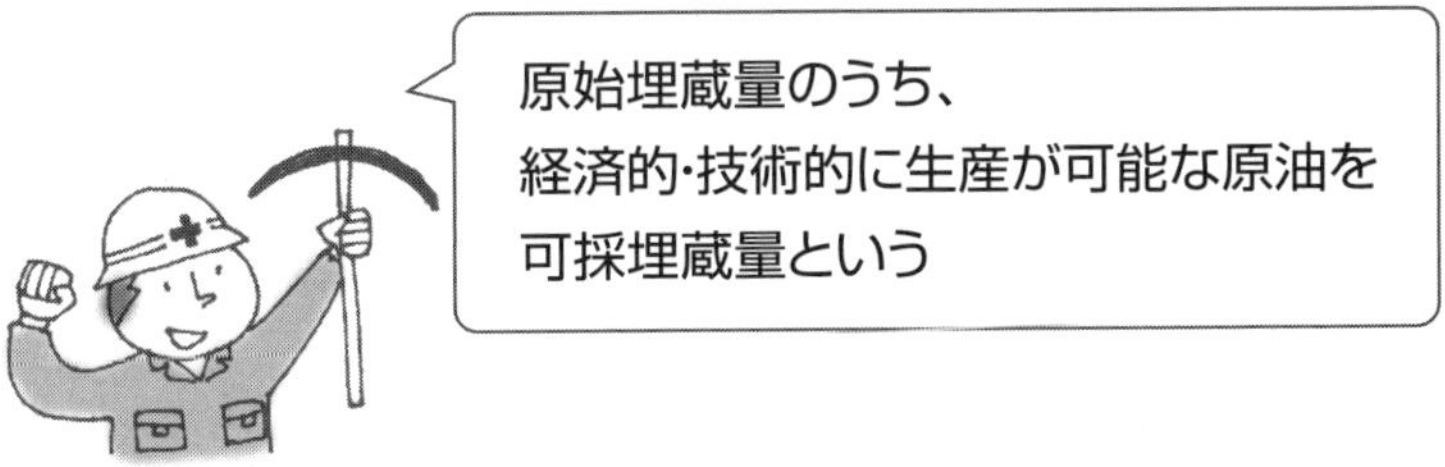
原始埋蔵量のうち、
経済的・技術的に生産が可能な原油を
可採埋蔵量という

専門誌「オイル・アンド・ガス・ジャーナル」によれば約1兆3300億バレルと推定され、その約60％が中東に集中し、次いで旧ソ連、アフリカ、欧州、中南米、北米、アジアの順となっています。

また、埋蔵量の約76％がOPEC（石油輸出国機構→P60）諸国に集中しています。このことから、IEA（国際エネルギー機関→P63）はOPECの原油生産シェアが将来、現在の40％強から過半を占めると予想しています。

中東は、パレスチナ問題（パレスチナ地域をめぐるパレスチナ定住者とイスラエルの争い）など歴史的に政治的問題を多く抱えており、原油供給と価格の不安定につながっています。

埋蔵量は北米が低下し、中東を中心にしだいに増えています。最近では、アフリカや旧ソ連のカスピ海周辺地域の埋蔵量の増加が著しいのが注目されます。

## ❖沖合で油田開発が進む

埋蔵量の約8割が陸上油田、残りが海上油田に分布していますが、新しく開発されている油田の多くは海上油田で、海上油田の割合が増えていくと予想されます。

最近10年間（96〜05年）の石油・天然ガスの発見量について、沖合と陸域を比較すると、中東を除いて、アフリカ、アジアなどの地域で沖合油田の比率が50％以上となっています。

とくに、生産技術の進展を受けて、沖合のなかでも、深海エリアにおける大規模油田の発見が注目を集めています。アジアでは東マレーシア・サバ州沖合、中国の渤海湾などで開発が進むようです。

## ❖超大型油田で埋蔵量の大半を占める

油田の規模をみると、50億バレル以上の超大型油田がペルシャ湾、メキシコ湾、旧ソ連などに分散して約40カ所あり、これらが世界の埋蔵量の約45％を占めています。

次に5億バレル以上の大型油田は400カ所で、50億バレル以上の油田と合わせると、世界の石油埋蔵量の80％近くを占めることになります。

## 世界の原油埋蔵量の内訳

〔1980年〕

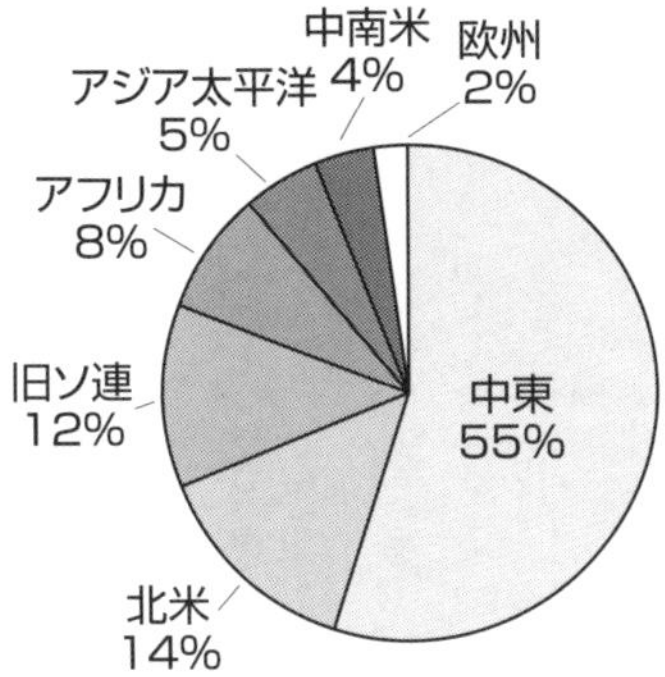


〔1990年〕

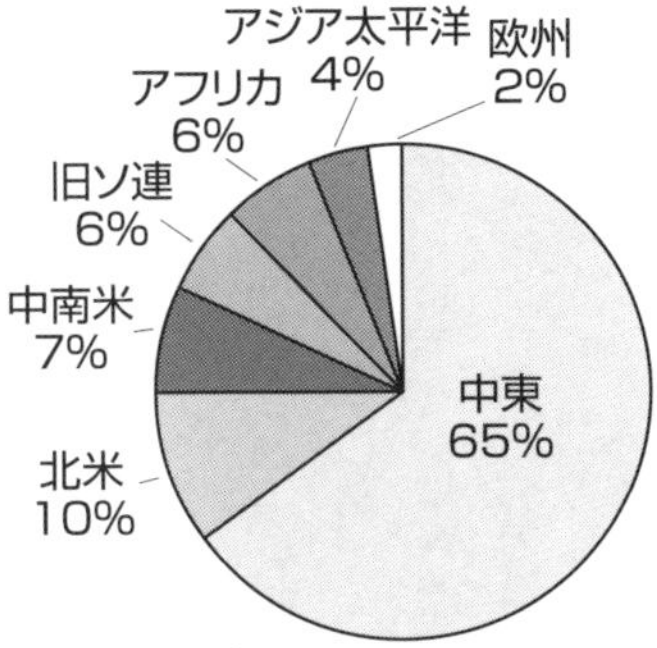


〔2000年〕

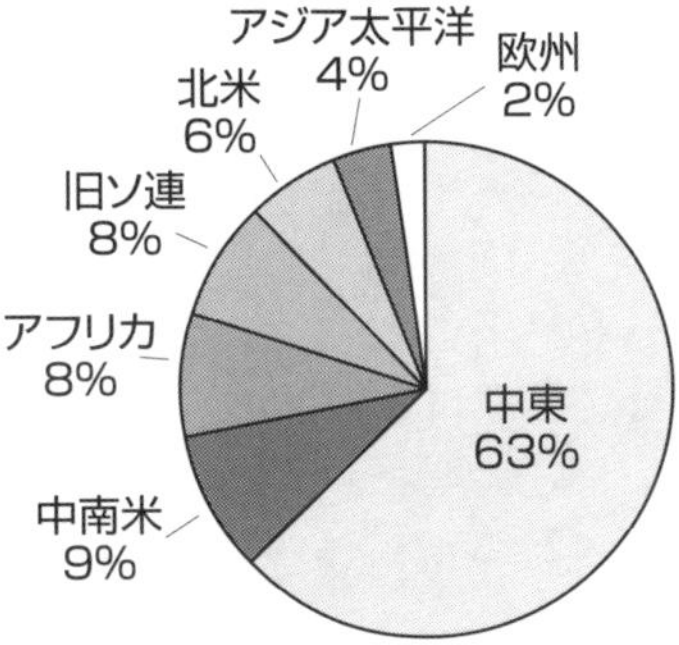


〔2007年〕

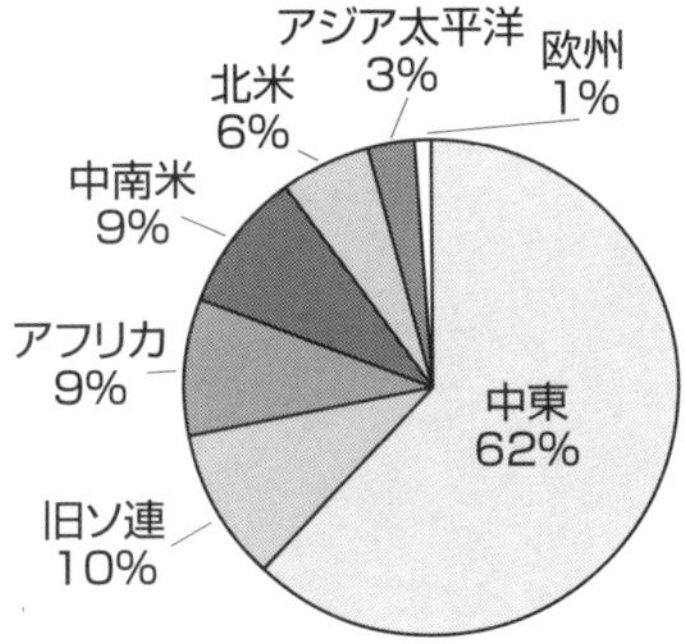


<出典：BP Statistical Review of World Energy 2008>

北米のシェアが減少し、中東、旧ソ連、中南米のシェアが大きくなっている

世界最大の油田はサウジアラビアのガワール油田で、埋蔵量だけでなく生産量も世界最大規模となっています。

## 「ピークオイル」はいつやってくる？

原油は有限の資源である以上、いつかはその生産量がピークに達します。世界の原油生産のピークが近い将来到来するという「ピークオイル論」が一時期世界的な注目を集めました。ピークオイル論の代表的な論者であるコリン・キャンベル氏は05年、在来型原油（↓P18）の生産は10年までにピークを迎えると予測しています。

また、米国の投資銀行家のマシュー・シモンズ氏は、世界最大の産油国サウジアラビアの主力油田の生産量が予想よりも早く減少するという悲観的な見通しを示して大きな議論を呼びました。

ピークオイル論をめぐる論争が、投機的な資金を原油市場に呼び込むのを後押ししたのではないかという見方もあります。

07年末時点の原油の生産可能年数は約41年とされています。ただし、この値はあくまで07年末時点の確認可採埋蔵量を07年の生産量で割った値であり、前述のように確認可採埋蔵量そのものが今後も増えていくので、あと40年で本当に石油が枯渇するわけではありません。また、確認可採埋蔵量には非在来型原油（↓P276）は含まれていません。非在来型原油も含めれば、生産可能年数は100年以上になるという試算もあります。

このように、今後の世界の需要増をまかなう十分な石油資源が地球上に存在しています。しかし、確認可採埋蔵量を世界の需要増に見合うように増やしていくためには、国や石油会社が油田開発に継続的に投資していく必要があります。

第5章で詳しく述べますが、現在、資源ナショナリズムの台頭、地政学的リスク、原油生産コストの上昇などから、原油開発の投資環境が悪化してきています。したがって、原油生産がいつピークに達するかは、埋蔵量そのものよりも、今後の投資動向に大きく左右されるといえるでしょう。

## 原油の生産可能年数（R／Pレシオ）の推移

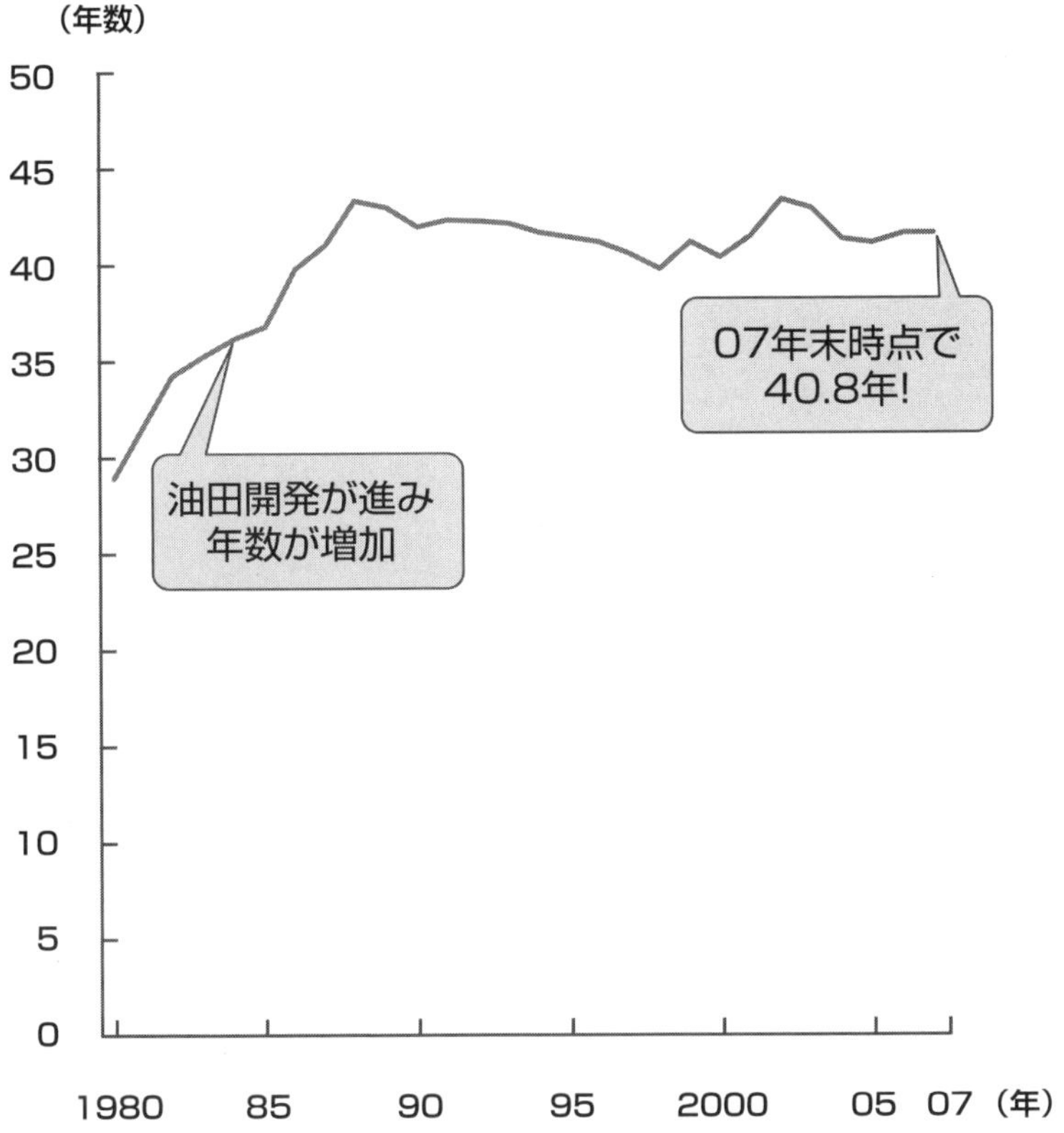
（年数）
50
45
40
35
30
25
20
15
10
5
0
1980
85
90
95
2000
05
07（年）
油田開発が進み
年数が増加
07年末時点で
40.8年!

<出典：BP Statistical Review of World Energy 2008>

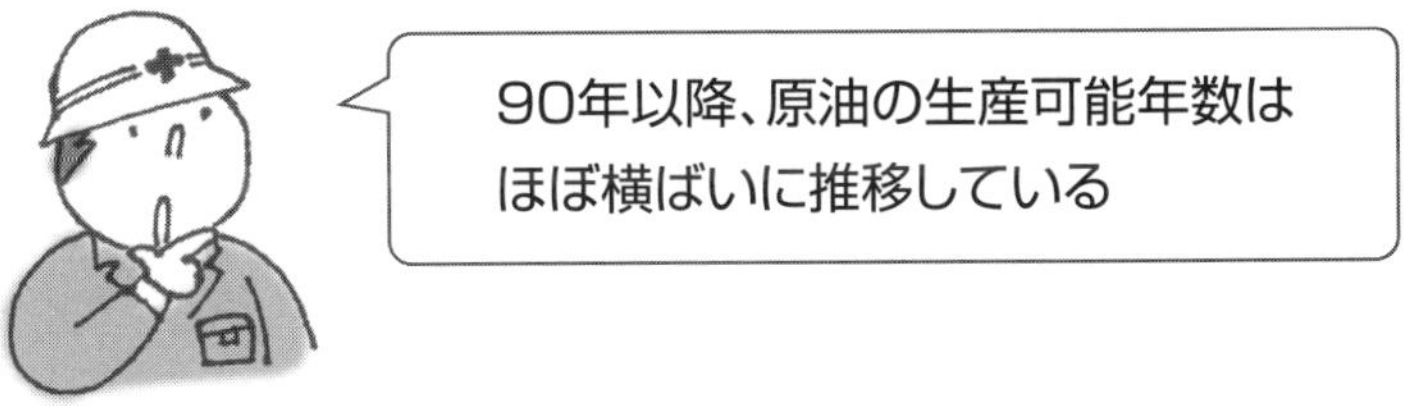
90年以降、原油の生産可能年数は
ほぼ横ばいに推移している

# 4 石油消費国が様変わりする

## 中国とインドを中心に石油消費が拡大

### 80年代に原油価格が急落した

世界の石油消費量は07年に日量約8500万バレルに達し、地域別では北米、欧州・旧ソ連、アジア太平洋地域がほぼ均等に全体の約8割を占め、残りの2割を中東、中南米、アフリカが占めています。

石油消費の推移をみると、73年と78年の2回の「石油ショック」時に短期的に減りました。とくに第2次石油ショック(78年10月〜82年4月)のときには、日本を始めとするOECD諸国(先進国)で発電用を含む脱石油政策が実施され、石油の消費量は大幅に低下しました。

その結果、産油国の原油生産能力が余り、原油(WTI)価格は80年の1バレル=約38ドルから86年には同約15ドルへと大幅に下落しました。その後、世界経済の発展、原油価格の低下を背景として再び石油消費が回復して、今日まで増加し続けています。

### 非OECD諸国が石油需要を牽引する

先進国と発展途上国の石油消費量の伸びを比較すると、非OECD諸国がOECD諸国を上回っています。近年の石油消費は非OECD諸国が牽引しており、この傾向は90年代に入ってから顕著です。

03年頃から原油価格は上昇傾向ですが、世界の石油消費量は石油製品価格上昇による需要抑制効果を打ち消すかたちで拡大してきました。

07年にはOECD諸国の消費量が減少しているのに対して、非OECD諸国は拡大するという対照的な状況がみられます。非OECD諸国の比率は00年の38%から07年には43%に拡大しました。

04年以降の両者の対照的な需要の推移の背景として、一つはOECD諸国での石油製品価格の高騰に

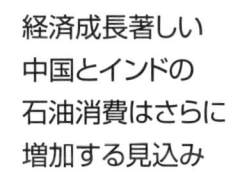

## 世界の石油消費量の推移

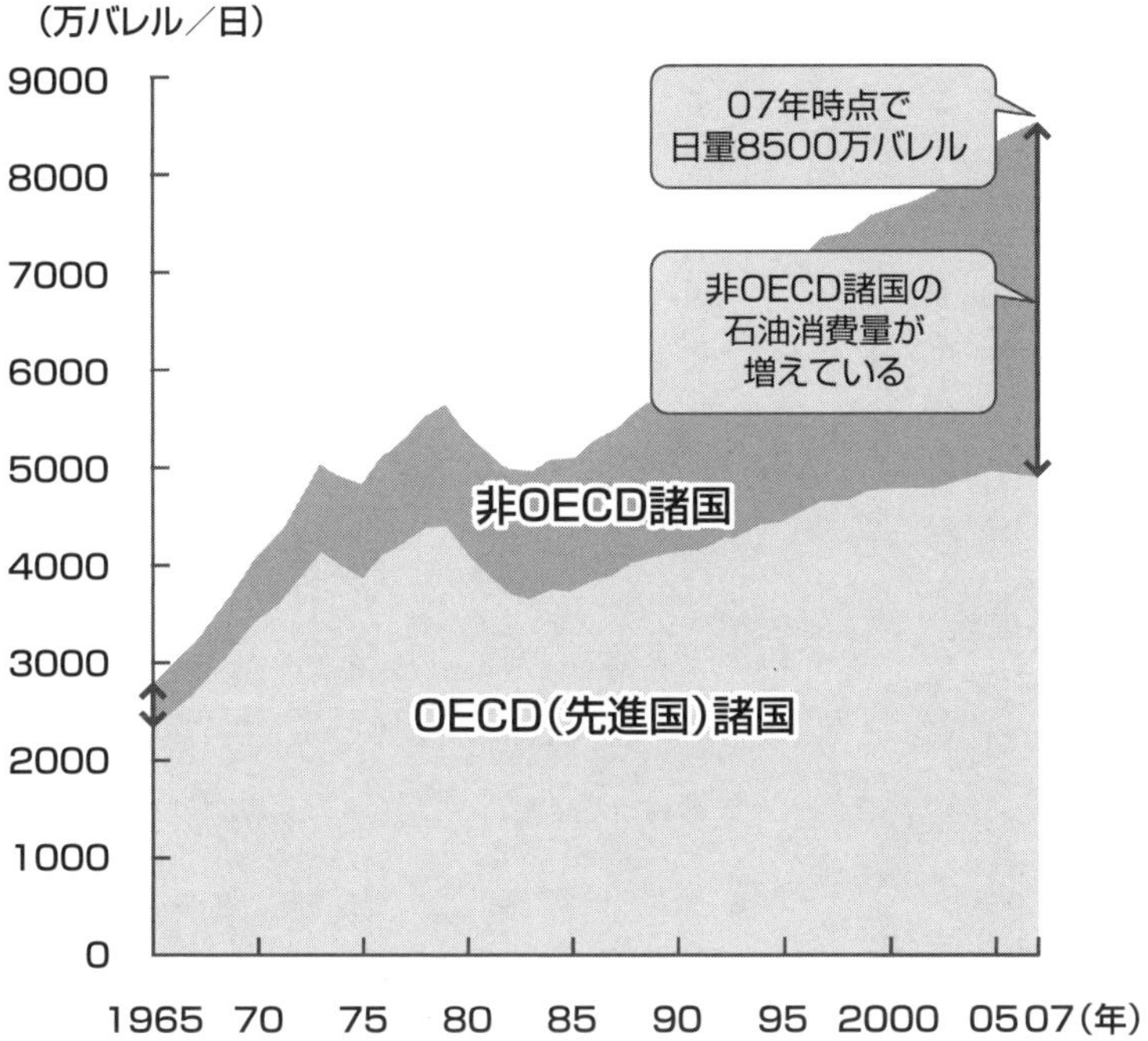
(万バレル／日)
9000
8000
7000
6000
5000
4000
3000
2000
1000
0
1965
70
75
80
85
90
95
2000
05
07
(年)
07年時点で
日量8500万バレル
非OECD諸国の
石油消費量が
増えている
非OECD諸国
OECD(先進国)諸国

<出典：BP Statistical Review of World Energy 2008>

経済成長著しい
中国とインドの
石油消費はさらに
増加する見込み

OIL
OIL
OIL
OIL
OIL
OIL
OIL
OIL
OIL
OIL
CHINA
INDIA

よる需要抑制効果、その一方でアジアや中東諸国における国内での石油製品の価格統制制度（価格の抑制）の影響があります。

つまり、中国やインド、インドネシアなどの国内統制価格制度を続けている非ＯＥＣＤ諸国では、国際市場での石油製品価格と国内価格が連動しないことから、原油価格高騰による需要抑制効果が働かないといった点が指摘されています。

## 中国とインドの石油消費の伸びが著しい

近年、高い経済成長を背景とした中国やインドを含むアジア太平洋地域が、世界の石油消費を牽引しています。とくに中国とインドは、経済の高成長にともなって経済活動が拡大し、高い石油消費につながっています。

中国では08年の北京オリンピックや10年の上海万博の開催などによる特需を含め、物流の拡大など、高い石油需要の伸びが続いています。石油需要は04年には年率15％以上の伸びを示し、日本を抜いて世界第2位の石油消費国となり、近年の世界の石油需要の伸びの多くを占めています。

また、インドも経済の高成長を背景として堅調な石油消費が続いています。

中国やインドは経済の発展にともなって、とくにガソリン、軽油やジェット燃料などの輸送用燃料の消費が増加しています。両国では今後、国民所得の増加を背景としてモータリゼーション（自動車の普及）が進展することが予想されており、さらなる増加が見込まれます。

従来は、アジアの石油消費の中心は日本や韓国でしたが、今では中国やインドが中心となっています。日本は経済の停滞や石油消費の効率化を背景に石油消費の伸びは低く抑えられ、06年以降は消費量の伸びが前年比でマイナスへと転じています。

## 金融危機で米国の石油消費量は減少している

米国は世界の石油消費量の約4分の1を占める世界最大の石油消費国で、石油消費量は年々伸びてきました。

ところが、07年夏に顕在化したサブプライムロー

## 世界の経済成長率の推移

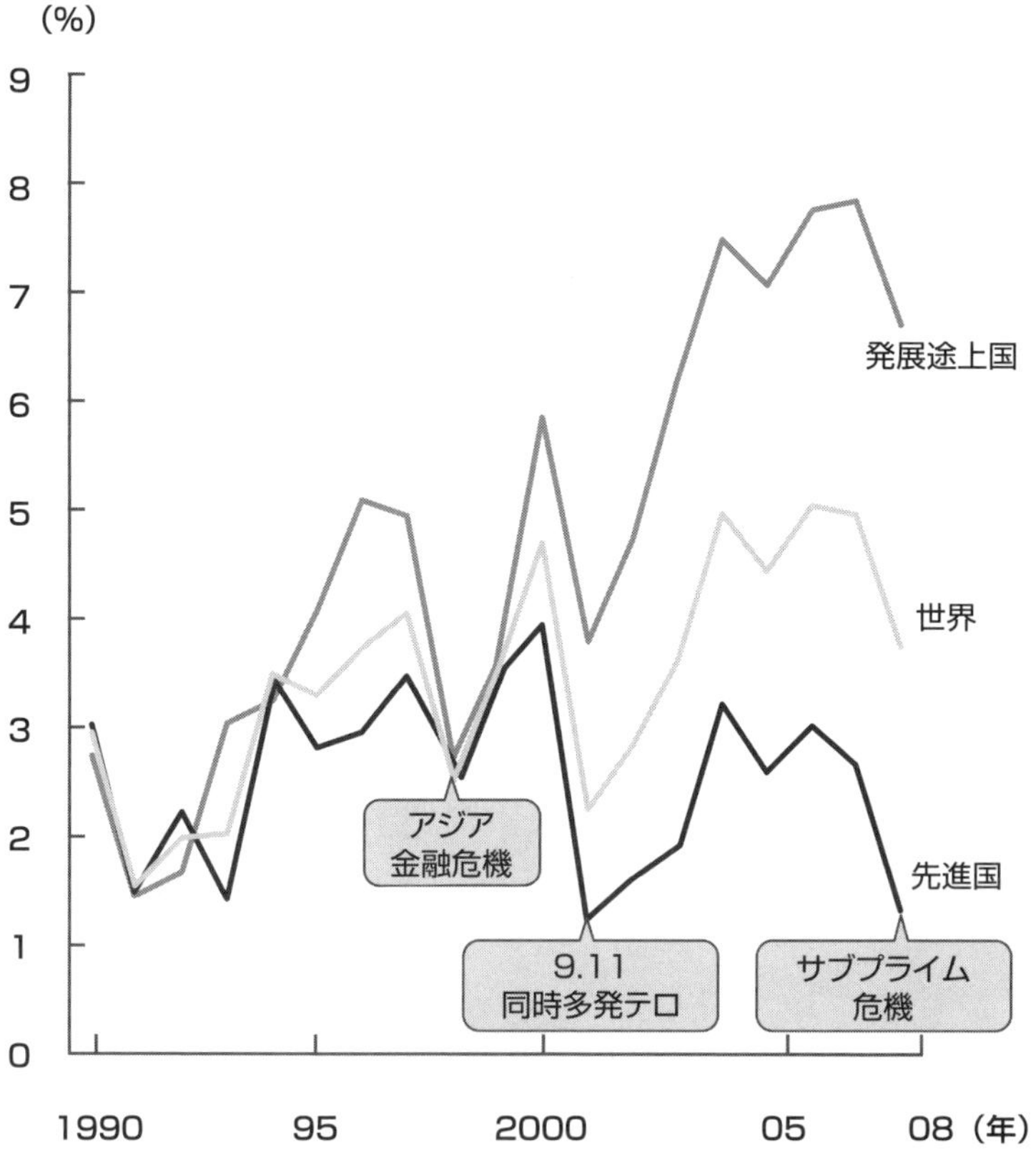


<出典:IMF World Economic Outlook 2008>

高い経済成長が続く発展途上国で
石油消費量が伸びていく!

ンの問題が米国経済に大きな影響を及ぼし、石油消費量は08年に前年比でマイナス5％を超え、消費は減っています。

これはOECD諸国全般にみられる傾向ですが、サブプライムローン問題は08年に入ってから一段と深刻化し、世界的な金融危機に発展し、経済の停滞と石油消費量の減退をもたらしています。

## ✤石油製品別の需要

石油製品別にみると、ガソリン、軽油、ジェット燃料など輸送用燃料の需要が大きく拡大し、重油が減少しています。

### ①重油

78年の第2次石油ショック以降、発電用燃料が石炭、天然ガス、原子力へと大きく転換したことが重油の消費減につながっています。

### ②ガソリン、軽油

経済の発展とともに、自動車の保有台数が増加し消費量が拡大しています。

### ③ジェット燃料

経済の拡大による航空便数と旅客数の増加で消費量が拡大しています。

### ④ナフサ

石油化学分野の拡大にともない、その原料であるナフサの消費量も増加しています。主に、ペットボトルなどのプラスチック製品やポリエステルなどの化学繊維などに石油化学製品が使用されています。

## ✤輸送用燃料の削減がカギになる

先に述べたように、輸送用燃料については、中国やインドなど今後経済成長が見込まれる地域での自動車保有の拡大で、さらなる需要増が予想されます。

それに加えて、今後は石油代替燃料への転換が進むことが想定されています。代替燃料にはエタノールなどのバイオ燃料、GTL（→P294）やDME（ジメチルエーテル→P298）などの「合成燃料」があります。

また、自動車技術の発達によって燃費が改善し、ガソリンエンジンと電気モーターを組み合わせた燃費効率のよいハイブリッド車が普及しつつあります。

**原油の大量消費社会からの移行**

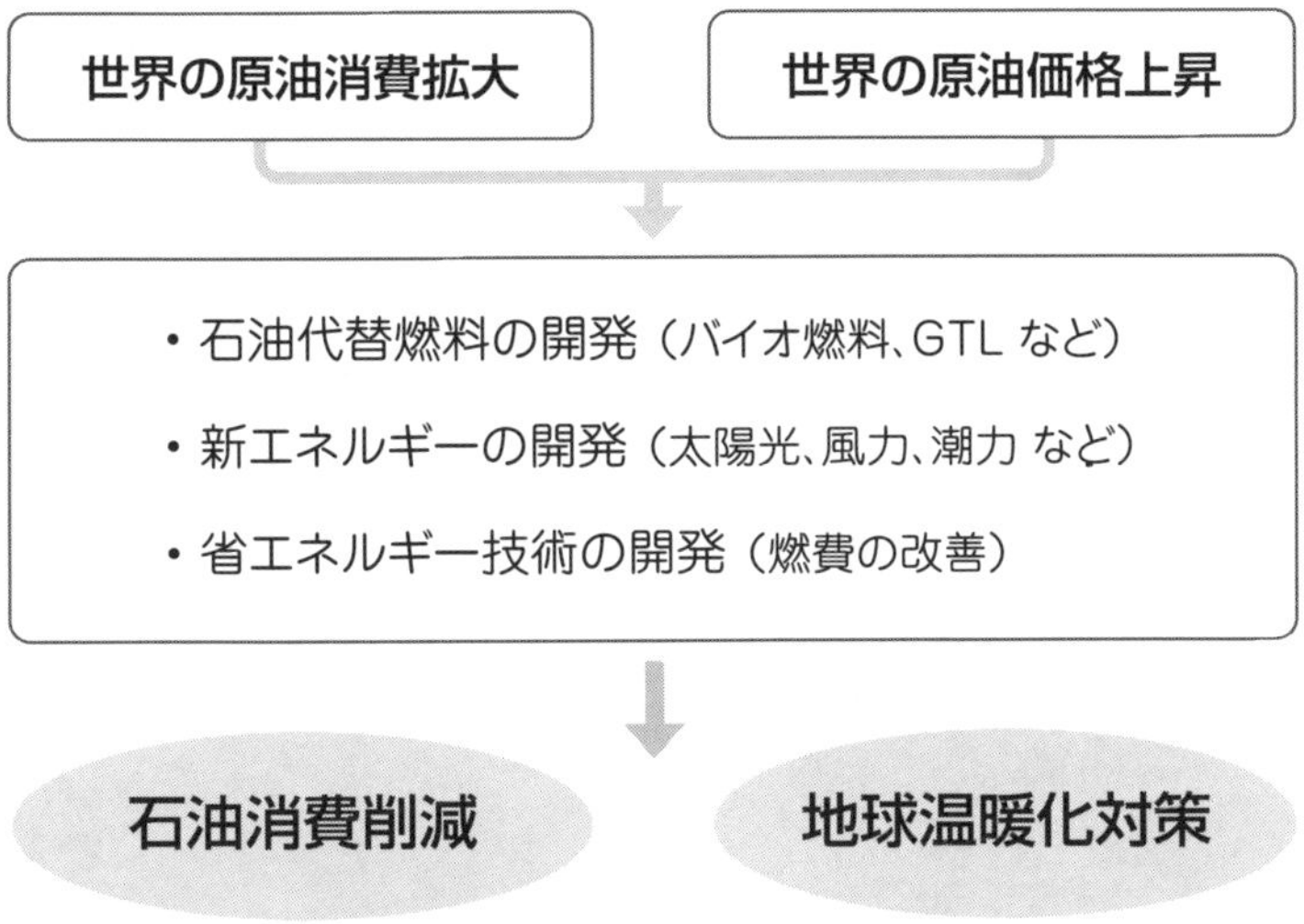
世界の原油消費拡大
世界の原油価格上昇
・石油代替燃料の開発（バイオ燃料、GTL など）
・新エネルギーの開発（太陽光、風力、潮力 など）
・省エネルギー技術の開発（燃費の改善）
石油消費削減
地球温暖化対策

さらに近い将来には、燃料電池車や電気自動車、プラグインハイブリッド車（家庭用電源から充電可能な電気自動車）などの導入が本格化するでしょう。これらの先進技術が搭載された自動車の普及にともなう輸送用燃料の削減効果も期待されています。

## 温暖化対策が進む

将来の石油需要は、地球温暖化問題と深い関係にあります。現在、様々な環境対策が進められており、石油需要へどんな影響を与えるのかが注目されます。環境にやさしいバイオ燃料は穀物が原料となっており、第1世代は食糧と競合していましたが、第2世代への新たな展開も温暖化問題の有力な解決策として期待されています。

これから石油需要が伸びる非OECD諸国については、エネルギー消費効率の改善など省エネ技術の移転による効果も期待されます。

# 5 米国・欧州・アジアの3大石油市場

3つの市場それぞれに指標原油がある

### ✤世界の石油市場には指標原油がある

世界の主要な石油の消費地は、北米、欧州、アジアの3市場に大きく分けられます。各市場には、原油価格の決定において基準となる原油があり、それを「指標原油」と呼びます。

指標原油は、北米が「WTI（ウエスト・テキサス・インターミディエート）原油」、欧州が北海で生産される「ブレント原油」、アジアが中東産の「ドバイ原油」となっています。

指標原油には、各市場でもっとも多く取引される原油かそれに近い油種が選ばれています。各市場に供給される原油には様々な種類があり、産油国は指標原油をベースに、例えば石油製品の市況や白油化（ガソリンや軽油などの軽質油へ需要が移行すること）の進展度合（需要構成）などから原油の販売価格を決めて買い手に引き渡しています。

### ✤北米市場はガソリン消費が多い

世界の石油消費の約4分の1を占める北米市場の特徴は、石油製品のなかでガソリンの消費量がもっとも多いことです。

国土の広大な米国では、輸送用燃料の消費量が多く、ガソリン車が多いことから、ガソリンの消費量が石油需要の約半分を占めています。

石油製品は米国南部のテキサス州やルイジアナ州に集中するメキシコ湾岸の製油所で生産され、主要な消費地である米国東海岸にパイプラインで送られます。一方、カリフォルニア州などの米国西海岸は域内に製油所をもち、域内での消費が中心となっています。

アラスカ州や内陸部など国内の原油生産が減少す

## 世界の３大石油市場

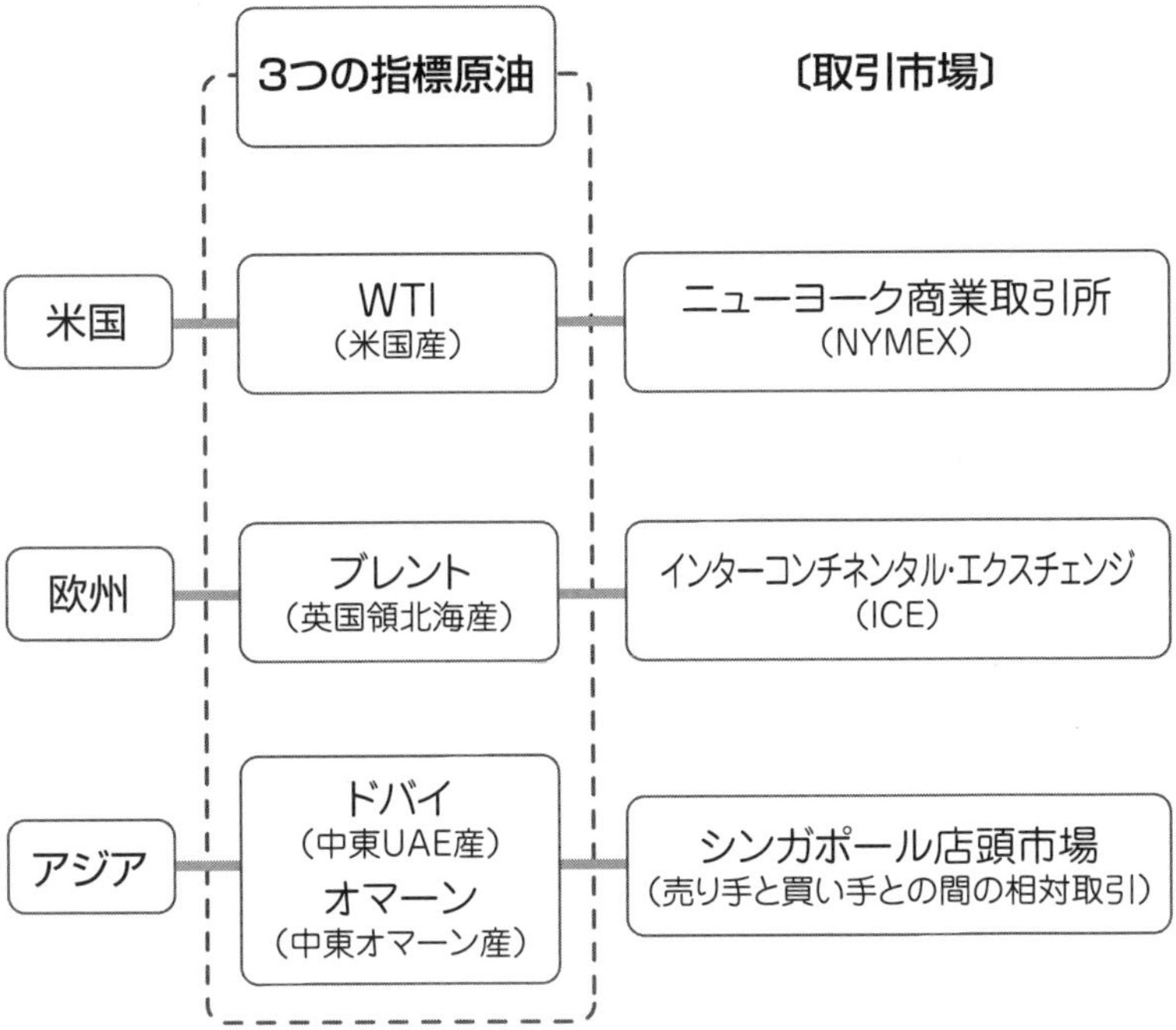
3つの指標原油
〔取引市場〕
米国
WTI
（米国産）
ニューヨーク商業取引所
（NYMEX）
欧州
ブレント
（英国領北海産）
インターコンチネンタル・エクスチェンジ
（ICE）
アジア
ドバイ
（中東UAE産）
オマーン
（中東オマーン産）
シンガポール店頭市場
（売り手と買い手との間の相対取引）

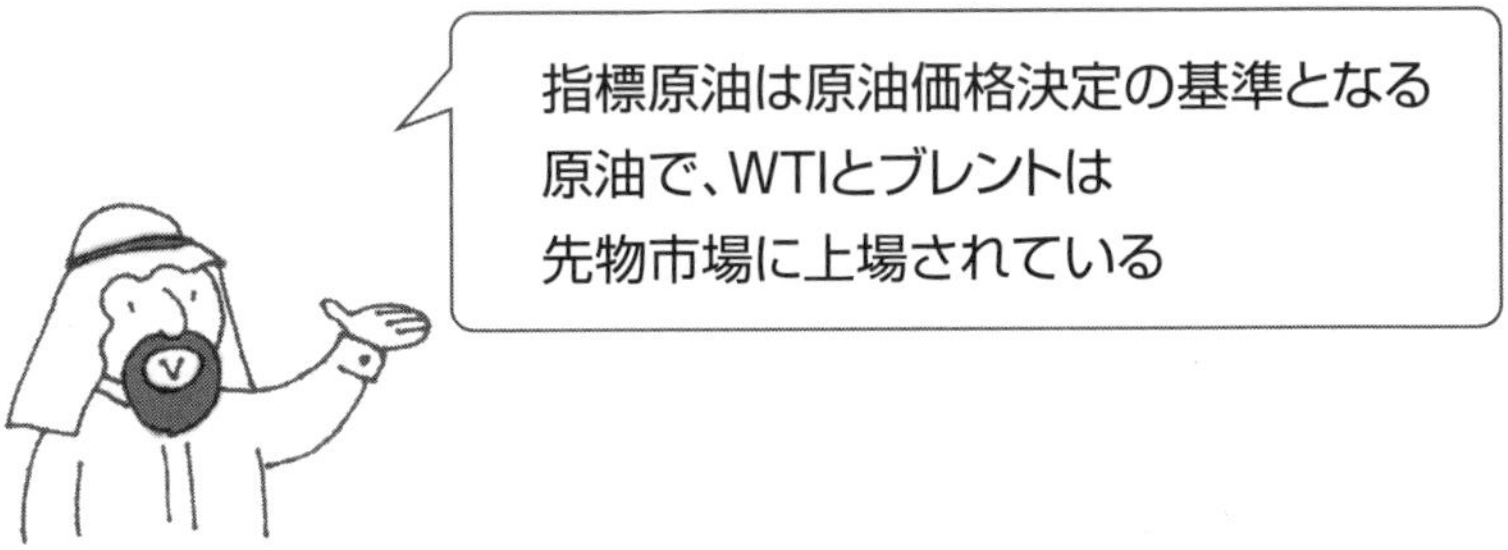
指標原油は原油価格決定の基準となる
原油で、WTIとブレントは
先物市場に上場されている

る一方で、原油の輸入量が年々拡大しており、ガソリンなど石油製品の輸入と合わせて海外への依存度が高まっています。

## WTI原油は北米の指標原油

WTI原油は北米の指標原油で、「ニューヨーク商業取引所（NYMEX）」の原油先物取引価格のことです。83年にNYMEXで原油取引が開始され、80年代の終わり頃から指標原油として使われるようになりました。

原油先物取引の中心で、欧州やアジアなど他の先物市場に比べて取引量がもっとも多く、価格決定のプロセスの透明性は高いです。そのため、WTI原油の価格は、世界の原油市場の価格形成に大きな影響をおよぼす重要な指標原油となっています。

WTIの1日あたりの取引量（出来高）は年々増加し、とくに04年以降大幅に伸び、01年の約15万枚（「枚」は先物取引の売買単位で、1枚が1000バレル）から07年には約46万枚へと3倍以上に増加しています。

さらに、08年の出来高（約53万枚）は、世界の原油生産量（日量約8500万バレル）の6倍強に達し、実際の生産量よりもずっと巨額の先物取引がされています。

## 欧州市場は軽油の消費が多い

欧州では、石油製品需要のうち、軽油の占める割合が多く、米国がガソリン消費を中心としているのと対照的です。輸送用燃料について、欧州では乗用車のディーゼル化が進んでおり、ディーゼルの燃料である軽油の消費量が多い点が特徴となっています。

軽油が選ばれる理由として、①ガソリンに比べて燃費がよいこと、②ドイツなどの自動車メーカーがディーゼルエンジンの高い技術を有しディーゼル車が広く普及したことなどが挙げられます。

欧州でディーゼル化が進んだことから、欧州市場の石油製品の需給は、軽油が恒常的に不足する一方でガソリンが余っています。米国ではガソリンが不足しているので、欧州から米国へガソリンが流れるかたちとなっています。

## 米国と欧州の原油先物市場における1日の取引量

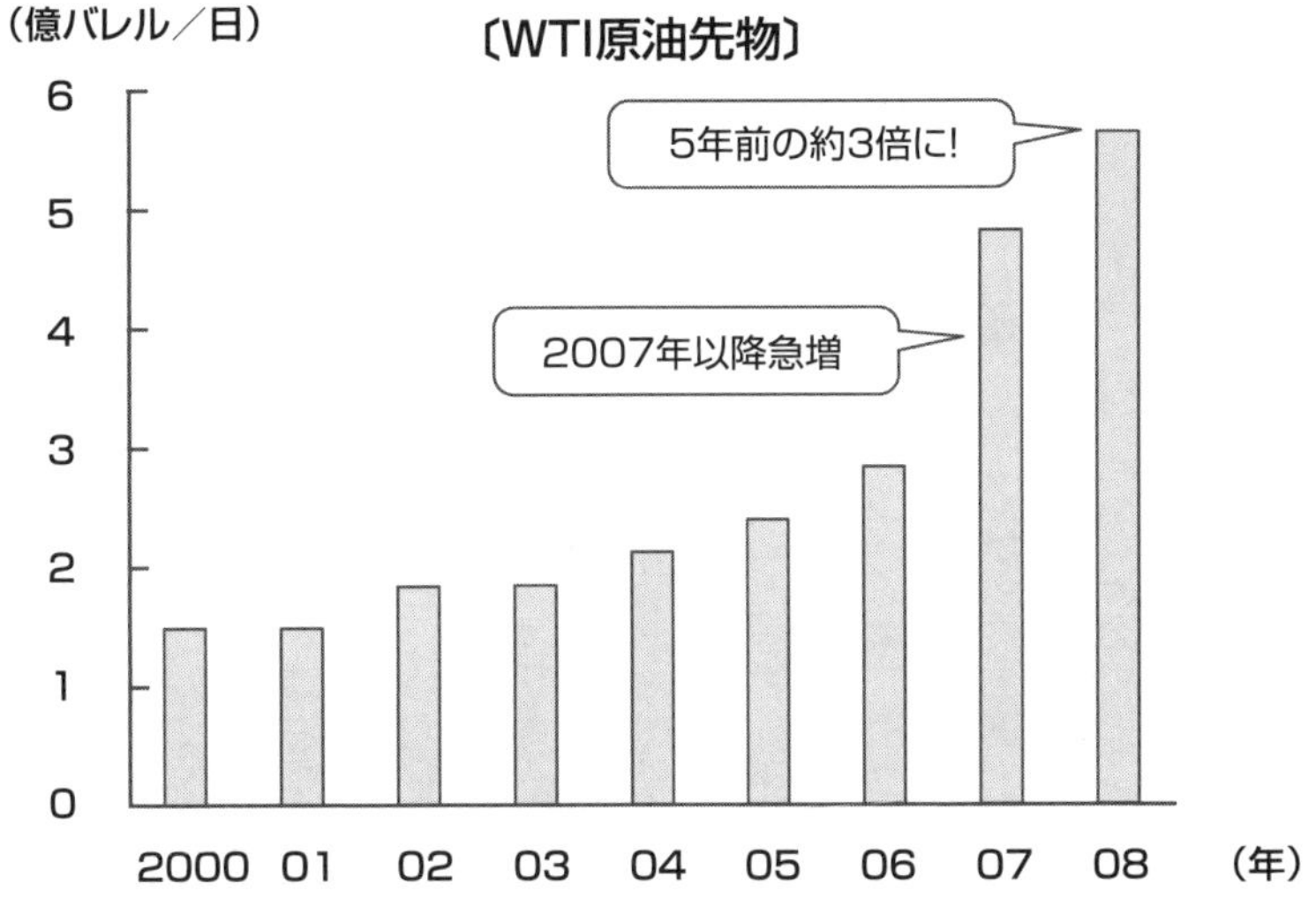


※2008年は1～6月の平均　<出典:NYMEXホームページ>

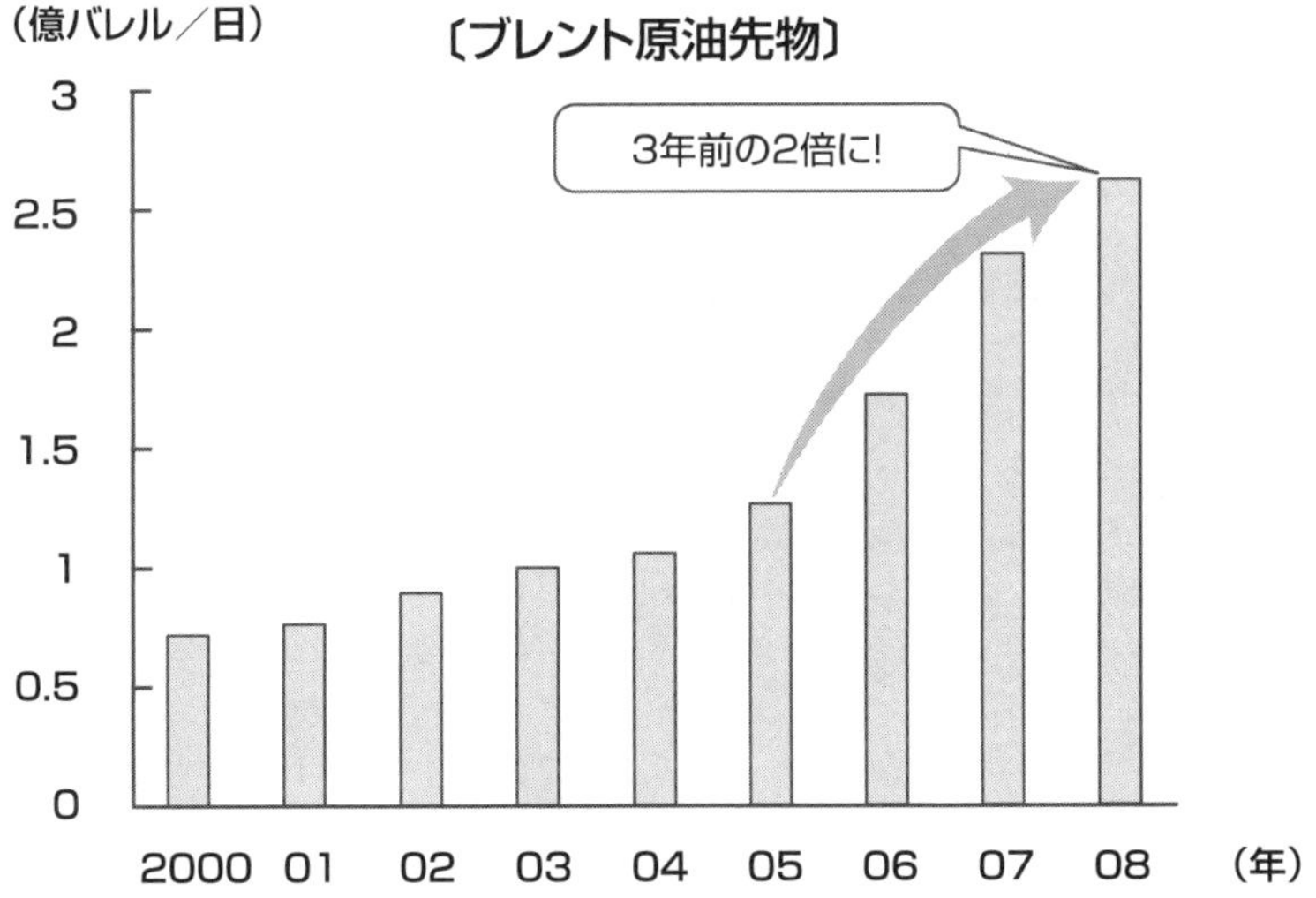


※2008年は1～10月の平均　<出典:ICEホームページ>

## ブレント原油の指標性はWTIよりも高い

欧州市場の指標原油「ブレント原油」は、英国の北海油田で生産されます。しかし、生産量が減少していることから、ほぼ同一の性状をもつ英国のフォーティーズ原油やノルウェーのオズバーグ原油が代替可能な原油に選ばれ、取引量を維持しています。

市場の流動性、供給の容易さ、環大西洋地域で指標原油として広く使われていることなどから、スポット契約（当用買い）とターム契約（長期契約）の両方で価格決定に用いられる指標原油です。

また、アフリカ産の原油の価格決定時に指標原油として使われ、WTIよりも多くの油種をカバーしています。

ブレント原油は、ロンドンの先物市場「ICE」（インターコンチネンタル・エクスチェンジ）で取引されています。ICEは90年代に設立され、ブレント原油を扱っていたロンドンの先物市場「IPE」（インターナショナル・ペトロリアム・エクスチェンジ）を01年に買収し、原油先物取引を始めました。

1日あたりのブレント先物の取引量は、00年平均の約6万6000枚から、08年（1〜10月）には約4倍の26万枚（日量2億6000万バレル）に拡大しています。これはWTI取引の半分のレベルですが、WTIとともに国際的な原油価格決定の役割を果たしています。

ところで、ICEは米国のWTI原油の取引を06年から開始しています。ICEのWTI原油取引量は年々拡大しており、08年は20・4万枚に達し、世界のWTI取引量の約25％を占めています。

## アジアは重油の消費が多い

アジア市場は他の市場に比べて、石油製品需要に占める重油の比率が高いのが特徴です。07年の重油の消費量をみると、米国4・5％、欧州10・3％に対して、アジアは14・3％です。その理由は、発展途上国が多いからです。経済成長速度の速いアジア地域では将来、ガソリンなどの輸送用燃料を中心に白油化が進むことが予想されます。

アジア市場の取引の中心は「ドバイ原油」で、ア

## ドバイ原油の特徴

- アラブ首長国連邦（UAE）のドバイで産出される原油
- ほぼ全量がスポット取引
- アジア原油市場の指標価格
- 産出量は日量10万バレル以下と多くはない
- 東京工業品取引所（TOCOM）の中東産原油先物価格はドバイ原油価格と連動している

ジア向けの中東原油についての価格決定の指標原油になっています。ドバイ原油はアラブ首長国連邦ドバイで生産される原油です。ただし、現在生産量が減少しているため、中東オマーン産の「オマーン原油」もドバイ原油とともに指標原油になっています。

アジアではNYMEXやICEのような原油取引所の先物契約ではなく、シンガポールを中心とした店頭（OTC）取引による市場が形成されています。

OTC市場では、原油の取引が取引所ではなくブローカー経由または売り手と買い手との間で直接行われます。NYMEXなど大規模な取引所と異なり市場を介さないことから、情報量が限られ、価格決定における透明性の問題が指摘されています。

アジアでの原油先物取引は、東京工業品取引所（TOCOM）でドバイ原油をベースとする中東原油の先物取引が行われています。

また、中東で発展を続けるドバイのDME（ドバイ商業取引所）が06年にNYMEXと提携して設立され、オマーン原油の先物取引が始まっています。

# 6 原油価格を決定する2つの取引

## 先物取引が取引の大半を占め価格を決定する

### 世界の原油市場の大半は先物取引

原油取引は「先物取引」（将来の一定日時に一定の価格で売買することを現時点で約束する市場取引）が全体の取引の大部分を占めています。実際に原油の引渡しをともなう「現物取引」の比率は、世界全体で10％以下にとどまります。

ニューヨークやロンドンなどの原油先物市場でのトレーディング（取引）が市場の流動性を高め、世界の市場に恒常的に価格シグナル（価格の上昇、下落の動き）を送る役割を果たしています。

アジア市場における原油の先物取引は、東京工業品取引所に中東産原油、ドバイ商業取引所（DME）にオマーン原油が上場されています。しかし、これらは取引量が欧米に比べて少なく、取引所を介さない店頭（OTC）市場での先渡し取引（あらかじめ値段と数量を決めて、将来の期日に売買を行うことを約束する相対取引）が中心です。

世界の原油市場における現物取引は、先物取引と比べて小規模ですが、先物中心の価格決定の仕組みを需給ファンダメンタルズ（需要と供給の状況）に引き戻す働きをしています。

ただし、原油先物市場には04年頃から金融の過剰流動性（金余り）を背景として、投資・投機資金が流入し、取引量が大幅に拡大しています。原油価格の決定は先物取引に一段と偏ったかたちで決まるようになってきています。

### 契約形態はスポットとタームの2種類

産油国と輸入国との間で原油購入契約が締結される場合の契約形態は、1年以上の契約を「長期契約」（ターム契約）、1回限りの当用買いを「スポット契

## ２つの原油取引

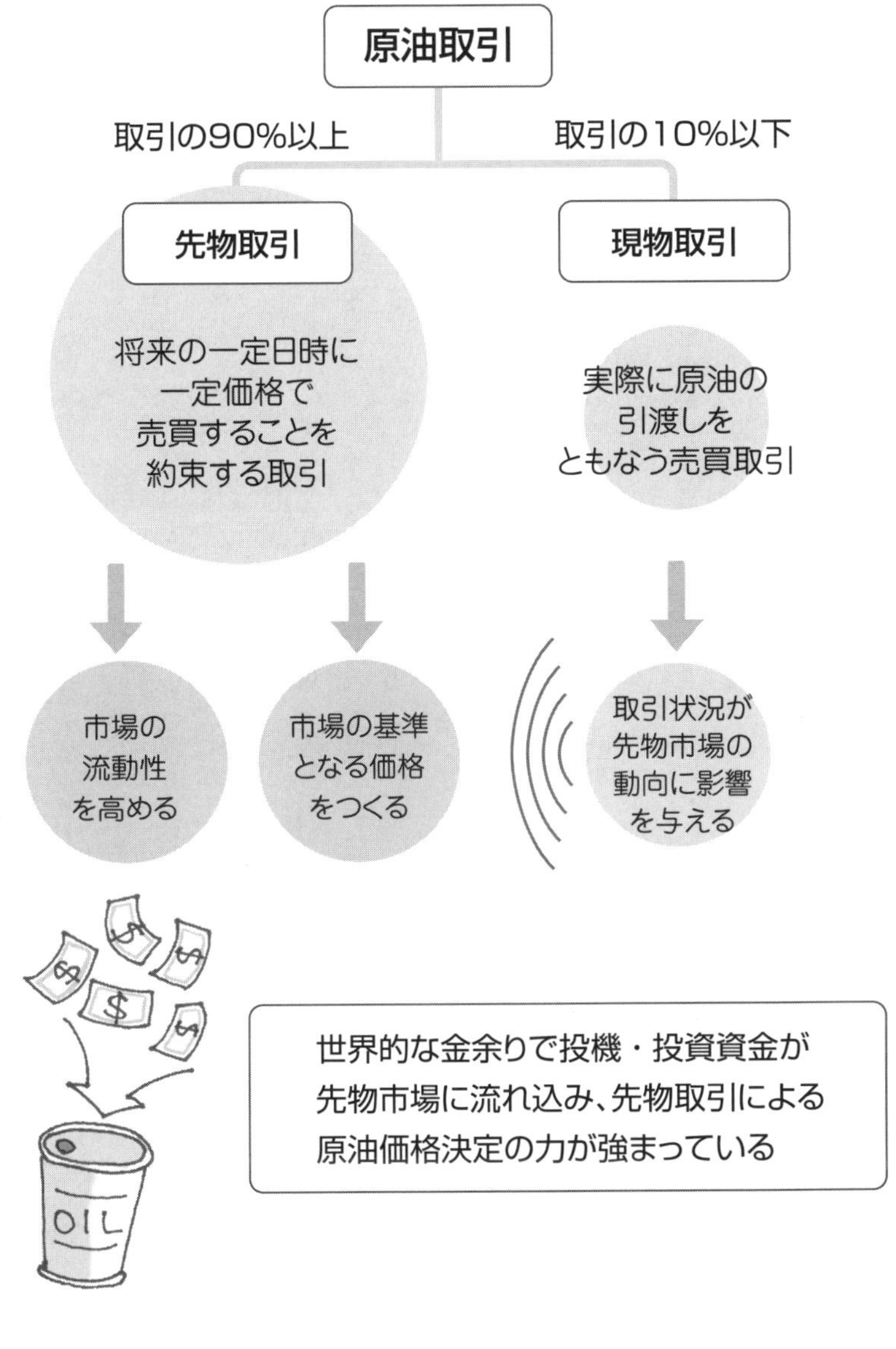
原油取引
取引の90%以上
取引の10%以下
先物取引
現物取引
将来の一定日時に一定価格で売買することを約束する取引
実際に原油の引渡しをともなう売買取引
市場の流動性を高める
市場の基準となる価格をつくる
取引状況が先物市場の動向に影響を与える
OIL
世界的な金余りで投機・投資資金が先物市場に流れ込み、先物取引による原油価格決定の力が強まっている約」と呼びます。

世界の原油契約はターム契約が約3分の2と主流で、スポット契約は約3分の1です。日本の場合はスポット契約は2割以下にとどまります。その一方で、石油製品の輸入はスポット契約が多く、日本の場合でも多くを占めます。

原油の場合、ターム契約は相対的に供給の安定性があり、価格変動時に供給リスクが少ないというメリットがある反面、機動的に調達するという点では柔軟性に欠けます。

## ❖原油先物市場のプレーヤー

原油市場におけるプレーヤーは、実際に石油事業に従事している「当業者」と、それ以外の「非当業者」に分けられます。欧米やアジア各市場にはそれぞれ固有の特徴はありますが、当業者は石油生産・精製・流通業者があり、非当業者にはヘッジファンド（大規模な資金を集めて様々な金融手法を駆使して利益を上げるファンド）、投資銀行などがあります。

市場の参加者の取引の動きは、米国の先物取引を監督する「米国商品先物取引委員会」（CFTC）が発表する報告で知ることができます。週1回CFTCは取引の詳細レポートを発表し、大口取引について当業者と非当業者の売買動向を公表します。

CFTCの報告によれば、NYMEX（ニューヨーク商業取引所→P40）でWTI原油先物の取引を行う当業者と非当業者の取引量は、両方とも大幅に拡大しています。近年の傾向として、非当業者の比率が増加しています。

ただし、現在の当業者と非当業者という区分については、投資を目的とした取引についても当業者に区分されるなどの問題点も指摘されています。例えば、大手の投資銀行で子会社を通じて現物取引も行っているところが、当業者として扱われています。

08年9月にCFTCを中心としたタスクフォース（投機資金に関する特別調査チーム）が発表した報告では、投資銀行がインデックスファンド（指数連動型のファンド）を運用するために売買を行う取引

## 世界の原油市場に影響を与えるWTI価格

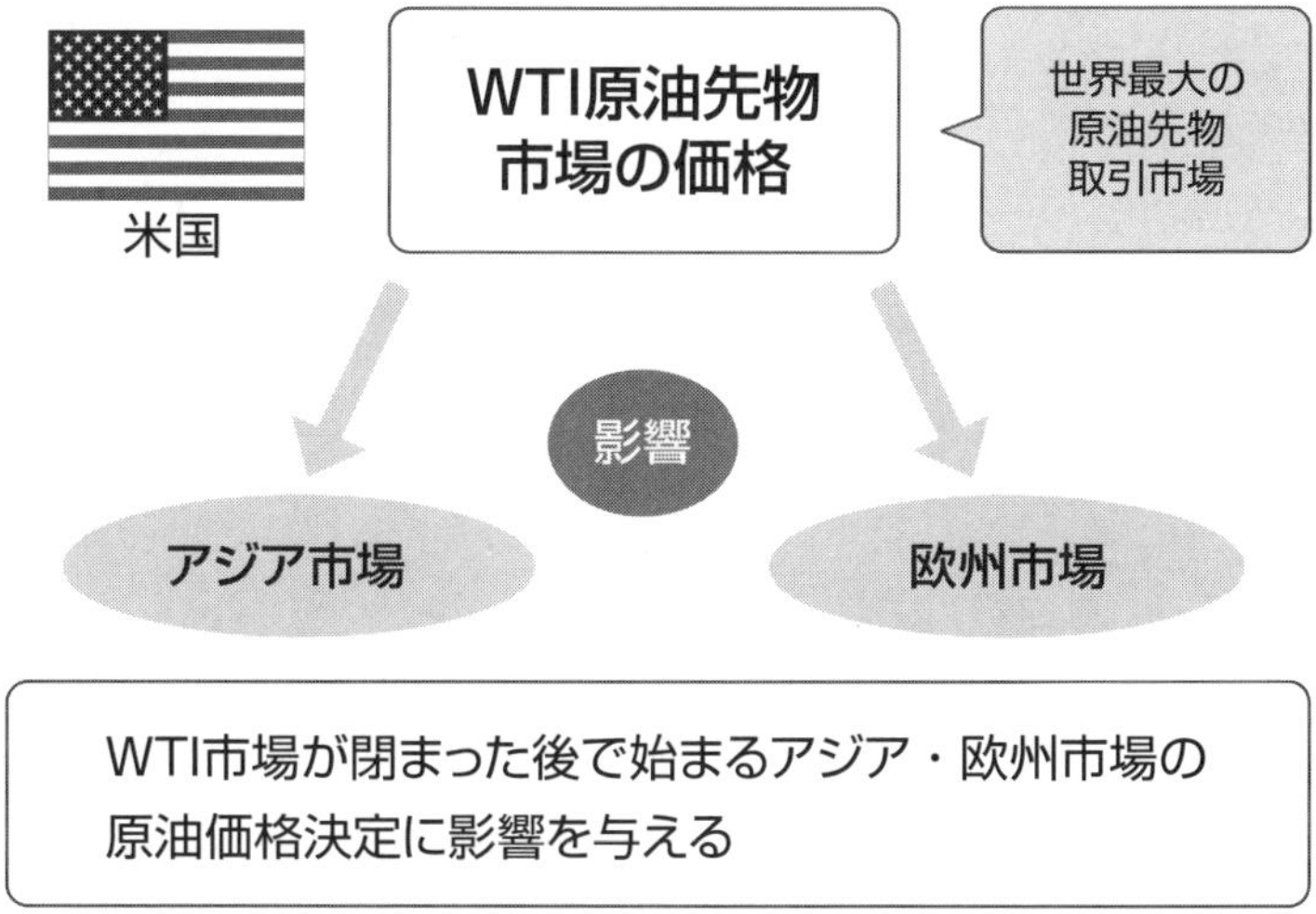


については、別の区分として公表すべきという意見が出されています。

### ❖原油価格を変動させる要因は？

08年の1月から7月までの間に原油価格は大幅に上昇しましたが、原油価格はどのように決定されるのでしょうか。

新聞などで報道される原油価格は、NYMEXで取引されるWTI原油の価格が参照されるケースが大半です。その理由は、世界で取引量がもっとも多く、世界の原油市場に価格シグナルを発信しているからです。米国市場が閉まった後で始まるアジア・欧州市場の原油価格はそのシグナルに基づいて決定されます。

原油先物市場で取引の中心となるのが第1限月（翌月物）の取引です。40ページ以下で述べたように、原油先物市場は北米市場のNYMEX、欧州のICE、アジアの東京工業品取引所で原油価格が決定されています。ただし、アジアの相場はシンガポールのOTC（取引所を介さない店頭）市場の原油取引価格が中心相場として参照されています。

先物市場での価格は、需給ファンダメンタルズ（基礎的な条件）と非ファンダメンタルズの影響を受けて決定されます。需給ファンダメンタルズには原油・石油製品の需給バランス、需給変動の影響を受けた在庫の動きなどがあります。

一方、非ファンダメンタルズはそれ以外のものを指しますが、投機・投資資金の動向、地政学的リスク（政治経済上のリスク➡P258）も含まれます。

例えば、年金基金や政府系ファンド（SWF＝国家資産を運用する国有ファンド）が行う原油を含めた商品市場での資金運用、イランの核問題やテロの危険性などの地政学リスクも市場に影響を与えます。

## ✤産油国から買う価格

産油国から原油を買う場合の価格決定方式は、大きく3つの方式に分けられます。

### ①市場連動型決定方式（マーケットリンク）

原油供給者が市場ごとに指標原油（➡P38）を設定し、その価格に連動して原油価格が決まる方式です。サウジアラビアなどの産油国は毎月初め、この指標原油価格に付加する調整金を発表します。この調整金はそれぞれの市場動向に基づいて決定され、プラスの場合はプレミアム、マイナスの場合はディスカウント（割引）と呼ばれています。

### ②遡及的価格決定方式

アラブ首長国連邦（UAE）などが採用する決定方式です。原油タンカーは原油を船積み後、日本へ約20日で到着しますが、船積み時点では価格が未定で、後で価格が通知される仕組みです。

これは①の市場連動方式と基本的には同じですが、価格の決定時点が異なる点が特徴です。

### ③ネットバック価格決定方式

欧州のOTC市場の中心地オランダのロッテルダムなど世界各地の石油製品市況と輸送コスト・精製コストをベースに、原油価格を決定する方式です。ただし、この方式は中東産油国が一時的に採用していたもので、現在採用している国はありません。

## 産油国から原油を買う際の価格決定方式

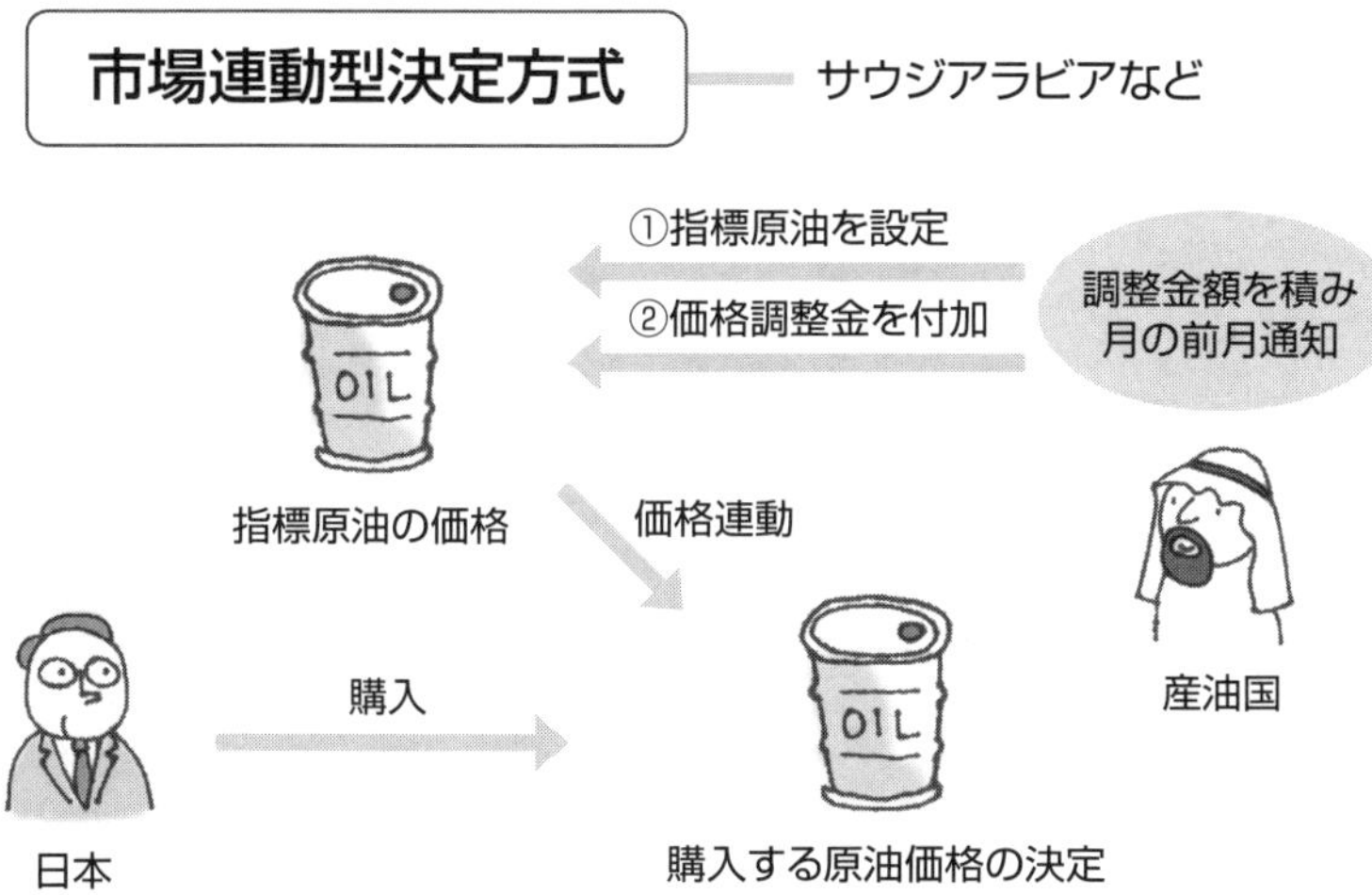
市場連動型決定方式
サウジアラビアなど
①指標原油を設定
②価格調整金を付加
調整金額を積み
月の前月通知
OIL
指標原油の価格
価格連動
産油国
購入
OIL
日本
購入する原油価格の決定

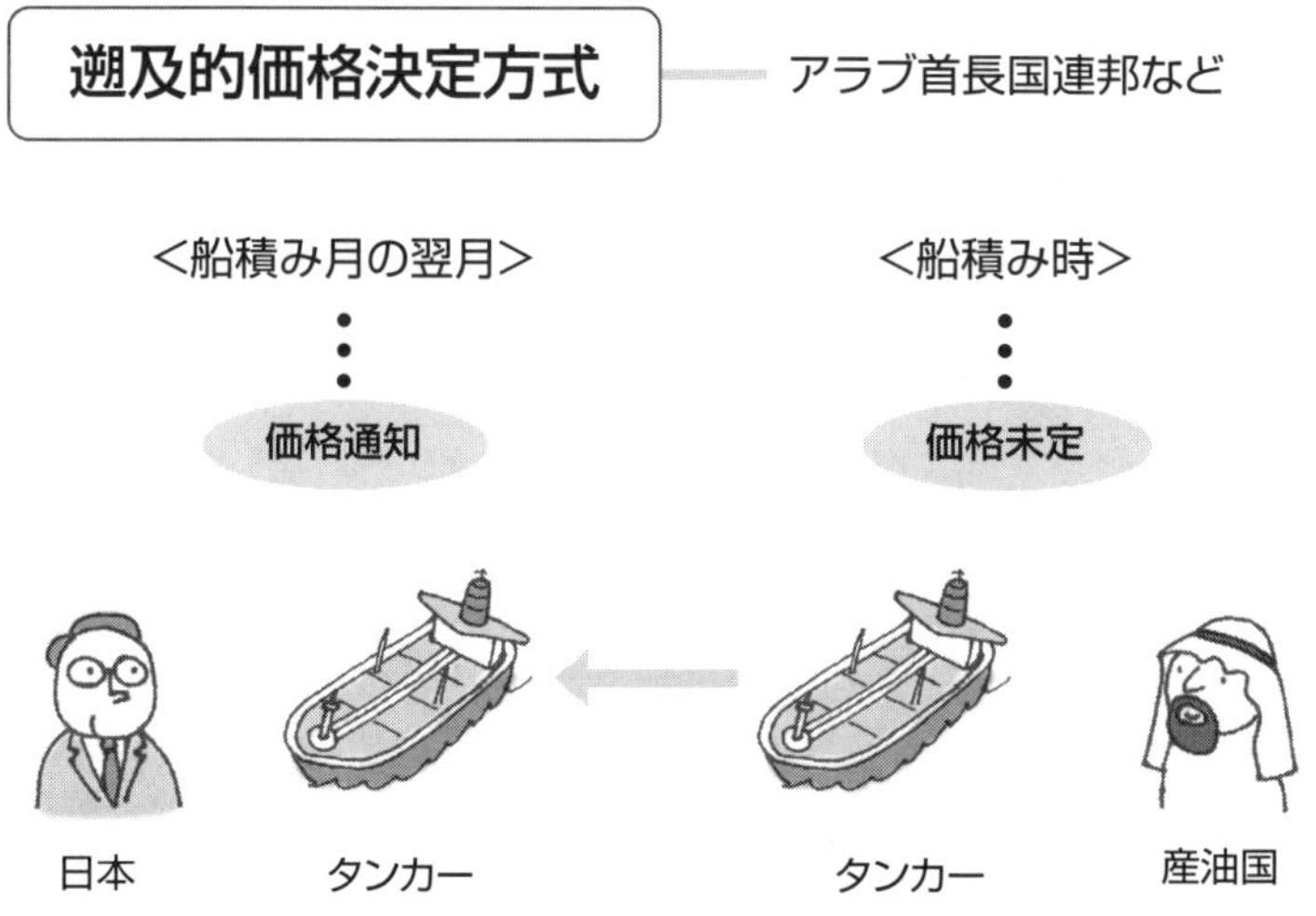
遡及的価格決定方式
アラブ首長国連邦など
<船積み月の翌月>
<船積み時>
価格通知
価格未定
日本
タンカー
タンカー
産油国

7

# 世界を席巻したスーパーメジャーズの今

## 再編で体力を強化してきたが経営環境は厳しい

### セブン・シスターズ時代の終わり

20世紀初めから60年頃まで、国際石油市場は欧米の7つの巨大石油会社が支配していました。

その7社とは、米国がスタンダード・オイル・オブ・ニュージャージー、スタンダード・オイル・オブ・ニューヨーク、スタンダード・オイル・オブ・カリフォルニア、テキサス・カンパニー、ガルフ。欧州が英蘭のロイヤル・ダッチ・シェルと英国のアングロ・ペルシャンです。

石油資源獲得競争で一足遅れたイタリアの国営石油会社ENIの総裁が、これらの国際石油会社（IOC）7社を「セブン・シスターズ」と呼び定着しました。当時、彼らは「石油メジャー」として世界の石油市場に君臨する特別な存在だったのです。

石油メジャーとは国際石油会社のことで、巨大な資本力、技術力で石油の上流部門（探鉱・開発・生産）から下流部門（輸入・精製・販売）までの全プロセスを担い、石油市場を寡占する巨大企業です。

しかしその後、メキシコやベネズエラを始めとする産油国が石油資源の国有化を進め、石油メジャーと産油国との間で利益を折半する方式になると、石油メジャーの支配体制は徐々に崩れていきました。

また、78年の第2次石油ショック後、産油国が消費国との間で直接取引やスポット販売を拡大したため、石油メジャーの影響力はさらに弱まりました。

### アジア金融危機の衝撃

年を追うごとに影響力を弱める石油メジャーにさらなる打撃を与えたのは97年のアジア金融危機です。韓国、インドネシア、タイなどのアジア各国の通貨価値が暴落し、アジア各国に投資していた投機資金

## かつて石油生産を独占していた石油メジャー7社

スタンダード・オイル・オブ・ニュージャージー
（のちのエクソン）
スタンダード・オイル・オブ・ニューヨーク
（のちのモービル）
米国
スタンダード・オイル・オブ・カリフォルニア
（のちのシェブロン）
テキサス・カンパニー
（のちのテキサコ）
ガルフ
英国
アングロ・ペルシャン
（のちのBP）
英国
オランダ
ロイヤル・ダッチ・シェル

20世紀初めから60年頃まで、国際石油市場を
支配していた米英7社を「セブン・シスターズ」と呼んだ

がいっせいに資金の引き揚げに動いたため、アジア各国で猛烈な資金不足が発生しました。これによって世界経済も大きな打撃を受けました。

98年以降、世界経済の景気後退を受けて石油需要が低迷し、供給過剰となった原油はドバイ原油が一時1バレル=10ドルを下回るなど、大幅な安値となりました。

## スーパーメジャーズの誕生

原油価格の大幅な下落に直面し、上流部門で収入が大幅に減ったことを背景に石油メジャーは合併で事業再編を始めました。

99年に米国のエクソン(Exxon)とモービル(Mobil)が、すでに米国アモコ(Amoco)を買収した英国BPアモコ(BP Amoco)が米国アルコ(Arco)と00年に、01年に米国のシェブロン(Chevron)とテキサコ(Texaco)がそれぞれ合併しました。

その結果、メジャー7社(セブン・シスターズ)は、英国BP、米国エクソンモービル(ExxonMobil)、英蘭ロイヤル・ダッチ・シェル(R/D Shell)、米国シェブロン、フランスのトタル(Total)の5グループに集約され、今日の「スーパーメジャーズ」が形成されました。

この5大グループに次いで大きい米国コノコフィリップス(ConocoPhillips)は準スーパーメジャーとして扱われています。

## 世界の石油資源の8割をNOCが保有

産油国の国営石油会社(NOC➡P56)とスーパーメジャーズ5社の原油生産量では、NOCが世界の生産シェアの50%、スーパーメジャーズ5社が同14%とNOCが優位です。

一方、保有する埋蔵量を比較すると、NOCのシェア77%に対してスーパーメジャーズ5社は4%と、メジャーズの埋蔵量が圧倒的に少ないのが現状です。そのため、スーパーメジャーズの最重要課題は、主要な埋蔵量保有国と協業していくことです。

メジャーズは産油国に対して、自身がこれまで築いてきた探鉱・開発などの上流事業の技能・技術をアピールしていますが、すでにサウジアラムコ

## 石油メジャーの弱体化と再編

石油メジャーが世界の石油資源を支配

↓

打撃要因

60年代〜　産油国が石油資源を国有化

70年代〜　石油ショック（73年、78年）

↓

石油メジャーの力が衰退

↓

打撃要因

97年　アジア通貨危機と世界経済の景気後退

↓

原油価格下落、石油収入減

↓

石油メジャー再編、スーパーメジャーズ5社体制に!

米国　エクソンモービル
シェブロン

英国　オランダ　ロイヤル・ダッチ・シェル

英国　BP

フランス　トタル

（→P58）などの産油国の国営石油会社は高度な技術をもっており、メジャーズの技術に頼らなくても十分に原油開発が進められるといわれています。

これは、フランスの石油探査会社シュルンベルジェ（Schlumberger）など高い技術をもった大手コントラクター（業務請負企業）を活用し、産油国が独自に探鉱・開発ができるようになったからです。

## ❖高収益を上げたが金融危機後は？

原油価格の高騰を受けて、メジャーズは非常に高い利益を上げています。とくに、エクソンモービルは07年には400億ドル以上の純利益を計上し、民間企業として世界の全業種・全企業のなかで最大の利益を得ています。他のメジャーズも同様に高水準の利益を享受しており、とくに海外の上流事業からの利益が大きく貢献しています。

一方で、資本支出（資産の取得や保有資産に付加価値を加える投資）ではBPの場合、02〜06年の間に約20％増えていますが、エクソンモービルが約50％、コノコフィリップスは3倍に増やすなど、メジャー間で差が出ています。

空前の利益を上げたメジャーズの株主への収益還元はどうなっているのでしょうか。株主還元には、配当と株式買戻しの2つがあります。企業は配当を長期的な観点から決めるため、利益が拡大しても急に配当を増やすことはあまりしません。その一方で、株数を削減し、配当金額を抑制できる株式買戻しは短期的な視点から進められます。

株主還元はメジャーズによって異なり、例えばシェルは配当を重視していますが、BP、エクソンモービルは株式買戻しを重視しています。

収益を投資ではなく株式買戻しに使うことには様々な見解がありますが、企業の経営指標を表すROE（株主資本利益率）を改善するのに有効な手段の一つと考えられます。

ただし、08年の第4四半期は金融危機と原油価格の下落により減益となりました。メジャーズは依然として高収益を維持していますが、今後は株主への還元よりも投資を優先する可能性があります。

## 米英スーパーメジャーズ4社の純利益の推移

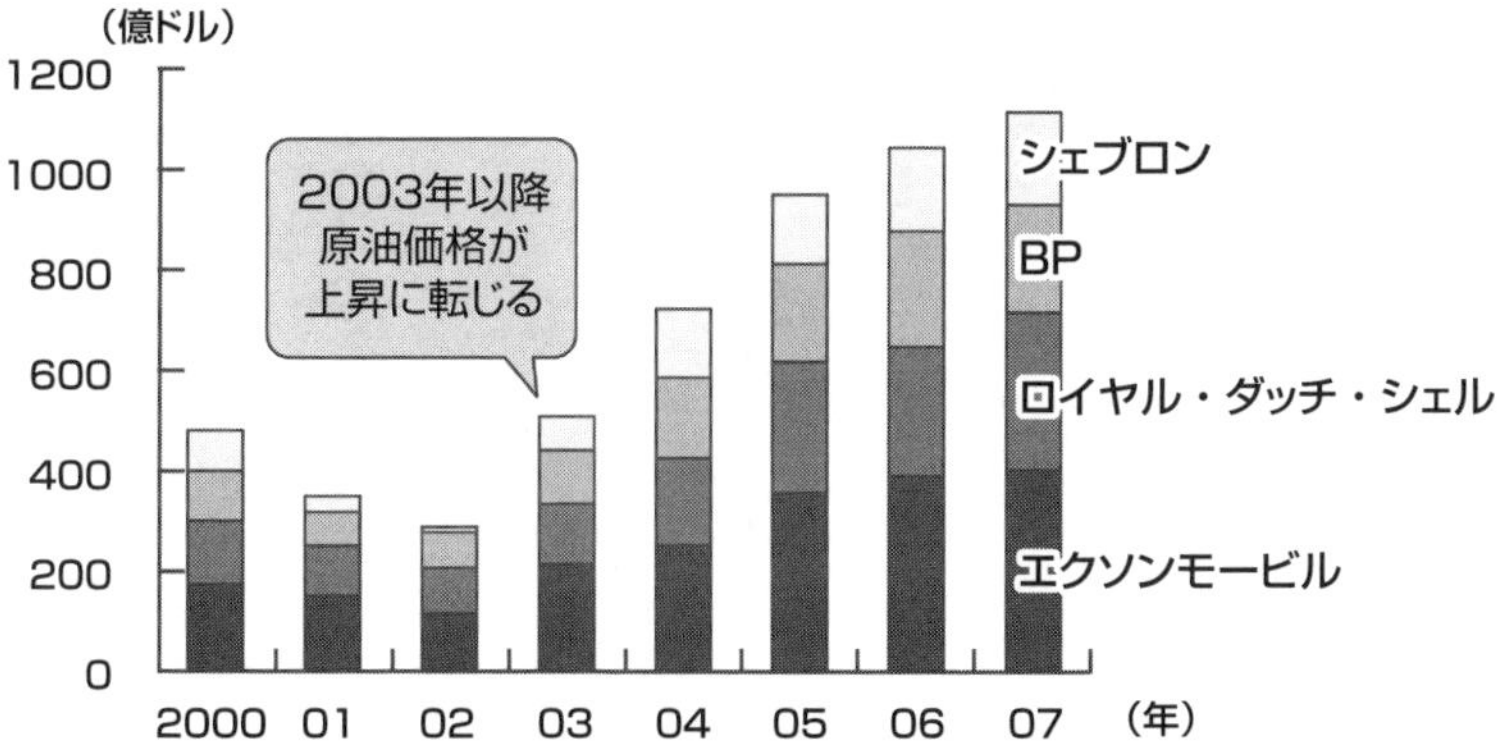


<出典:各社年次報告書>

03年以降、原油価格上昇とともに利益を上げてきたスーパーメジャーズだが、08年以降は減益の見込み

### ❖事業環境は厳しさを増している

04年頃から始まった資源価格の高騰を背景として、スーパーメジャーズは上流事業を中心に非常に高い利益を得ています。しかし一方で、近年の資源ナショナリズムの高まり、開発コストの上昇、高度な技術をもった人材確保の難しさなど、事業環境は一段と厳しさを増しており、決して安泰ではありません。

資源価格の上昇を受けて世界的に事業活動が活発化した結果、油田開発に使う掘削リグの使用料金も大幅に上昇しました。

また、鉱区のエンジニアの高齢化が進んでおり、メキシコ湾の油田では今後10年以内に4割のエンジニアが定年を迎えるといわれています。

今後、高度な技術レベルを維持するために、教育や人件費への配分を増やす必要があります。また、08年7月以降、原油価格が下落していますが、上流事業を重視するメジャーズにとって、さらに経営の重荷となる可能性があります。

# 8 国営石油会社が石油を握る

## 欧米石油メジャーの技術力を追い上げている

### ❖国営石油会社の台頭

「資源ナショナリズム」（↓P264）の高まりを背景に資源獲得・争奪の動きが強まり、資源価格が近年高騰しています。これを受けて「国営石油会社」（NOC）がにわかに国際石油市場の主要なプレーヤーとして存在感を強めています。

**①産油国の国営石油会社**

中東ではサウジアラビア、イラン、カタール、アラブ首長国連邦（UAE）などにNOCがあります。また、アフリカではナイジェリアやアンゴラに、中南米ではブラジルやベネズエラなどにNOCがあります。

これらは自国の原油資源から得られる利益を最大限活用するために政府がつくった石油会社です。

**②消費国の国営石油会社**

一方で、生産国だけでなく消費国の国営石油会社の存在と影響力も大きくなっています。中国、インド、韓国などにもNOCがあります。彼らは国家の資源外交の支援を受けて、国と一体化して資源確保に向けた動きを強めています。

### ❖メジャーと産油国の関係が逆転した

NOCが資源価格高騰を背景として資金力や技術力を拡大させていくなかで、国際石油市場でのスーパーメジャーズを含む欧米の「国際石油会社」（IOC）の役割は大きく変化してきています（IOCとスーパーメジャーズ↓P52）。

かつてIOCは、高い技術・資本力を背景に原油の探鉱・開発において圧倒的な支配力をもち、資源国との交渉では有利な立場にありました。

ところが、IOCは徐々に技術力を高めてきたN

## 世界の国営石油会社

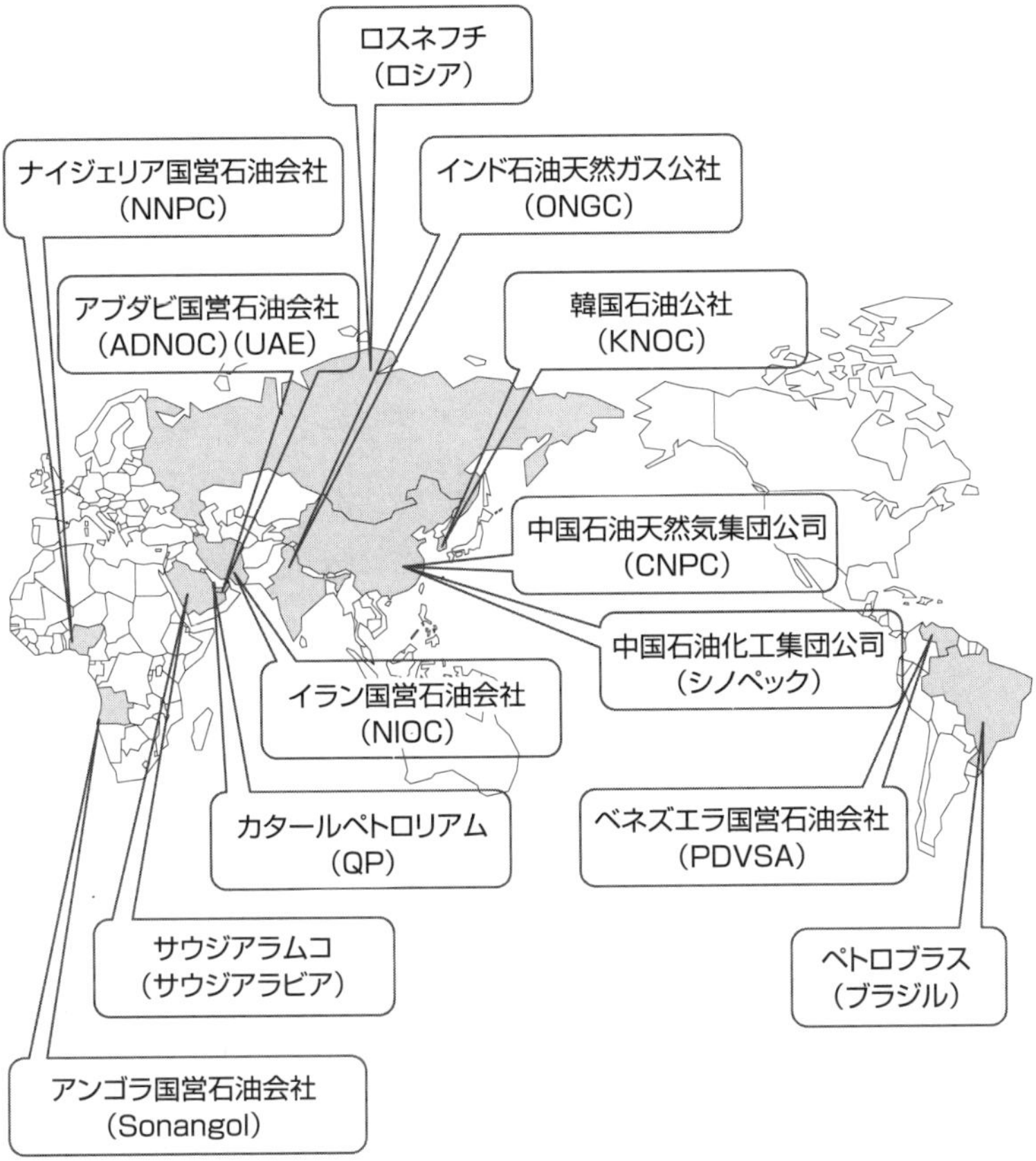
ロスネフチ（ロシア）
ナイジェリア国営石油会社（NNPC）
インド石油天然ガス公社（ONGC）
アブダビ国営石油会社（ADNOC）（UAE）
韓国石油公社（KNOC）
中国石油天然気集団公司（CNPC）
中国石油化工集団公司（シノペック）
イラン国営石油会社（NIOC）
カタールペトロリアム（QP）
ベネズエラ国営石油会社（PDVSA）
サウジアラムコ（サウジアラビア）
ペトロブラス（ブラジル）
アンゴラ国営石油会社（Sonangol）

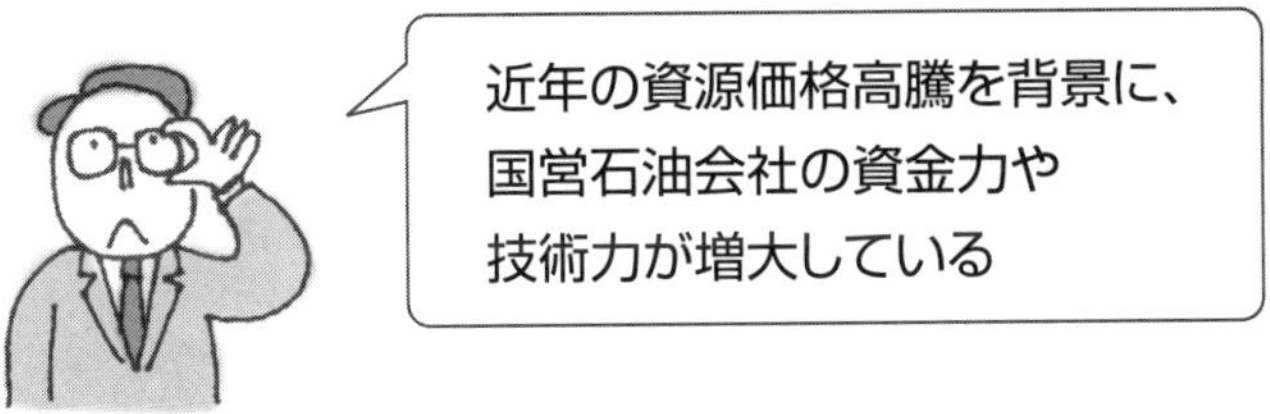
近年の資源価格高騰を背景に、国営石油会社の資金力や技術力が増大している

OCに追い上げられてきています。例えば、ブラジルのペトロブラスは深海油田の開発で高度な技術力をもっています。今やNOCとIOCの関係には過去のモデルは適用できなくなっています。

また、資源量の面でも、IOCは世界の原油埋蔵量の4%程度しかもっていません。反対にNOCは80%近い資源をもちますが、まだ技術力の面でIOCを凌駕するレベルには達していません。

IOCは事業の上流（探鉱・開発・生産）から下流（輸入・精製・販売）までの豊富な経験をもち、深海油田開発などの高度な技術をもち、依然としてNOCに対して優位に立っており、今後も重要な役割を担っていくことに変わりはありません。

そこで、両者が相互に補い合う協力関係を進めることが、今後一段と重要になると思われます。例えば、アフリカのアンゴラでは、国内の資源開発で、IOCの資金力や技術力をこれからも必要とするとしています。

産油国は、新しいパートナーシップのかたちとして、IOCがローカルコンテント（現地調達率）を上げることを期待しています。これは、産油国における現地企業の活用、雇用創出、現地での支出拡大などです。

また、NOCとIOCが合弁企業を組むことで、NOCはIOCのもつ優秀な技能とノウハウを習得できます。

## ❖主要な国営石油会社

それでは、次に主要な国営石油会社について説明します。

### ①サウジアラムコ

世界最大の産油国サウジアラビアの国営石油会社で、近年世界の石油市場における存在感が一段と大きくなっています。米国でシェルと合弁で精製・販売事業を行い、日本を含むアジアの主要な石油企業にも出資しています。

世界全体で従業員数は5万人を超え、年間の教育費に5億ドルを投じて従業員教育を重視しています。人材・知的財産面で将来の大きな資産となることが

## 世界の原油埋蔵量の保有状況

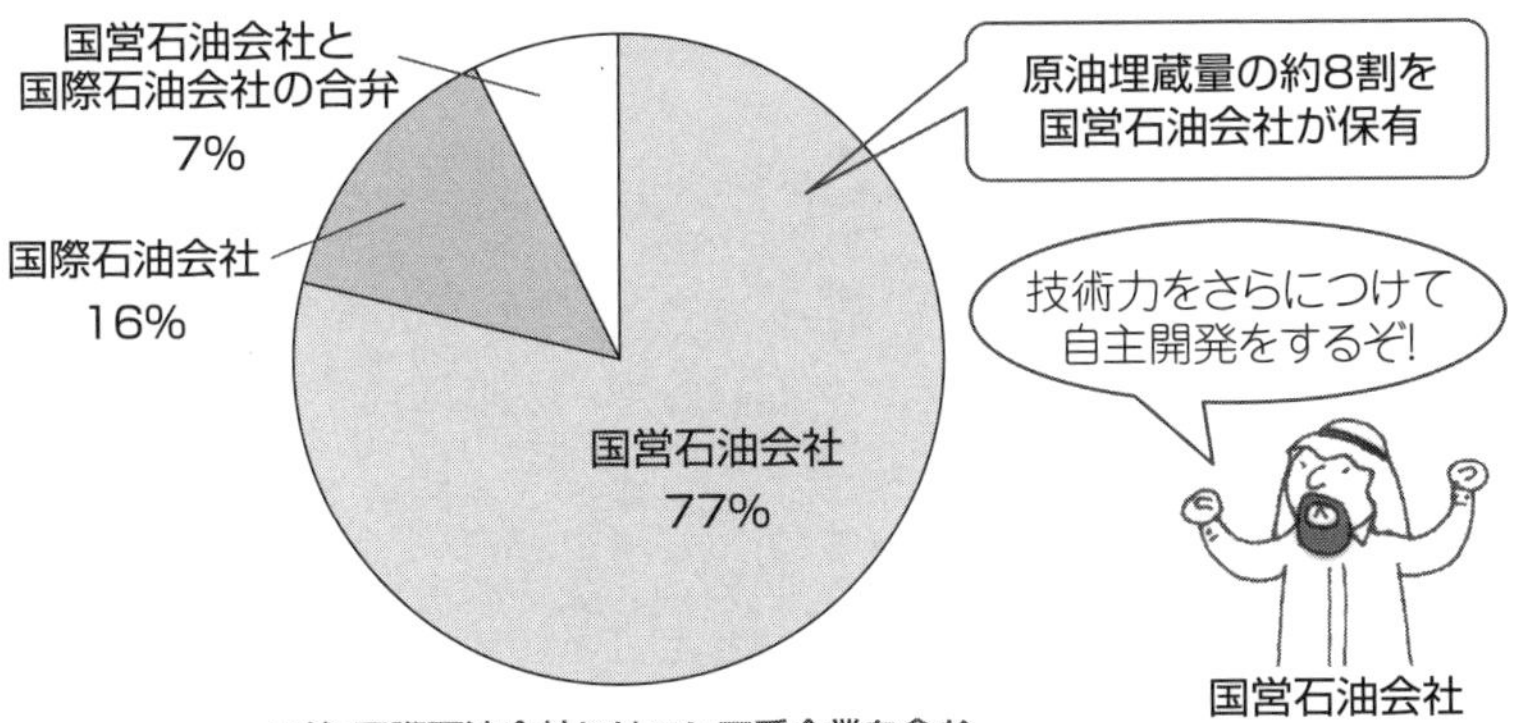


※注:国際石油会社にはロシア系企業を含む
<出典:ライス大学ジェームズ・A・ベーカー3世公共政策研究所報告書>

圧倒的な埋蔵量保有を背景に、産油国の国営石油会社の存在感と影響力が強まっている

予想されます。

②ペトロブラス

ブラジルの国営石油会社で、沖合油田の発見・開発で大きな進展があり、最近話題の企業の一つです。00年代以降、米国シェブロンなどの石油メジャーと合弁で国内や米国メキシコ湾、ナイジェリアで沖合油田の開発を行っており、深海油田の探鉱・開発に高い技術をもっています。

07年に日本の南西石油（沖縄県）を買収しました。最近はバイオ燃料の生産にも力を入れています。

③ロスネフチ

サウジアラビアと並ぶ世界最大の原油生産国ロシアの国営石油会社で、93年に設立されました。脱税問題で破産した民営石油会社ユコスの生産部門を担う子会社を買収して成長、現在では上流部門から下流部門まで最大のシェアを有するロシア最大の石油会社です。

# 9 産油国のOPECと消費国のIEAの関係

## 双方の役割・関係は変化している

### ✤ OPECとは？

「OPEC」（石油輸出国機構＝Organization of the Petroleum Exporting Countries）は60年に設立された石油輸出国からなる国際機関で、本部はオーストリアのウィーンに置かれています。

その目的は、石油市場の安定化と産油国の投資に対して合理的な利益率を確保することで、OPEC加盟国は定期的に会合を開催し、各国の生産量調整に関する協議を行っています。

創設当初の加盟国は、サウジアラビア、ベネズエラ、イラン、イラク、クウェートの5カ国でしたが、その後、カタール、リビア、アラブ首長国連邦（UAE）、アルジェリア、ナイジェリア、エクアドル、アンゴラが加盟し、08年12月時点で12カ国となっています。

なお、インドネシアは62年の加盟以来OPECの主要な一員でしたが、近年の原油生産量の減少、純輸入国（輸入量が輸出量を上回る国）への転落を背景に、08年に正式に加盟停止を表明しました。

### ✤ OPECの台頭

OPECの歴史は、60年代から現在に至るまでの国際石油市場の大きな流れを色濃く反映しています。40〜50年代の国際石油市場では、国際取引に用いられる産油国からの輸出価格は、欧米の石油メジャー（→P50）によって決められていました。

そのなかで、50年代の後半に入って、当時ソ連が原油を増産していたのに対抗して、世界の原油生産量のシェアを維持するために、石油メジャーが一方的に産油国からの輸出価格を引き下げました。

ところが、価格の引き下げは産油国の歳入が減る

## 石油輸出国機構（OPEC）

### 目的

- 加盟国の石油政策の調整・一元化
- 石油の価格と供給の安定
- 石油生産国（=OPEC加盟国）の利益の確保　　など

〔OPEC加盟12カ国〕

リビア
イラク
イラン
アルジェリア
クウェート
カタール
ベネズエラ
アラブ首長国連邦
エクアドル
ナイジェリア
サウジアラビア
アンゴラ

（2008年12月）

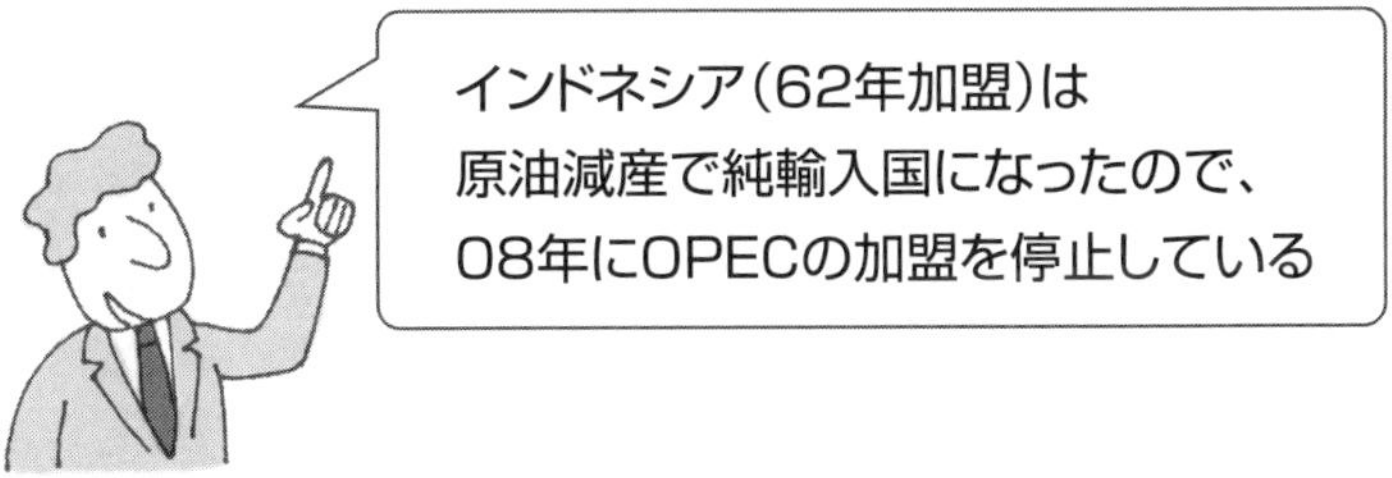
インドネシア（62年加盟）は
原油減産で純輸入国になったので、
08年にOPECの加盟を停止している

ことを意味しており、ベネズエラやサウジアラビアなどの産油国は価格引き下げに反発し、石油の輸出国を横断する組織としてOPECを設立しました。

60年代の後半に入ると、世界の石油需給バランスがひっ迫し始めたことで産油国の発言力も強まり、リビアなどでは石油メジャーから輸出価格の決定権を取り戻す動きもみられ始めました。

そうしたなか、73年にイスラエルとアラブ諸国との間で第4次中東戦争が起こり、アラブ諸国はイスラエルに対して石油禁輸政策を行い、その影響を受けて原油価格が高騰しました。これが「第1次石油ショック」です。

この一連の出来事が一つの転換点となり、国際石油市場の価格決定権は、欧米石油メジャーからOPECへといっきに移りました。

## ❖石油余りの時代とOPECの地位低下

70年代は石油の需給がひっ迫していました。そのため、油田を有する輸出国がOPECのような連携組織を形成した場合は、その影響力は大きなものとなりました。

しかし、80年代に入り、欧州の北海やアラスカ油田のような非OPEC諸国の原油増産、原油価格高騰による石油需要の落ち込みなどで需給バランスは再び緩和しました。すると、OPECの影響力や価格決定権もしだいに弱まってきました。

それと同時に、英国や米国で始められた原油の先物取引市場の取引量が拡大し、現物の原油価格の形成にも影響を及ぼすようになってきました（先物取引と現物取引↓P44）。

OPECも先物市場の動きを考慮せざるをえず、80年代の後半には先物価格に自国の輸出価格をリンクさせる方式が主流となり、OPECによる市場支配の時代は終わりました。

現在、OPECには国際石油市場で実際の価格そのものを決定する能力はありません。しかし、OPEC加盟国が現在の原油価格をどうみているのか、またその中で生産量をどう調整するのかという判断は、国際石油市場に大きな影響を与えています。

## 世界の原油供給に占めるＯＰＥＣの割合

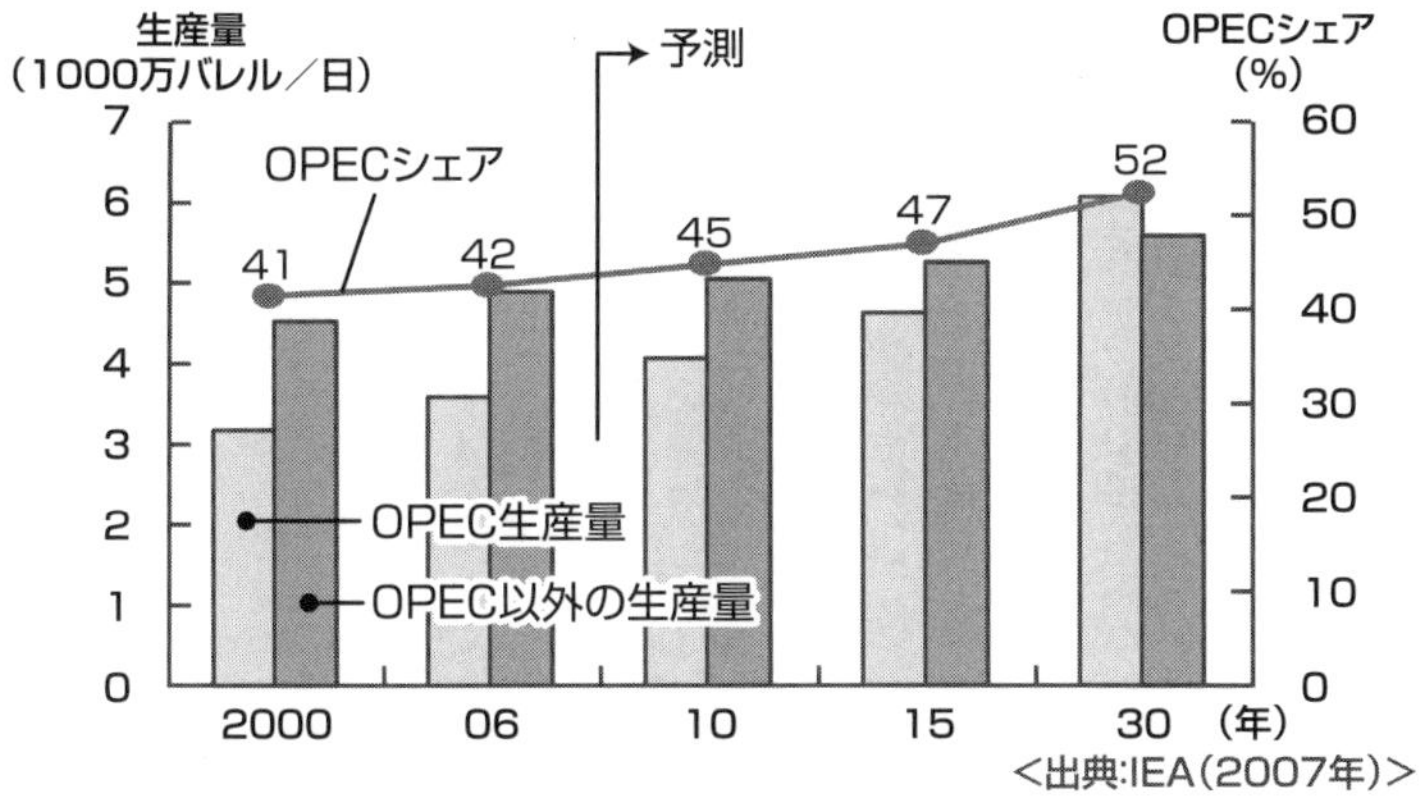


OPECの生産量が増加し、
2030年には全世界の半分を占める!?

また図に示す通り、世界の原油生産に占めるＯＰＥＣのシェアは今後しだいに増加し、30年には半分以上の石油供給がＯＰＥＣによってまかなわれるという予測もあります。

ＯＰＥＣの影響力増大を過度に警戒する必要はありませんが、今後の国際石油市場で無視できない存在であり続けることは確実です。

### ＩＥＡは消費国の連携組織

73年の第1次石油ショック以降、ＯＰＥＣをはじめとする産油国の影響力が高まるなかで、消費国の間でも何らかの連携を形成することで産油国に対抗していこうとする動きが出てきました。

そのなかで、74年に米国のキッシンジャー国務長官（当時）の呼びかけでＯＥＣＤ（経済協力開発機構）に加盟する国が中心となって設立されたのが「国際エネルギー機関」（ＩＥＡ＝International Energy Agency）です。

ＩＥＡ設立当初の主な目的は、消費国が連携してＯＰＥＣ諸国の一方的な原油価格の引き上げを抑えることでしたが、この試みは十分な結果を生みませんでした。しかし、加盟国の石油備蓄や緊急時の協調融通制度の整備を進めた点では、非常に大きな役割を果たしてきました。

実際に、湾岸戦争時の91年には、このIEAの枠組みに基づいた備蓄原油が放出されました。05年に米国に巨大ハリケーンが襲来し石油供給システムが甚大な被害を受けた際には、IEAは襲来後5日間という極めて短期間で備蓄放出を決めていて、世界の原油供給途絶に対して柔軟に備蓄原油を放出する体制を整えてきています。

## 日本人がIEA事務局長に就任

74年の設立以降、IEAトップの事務局長は欧米人で占められていましたが、07年9月に非欧米人としては初めて日本人の田中伸男氏が事務局長に就任しました。

これまで世界のエネルギー消費は先進国が中心でしたが、現在では中国やインドなどの新興国の消費も増えています（→P252）。先進国が加盟するIEAは、新興国とも関係を築いて、消費国間の連携組織としての役割を果たすことが課題です。

とくに中国をはじめとするアジア諸国はエネルギー消費の伸びが著しく、アジア人初のIEA事務局長の手腕に大きな期待が集まっています。

## 産油国・消費国の対話が欠かせない

OPECとIEAの関係は、70年代までは対立する構図もありました。しかし、国際エネルギー市場の構造が変化するにつれて互恵関係を模索する動きも出てきました。

そのなかで、91年からOPECとIEAを含む世界の産油国・消費国が一堂に会する「国際エネルギーフォーラム」が2年に1回開催されています。

ここでは、国際エネルギー市場の安定化やエネルギー部門の投資促進、エネルギー需給統計の整備など、産油国・消費国双方に関心の高いテーマについて密な話し合いがなされています。03年にサウジアラビアのリヤドに常設事務局が設置され、今後の活躍が期待されています。

# 国際エネルギー機関（IEA）

**活動内容**

・石油備蓄体制の整備
・緊急時の備蓄石油放出
・石油市場の情報収集
・省エネ・代替エネルギーの促進
・産油国・途上国との関係構築

〔加盟国〕

| | | | | | |
|---|---|---|---|---|---|
| 1 | オーストラリア | 11 | ハンガリー | 21 | 韓国 |
| 2 | オーストリア | 12 | アイルランド | 22 | スロバキア |
| 3 | ベルギー | 13 | イタリア | 23 | スペイン |
| 4 | カナダ | 14 | 日本 | 24 | スウェーデン |
| 5 | チェコ | 15 | ルクセンブルク | 25 | スイス |
| 6 | デンマーク | 16 | オランダ | 26 | トルコ |
| 7 | フィンランド | 17 | ニュージーランド | 27 | 英国 |
| 8 | フランス | 18 | ノルウェー | 28 | 米国 |
| 9 | ドイツ | 19 | ポーランド | | |
| 10 | ギリシャ | 20 | ポルトガル | | |

（2009年1月）

# 第2章 日本の石油産業

# 1 転換点を迎えた日本の石油産業政策

戦後の規制時代を経て自由化が完了した

## 敗戦後、ＧＨＱの厳しい統制を受けた

第2次世界大戦で、日本の製油所は甚大な被害を受けました。戦後、日本の占領政策を担ったＧＨＱ（連合国軍総司令部）は日本の非軍国主義化を占領政策の中心に据えて、政治・行政の民主化を進めました。

そのなかで、軍事物資としての性格が強い石油の行政権はすべてＧＨＱの支配下に置かれ、厳しい石油政策がとられました。太平洋岸の製油所は復旧がいっさい認められず、日本海側の原油採掘とその精製だけが許されました。

しかし、その後の冷戦の激化を背景に、対日占領政策は転換され、ＧＨＱは49年に「太平洋岸製油所の操業および原油輸入に関する覚書」を日本政府に交付し、50年以降、太平洋岸の製油所の稼働が順次再開されました。

## 50年代は外貨割当制度で石油輸入が制限された

このようななか、51年に石油行政権がＧＨＱから日本政府に委譲され、日本政府が自主的に石油政策を決定できるようになりました。翌52年から「石油業法」が施行される62年までの10年間は、石油輸入に外貨の割当が行われていた統制の時代でした。

戦後の日本は外貨不足だったので、外貨資金を有効に活用するため、外貨割当制度によって輸入には通商産業大臣の許可が必要でした。

外貨割当制度は、政府にとって石油政策を推進する上で有力な制度で、石油の需給調整、国内精製方式の推進、石油産業の指導などが行われました。反面、この制度は石油精製会社の生産活動を強く縛り、石油産業の発展は行政主導によるものでした。

## 日本の石油産業の歴史

| 第2次世界大戦後〜 | 50年代〜 | 60年代〜 | 70年代〜 | 90年代〜 |
|---|---|---|---|---|
| GHQ（連合国軍総司令部）の支配 | 外貨割当制度による石油輸入制限 | 石油輸入の自由化 | 石油の安定供給システム整備 | 石油産業の規制緩和 |

### ✤60年代に石油輸入が自由化された

60年代は、世界的に経済が成長した時代でした。成長を支えたのは、原油価格が安いおかげで石油製品の大量生産、大量供給、大量消費の構造が成立していたからです。戦後の復興が本格化した50年頃から60年代末までの20年間に、世界の石油需要は約4倍に増加しました。この間、石油は供給不安を引き起こすことなくずっと低価格でした。

日本経済も目覚しい高度成長を遂げ、外貨割当制度による石油輸入は、国際的な貿易自由化の流れのなかでしだいに見直しを迫られました。

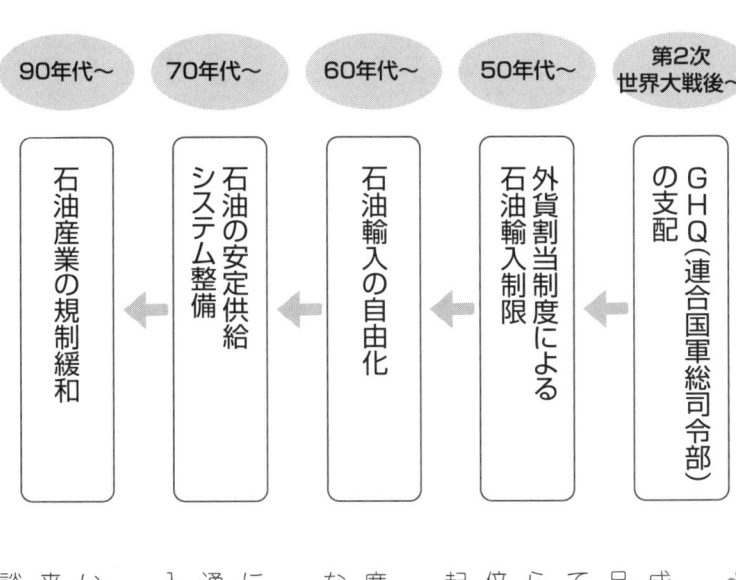

60年に策定された「貿易・為替自由化計画大綱」に基づき、輸入制限が大幅に緩和され、外貨割当を通じて規制されてきた原油や石油製品が自由に輸入できるようになりました。

日本は原油の90%以上を海外からの輸入に頼っていたので、貿易自由化は石油業界にとって重大な出来事でした。そこで、政府は61年に「エネルギー懇談会」を発足させ、約1年間かけて自由化後の石油政策を検討し、外貨割当制度に代わる法規制が必要であると結論しました。そして62年に「石油業法」が成立しました。

石油業法は、石油の安定的で安価な供給を確保することを目的に「石油供給計画の策定」や「石油精製業の許可・届出制」などについて定めたものですが、石油業界の秩序維持という目的もありました。

## ❖90年代に石油産業の規制緩和が進められた

73年の第1次石油ショック時の供給不安を背景に、緊急時二法と呼ばれる「石油需給適正化法」「国民生活安定緊急措置法」が制定され、緊急時における石油需給・価格などに関する法律が整備されました。

その後、国内外から石油産業の規制緩和要求が高まってきたのを背景に、87年に石油審議会石油部会・石油産業基本問題検討委員会で「1990年代に向けての石油産業、石油政策のあり方について」と題する報告書が取りまとめられました。

これをもとに石油産業の生産・販売活動に対する規制緩和を5年程度の期間内に段階的に進めることが打ち出されました（規制緩和プログラム＝アクションプログラム）。プログラムはスケジュール通り実行され、92年の原油処理枠（石油精製の規則）の撤廃で完了しました。

さらに、ガソリン・灯油・軽油の輸入を実質的に石油精製業者に限定している「特定石油製品輸入暫定措置法」（86年施行）が96年に廃止され、01年には約40年にわたって石油産業を規制してきた石油業法が廃止されて石油産業の自由化は完了しました。

## ❖00年代はエネルギー確保政策が進行中

73年の第1次石油ショックから30年以上が過ぎ、エネルギーの安定供給、規制緩和による効率化、地球環境問題などエネルギーを取り巻く情勢は変化しています。

これを踏まえ、02年にエネルギー政策の大きな方向性を示した「エネルギー政策基本法」が制定され、①安定供給の確保、②環境への適合、これらを十分考慮した上での③市場原理の活用、という3つの基本方針が示されました。

## 石油業界の規制緩和

- **87年**：政府の審議会で規制緩和の報告書が取りまとめられる
- **87〜93年**：第1次規制緩和　国内の生産・販売活動などの規制緩和
- **96年〜**：第2次規制緩和　石油製品の輸入などの規制緩和
- **01年〜**：石油業界は自由競争時代を迎えた！

この基本方針に基づいて03年に策定された「エネルギー基本計画」では、これまで日本のエネルギー政策の基本であった脱石油、脱中東といった目標が削られ、「石油は経済性・利便性の観点から今後も重要なエネルギー」と位置づけられました。

06年には原油価格の高騰などの世界の厳しいエネルギー情勢を踏まえ、エネルギー安全保障を核とした「新・国家エネルギー戦略」がまとめられました。

その中で、エネルギー安全保障の確立に向けて官民が共有する長期的な方向性を示すものとして、2030年までの5つの数値目標が設定されました（→P102）。

07年に「エネルギー基本計画」が改定され、戦略的な資源外交の展開、多様なエネルギーの開発・利用、原子力立国の実現などエネルギーセキュリティ（エネルギー源を確保すること）を含むエネルギー政策が示され、08年には改めてエネルギーセキュリティの必要性が強調された報告が出されています。

## 2 石油製品ごとに消費量は大きく変化した

### 消費量はすでにピークを過ぎて減少している

### ❖石油ショックで石油の需要が落ち込んだ

日本の石油製品需要は経済成長とともに順調に伸び、60年代後半の高度経済成長期に急速に拡大しました。しかし、70年代に入ると2度の石油ショックを境に石油需要は落ち込みました。

とりわけ第2次石油ショック（78年10月～82年4月）後の石油製品需要の落ち込みは大きく、その後再び増加に転じましたが、危機直前の78年度の水準に回復したのは94年度でした。

しかし96年以降、景気が低迷するなかで電力向け需要の大幅な減少と物流合理化が進み、99年度をピークに、石油製品需要は再び減少傾向に転じました。07年度は2億1848万klで03年度以降5年連続で減少しました。

以下、産業部門、民生部門、運輸部門別の石油需要をみていきます。

①産業部門

石油製品需要の38・4％を占めます（06年度、以下同じ）。かつては石油需要の伸び率が経済成長率を上回っていましたが、地球温暖化対策から省エネ、石油代替エネルギーへの転換などが進み、99年度以降減少しています。

②民生部門（家庭部門＋業務部門）

石油製品需要の15・9％を占めます。電力・ガス機器の普及や省エネ住宅の普及などで給湯・暖房向け需要は減少傾向が続いています。

③運輸部門

石油製品需要の43・1％を占めます。乗用車の保有台数が伸び悩むなか、79年の「エネルギーの使用の合理化に関する法律」（省エネ法）に基づく燃費

第2章
日本の石油産業

## 日本の石油製品販売量の推移

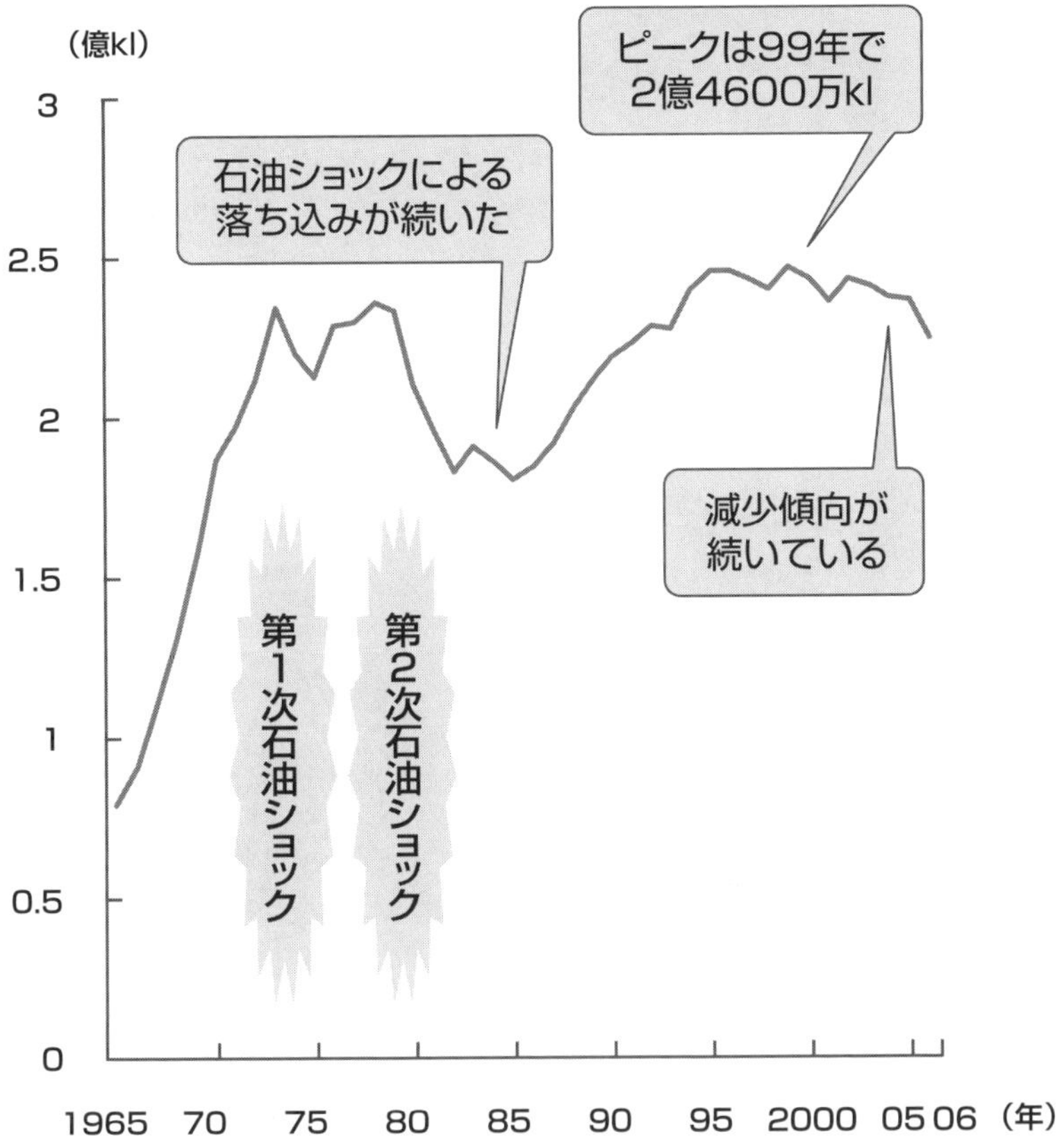
（億kl）
3
2.5
2
1.5
1
0.5
0
1965 70 75 80 85 90 95 2000 05 06（年）
ピークは99年で
2億4600万kl
石油ショックによる
落ち込みが続いた
減少傾向が
続いている
第1次石油ショック
第2次石油ショック

<出典:経済産業省「エネルギー白書 2008年版」より作成>

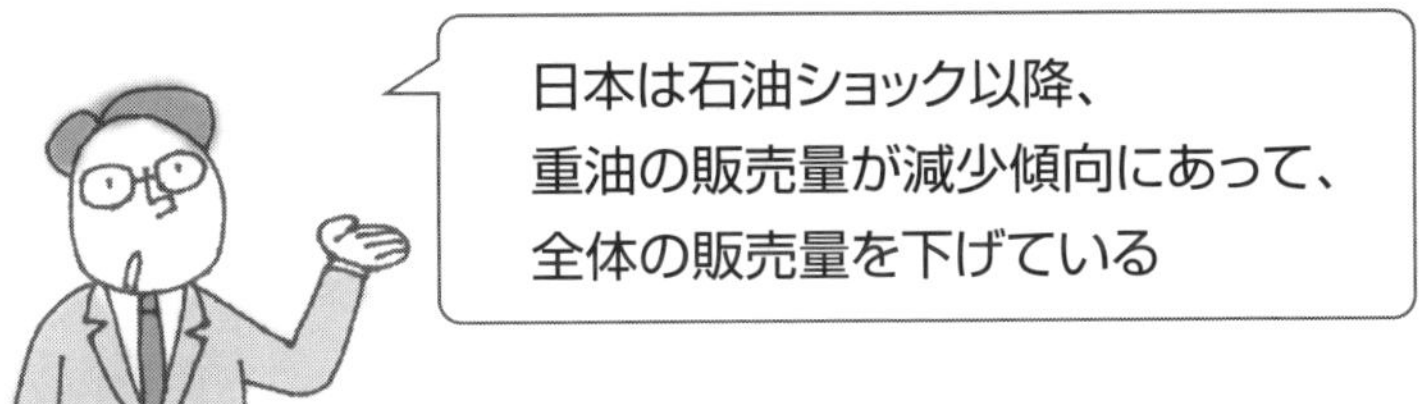
日本は石油ショック以降、
重油の販売量が減少傾向にあって、
全体の販売量を下げている

基準の設定などによって自動車の燃費が向上し、ガソリン消費量は04年度にピークを迎え、その後減少しています。一方、軽油も物流合理化が進んで96年度以降減少しています。

## ❖石油製品別の消費の状況

石油製品別の消費量を油種別にみていきます。なお、個別製品の精製プロセスは124ページで説明します。

①C重油

船舶のディーゼルエンジン、工場・ボイラーの燃料などに使われます。かつては産業用需要の中心で、73年度には燃料油全体の42％を占めていましたが、07年度には11・6％まで減少しました。それまで大きな比重を占めていた電力用需要が環境対策から原子力やLNG（液化天然ガス）などの他のエネルギーへしだいに転換していったことが背景にあります。

②A重油

軽油に少量の残油（石油精製後に残った油）を混ぜた燃料で、軽油に分類されます。需要の半分近くが業務用で、この他にも農林漁業用、建設業用、船舶用など幅広い分野での需要があります。

しかし近年、環境対策などで都市ガスなど別のエネルギーへ転換されています。燃料油全体に占める比率は73年度の8・2％から07年度の9・8％へと高まってはいますが、需要量自体は04年度（3014万kl）をピークに減少しており、07年度は2137万klとなっています。

③軽油

トラック、バスなどの輸送用燃料として伸びてきましたが、物流合理化の進展などから96年度（4606万kl）をピークに、減少傾向で推移してきており、07年度は3556万klで燃料油全体の16・3％でした。

④灯油

民生用需要の中心で、暖房用を中心とした底堅い需要に支えられてきました。しかし近年、電力・ガス機器の普及や省エネ住宅の普及によって、02年度（3062万kl）をピークに減少傾向にあり、07年

## 石油製品別の用途

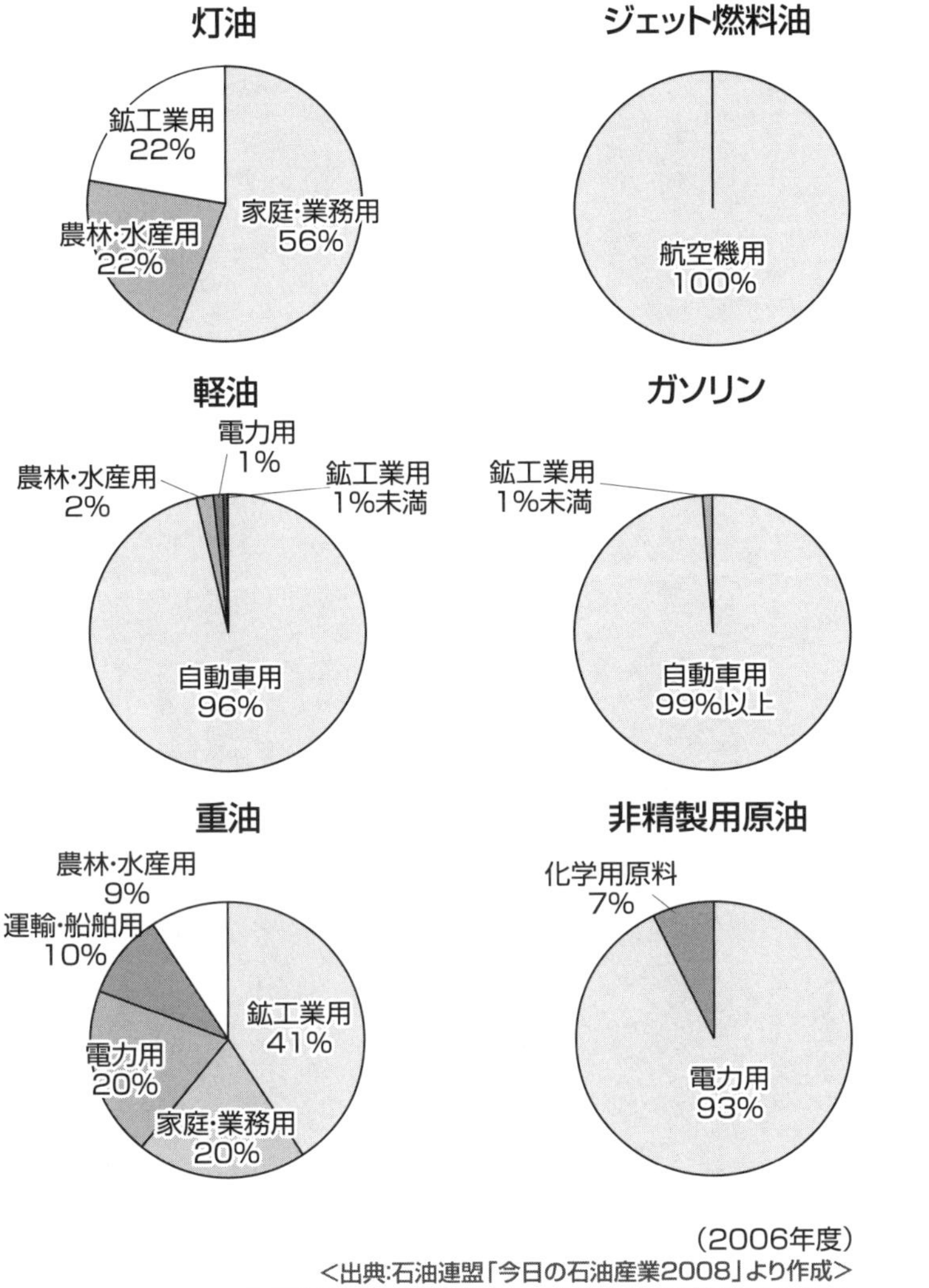


(2006年度)

<出典:石油連盟「今日の石油産業2008」より作成>

ガソリン、軽油はほとんどが自動車用!

度は2267万klで燃料油全体の10・4%でした。

### ⑤ジェット燃料

ジェット燃料は燃料油全体に占める比率は小さいものの、航空機利用が進んだことで消費量はしだいに増加してきています。07年度は前年比8・5%増の592万klでした。

統計上では、国内需要量は国内線の航空機燃料で、国際線で使われるジェット燃料は輸出扱いです。国際線の消費量は、同年度で前年比17・6%増の927万klです。

### ⑥ガソリン

乗用車の保有台数が伸び悩むなか、燃費基準の導入などで自動車の燃費が向上し、ガソリン需要は04年度（6148万kl）をピークに3年連続して減少しています。07年度の消費量は5908万klで、燃料油全体の27%を占めます。

石油製品はガソリン・ナフサ（石油化学製品の原料）の割合が増加し、重油の割合が減少しています。80年度と比較して、07年度の燃料油全体の消費量に占める軽質のガソリン・ナフサの構成比は29・1%から49・3%と増え、一方で重質のB重油、C重油は37・9%から11・6%へと減り、石油製品の需要構成は軽質化（全体に占める軽質石油製品のシェアが増えること）が進んでいます。

## ✤将来、需要は大幅に減少する

石油製品の需要は、中長期的にはその国の人口動態や環境問題、省エネ技術の進展などに大きく影響されます。

日本では06年をピークに人口が減少し始めましたが、人口減少は世帯数の減少や自動車保有台数の減少などを通じてエネルギー消費量の減少につながり、石油製品需要にも大きく影響していきます。

30年度の石油製品需要は、ジェット燃料油の増加を除いて、ガソリン、灯油、軽油などのすべての石油製品で大きく減少するとみられます。また、燃料油合計では1億7900万klとなり、04年度比でマイナス24・5%と大幅な落ち込みが予想されます。

## 2030年までの石油製品需要（販売量）の見通し

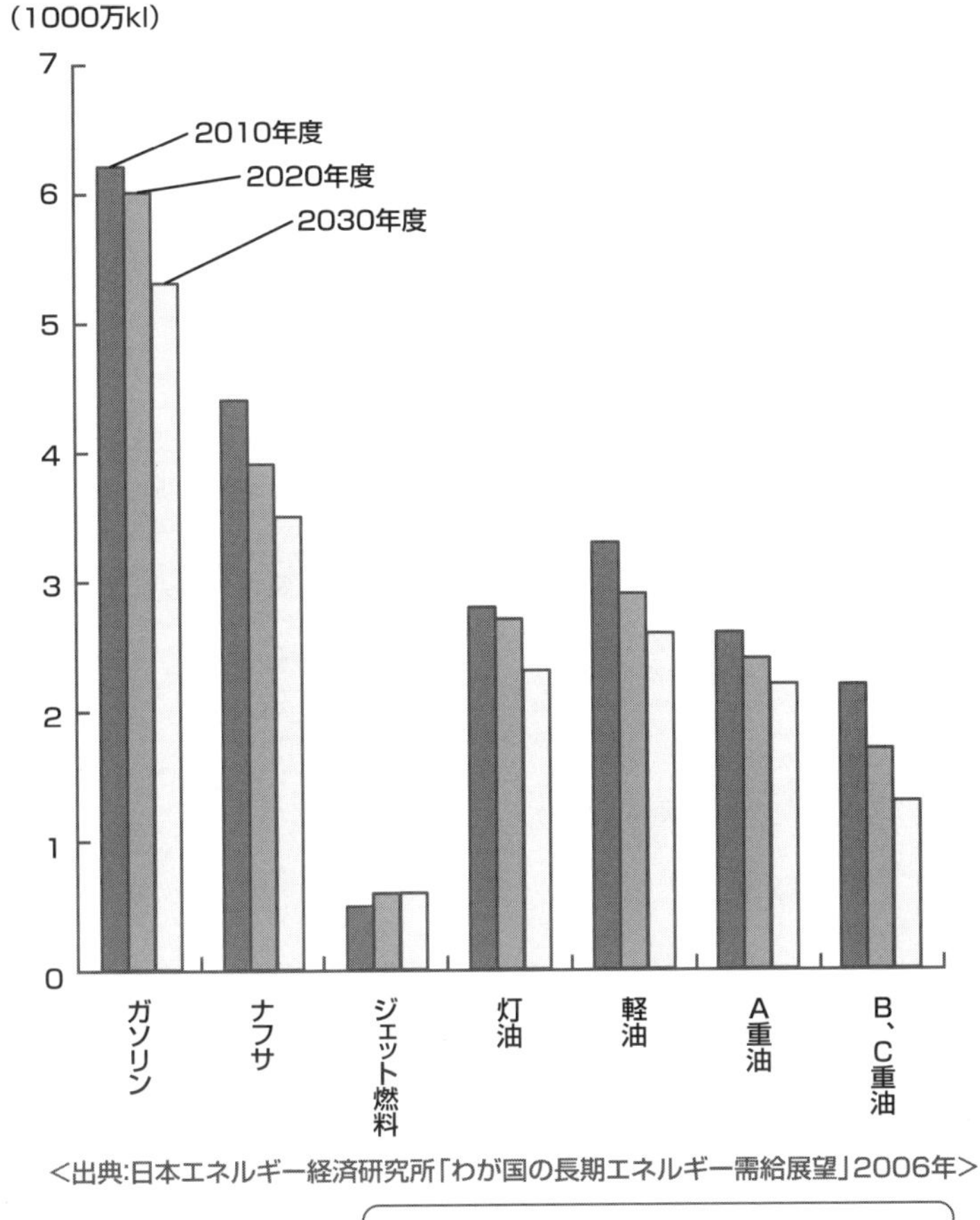


<出典：日本エネルギー経済研究所「わが国の長期エネルギー需給展望」2006年>

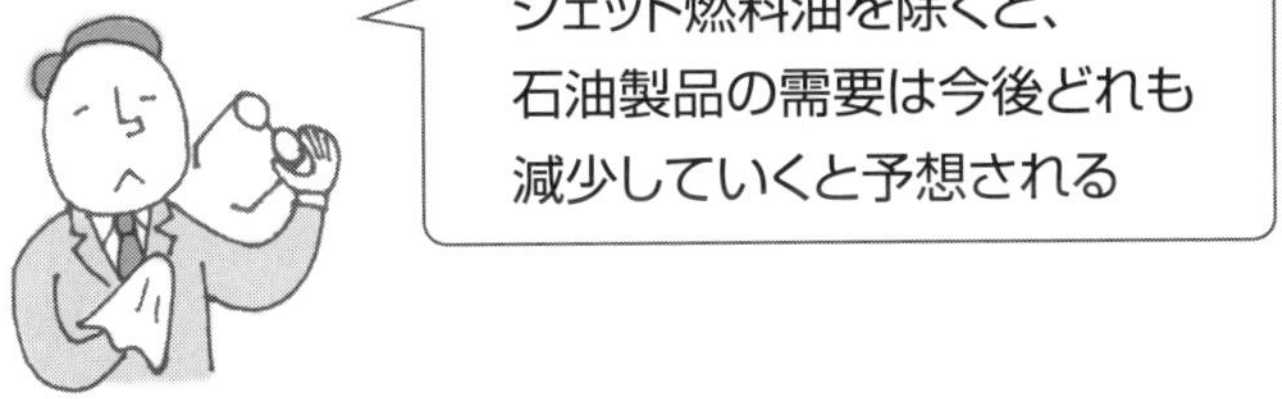
ジェット燃料油を除くと、

# 3 独特な石油産業のプレーヤーの仕組み

## 石油開発会社と石油精製・元売会社に分かれる

### ✤上流部門と下流部門に分かれる

原油の開発から石油製品の小売りに至る石油産業の活動は、「上流部門」と「下流部門」に大きく分けられます。上流部門は、原油の探鉱・開発から生産までのことです。下流部門は、原油の輸入、精製、石油製品の販売までのことです。

エクソンモービルやBPなどのスーパーメジャーズ（↓P52）に代表されるような国際石油企業は、一般的に上流部門から下流部門までの操業を一貫して行います。しかし、日本の石油企業はこのような一貫した経営形態ではありません。

### ✤上流部門の石油開発会社と下流部門の石油会社

日本の石油産業は大きく「石油開発会社」と「石油会社」の2つに分かれています。

石油開発会社は原油開発を行っている会社です。日本国内は石油資源に乏しく、石油の国内生産量は消費量全体の1%にも満たず、99%以上を輸入に頼っています。

一方、日本の石油開発会社が60年代から、海外で原油の探鉱・開発や生産活動を行っています。こうした日本企業によって生産された原油を「自主開発原油」と呼びます。この自主開発原油の輸入量（06年度）は2759万klで、日本の総原油輸入量（2億3865万kl）の11・6%を占めています。

日本の石油開発会社は、設立の経緯、出資母体などによって「石油会社系」「総合商社系」「石油開発専業会社」の3つに分けられます。

石油会社系は新日本石油開発や出光オイルアンドガス開発など、総合商社系は三菱商事石油開発や三井石油開発、伊藤忠石油開発など、石油開発専業会

## 日本の石油産業の業態

### 上流

#### 石油開発会社

**石油会社系**
・新日本石油開発
・出光オイルアンドガス開発
など

**総合商社系**
・三菱商事石油開発
・三井石油開発
・伊藤忠石油開発
など

**石油開発専業会社**
・石油資源開発
・国際石油開発帝石
・アラビア石油
など

### 下流

#### 石油会社

**石油精製会社**
原油の輸入・精製を行う

**石油元売会社**
石油製品の販売を行う

**精製のみ**
・東燃ゼネラル石油
・鹿島石油
・西部石油
など

**精製と販売の兼業**
・出光興産
・ジャパンエナジー
・コスモ石油
・新日本石油
・昭和シェル石油
・太陽石油
など

**販売のみ**
・エクソンモービル
・キグナス石油
・三井石油
など

社は石油資源開発や国際石油開発帝石などがあります。このほかにも様々な石油開発会社があります。

日本では通常、石油会社という場合は原油の輸入、精製を行う「石油精製会社」と、石油製品の販売を業務とする「石油元売会社」の2つを指します。

日本では、精製と元売の両部門が同一会社であるケースか、精製と元売は別会社で両社間に資本関係があり、その間で石油製品販売契約などを結んで精製・元売が一体となった企業グループを形成しているケースが多くみられます。

石油元売会社は08年10月末現在で9社です。このうち石油精製を兼ねているのは、出光興産、ジャパンエナジー、コスモ石油、新日本石油、昭和シェル石油、太陽石油の6社です。エクソンモービル、キグナス石油、三井石油の3社は石油製品の販売だけの会社です。

## ❖流通・小売の仕組み

日本に原油が輸入され、石油製品として消費者に届くまでの流れは一般的には、原油の輸入→石油精製会社→石油製品→石油元売会社→石油製品販売業者→サービスステーション（SS）→消費者という順番になっています。

また、石油製品の販売形態は「直売」と「特約店販売」の2つに分けられます。

①直売

石油元売会社から消費者に直接販売される販売形態です。大口需要向けのナフサ、ジェット燃料、C重油といった産業用の石油製品は直売が中心です。

②特約店販売

直売と異なり、ガソリン、灯油、軽油などの一般消費者向けの小口需要の石油製品の販売が中心です。

石油元売会社から「特約店」などの石油販売業者を経由して消費者に販売される形態です。特約店とは、特定の石油元売会社との間で石油製品の販売特約契約を締結し、SSなどで石油製品を小売販売する販売業者です。特約店には、石油元売会社系列のほか、総合商社系列、全国農業協同組合連合会（全農）系列、流通系列などがあります。

## 日本国内の給油所

〔給油所数の推移〕

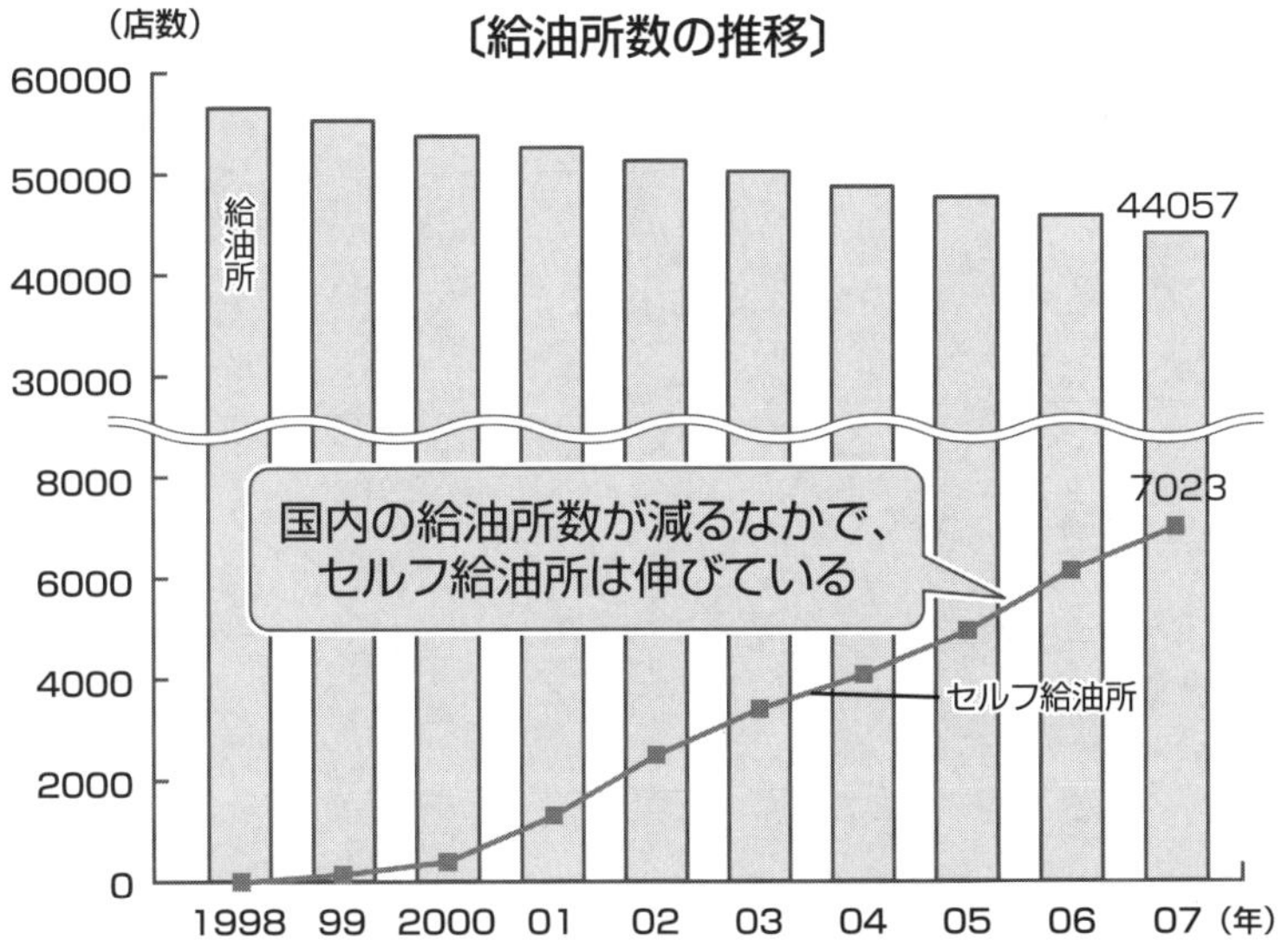
(店数)
60000
50000
40000
30000
8000
6000
4000
2000
0
給油所
44057
国内の給油所数が減るなかで、セルフ給油所は伸びている
7023
セルフ給油所
1998 99 2000 01 02 03 04 05 06 07 (年)

<出典:経済産業省、石油情報センター>

〔給油所の系列の内訳〕

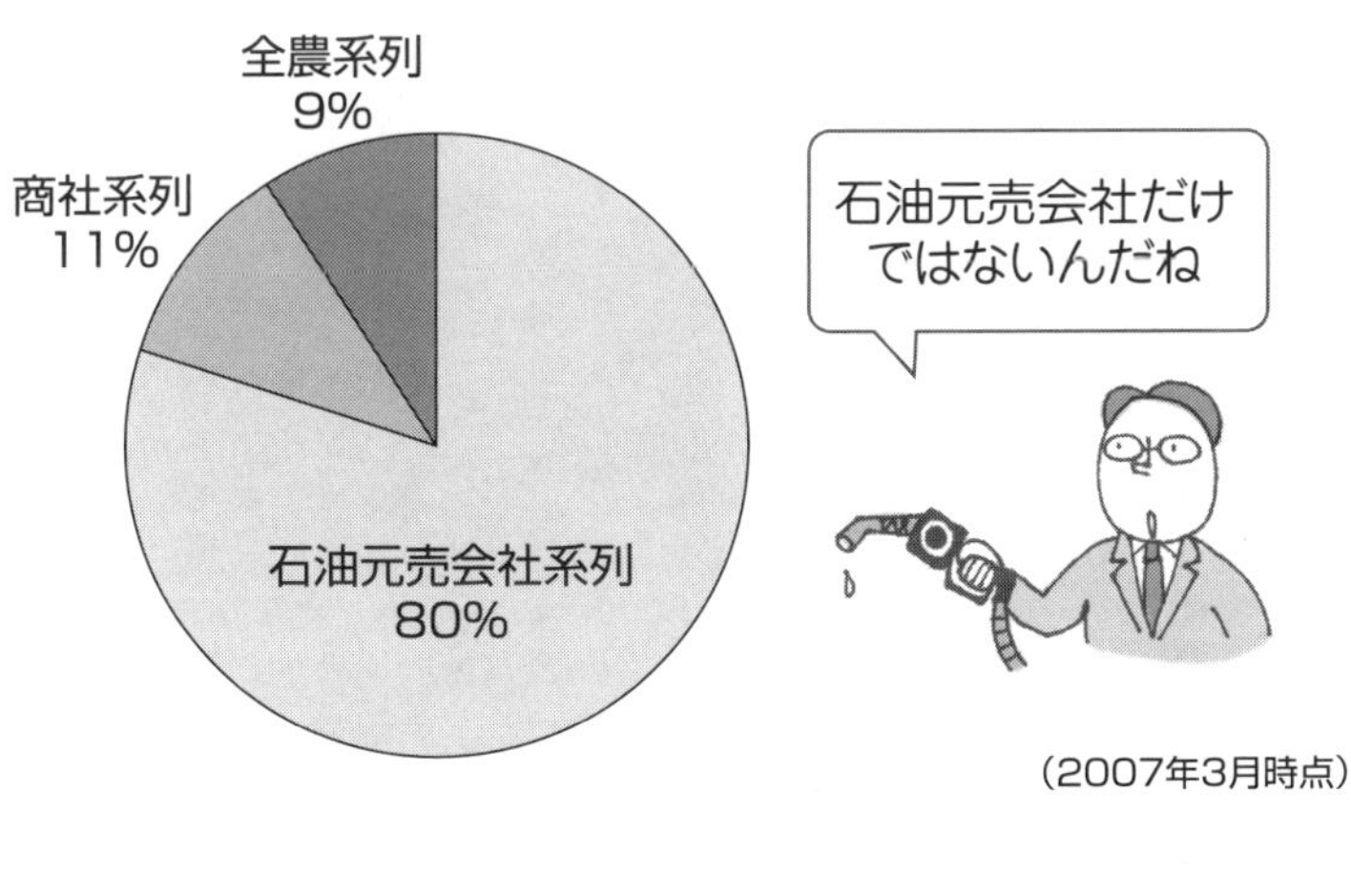
全農系列 9%
商社系列 11%
石油元売会社系列 80%
石油元売会社だけではないんだね

(2007年3月時点)

# 4 海外自主開発原油の獲得に動き出す

## 旧ソ連圏・中東などで複数プロジェクトが進行中

### 自主開発原油とは？

08年夏まで原油価格が上昇して日本への石油の安定供給が重要な課題になり、「自主開発原油」という言葉が注目されました。

自主開発原油は「日の丸原油」ともいわれ、一般に海外で日本企業が出資して開発した原油のことです。その際、その開発された原油が日本に輸入されるか、それともどこか他の国に輸出されるかは問いません。

自主開発原油は、日本企業が開発・生産に関与していることから、緊急時には一般の輸入原油に比べて日本への輸入がしやすくなります。そのため、日本の石油の安定供給にとって極めて重要な意味をもちます。

07年度の自主開発原油の生産量は日量約77万バレルで、日本の総石油消費量の約17％を占めています。

### 自主開発原油はなぜ必要か

自主開発原油をもつことで、日本への石油の安定供給がどの程度確保されるのかについては様々な見方があります。

例えば、仮に日本企業がある産油国に油田をもっていても、その産油国で軍事衝突やテロ攻撃などの事態が発生すれば、その油田の生産も同時にストップします。そのため、原油の安定供給という目的は達せられません。

また、産油国から日本まで石油を輸送する経路が封鎖されれば、石油の安定供給が妨げられます。

今や石油は世界の市場で取引される商品なので、仮にどこかの地域で供給がストップしても、他の産油国から代わりの石油を調達できます。したがって

## 自主開発原油のメリット

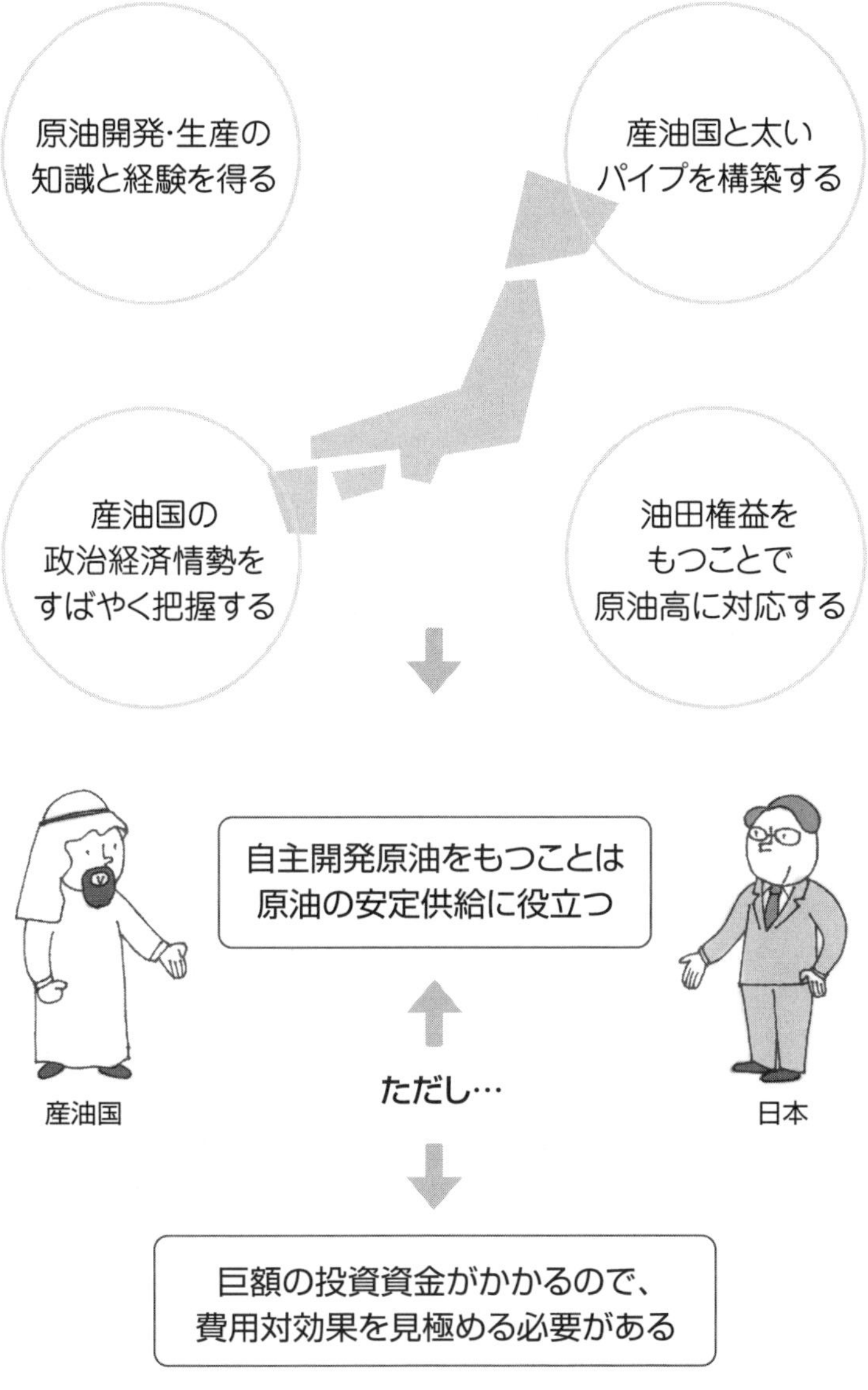
原油開発･生産の
知識と経験を得る
産油国と太い
パイプを構築する
産油国の
政治経済情勢を
すばやく把握する
油田権益を
もつことで
原油高に対応する
自主開発原油をもつことは
原油の安定供給に役立つ
産油国
ただし…
日本
巨額の投資資金がかかるので、
費用対効果を見極める必要がある

巨額の資金を投資してまで自前の油田をもつ必要はないという意見もあります。

しかし、自主開発原油をもつ大きなメリットもあります。

まず、日本企業が産油国に投資することで、原油の開発・生産に関する知識や経験を身につけることができます。日本企業が産油国との関係を強化する上でも、石油開発の現場を知っていることは重要です。

また、産油国に投資して人的・物的交流を深めることで、産油国の政治経済全般の動向について正確ですばやい情報収集ができます。

さらに、油田の上流（探鉱・開発・生産）権益をもっていれば、原油価格が上昇して原油購入コストが上昇しているとき、原油生産の売り上げ増加で埋め合わせることができます。

このように、自主開発原油には様々なよい側面があり、今後も経済性を考慮しながらその比率を引き上げていくことで、原油の安定供給にも役立ちます。

## サウジアラビアの巨大油田を獲得

日本の自主開発原油の歴史を考えるにあたり、欠かすことのできないのが、サウジアラビアとクウェートとの中立地帯にあるカフジ油田です。

この油田は「アラビア太郎」の異名をとった実業家の山下太郎氏が57年に単身中東に乗り込み、サウジアラビアとクウェートとの中立地帯に鉱区を取得し、60年に1回目の掘削で発見に成功した油田です。現在も日量30万バレルを生産する巨大油田です。

このカフジ油田の開発は、長らく欧米の石油メジャーが独占していた中東の石油事業に、初めて非欧米企業が参入した極めて画期的な出来事でした。

カフジ原油は61年の生産開始以降、「日の丸原油」の象徴として日本の石油供給に大きな貢献をしてきました。

しかし、00年に40年間の利権契約が更新を迎えるにあたって、日本側とサウジアラビア側との間で利権契約の更新条件面で折り合いがつかなかったため、契約が失効しています。

## 中東の主な自主開発原油

<出典:各社ホームページより作成>

## まだある中東の自主開発原油

中東には、カフジ油田のほかにアラブ首長国連邦（UAE）やカタール、オマーンにも日本企業が保有している自主開発原油があります。その代表格がUAEのアブダビ首長国内の自主開発原油です。

アブダビ首長国には国際石油開発帝石傘下の「ジャパン石油開発」、コスモ石油傘下の「アブダビ石油」、コスモ石油、ジャパンエナジー、日系企業4社が出資する「合同石油開発」などが合計で日量20万バレルの自主開発原油をもっています。

しかし、これらの企業が現在もつ利権契約も12〜18年にかけて更新時期を迎えることとなっており、この契約更新がうまくできるかどうかが、今後の日本の自主開発原油の確保にとって非常に重要です。

このうち12年に失効するアブダビ石油の契約は09年1月に20年間の更新に成功しています。

## 旧ソ連圏で新たなプロジェクトが進む

以上のような既存の自主開発原油に加えて、現在日本企業が新たに開発を進めている自主開発原油もあります。まず、日本に地理的に近く、すでに生産が開始されているのがロシア領の「サハリン1」と「サハリン2」のプロジェクトです。

サハリン1にはサハリン石油ガス開発（石油資源開発、伊藤忠、丸紅などが出資）が参加、サハリン2には三井物産、三菱商事などが参加しています。原油の生産はサハリン1では05年、サハリン2では99年に開始されており、すでに日本に輸入されています（07年時点で日量11・7万バレル）。

このほかに05年に本格的な生産を開始したアゼルバイジャンの「ACG油田」や、13年の生産開始を目指して開発作業が進められているカザフスタンのカシャガン油田など、旧ソ連地域で日本企業が出資する新たな自主開発原油のプロジェクトが進められています。

ACG油田には伊藤忠などが参加、カシャガン油田にはインペックス北カスピ海石油（独立行政法人石油天然ガス・金属鉱物資源機構、国際石油開発帝石、石油資源開発、三菱商事などが出資）が参加し

## サハリンプロジェクトの資源開発

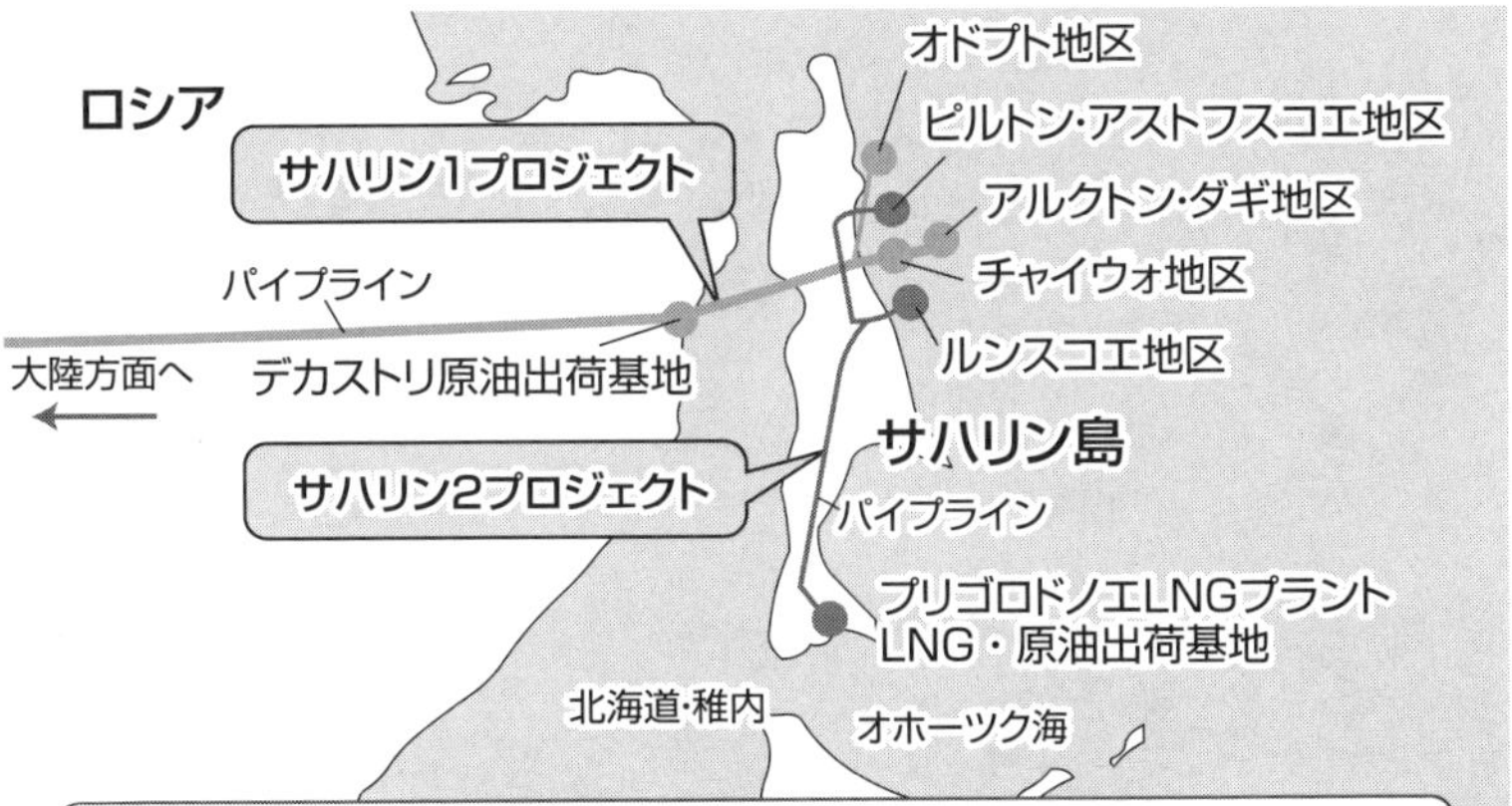


ロシア領サハリン島周辺の海底油田・ガス田の開発・生産とパイプライン敷設が進み、日本企業も投資している。

ています。

また最近では、08年に国際石油開発帝石と新日本石油開発が共同で英国沖合の鉱区を取得、同年に新日本石油開発とジャパンエナジーが共同でマレーシアの海上鉱区を取得、09年にはアラビア石油がノルウェー領北海に鉱区を取得しています。

### ❖２０３０年の総輸入量の４割が自主開発原油

06年、日本政府は30年時点での自主開発原油が総輸入量の40%を満たすという目標を設定しました。

自主開発原油は本来、民間企業の自主的な努力で増やしていくことが望ましいのですが、競合する欧州や中国などの石油会社は、本国の政府と密接な連携をとりながら上流権益の獲得を進めています。

日本としても、過度に排他的な対応をとることは賢明ではありませんが、民間企業の努力だけでは限界があります。例えば、産油国との首脳級交渉、開発に対する公的な金融サポートなどの点で、政府が民間企業の活動を支援していくことが重要になってきています。

## 5 原油輸入先は遠く、輸入ルートは長い

### 中東産油国に頼る日本は長いオイルロードを活用する

### ❖原油輸入量は年々減っている

日本経済の発展とともに伸びてきた日本の原油輸入量は、73年度の2億8861万klを境に以後減少傾向に転じ、86年度には1億8752万klにまで減っています。その後、内需を中心とした経済成長を反映して再び増加に転じ、94年度には2億7378万klにまで持ち直しました。

しかし、94年度を境に再び減少傾向となり、07年度の原油輸入量は前年度比1・4％増の2億4203万klとなったものの、ピーク時の73年度と比べて16・1％減っています。その背景には、省エネ対策や石油代替エネルギーなどの進展があります。

### ❖中東が増え東南アジアが減った

07年度の原油の地域別輸入先と国別輸入先をみてみると、地域別輸入先では中東が86％と高い比率を占めています。以下、東南アジア、アフリカ、中南米となっています。

中東の内訳をみると、サウジアラビア、アラブ首長国連邦（UAE）、イラン、カタール、クウェートの5カ国で輸入の大半を占めています。そのほかにオマーン、イラクからも原油を輸入しています。

原油の輸入量が最大であった73年度は、中東が77％で、東南アジア、アフリカ、中南米と続きます。また、73年度はイラン（31％）が原油輸入先のトップで、サウジアラビア（19・9％）は2位でした。また、現在では大幅に下がってしまったインドネシアからの輸入は、73年度には、UAE、クウェートを上回っていました。

90年代以降、中国やインドネシア、メキシコなどの非中東産油国からの輸入が伸び悩み、一方で、サ

## 中東からの原油輸入に頼る日本

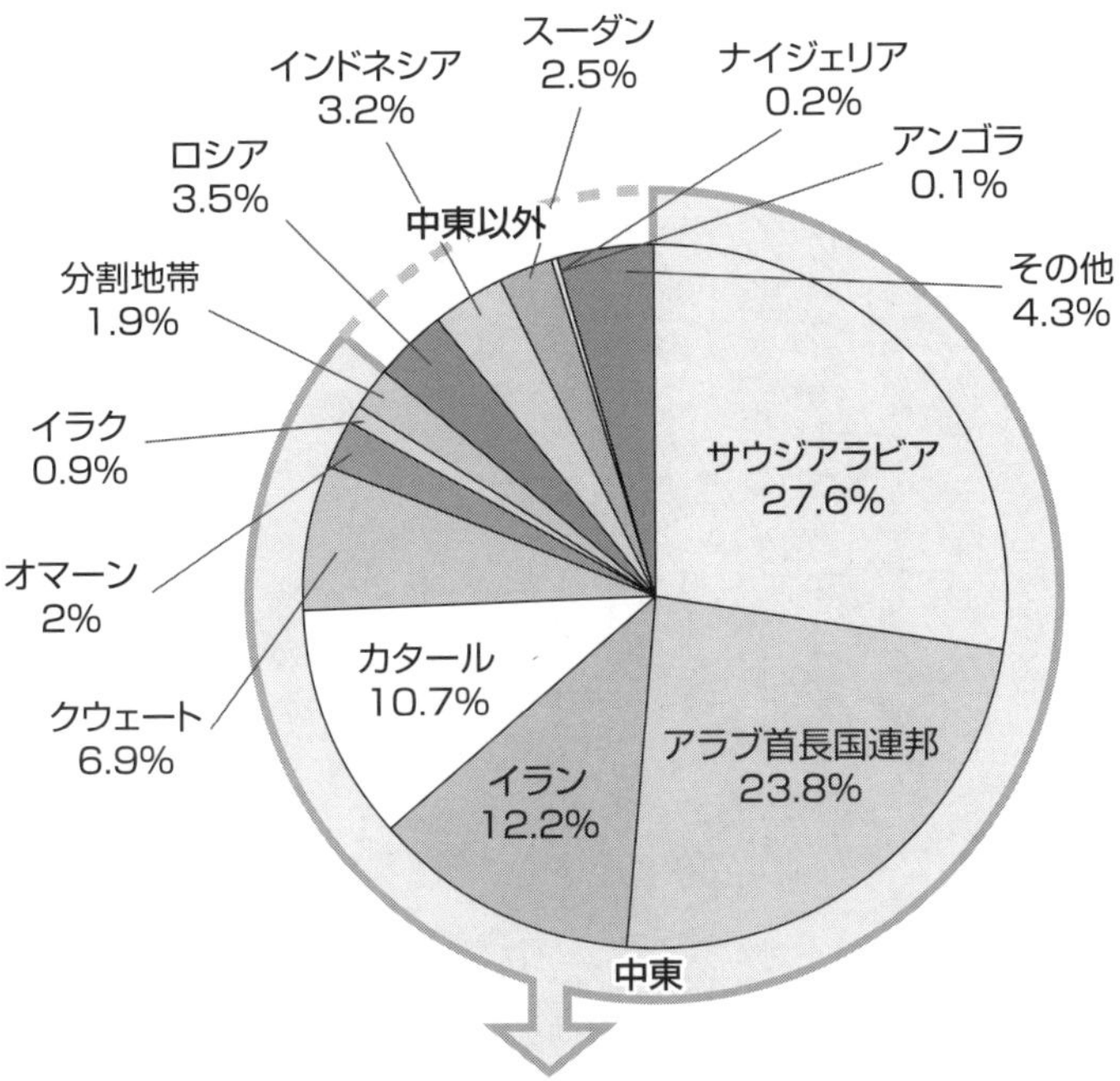
スーダン
2.5%
インドネシア
3.2%
ナイジェリア
0.2%
アンゴラ
0.1%
ロシア
3.5%
中東以外
その他
4.3%
分割地帯
1.9%
イラク
0.9%
オマーン
2%
クウェート
6.9%
サウジアラビア
27.6%
カタール
10.7%
アラブ首長国連邦
23.8%
イラン
12.2%
中東

中東からの原油輸入比率は86%!

(2007年)

※注:分割地帯とはサウジアラビア・クウェート間の中立地帯のこと

<出典:経済産業省「資源・エネルギー統計」より作成>

ウジアラビア、UAEなどからの輸入急増で96年度に中東依存度は80％を超えて、ここ数年は90％近い水準が続いています。

70年代の2度の石油ショック後、世界の石油供給量は産油国の国営石油会社が欧米の石油メジャーを上回るようになりました。

07年度の日本への原油供給者は、産油国・国営石油会社75・3％、スーパーメジャーズ18・0％、日本の石油開発会社5・0％、米国独立系石油会社0・5％となっています。主要な原油供給先は、産油国の国営石油会社となっています。

## 2つのオイルロード

日本に輸入される原油の90％近くが、中東産油国から大型タンカーのVLCC（↓P94）で運ばれてきます。原油は積出港のあるペルシャ湾からインド洋、マラッカ海峡、東シナ海を経由して約1万2400㎞の距離を輸送されます。

中東から日本への原油輸送航路を「オイルロード」といいます。オイルロードには、マレー半島とスマトラ島の間のマラッカ海峡を経由する航路と、インドネシアのロンボク島とバリ島の間のロンボク海峡を経由する2つのルートがあります。

①マラッカ海峡

1日あたり約1360万バレルの原油が輸送される海峡です。日本に輸入される原油の約90％が通る日本のオイルロードの要です。

浅瀬が多く、幅がわずか2㎞という狭い箇所もあり、大型タンカーなどが通航できる水路が限られています。狭い水路を1日に何十隻もの原油タンカーが行き交う世界有数の難所です。

原油を満載した30万重量トンクラス以上の超大型タンカーULCCは、水深が浅いため通れません。

②ロンボク海峡

水深が深い上に、幅が広く、マラッカ海峡を通れないULCCが通航できる唯一のルートです。

しかし、中東の原油積み地から日本までの輸送距離は、マラッカ海峡経由と比べて1700㎞増えます。約3日間余計に日数を要することになり、燃料

## 中東から日本へのオイルロード

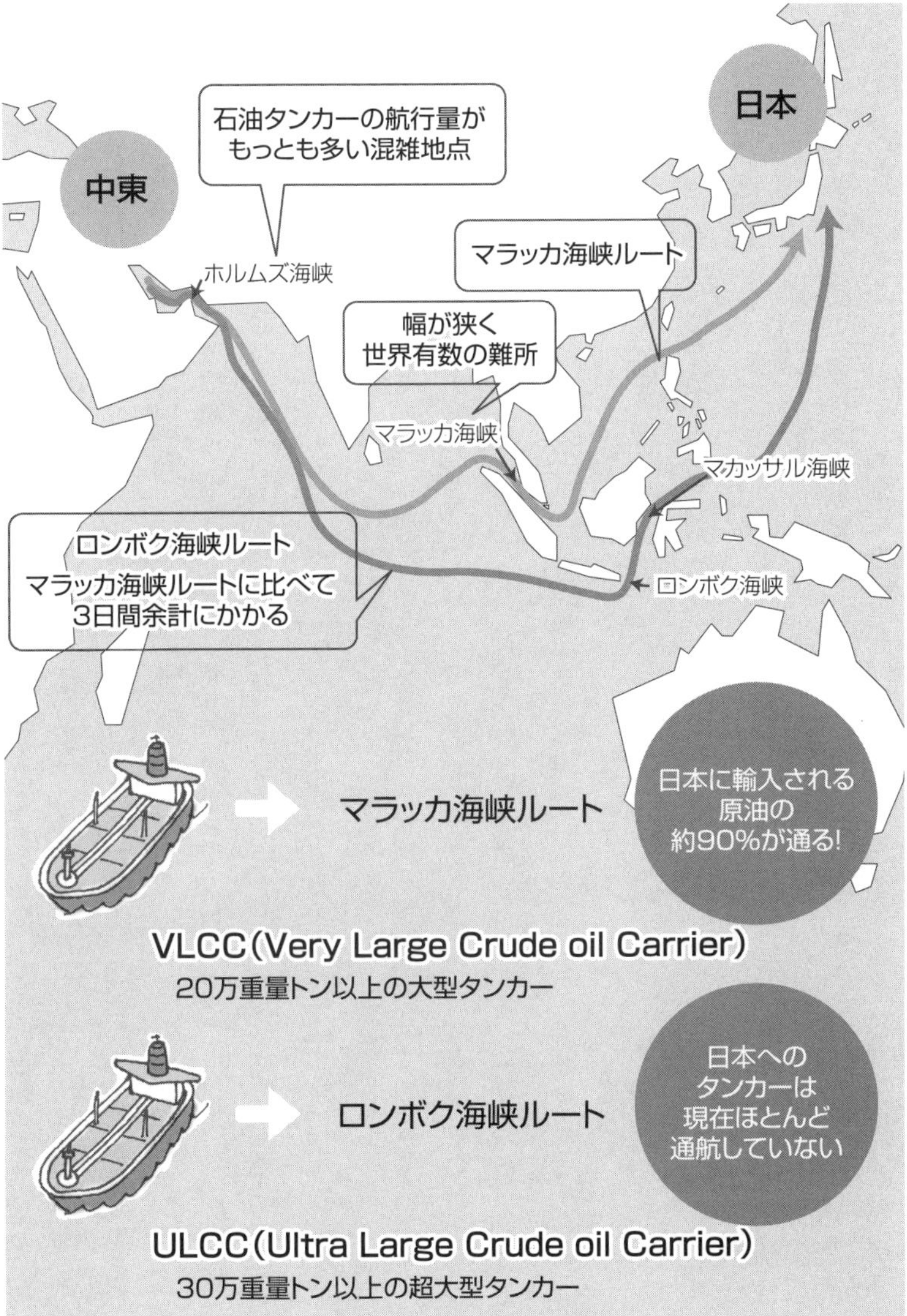

費だけでも1100万円以上のコスト増となります。こうした理由から、現在、中東産原油のほぼ全量がマラッカ海峡を通航しています。

## もっとも通航量の多いホルムズ海峡

地形的にも狭く、航行が困難な輸送ルート上の海域を「チョークポイント」と呼び、航行安全の確保に注目が集まってきています。チョークポイントの中で石油タンカーの通航量がもっとも多いのがイランとUAEの間にあるホルムズ海峡です。1日あたり約1700万バレル（日本の輸入量の4倍）の石油を積んだタンカーが航行しています。

近年、イランによるウラン濃縮活動をめぐって国際的な緊張が高まっています。仮に、欧米とイランが軍事衝突してホルムズ海峡の通航が困難になると、日本の石油供給にも大きな影響が出ます。

## マラッカ海峡の問題

また、マラッカ海峡の混雑も深刻な問題となっています。今後も中国を中心とするアジア消費国による石油の輸入が増加し続けていくため、この海峡を通航する石油の量は、04年の日量1170万バレルから30年には倍以上の同2400万バレルにまで増加するとみられ、海峡のさらなる混雑が予想されます。

2つの海峡では石油タンカー以外の船舶の通航も多く、地形的にも非常に狭いため、混雑の深刻化による事故発生の恐れもあります。

また、この海峡では船舶を襲う海賊による被害も多くあります。海賊問題の解決も今後の安全航行確保のための大きな課題の一つとなっており、マレーシア、インドネシアなどの沿岸国との連携が重要になってきます。

## 世界の代表的なチョークポイントとタンカー通航量

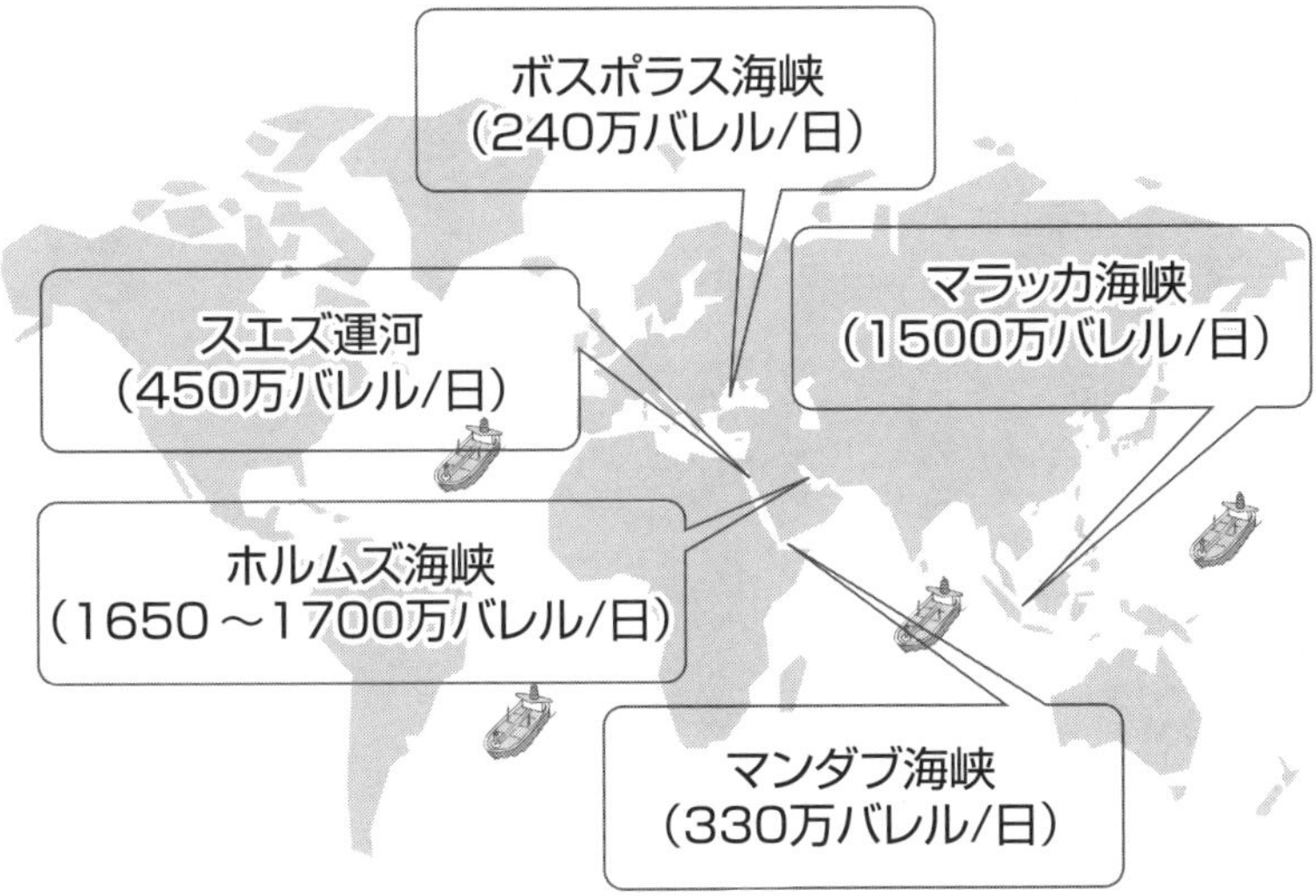
ボスポラス海峡
(240万バレル/日)
マラッカ海峡
(1500万バレル/日)
スエズ運河
(450万バレル/日)
ホルムズ海峡
(1650～1700万バレル/日)
マンダブ海峡
(330万バレル/日)

(2006年時点)

<出典:米国エネルギー情報局調べ>

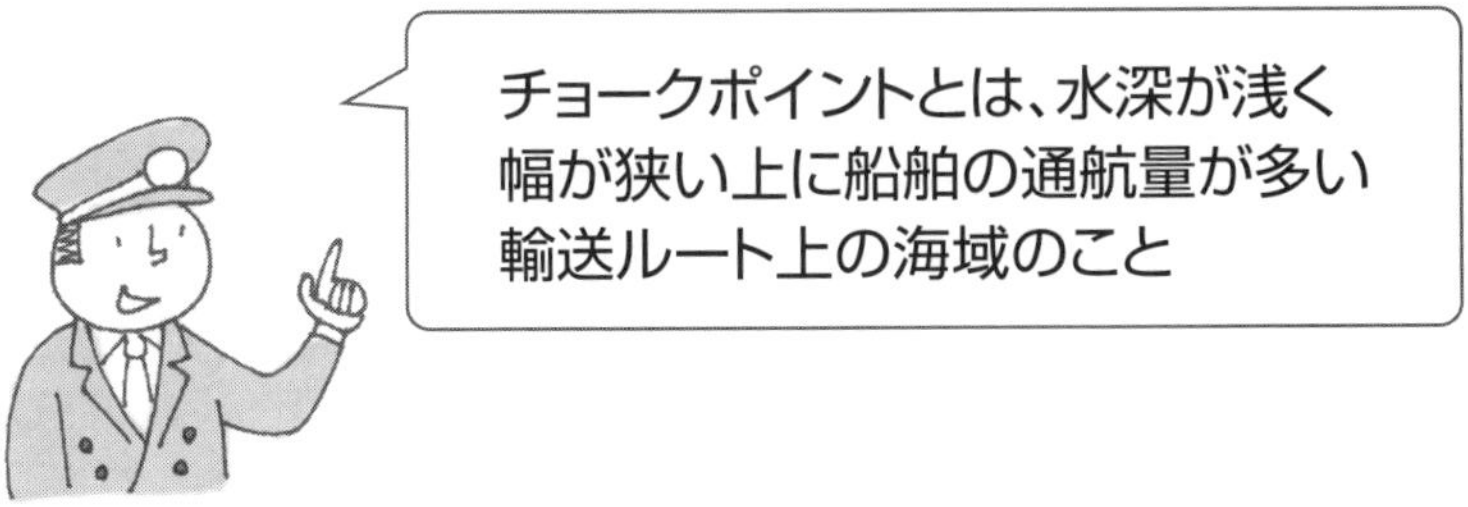
チョークポイントとは、水深が浅く
幅が狭い上に船舶の通航量が多い
輸送ルート上の海域のこと

# 6 原油の輸送はタンカーが主流

## 今後も石油タンカーの輸送量が増えていく

### タンカーの種類

石油を輸送する主要な石油タンカーには、原油を輸送する「原油タンカー」、石油製品を輸送する「製品（プロダクト）タンカー」、石油化学製品を輸送する「ケミカルタンカー」の3つがあります。

この他にLPG（液化石油ガス）を輸送する「LPGタンカー」、石油ではありませんがLNG（液化天然ガス）を輸送する「LNGタンカー」もあります。

原油タンカーの中でもっともよく使われるのが「VLCC（Very Large Crude oil Carrier）」と呼ばれる巨大タンカーです。このVLCCの長さは330～340mもあり、ちょうど東京タワー（高さ333m）が横になった長さと同じです。

VLCCは、一度の航海で約200万バレルの原油を運ぶことができます。日本の石油需要は日量約500万バレルですから、このVLCC2・5隻で1日分の石油を運んでいることになります。

### タンカーの航海日数

日本は輸入する原油の約90％を中東に依存しています。代表的な中東の港があるサウジアラビアから横浜港までは約1万2200kmあり、一般的なVLCCの航海日数は片道20日程度かかります。

原油タンカーは積み地や揚げ地で荷作業を行っているとき以外は常に航行を続けており、年間で中東～日本（横浜港）を7～8回往復しています。

航海日数は積み地によって異なり、例えば、西アフリカの産油国ナイジェリアからだと約30日間かかります。最近原油の生産を開始したロシアのサハリン原油の航海日数は、わずか4日程度です。

## タンカーの種類と内部構造

**原油タンカー**

（原油を輸送）

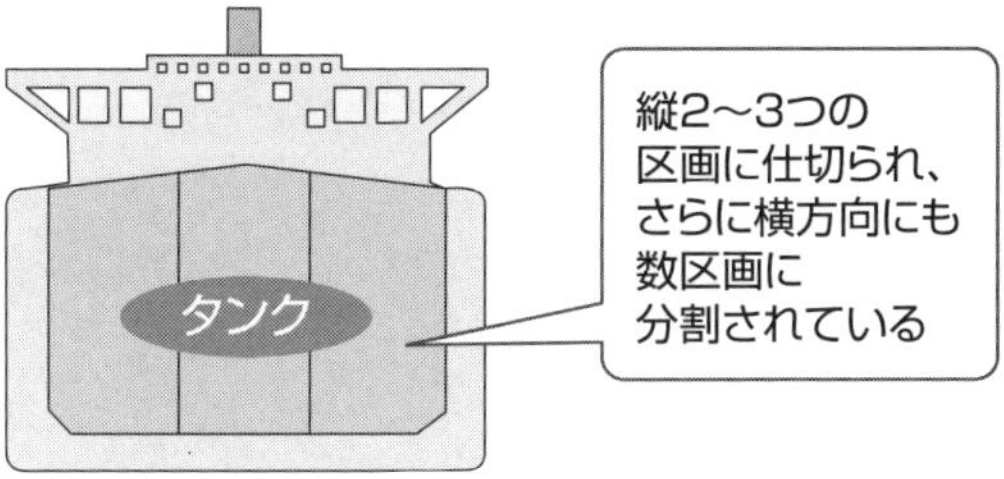


**プロダクトタンカー**

（石油製品を輸送）

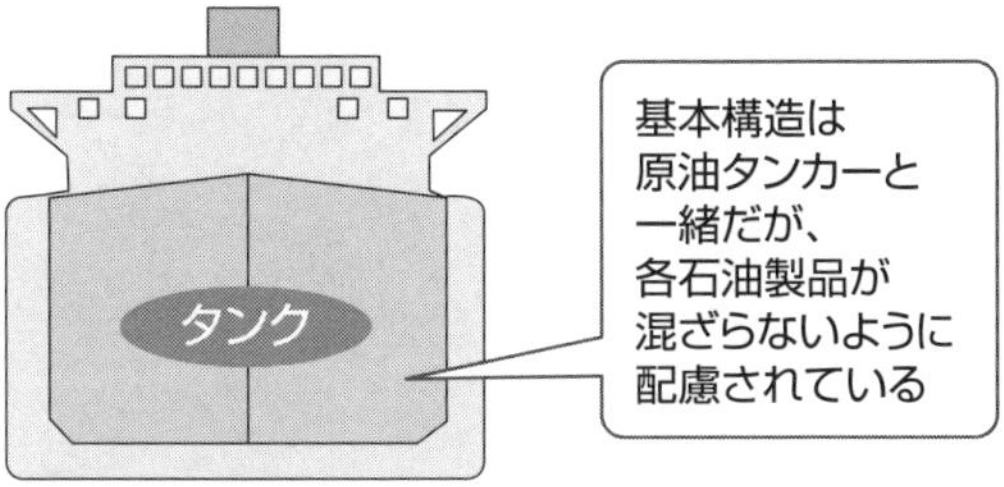


**LNGタンカー**

（液化天然ガスを輸送）

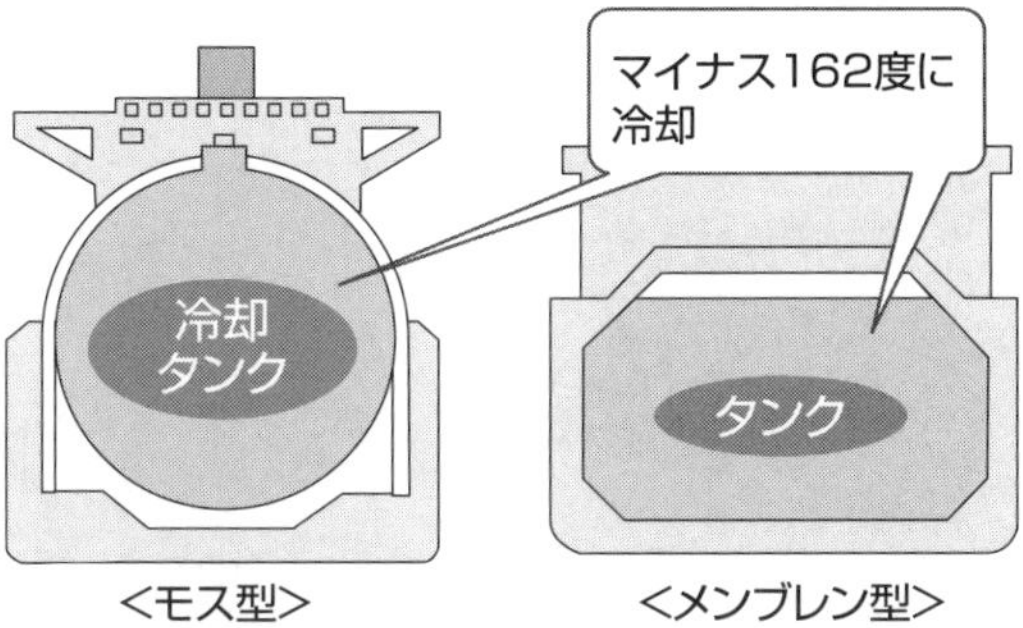


**LPGタンカー**

（液化石油ガスを輸送）

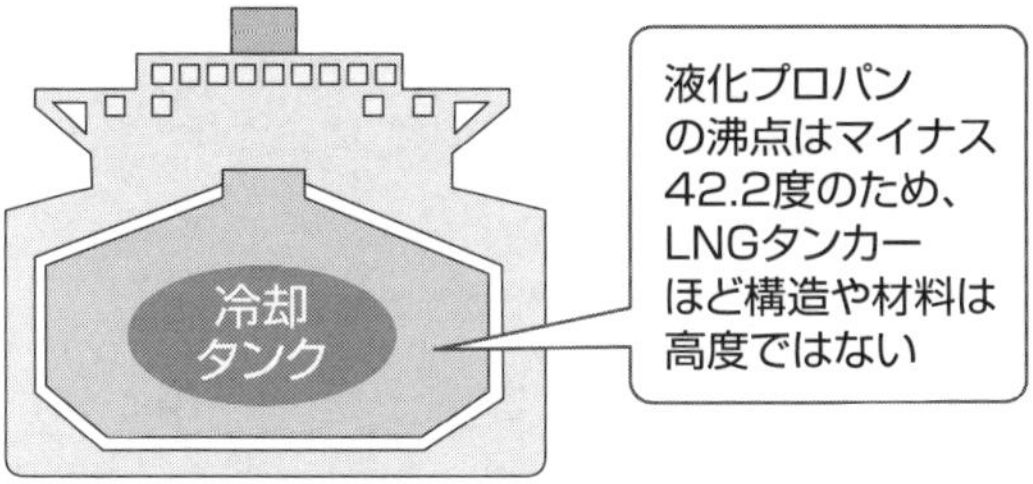

## タンカー輸送は今後も増加する

原油を輸送する手段は石油タンカーの他にも「パイプライン」や「鉄道」などがあります。しかし、今後の世界の石油市場では石油タンカーの需要が高まっていくと考えられています。実際に、世界を航行するタンカーの量もこの10年間で着実に増加してきています。

タンカー輸送の利点は、長距離の原油輸送に適していることです。タンカー輸送量の増加は、原油の産出地域と消費地域との地理的な距離が拡大しているからです。

今後、原油生産は中東・アフリカのOPEC産油国が増え、原油需要は中国を中心とするアジアの消費国が大きくなると予想されています。

これらの産油国と消費国は地理的に遠いので、両者をつなぐパイプラインを建設することは困難です。このため、増える輸送需要の多くはタンカー輸送でまかなわれると考えられ、タンカー輸送量が増え続けることは確実です。

## 石油会社のタンカー調達方法

日本の石油会社（↓P78）の石油タンカー調達方法には2種類あります。一つは海運会社から船員込みで借り受ける方法で、「用船」といいます。もう一つは石油会社かその子会社が自社の石油タンカーを保有する「自社船」を使う方法です。

用船には、一定期間の用船を行う「定期用船」と、航海ごとに用船を行う「航海用船」（スポット用船）があります。定期用船の契約期間は、90年代までは10年を超えるものが多かったのですが、最近では5年間以内のものも増えてきています。

航海用船は、石油会社が原油の短期的な需給調整目的やその時々のタンカーの需給状況を踏まえて、スポット（1回限り）で調達します。

航海用船を行う際には、そのつど石油会社と海運会社が相対の交渉で「ワールド・スケール」と呼ばれる用船レート（金額）を決めます。ワールド・スケールの市況は、数カ月のうちにレートが倍増や半減することもあり、原油市場以上に大きい変動幅が

## 産油国の積出港から日本（横浜港）までの所要日数

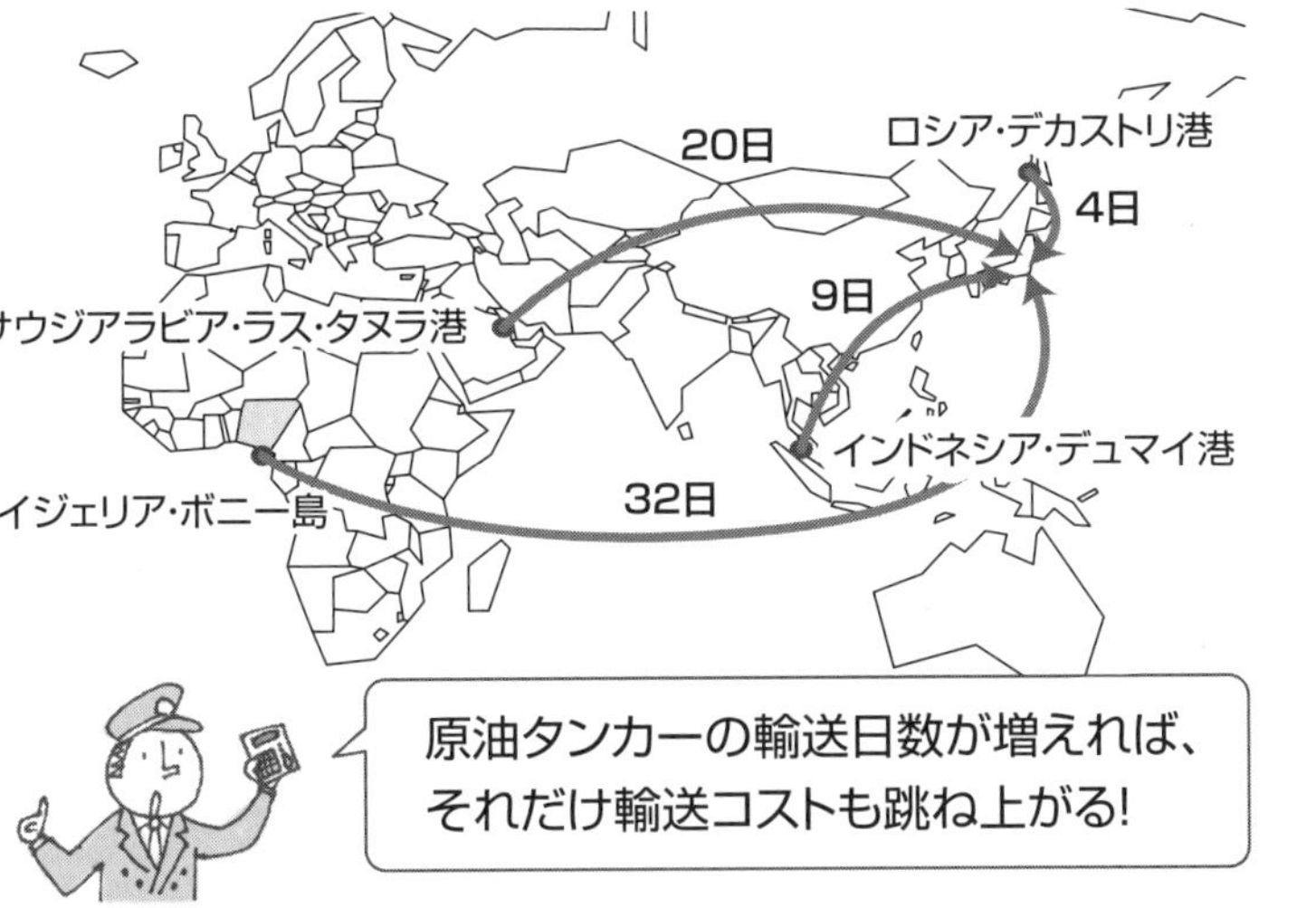
20日
ロシア・デカストリ港
4日
9日
サウジアラビア・ラス・タヌラ港
インドネシア・デュマイ港
32日
ナイジェリア・ボニー島
原油タンカーの輸送日数が増えれば、それだけ輸送コストも跳ね上がる!

あります。

### タンカー事故を予防する

タンカーによる海上輸送は、一度に大量の原油を運べるという利点をもっている反面、一度船が座礁したり沈没したりした場合には、積荷の原油が海上に流出する油濁事故による環境汚染によって、その海域の生態系に大きな影響を与えかねません。

油濁事故で起こる深刻な事態を防ぐため、「海洋汚染防止条約」（マーポール条約）という国際条約で、96年以降に建造されるタンカーはタンク部分を二重の内壁にする「二重船殻（ダブルハル）構造」が義務付けられています。二重船殻にすれば、タンカーが座礁した場合でも、原油タンクが損傷して油が流出する危険性を抑えることができます。

07年時点では、世界のタンカーの66%が二重船殻構造となっています。海洋汚染防止条約が定める15年に旧型の「一重船殻（シングルハル）構造」タンカーはすべて使用が禁止されます。

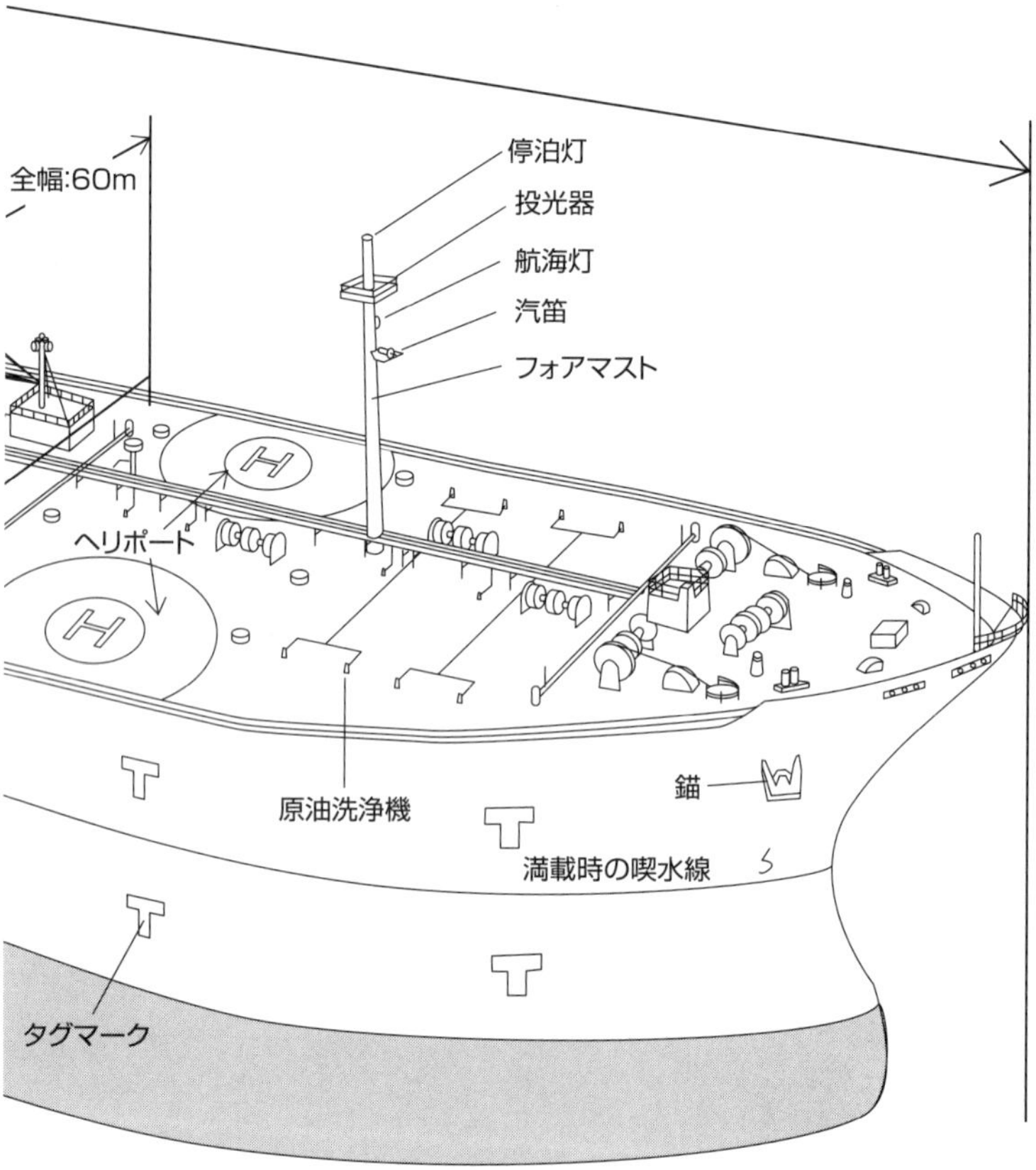
全幅:60m
停泊灯
投光器
航海灯
汽笛
フォアマスト
ヘリポート
原油洗浄機
錨
満載時の喫水線
タグマーク

# VLCC タンカーの構造



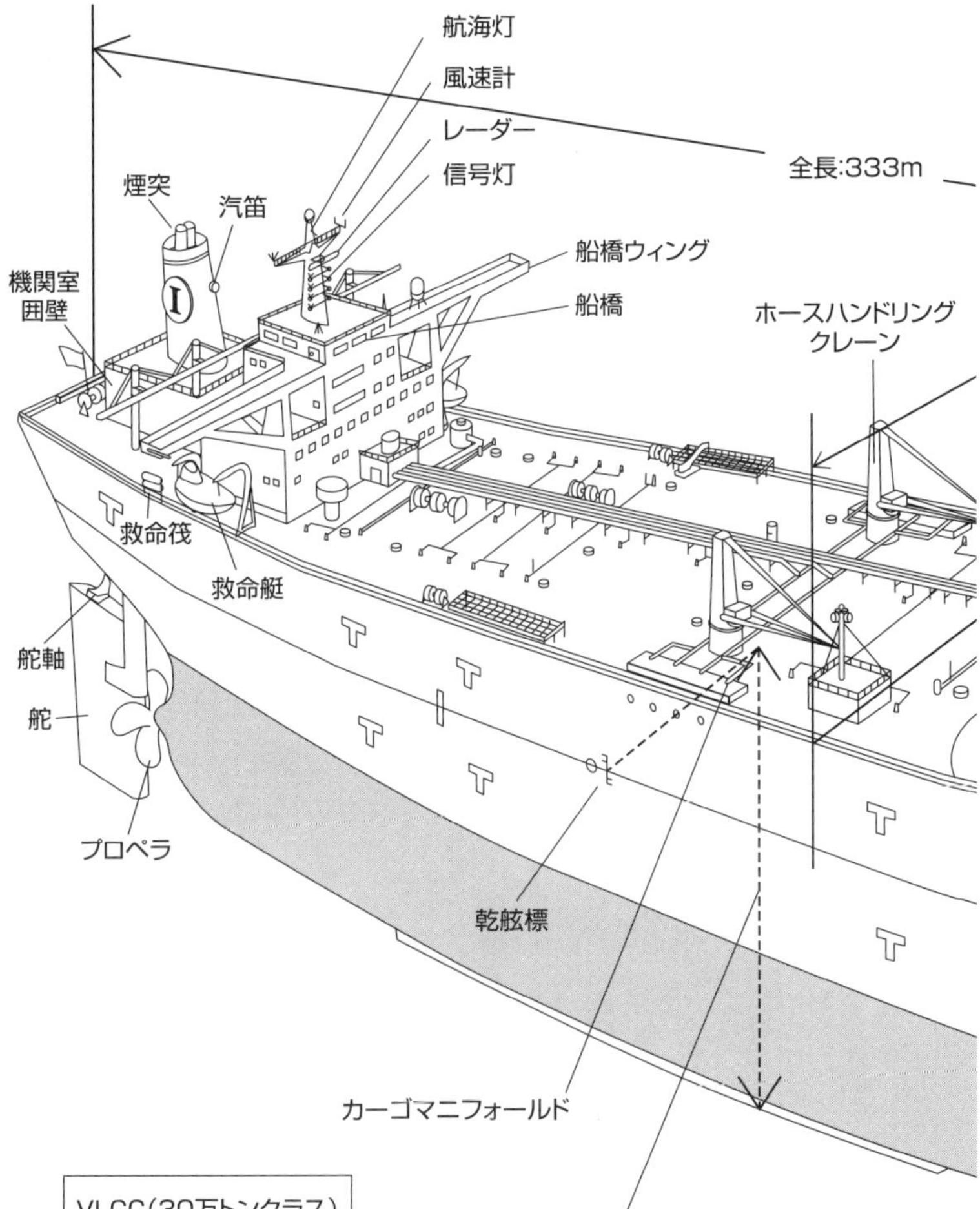


VLCC(30万トンクラス)
全長:333m
全幅: 60m
喫水: 20m

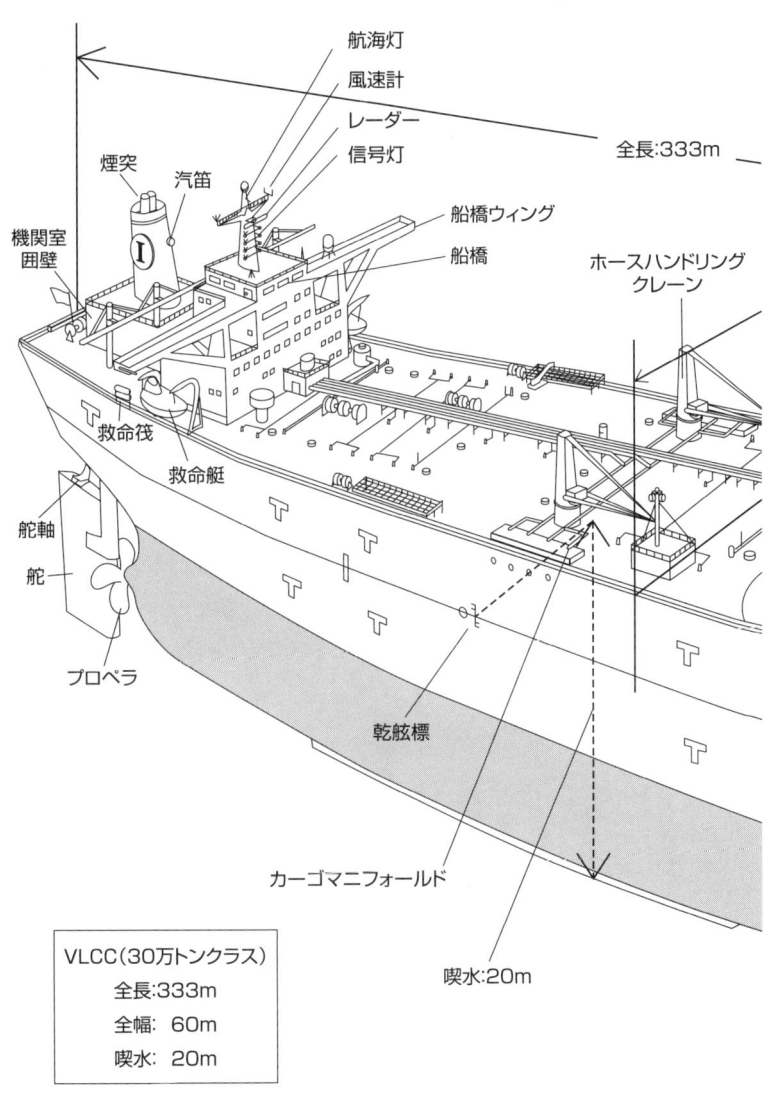

# 7 日本政府が石油確保に本腰を入れ始めた

需給ひっ迫に直面し、安定供給を国家戦略とした

### 世界のエネルギー需給がひっ迫する

世界のエネルギー情勢は厳しさを増しています。需要面においてはアジアを中心とする新興国のエネルギー需要の増加、供給面においては、資源国における資源ナショナリズム（➡P264）の台頭、イランの核開発問題などの中東の不安定要因、ガソリンなどの軽質石油製品を生産する精製能力の不足などといった要因が深刻化し、21世紀の国際エネルギー市場は構造的な需給ひっ迫の時代に突入したとの認識が世界的に広まりました。

このような環境のなか、米国や欧州、中国などの主要消費国は、自国をめぐるエネルギー情勢を踏まえたエネルギー戦略の見直しを進めています。

08年の秋以降、サブプライムローン問題（低所得者向け住宅融資の焦げ付き問題）に端を発し、戦後最悪の事態に発展した金融危機で、原油価格は大きく下がりました。しかし、世界の主要国は、中長期的には原油需給はひっ迫する方向に向かうと判断し、原油を含むエネルギーの安定供給を主要な政策課題にしています。

### エネルギー資源確保を戦略的に進める必要性

00年代に入り、国際エネルギー情勢において大きな変化が進みつつあるなかで、日本政府の中でも「日本も新たなエネルギー戦略を立て直すべきだ」という認識が高まってきました。

エネルギー資源の大半を輸入に頼る日本にとって、エネルギーの多様化、エネルギー供給源の地理的な分散化、エネルギー消費効率の向上などを通して、供給面において急激な価格の上昇や物理的な途絶が生じた際にも、その影響を受けにくい強靭なエ

## 緊迫する世界のエネルギー情勢

**エネルギー情勢の不安定要因**

新興国の
エネルギー
需要増加

資源国政府の
石油資源の
国家管理

不安定な
中東の
政治情勢

石油製品の
精製・供給能力
の不足

↓

米国、欧州、中国などの主要石油消費国が
新たなエネルギー戦略を打ち出している

↓

日本政府も新たなエネルギー戦略が必要となった

↓

06年　「新・国家エネルギー戦略」を策定

ネルギー需給構造をつくり上げる必要があります。

またそれと同時に、エネルギーは国の健全な経済運営を支える上での基盤を形成するものである以上、その時々のエネルギー市場の状況に左右されることなく、じっくりと腰を据えたエネルギー戦略を展開していくべきとの問題意識も高まってきました。

## 「新・国家エネルギー戦略」を策定した

そのような環境の下で、日本政府は06年に「新・国家エネルギー戦略」を策定しました。これは30年までという長期間を視野に入れ、エネルギーの安定供給確保を軸に、エネルギーにかかわる国家戦略の全体像を示す内容になっています。

この戦略は石油だけではなく、エネルギー全体を対象としていますが、前述の通り、長期的な視野に立った軸のぶれない政策を展開していくため、いくつかの重要な分野について数値目標を設定しています。

そのなかで、石油の安定供給確保に関しては、30年時点で日本の輸入量に対する自主開発原油（日本企業が権益を有する原油）のシェアを40％に上げる（08年時点で約17％）という目標が掲げられています。

これらの数値目標自体の実現は容易ではなく、仮に日本の石油需要全体が減少していくことを考慮しても、輸入量全体の40％を確保するためには、現在の倍以上の自主開発原油の権益を取得する必要があります。

しかし、このような数値目標の設定は、政府が民間企業と連携しながら、この分野において腰の据わった取り組みを進めていく決意を、明確に表明したものでもあります。今後、この目標実現に少しでも近づけるよう、官民がそれぞれの分野で自主開発原油の権益取得を進めていくことが期待されます。

## 重要な役割を果たす首脳外交

欧州やアジアなど他の消費国では、大統領や首相など首脳クラスの政治家が、産油国に頻繁に足を運び、自国企業のエネルギー権益取得をサポートしています。

## 新・国家エネルギー戦略(2006年)の数値目標

| | 2030年時点 |
|---|---|
| ① 省エネルギーの推進 | 現状から30%減と改善 |
| ② 石油依存度の低下 | 現在約50%→40%にする |
| ③ 運輸部門(国内自動車燃料)の石油依存度低下 | 現在100%→80%にする |
| ④ 原子力発電比率の拡大 | 現在約30%→30〜40%以上にする |
| ⑤ 海外自主開発原油比率の拡大 | 現在約17%→40%にする |

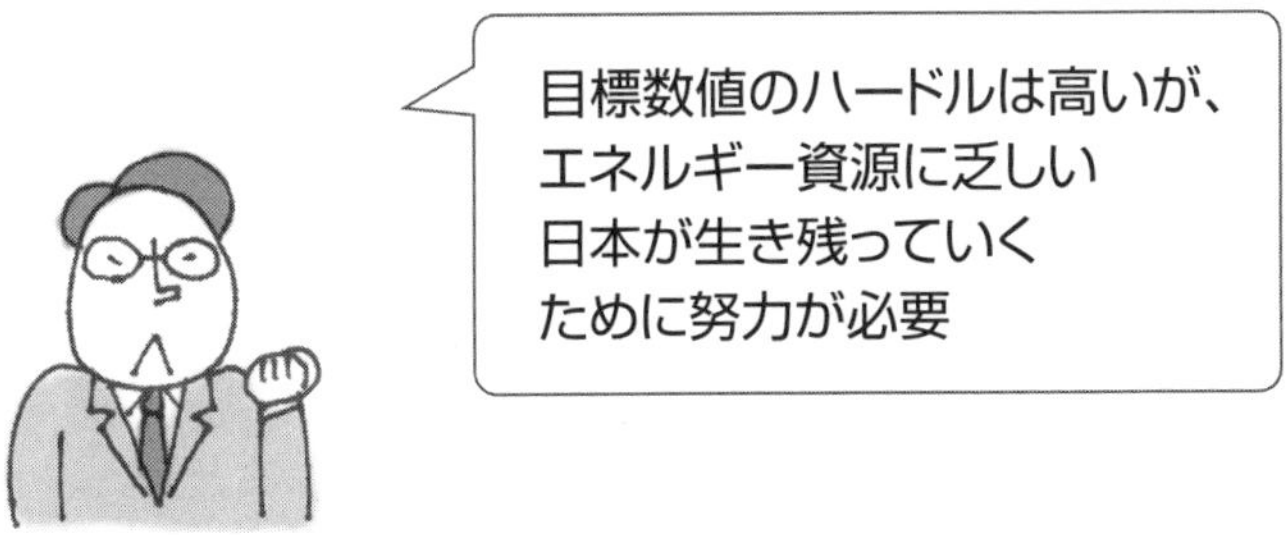
目標数値のハードルは高いが、
エネルギー資源に乏しい
日本が生き残っていく
ために努力が必要

英国のブラウン首相やフランスのサルコジ大統領は、年に一度は必ず中東やアフリカの産油国を訪問し、それに併せて自国の石油会社の首脳も同行し、石油・ガスの開発に関する交渉や契約の締結などが行われています。中国の胡錦濤国家主席や温家宝首相も、アフリカや南米の資源国への外交を積極的に行っています。

もちろん、これらの首脳外交は自主開発原油獲得のためだけに行われているのではありません。しかし、首脳外交を行うことは、実際の原油権益の取得の際に大きな追い風になるといわれています。

欧州や中国と比べて、これまで日本は産油国との首脳外交を行う機会が少なかったため、今後自主開発原油の権益取得を本格的に進めていく上では、首脳外交はなくてはならない重要な政策手段になります。

## ❖日本の強みを生かした資源外交とは？

このような問題認識のもと、07年に安倍首相（当時）はサウジアラビアやアラブ首長国連邦（UAE）など中東5カ国を歴訪しました。その中で、とくにサウジアラビアとの間で、エネルギー分野にとどまらない重層的な関係強化を進めることで合意しました。

石油依存度の高い経済構造を改め、産業の分散化を図りたいと考えている中東産油国にとって、日本のもつ技術力は非常に魅力的な資産です。また近年、中東産油国はポスト石油時代を見据えて、原子力や再生可能エネルギーへの関心を強めています。これらの分野でも日本は世界水準の技術やノウハウをもっています。

このように、相手が望んでいるものと、それに対して日本が提供できるものを明確にとらえた上で、産油国との関係強化を図り長期的な視野で権益の取得を図っていくことが重要です。

## ❖企業体制の整備も進める必要がある

日本の石油の安定供給体制を整えていく上で、政府のエネルギー政策・外交面での取り組みはもちろん重要ですが、日本が産油国と対等に交渉すること

## 日本と産油国との関係強化が必要

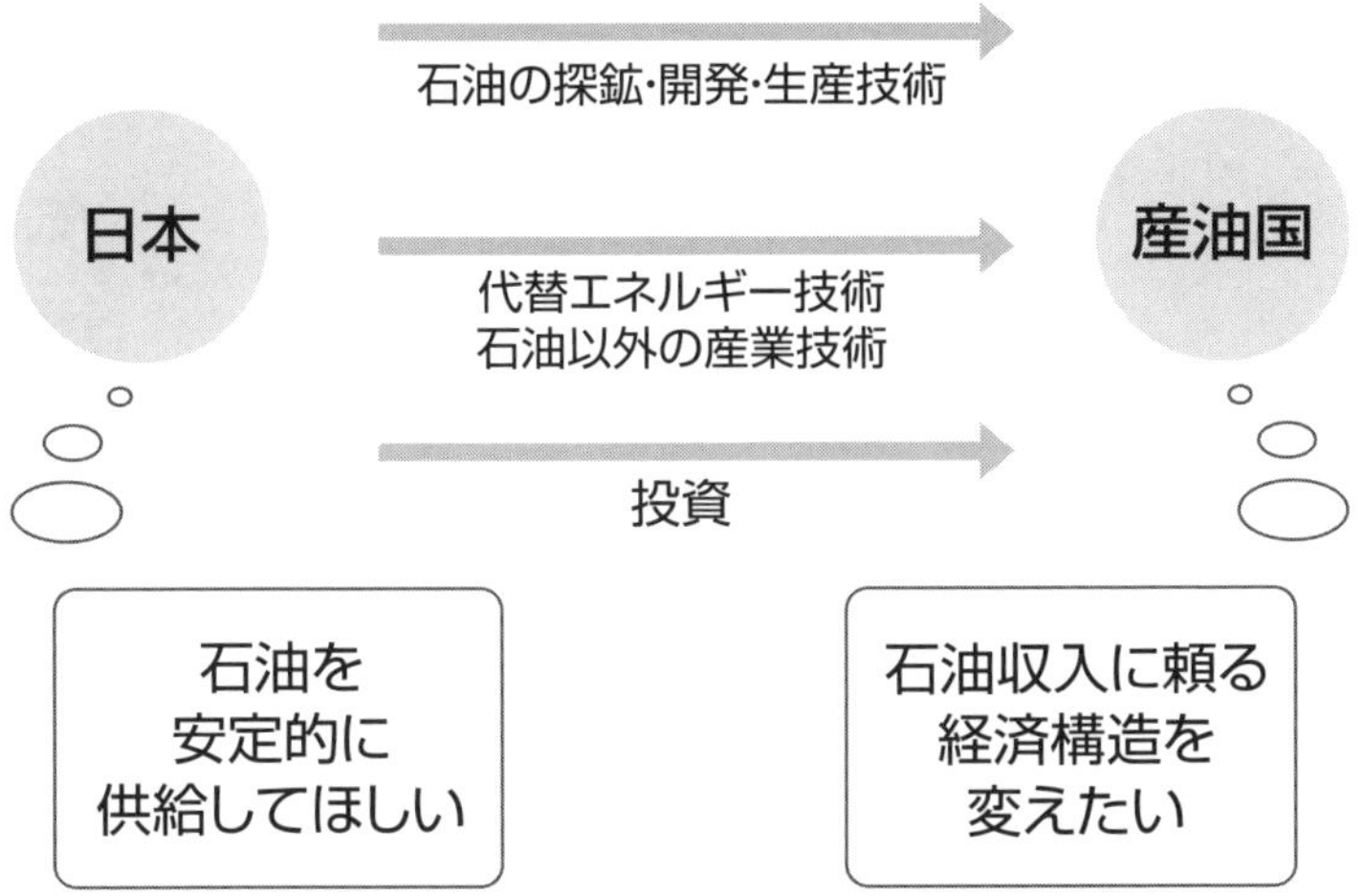
石油の探鉱・開発・生産技術
日本
産油国
代替エネルギー技術
石油以外の産業技術
投資
石油を
安定的に
供給してほしい
石油収入に頼る
経済構造を
変えたい

のできる企業体制を整えていくことも同じく重要です。とくに、日本は今後、石油需要が減少していくことが予想されているため、産油国にとっての日本の重要性はどうしても低下していきます。

そのなかで、日本が安定的に産油国からの原油供給を確保していくためには、日本の側に産油国が一目置かざるをえないような強力な企業が存在していることが必要です。

また、自主開発原油の開発を行う上でも、巨額の投資案件に対するリスクを吸収できるような強い体力をもつ企業が必要です。現在日本の石油業界においてもすでに企業再編が進みつつありますが（↓P116）、日本にとって安定的な石油供給を実現できるような企業体制の整備も今後の大きな課題といえます。

# 8 危機に備える石油備蓄制度

## 民間備蓄と国家備蓄で緊急時に対応する

### ✤石油の備蓄が始まった

日本で「石油備蓄」の必要性が語られ始めたのは56年に発生した第2次中東戦争のときでした。しかし、当時は石炭がエネルギーの主流であったため、広く認められることはありませんでした。

石油備蓄の必要性が本格的に議論され始めたのは、67年の第3次中東戦争のときです。政府は翌68年から様々な助成措置を講じ、民間石油会社による石油備蓄がスタートしました。

そして、73年に発生した第4次中東戦争と、これに続く同年の第1次石油ショックは、備蓄の必要性を強く認識させせました。

石油の備蓄は、原油だけでなくガソリンや灯油といった石油製品でもなされています。また、81年からは家庭用や自動車用に広く利用されているLPG（液化石油ガス）の備蓄も始まっています。

### ✤備蓄には国と民間の2つがある

石油備蓄には、国による「国家備蓄」と民間石油会社による「民間備蓄」の2つがあります。国家備蓄は原油だけ、民間備蓄は原油と石油製品両方です。

民間備蓄は、製油所、油槽所（製油所で生産された石油製品の中継基地）、原油輸入基地で行われています。一方、国家備蓄は民間のタンクの借り上げ、専用の備蓄基地建設（78年建設開始）で行われています。

現在、石油の国家備蓄基地は10カ所、LPGの国家備蓄基地は5カ所です（109ページの図）。

### ✤様々な備蓄タンクの種類

石油の備蓄方式には「地上タンク方式」「地中タンク方式」「地下岩盤タンク方式」「洋上タンク方式」

# 石油備蓄タンクの種類と特徴

## 地上タンク方式

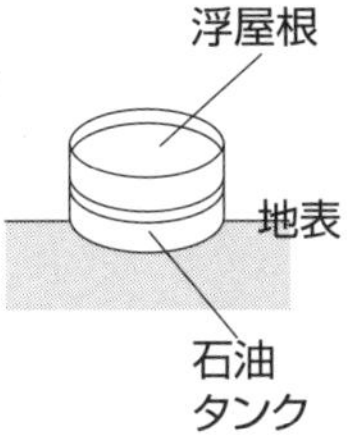


**特徴**

- 建設コストが安い
- 一般的な技術で
  つくれる
- 操業実績が豊富

## 地中タンク方式

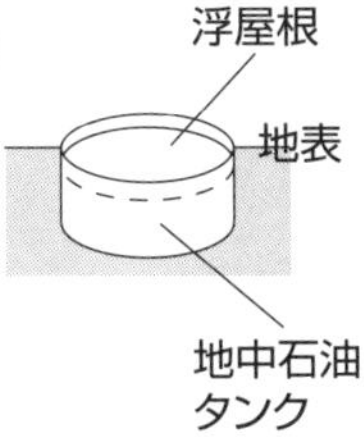


- 漏油の危険が少ない
- 耐震性に優れる
- 地上タンクよりも
  大きくつくれる

## 地下岩盤タンク方式

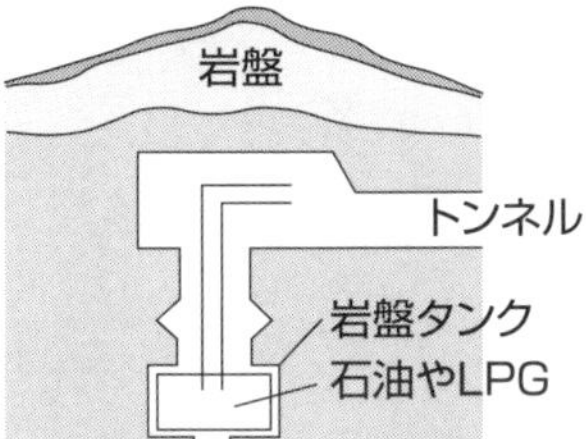


- 漏油の危険が少ない
- 地震、落雷などの
  自然災害に強い
- 使用する土地面積が
  少ない

## 洋上タンク方式

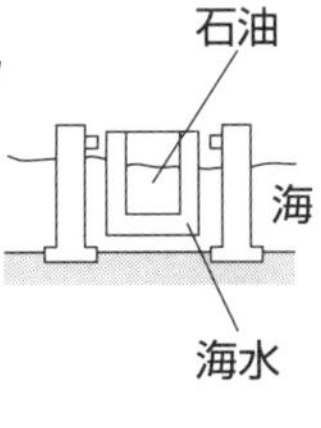


- 漏油の危険が少ない
- 海上空間を
  有効利用できる

の4種類があります。また、LPGの備蓄方式には「地上低温タンク方式」「地下岩盤貯蔵方式」の2種類があります。

備蓄基地では、地震、台風、積雪対策をし、また事故の発生を防止する対策も講じられています。

**①地上タンク方式**

屋根を内容液に浮かせた「浮屋根式」で、最大のものは約12万kl（直径約83m、高さ約24m）の容量をもちます。

**②地中タンク方式**

浮屋根式で最大のものは約35万kl（直径約97m、深さ約51m）の容量をもちます。液面が地表面よりも低いため原油が地表面に流出しない、地震に強いといった特徴があります。

**③地下岩盤タンク方式**

地下の岩盤をくり抜いてタンクにします。最大のものは1ユニット約74・5万klと巨大な容量をもちます。地震、落雷などに強い、油漏れの危険性が低いといった特徴があります。

**④洋上タンク方式**

海にタンクを浮かべて備蓄するもので、最大の貯蔵船は1隻（単位）約88万klと地下岩盤タンクを上回る容量をもちます。

**⑤地上低温タンク方式（LPG）**

平底円筒式の二重殻タンクの中で、冷却液化された石油ガスを低温で貯蔵する方式です。

**⑥地下岩盤貯蔵方式**

地下水位以下の岩盤内に空洞をつくって、ここに石油やLPG（液化石油ガス）を空洞周辺の地下水圧によって封じ込め、漏洩を防止する貯蔵方式です。

## ✤石油の備蓄日数を拡大してきた

民間備蓄は、ランニング・ストック（正常な企業活動を行う最低限の日数）である45日をメドに68年にスタートしました。そして72年度から毎年5日分の備蓄積み増しを行い、74年度末までに60日分を達成することが目標となりました。

第1次石油ショック後に設立された先進国のIEA（国際エネルギー機関↓P63）は、加盟国の石油

## 日本全国の国家備蓄基地

### 〔石油備蓄基地〕

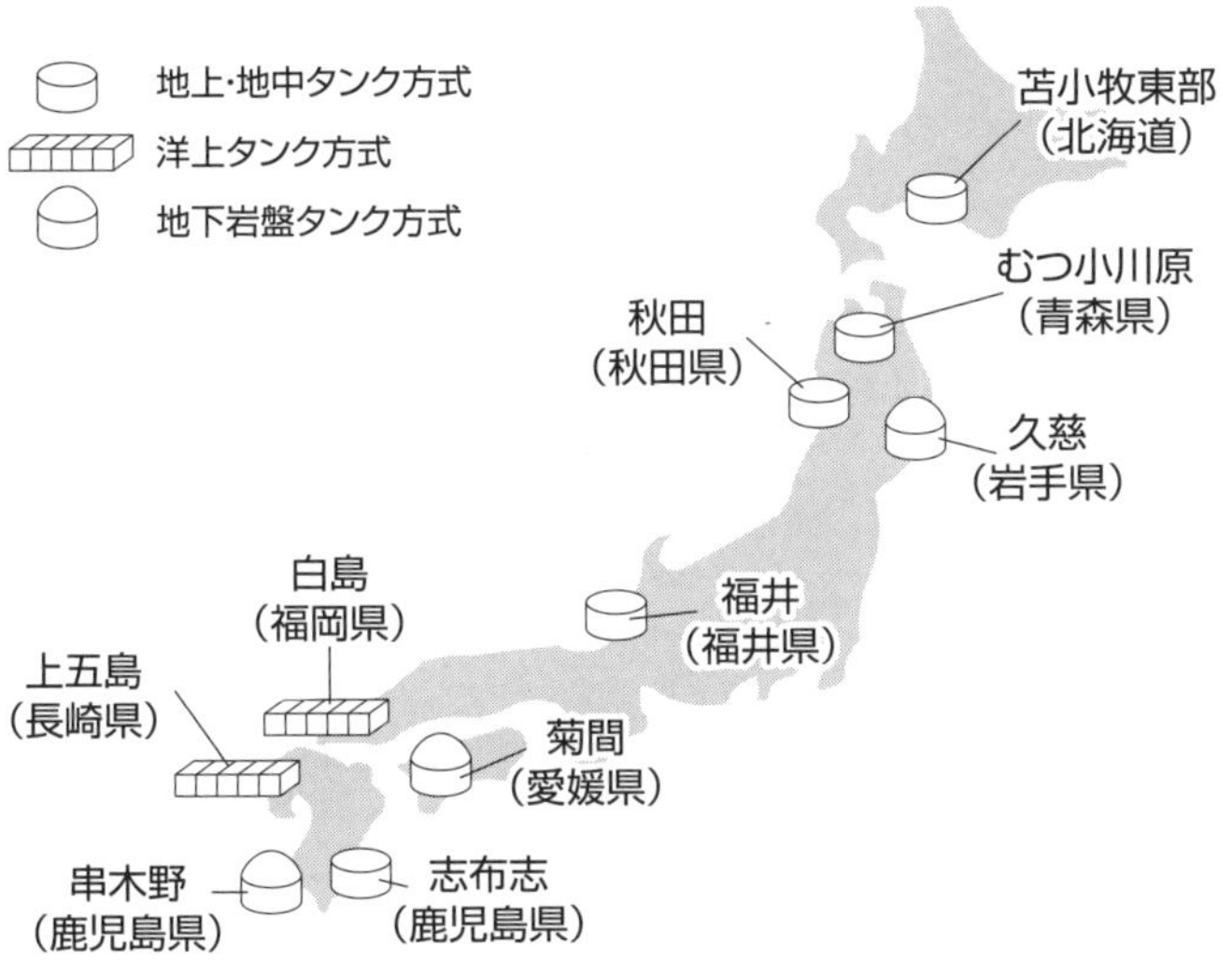


### 〔LPG備蓄基地〕

<出典:JOGMECホームページより作成>

備蓄水準を80年代初めまでに90日に引き上げる取り決めをしました。

日本は75年に石油備蓄法を制定し、民間石油会社に79年度末までに90日の達成を義務づけました。その後、石油の輸入依存が高い日本は90日以上の備蓄をもつ必要があるとして国家備蓄が78年に始まり、目標は3000万kl（約50日分）となりました。

現在では、国家石油備蓄の目標が5000万kl（98年達成）、民間の備蓄義務が70日となっています。備蓄義務の単位は国は量、民間は日数となっています。09年1月末時点の備蓄日数は国家備蓄で101日、民間備蓄で81日の合計182日となっています。

一方、LPGは150万トンの備蓄目標を掲げて、国家備蓄基地の建設が進められています。150万トンが達成されると、民間に義務づけられている50日分の備蓄を含めて備蓄量は90日分となります。

## 国際協力で緊急時に対応する

石油資源の多くは政情の不安定な地域にあり、石油供給の減少・途絶が起きる可能性があります。このため日本だけではなく、欧米や韓国などの主要な消費国では石油の備蓄が実施されており、近年石油の需要が増えている中国やインドでも備蓄制度を整備しつつあります。

しかし、石油は国際的に取引されている商品なので、備蓄石油の放出などの緊急時の対応を効果的に実施するためには、各国が単独で決断・行動するのではなく協調・協力することが必要です。

日本が加盟するIEAでは、84年に協調的緊急時対応措置（CERM）が合意され、石油供給の途絶などの緊急事態が発生する恐れがある場合には、加盟国が協調して備蓄を放出することになっています。

これまでに2回、国際協力による備蓄の放出がありました。1回目は90年に起きた湾岸戦争時、2回目は05年のハリケーン「カトリーナ」で米国が被害を受けたときです。02年のイラク戦争時にもIEAは放出計画を策定しましたが、放出指令は発動されませんでした。日本では備蓄が放出された2回とも、民間備蓄の取り崩しで対応しました。

## 日本の石油備蓄（国家＋民間）量の推移

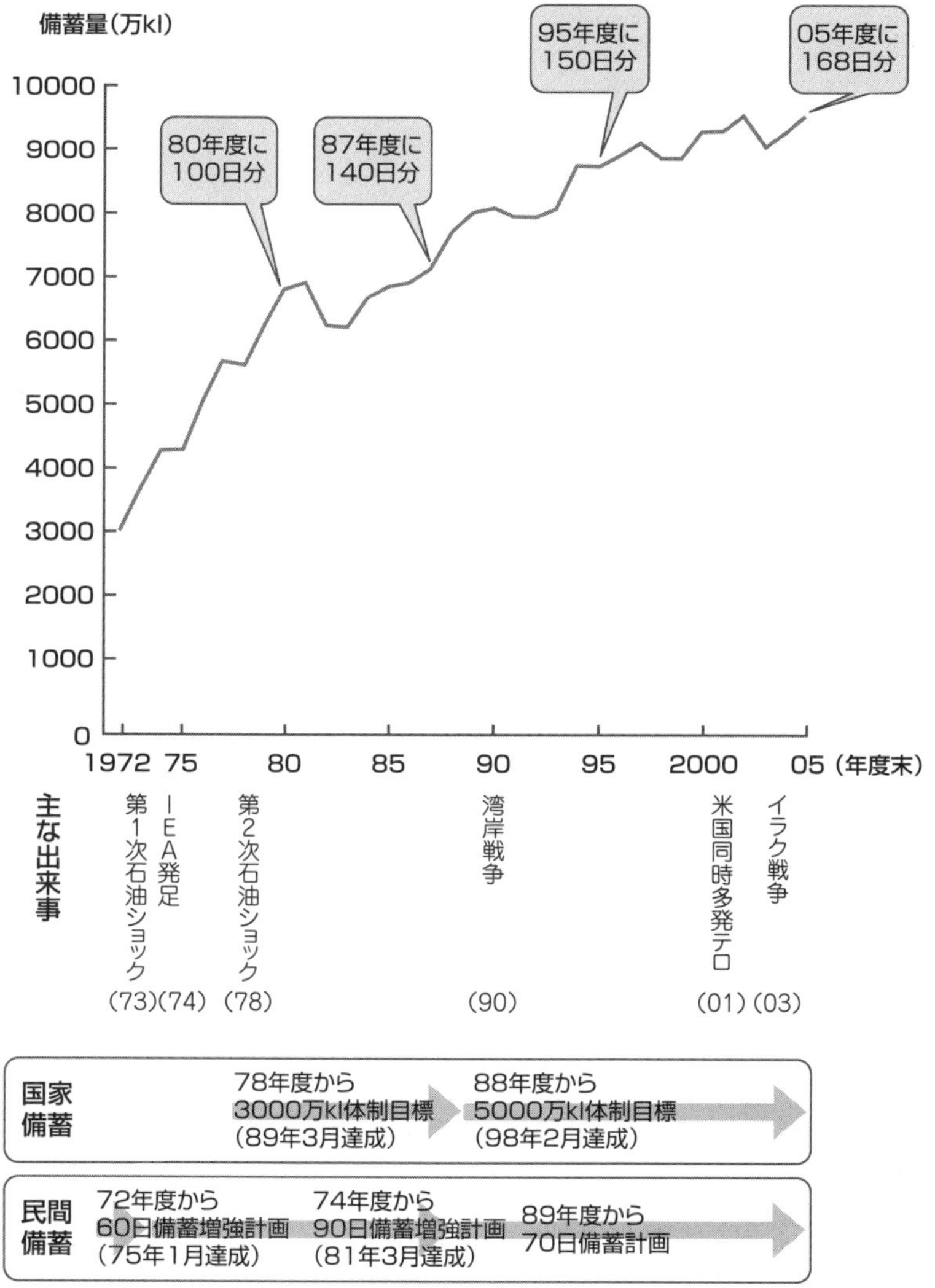


＜出典:JOGMECホームページより作成＞

# 9 石油先物取引市場はどうなっているのか

## TOCOMの先物価格が元売価格に影響する

### ❖東京工業品取引所はガソリン取引量が多い

先物取引とは、将来の一定日時に一定の価格で売買することを現時点で約束する市場取引のことです。

原油とガソリンなどの石油製品の先物取引は、「東京工業品取引所」（TOCOM）と「中部大阪商品取引所」の2カ所の商品取引所で行われています。このうち取引量が圧倒的に多いTOCOMについて説明します。

ガソリンと灯油は99年、中東原油先物は01年、軽油は03年にTOCOMで取引が開始されました。ただし、軽油は出来高の減少を理由に07年以降取引が停止されています。

上場されている原油は「中東産原油」という名称で、基本的な取引単位は50kl（＝1枚）で、円建ての現金決済となっています。

ガソリンには、通常使われる「レギュラー」と高効率・高出力の「ハイオク」の2種類がありますが、TOCOMに上場されているのは、レギュラーガソリンです。

TOCOMのガソリン価格には、他の石油製品と同様に原油価格、為替、需給動向などが反映されます。ただし、SS（サービスステーション➡P140）などの末端の小売価格では、地域の販売競争による影響が大きくなります。

市場の主な参加者は、一般投資家に加えて投資銀行や商社、一部の元売・流通業者などです。

07年の取引量は、中東原油先物の出来高が149万枚、ガソリンと灯油の出来高がそれぞれ753万枚、235万枚と、ガソリンが突出して大きいシェアを占めています。

## 東京工業品取引所の原油・石油製品先物取引

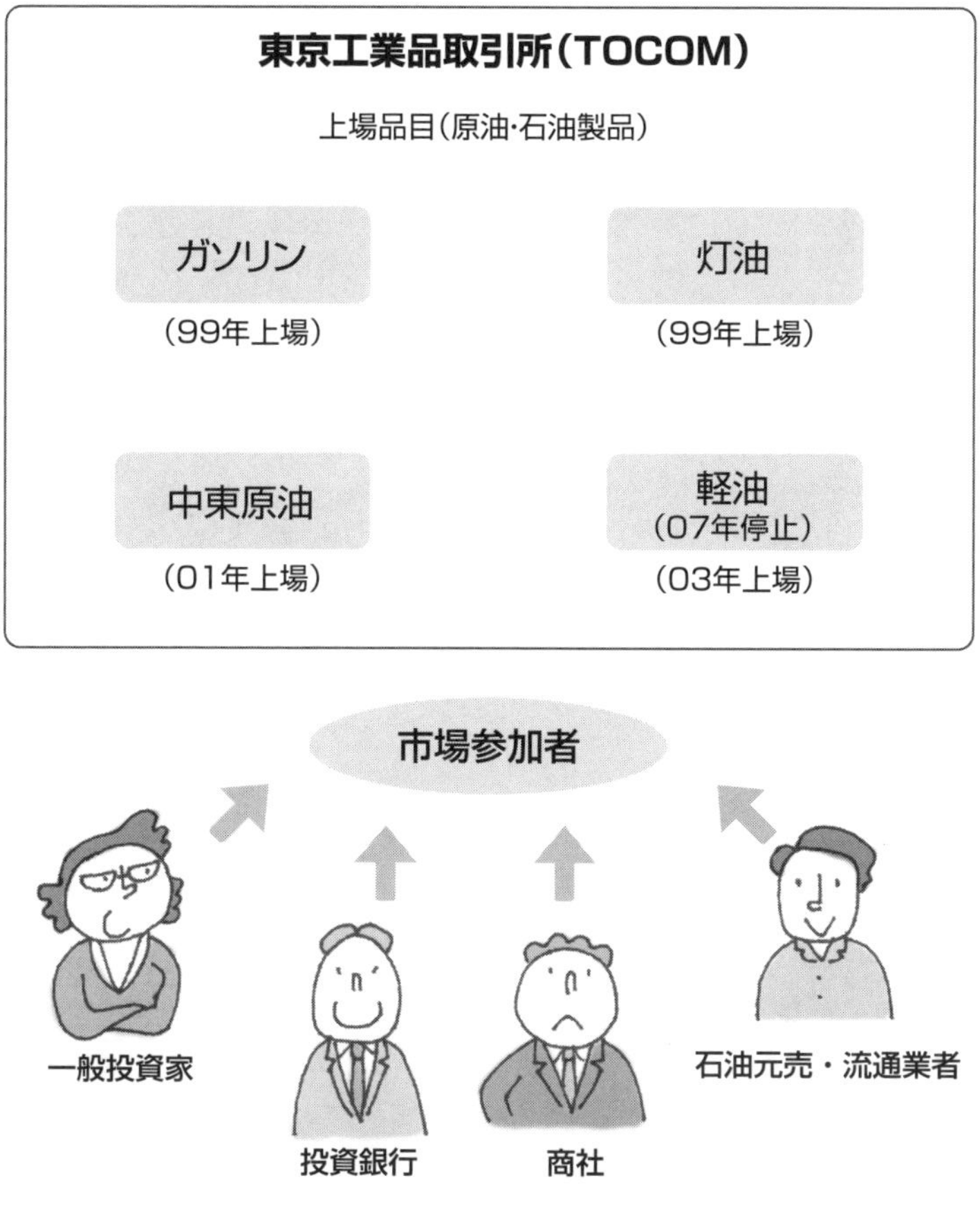
東京工業品取引所（TOCOM）
上場品目（原油・石油製品）
ガソリン
（99年上場）
灯油
（99年上場）
中東原油
（01年上場）
軽油
（07年停止）
（03年上場）
市場参加者
一般投資家
投資銀行
商社
石油元売・流通業者

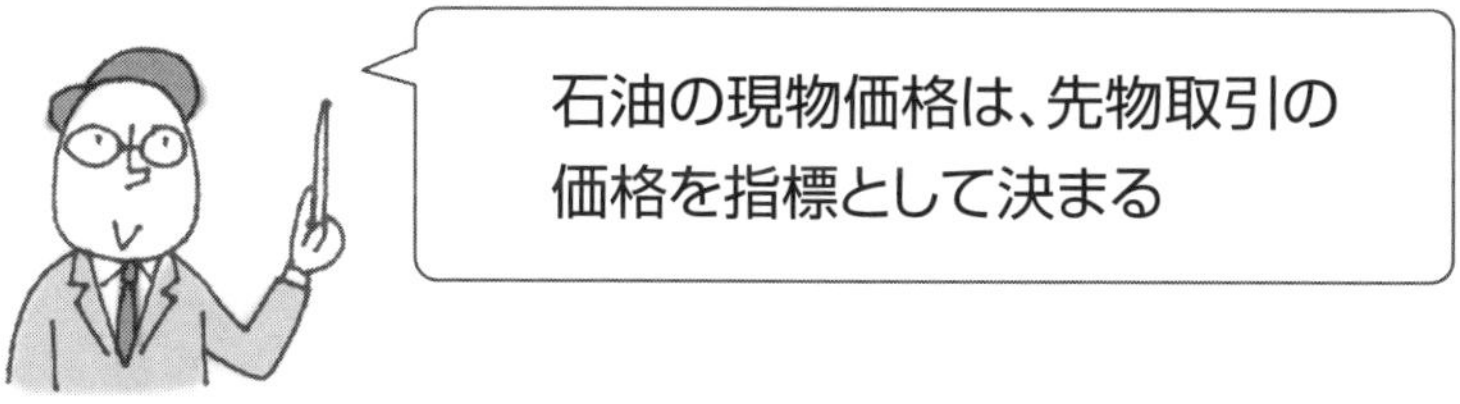
石油の現物価格は、先物取引の
価格を指標として決まる

## 海外市場と比べて石油製品が多い

欧米市場とは異なり、日本は原油の先物取引量が非常に少なく、一方でガソリンや灯油などの石油製品の先物・現物取引が多いのが特徴です。

07年の原油と石油製品の取引構成をＮＹＭＥＸ（ニューヨーク商業取引所→Ｐ40）と比較すると、ＴＯＣＯＭは原油が13％、ガソリンが68％、灯油が21％です。

これ対して、ＮＹＭＥＸは原油が76％と圧倒的に大きく、残りのシェアをガソリンと暖房油がほぼ均等に分け合っています。

この取引構成の違いの理由は、いくつか考えられます。日本では原油がわずかしか生産されず、原油を輸入して精製するガソリンの生産量が非常に多いことがあります。

これに対して、米国は原油の輸入量が日本の倍近くあり、国内生産量も多いので、原油取引量が多いのです。

また次に述べるように、日本の先物取引市場に海外の取引業者が参加するにはリスクが高いこともあります。

## 欧米と比べて日本市場は小規模

原油と石油製品の出来高の合計は03年に過去最高を記録しましたが、それ以降は大幅に減少しています。

海外市場と比べると、ＮＹＭＥＸが1日あたり48万枚、欧州市場のインターコンチネンタル・エクスチェンジ（ＩＣＥ→Ｐ42）が23万枚であるのに対して、ＴＯＣＯＭは1200枚（取引単位が異なるため、バレルに換算）と非常に小規模です。

日本市場が小規模な理由は、①ＴＯＣＯＭが現金決済だけであること、②取引単位がキロリットル単位取引で、海外での一般的な取引単位のバレルやトンが使われていないこと、③円決済取引であるため為替レートの変動などのリスクが発生することなどで、海外の取引業者の参加が少ないからです。

## 元売の石油製品価格はＴＯＣＯＭと連動

近年の国際原油市場では、原油価格が大きな変動

## 日本と米国の石油製品先物市場の違い

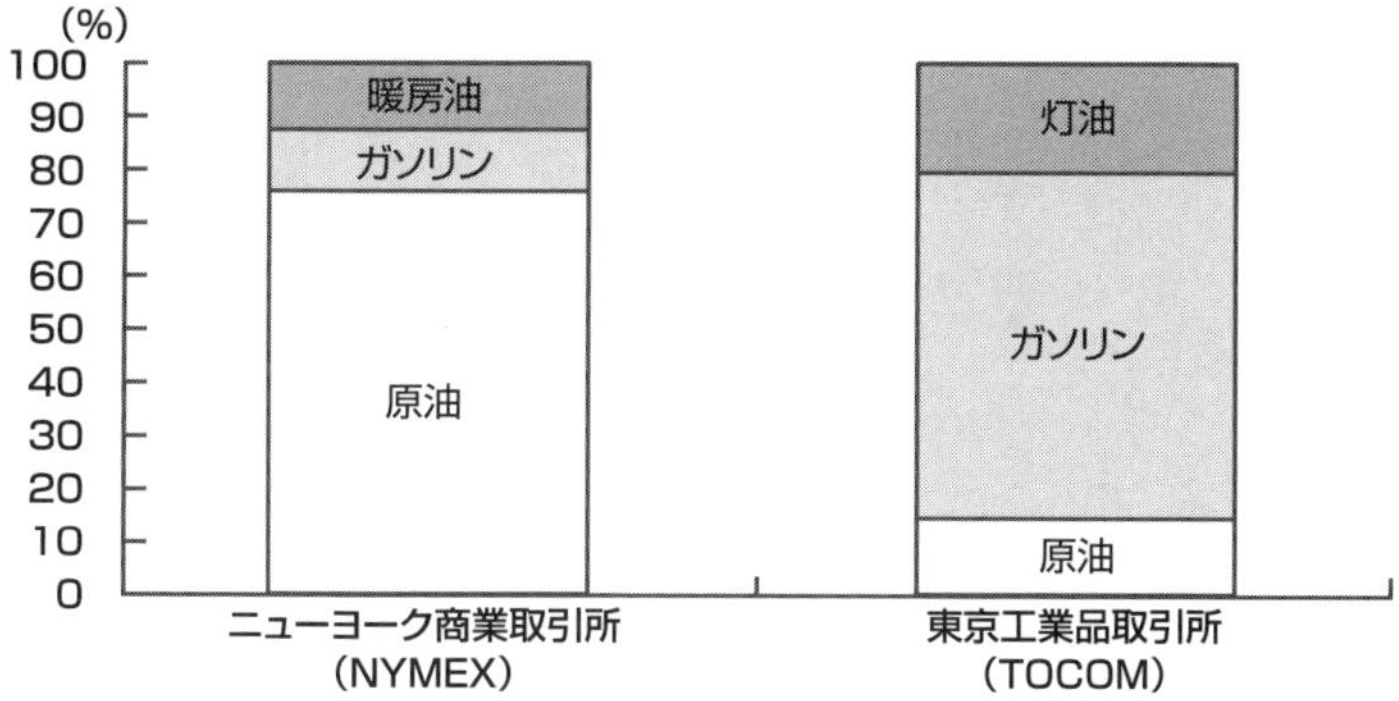


＜出典:各取引書ホームページより作成＞

TOCOMの原油取引が少ない理由は、
①日本の原油生産がほとんどないこと
②TOCOMが国際基準の取引環境にないこと、　などがある

をみせています。これを受けて、08年10月以降、日本の石油元売業者大手は、石油製品価格の決定では、TOCOMなどの取引所の価格をベースに、月決め方式から毎週改定する方式へ移行することにしました。

新方式は、石油製品の卸値を市場の動きに合わせて毎週改定するもので、「国内石油製品卸マーケット連動方式」といいます。これによって、石油元売業者は、原油コストの上昇を石油製品価格にすばやく反映させることができるようになりました。

こうした変化で、将来TOCOMの取引量が拡大し、日本市場の原油・石油製品価格が世界に与える影響力が大きくなることが期待されています。

なお、TOCOMは軽油取引の再開などの上場商品の整備、石油業界に対する市場参加の働きかけを続けるとしています。

# 10 日本の石油産業は再編が進む

## 合従連衡するも世界的にみればまだ規模が小さい

### 戦後8社体制でスタートした

第2次世界大戦が終戦を迎えた時点で製油所をもつ会社は、日本石油、昭和石油、日本鉱業、東亜燃料工業、丸善石油、三菱石油、興亜石油、大協石油の8社でした。ここから、戦後日本の石油産業はスタートしました。その後、これらの会社は軍用の燃料製油所の払い下げなどを通して、徐々に規模を拡大していきました。

高度成長期に入ると、通産省（当時）の政策支援もあり、発電所や石油化学工場と一体化したコンビナート型製油所の建設が進み、九州石油、西部石油、鹿島石油などの新たな石油精製企業が誕生しました。これらの企業の創立には石油会社のほかに、石油化学、電力、鉄鋼などのナフサ・重油の大口需要家、商社も関わっています。

### 石油ショックで成長の曲がり角が訪れる

70年代は、2度の石油ショックで原油高時代を迎えました。そして、国内石油製品の需要は急激に減少し、石油産業は過剰設備を抱えて経営危機に直面しました。この結果、石油産業が過当競争体質を改善し、業界の秩序を維持するために、元売各社間の業務提携や合併が始まりました。

まず84年、大協石油と丸善石油が自社の精製部門を分離・合併させて、コスモ石油を設立しました。また同年、日本石油と三菱石油が業務提携したことを引き金に、モービル石油、キグナス石油、エッソ石油、ゼネラル石油が業務提携を行いました。

その後も企業再編が進み、85年には昭和石油とシェル石油が合併して昭和シェル石油が誕生し、86年には、大協石油、丸善石油、コスモ石油が合併し

## 日本の石油産業再編に影響を及ぼしてきた要因

| | 国外 | 国内 |
|---|---|---|
| 60年代 | ・欧米石油メジャーの石油支配<br>・低い原油価格 | ・国内の高度経済成長と石油需要の増加<br>・日本政府の産業育成政策 |
| 70～80年代 | ・OPECの台頭と原油価格の高騰 | ・石油製品の価格上昇と省エネの進展で需要減少<br>・石油業界の過剰設備問題 |
| 90年代 | ・アジア金融危機による石油需要の減少<br>・欧米スーパーメジャーズの誕生<br>・グローバル化と日本企業の国際競争力強化の必要性 | ・規制緩和による国内市場の競争激化 |
| 00年代 | ・産油国の資金力増大<br>・欧米石油メジャーの日本市場への関心低下<br>・中国などの新興国石油企業の台頭･買収に対抗するため、日本企業の規模拡大の必要性<br>・地球温暖化対策で化石燃料の利用抑制 | ・石油価格高騰による省エネの進展<br>・人口減少による国内需要の低下<br>・石油業界の余剰供給能力問題 |

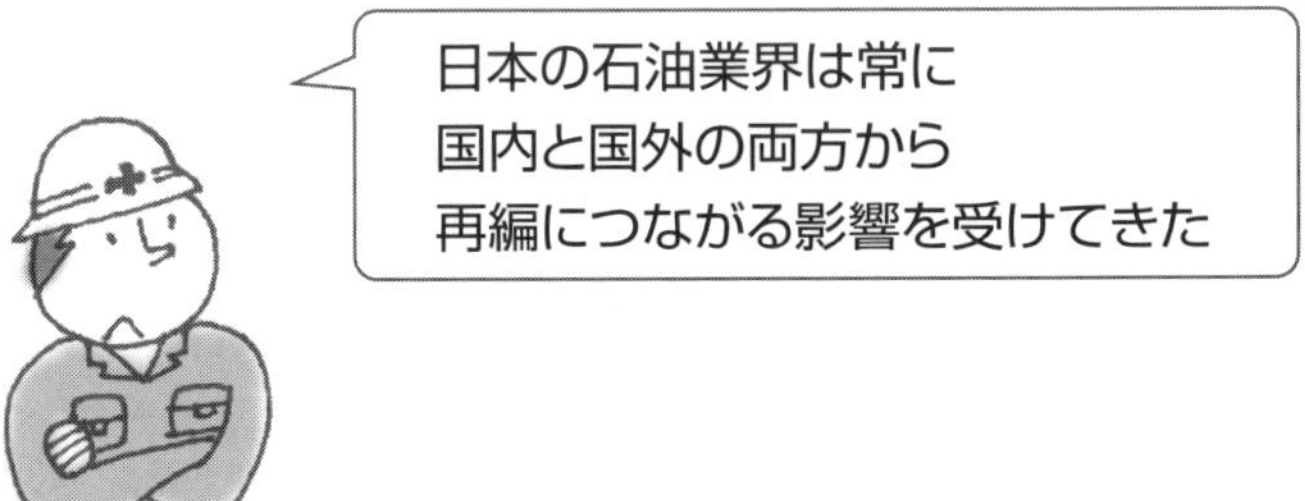
日本の石油業界は常に
国内と国外の両方から
再編につながる影響を受けてきた

てコスモ石油が新たに発足しました。さらに92年には、日本鉱業と共同石油が合併して日鉱共石(現ジャパンエナジー)が誕生しました。

## 新たな産業再編が90年代後半から加速した

90年代後半に入ると、新たな産業再編の波が訪れました。その引き金は、96年から始まった新たな規制緩和政策です。86年に10年間の時限立法として施行された「特定石油製品輸入暫定措置法」(特石法)が96年に期限切れを迎えたことで、石油製品の輸入権が多数の事業者に認められ、海外から安価な石油製品が流入しやすい状況になりました。

規制緩和をきっかけに石油業界は再び過当競争に突入し、国内製品価格が下落したため、輸入製品は当初予想されていたほど流入しませんでした。

競争が激しさを増すなかで、企業間で合併や連携を模索する動きが出てきました。そのなかで、99年に日本石油と三菱石油が合併し、日石三菱(現新日本石油)が誕生しました。

同年には、米国のエクソンとモービルが合併したことで、00年に両社の精製子会社である東燃(両社が25%ずつ出資)とゼネラル石油(エクソンが約50%出資)が合併して東燃ゼネラル石油が誕生し、両社の販売子会社であるエッソ石油とモービル石油も合併してエクソンモービルが誕生しました。

## 産油国の石油会社が日本企業に続々出資

90年代までは日本の外資系石油会社は欧米の石油メジャーの出資企業だけでしたが、00年代に入ると、それまでの石油メジャーに代わって資金力の豊富な産油国の出資が相次ぎました。産油国にとって安定的な原油販売先を確保することが重要で、世界第3位の日本の石油市場に子会社をもち、原油を供給することに高い関心をもっていました。

05年にはシェルが保有していた株式を譲り受けるかたちで、サウジアラビアの国営石油会社サウジアラムコが昭和シェル石油の株を約15%取得し、07年には、アラブ首長国連邦(UAE)の国営投資会社IPICが、コスモ石油が新たに増資した株式を取得して約20%の株主になりました。

## 日本の石油会社の再編の流れ

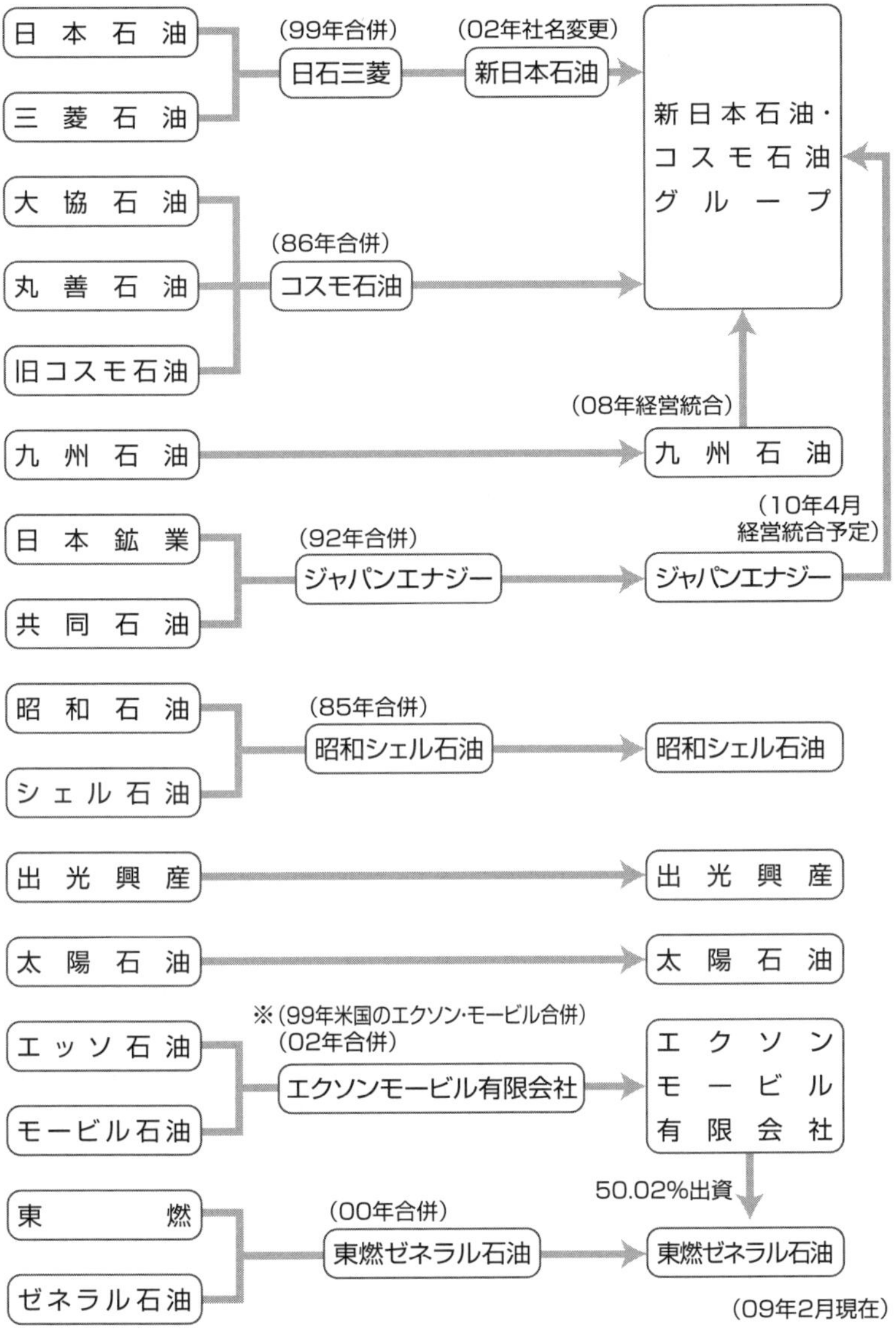

さらに08年には、東燃ゼネラル石油が保有していた株式を譲り受けるかたちで、ブラジルの国営石油会社ペトロブラスが沖縄の南西石油の87・5%の株式を取得しています。

## 民族系企業の再編も進んでいる

このような外資の参入が続く一方で、外国資本の出資を受けていない民族系企業の中で新たな連携強化が進みました。

連携強化は主に最大手の新日本石油を軸に行われ、99年にはコスモ石油と精製・物流部門で提携し、02年には出光興産と精製部門で提携しました。

その後、06年にジャパンエナジーと原油開発、石油精製、物流、燃料電池、技術開発など幅広い分野で業務提携を行い、08年には10%資本参加していた九州石油と経営統合しました。

また、新日本石油と、ジャパンエナジーの親会社の新日鉱ホールディングスが08年末に経営統合を発表しました。両社は09年10月に経営統合に関する本契約を締結し、10年4月に統合持株会社を設立、同年7月に中核事業会社を設立することになっています。

合併後の会社は持ち株会社の下に、石油精製・販売事業会社、石油開発事業会社、金属事業会社の3つの会社をもつ垂直統合型の石油会社になる予定で、「和製メジャー」ともいうべき世界的にも存在感のある石油会社になることが期待されています。

## 製油所とSSが抱える余剰能力問題

今後の日本は、地球温暖化防止対策としてさらなる省エネ・効率化を推進し、一方で海外への工場移転や新興国との競合などで産業の空洞化が進みます。

また、自動車の燃費改善が進み、民生部門、産業部門で電気・都市ガスなどのより利便性の高いエネルギーへの転換が進みます。こうしたことから、石油需要の減少傾向は顕著になってくるでしょう。

すでに現在、国内の製油所や給油所の余剰能力が大きな問題になってきています。実際にリストラも進んでおり、昭和シェル石油の新潟製油所やジャパンエナジーの船川製油所など、大消費地から遠く離れた場所にある製油所では装置が廃棄され、出光興産の兵庫製油所などでも原油処理機能を停止する効率化策が進められています。また、サービスステーション（SS）の数も減少傾向にあります。

国内市場の縮小に対し、中国や米国などへの輸出を増やすことで、現在の余剰能力の有効活用を図ろうとする動きもありますが、同時に国内の供給能力のリストラを進める必要性が高まることから、今後も新たな産業再編が起こると考えられます。

## ❖石油上流部門でさらなる再編と規模拡大が必要

第5章で述べるように、現在、世界の石油上流部門で投資環境が悪化しつつあります。そのなかで、日本の石油上流企業も企業体質の強化を進めています。67年に設立された石油公団は、04年に独立行政法人石油天然ガス・金属鉱物資源機構（JOGMEC）に改編されて、石油資源開発と国際石油開発2社の保有株式をそれぞれ03年と04年に上場し、新たな資本構成の元で事業を進めています。

このうち国際石油開発は、同じく公団が株式を保有し、UAEアブダビ首長国に石油権益をもつジャパン石油開発を子会社化しました。また06年には、民間の石油上流企業である帝国石油と経営統合することで、日本最大の石油上流企業となりました（現国際石油開発帝石）。

民間の石油上流企業には、石油元売企業傘下の企業と総合商社傘下の企業があります。このうち、元売の新日本石油傘下の新日本石油開発と、同じく元売の新日鉱ホールディングスの石油開発事業は、前述した新日本石油と新日鉱ホールディングスの経営統合で事業統合が予定されています。

このように石油上流部門で再編が続いていますが、世界的なスケールでみれば日本の石油会社はまだまだ規模が小さいのが現状です。07年の世界の石油会社ランキングでは、日本最大の国際石油開発帝石ですら49位です。世界に伍していけるようなメジャー石油会社の登場が望まれています。

# 第3章 日本の石油製品と流通の仕組み

# 1 石油精製のプロセスはどうなっているのか

## 蒸留、分解、改質、脱硫などを経て石油製品がつくられる

### 原油を精製して各種石油製品をつくる

ガソリン、軽油、灯油などの石油製品は、原油を精製して製造されます。精製は石油会社の「製油所」で行われ、そのプロセスは複雑ですが、代表的なものは126ページの図のようになっています。精製の仕組みについてこれから説明していきます。

まず、原油は炭素と水素の化合物「炭化水素」の集合体です。炭化水素は炭素と水素の数と組み合わせ方で、数多くの物質が存在します。一般的に炭化水素は炭素の数が増えるほど、液体から気体になる温度「沸点」が高くなります。

原油には、様々な沸点をもつ炭化水素が混在しています。そこで、蒸留することで、沸点の差を利用して小さな分子（軽い）の炭化水素から大きな分子（重い）の炭化水素まで分けることができます。原油を蒸留して沸点ごとに分けた物質を「留分」といい、これがガソリン、灯油、軽油、重油などの個別の石油製品の元となります。

留分は「ガソリン・ナフサ留分」「灯油留分」「軽油留分」「残渣油」（残油）に分けられます。残油は、原油から各種石油製品を精製した後に残った油です。

各留分の沸点範囲は、ガソリン・ナフサ留分が35～180℃、灯油留分が170～250℃、軽油留分が240～350℃、残油が350℃以上となっています。このように、石油精製とは沸点の違いを利用して、原油から個別の石油製品を取り出すことなのです。

原油の精製は、「蒸留」「分解」「改質」「水素化精製」（脱硫）といった各プロセスを経て生成された

# 日本国内の製油所と原油処理能力

(単位:バレル/日)

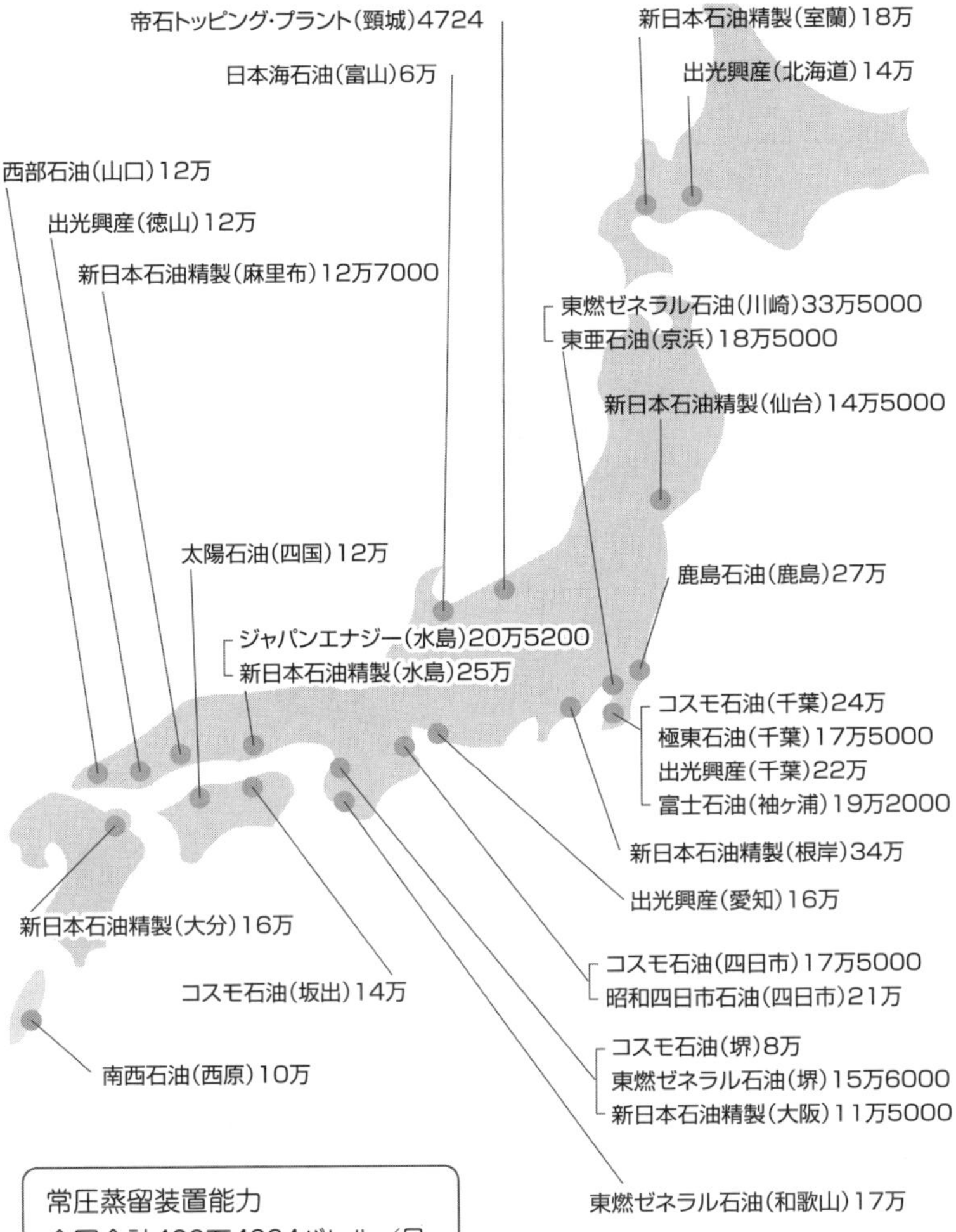
帝石トッピング・プラント(頸城)4724
日本海石油(富山)6万
新日本石油精製(室蘭)18万
出光興産(北海道)14万
西部石油(山口)12万
出光興産(徳山)12万
新日本石油精製(麻里布)12万7000
東燃ゼネラル石油(川崎)33万5000
東亜石油(京浜)18万5000
新日本石油精製(仙台)14万5000
太陽石油(四国)12万
鹿島石油(鹿島)27万
ジャパンエナジー(水島)20万5200
新日本石油精製(水島)25万
コスモ石油(千葉)24万
極東石油(千葉)17万5000
出光興産(千葉)22万
富士石油(袖ヶ浦)19万2000
新日本石油精製(根岸)34万
出光興産(愛知)16万
新日本石油精製(大分)16万
コスモ石油(四日市)17万5000
昭和四日市石油(四日市)21万
コスモ石油(坂出)14万
コスモ石油(堺)8万
東燃ゼネラル石油(堺)15万6000
新日本石油精製(大阪)11万5000
南西石油(西原)10万
東燃ゼネラル石油(和歌山)17万

常圧蒸留装置能力
全国合計489万4924バレル/日
(製油所数:29カ所)

(注):会社名(製油所名)

<出典:石油連盟ホームページより作成>

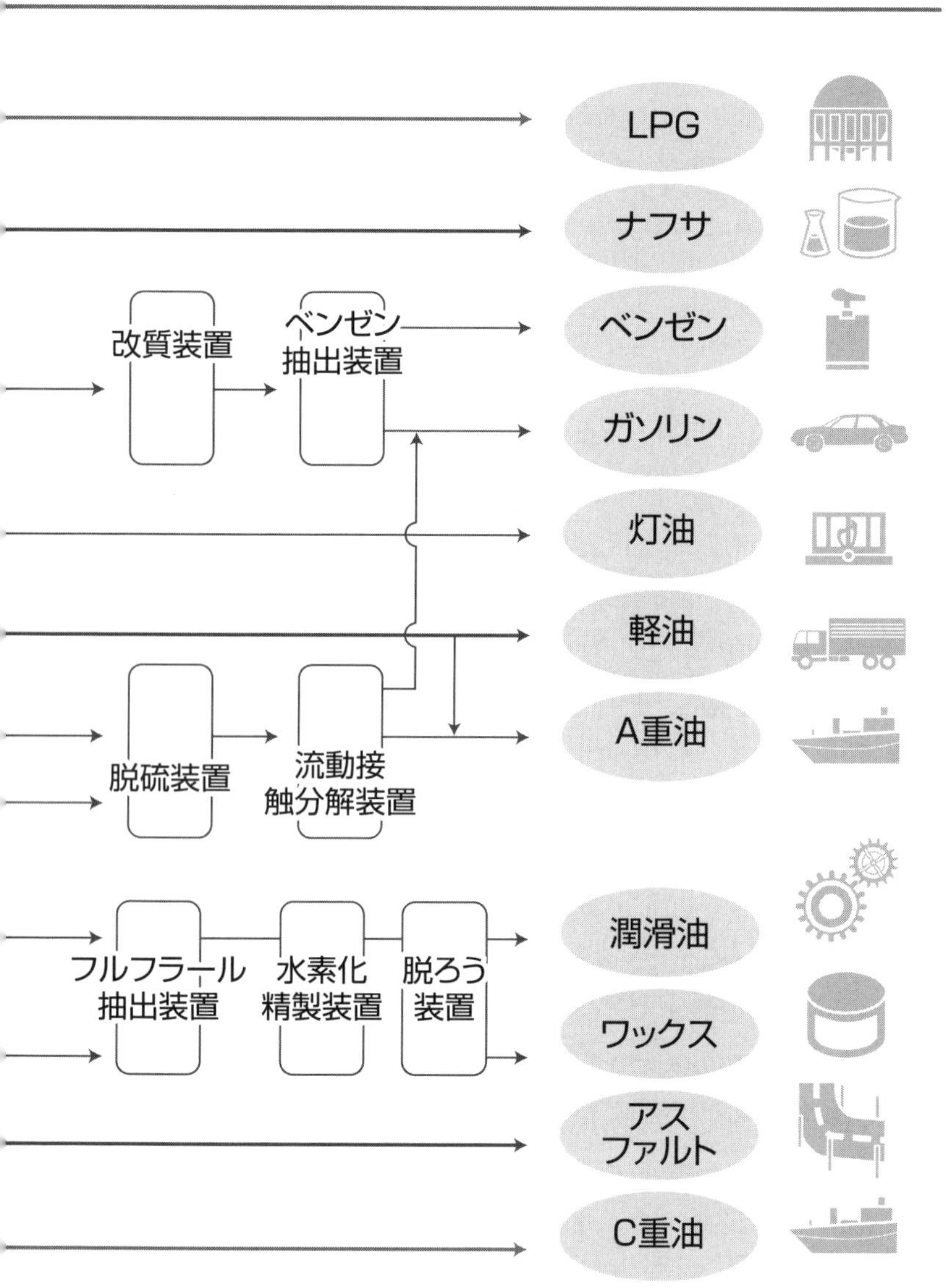
LPG
ナフサ
改質装置
ベンゼン抽出装置
ベンゼン
ガソリン
灯油
軽油
脱硫装置
流動接触分解装置
A重油
フルフラール抽出装置
水素化精製装置
脱ろう装置
潤滑油
ワックス
アスファルト
C重油

## 原油の精製の仕組み

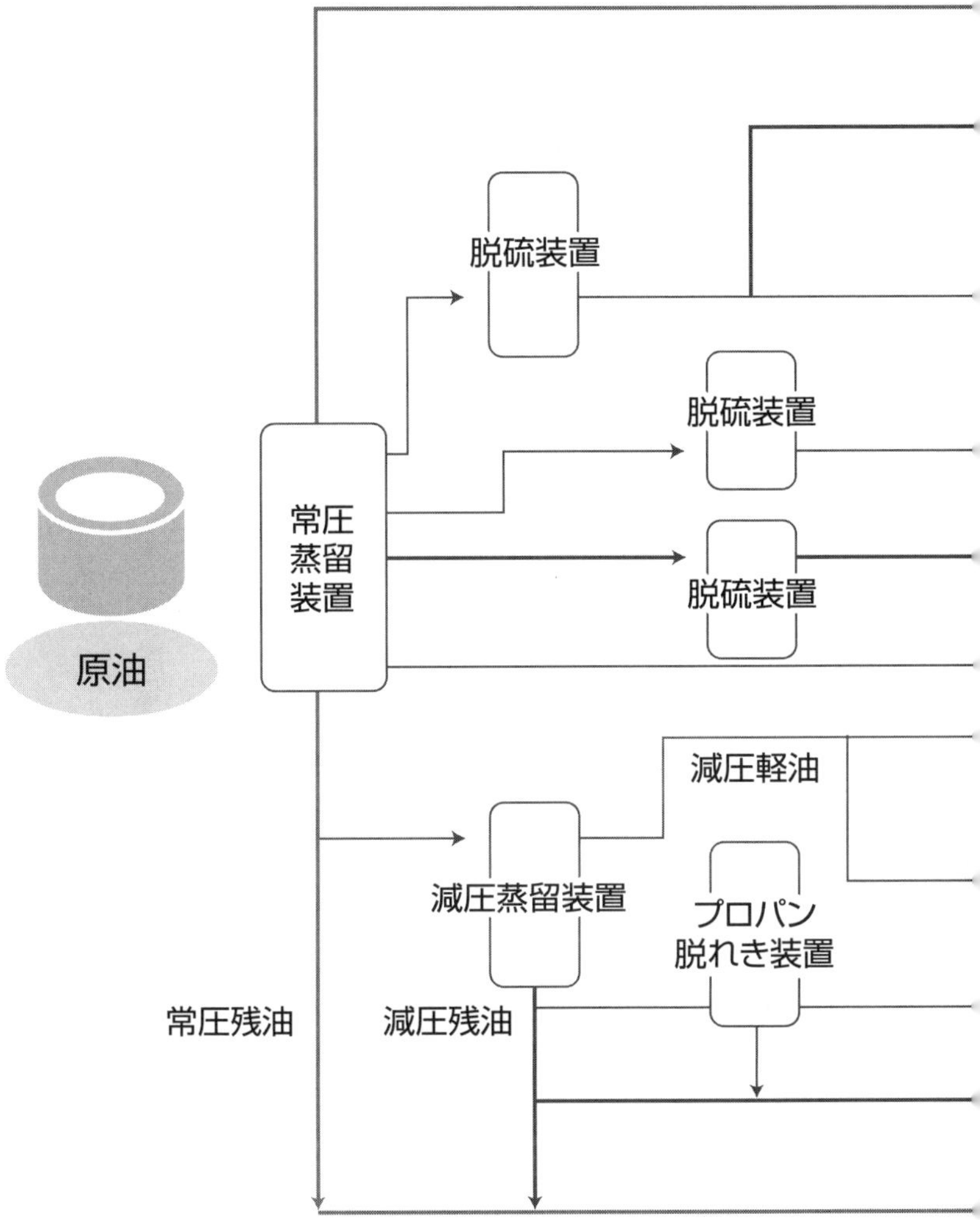

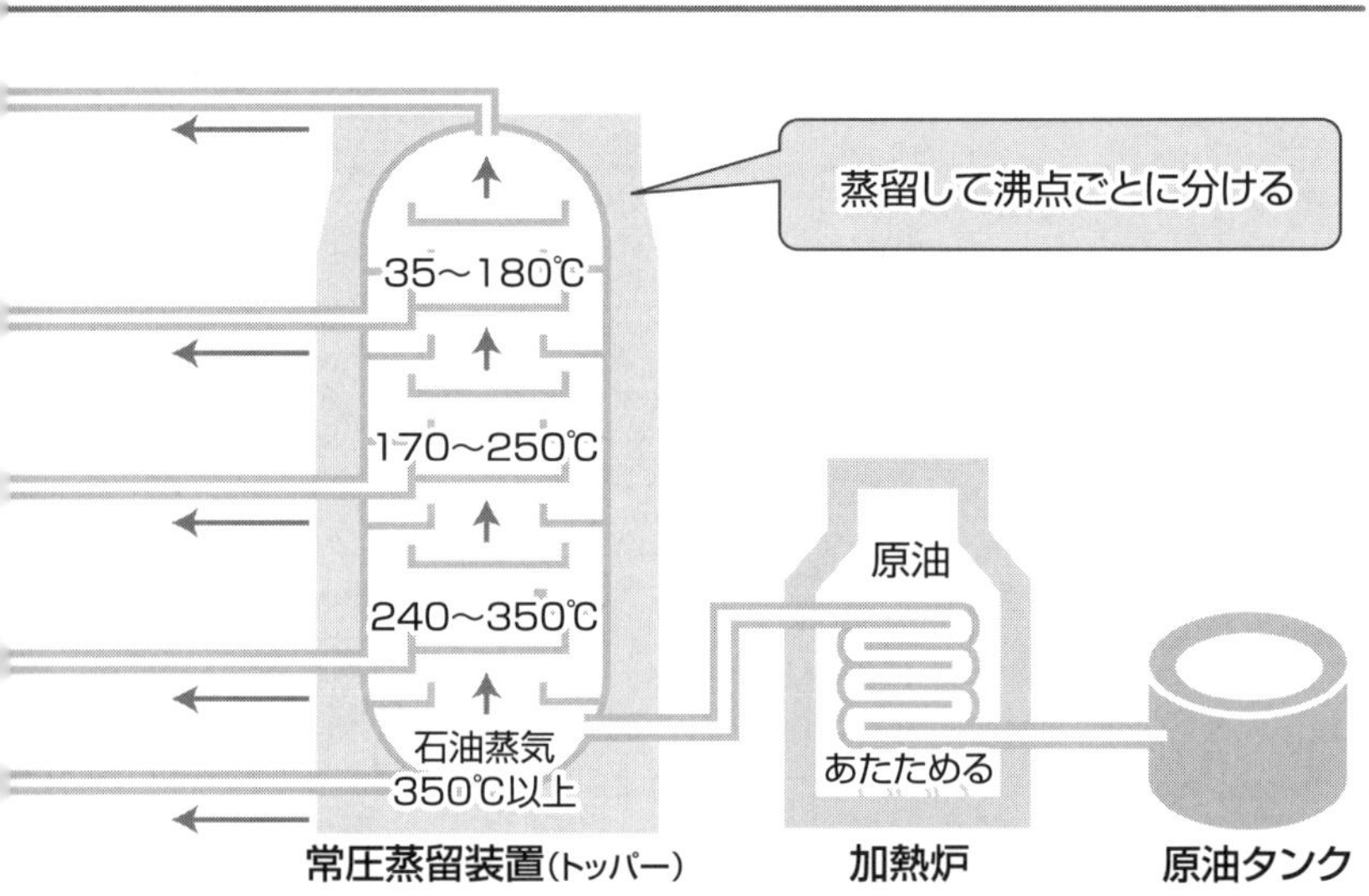


ものがブレンド（混合）されて、私たちが利用する最終的な石油製品となります。これから各プロセスの精製装置を解説していきます。

## ❖蒸留装置で原油を分留する

石油精製の最初のプロセスは、大気圧下で蒸留する「常圧蒸留」です。まず、熱せられた原油が常圧蒸留装置に送られます。熱せられた原油の中で分子構造の小さい（沸点が低い）炭化水素は、気体になって上へ昇っていきます。

常圧蒸留装置は上部ほど冷たく、沸点の低い炭化水素は上の方に、沸点の高い炭化水素は下の方に分けられます。これを「分別蒸留」（分留）といいます。この手法によって、先に述べたそれぞれの留分に分けられるのです。

分留されずに残った油を「常圧残油」と呼びます。常圧残油は、沸点が350℃以上の炭化水素で構成されています。しかし、これを大気圧下で350℃以上に温度を上げて蒸留しようとすると炭化してしまいます。

## 常圧蒸留装置の仕組み

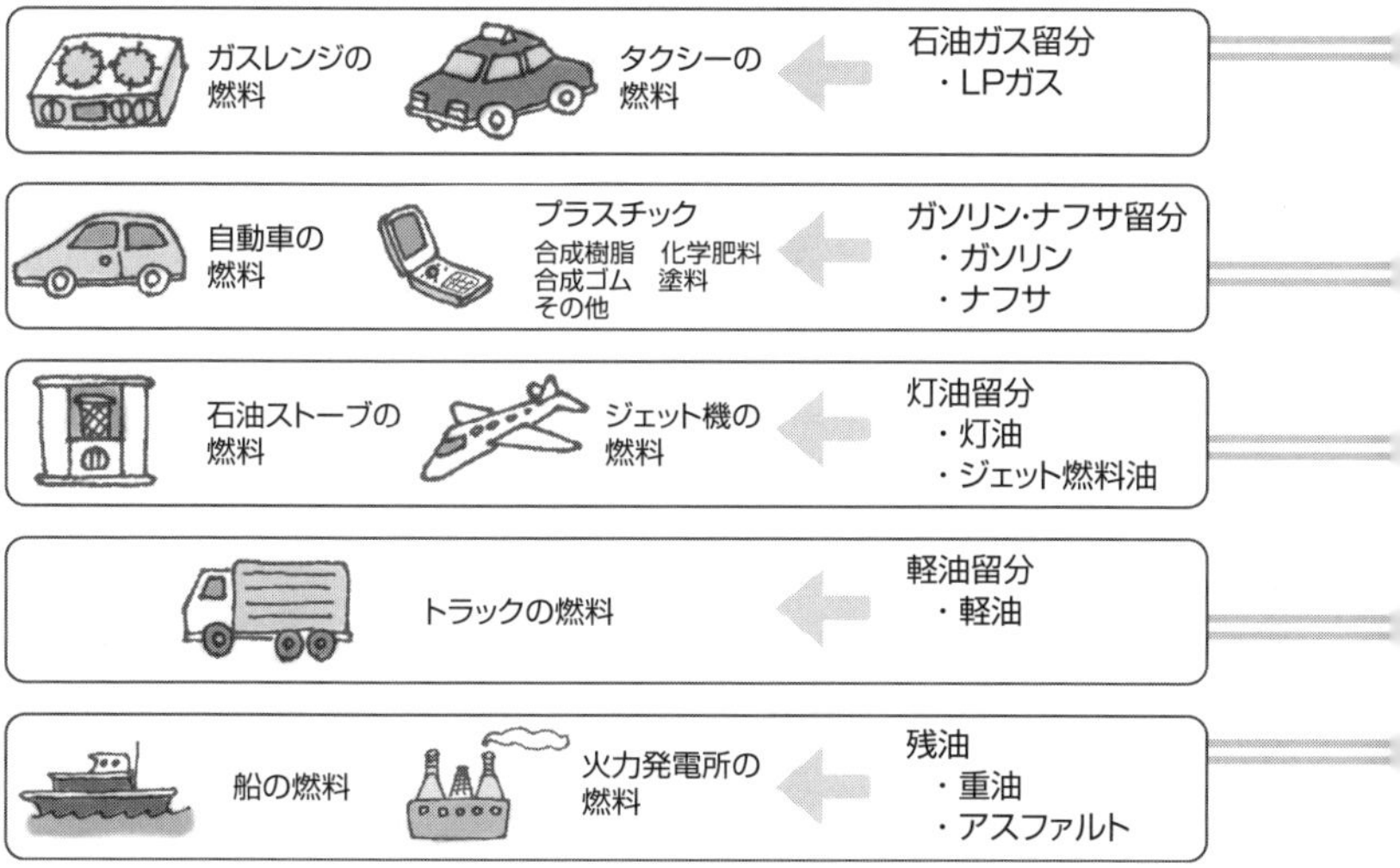
ガスレンジの燃料
タクシーの燃料
石油ガス留分
・LPガス
自動車の燃料
プラスチック
合成樹脂　化学肥料
合成ゴム　塗料
その他
ガソリン・ナフサ留分
・ガソリン
・ナフサ
石油ストーブの燃料
ジェット機の燃料
灯油留分
・灯油
・ジェット燃料油
トラックの燃料
軽油留分
・軽油
船の燃料
火力発電所の燃料
残油
・重油
・アスファルト

それを避けるため、減圧状態（大気圧より低い圧力）にして常圧残油の沸点を下げて蒸留する「減圧蒸留」を減圧蒸留装置で行います。

これを経ると、常圧残油は「減圧軽油」（重油の一種）と「減圧残油」に分けられます。減圧軽油は「脱硫」（硫黄分を除去すること）された後に分解されたり、重油の品質調整用として使用されます。減圧残油はアスファルトや重油の原料となります。

### ❖分解装置における主な分解方法

分解装置は、炭化水素を大きな分子から小さな分子へ分解します。分解には触媒（化学反応を高める物質）を使わない「熱分解」、触媒を使う「接触分解」、水素を使う「水素化分解」といった方法があります。

①熱分解

代表的な方法が「コーカー」で、残油を一定時間加熱して比較的軽い炭化水素と石油コークスを生成します。

②接触分解

主にオクタン価（→P132）の高いガソリンを製造

する方法です。一般的に、原料は脱硫された減圧軽油を使いますが、残油そのものを分解できる接触分解装置もあります。

③水素化分解

高温・高圧の水素の気流中で触媒を使用し、原料の油を分解する方法です。同時に、脱硫、脱窒素反応（窒素の除去）も行われるため、高品質のガソリン、灯油、軽油といった製品を多くつくれます。

## オクタン価を上げる改質装置

高温・高圧の水素の気流中で、触媒を使用して重質のナフサを改質（炭化水素の分子構造を変えること）してオクタン価の高いガソリンをつくる装置です。このガソリンを「リフォーメートガソリン」と呼びます。

改質によって重質ナフサからオクタン価の高い芳香族（ベンゼンなどの炭化水素）を製造したり、異性化という化学変化を利用してオクタン価の高い炭化水素を製造することができます。

## 硫黄分を除去する水素化精製（脱硫）装置

原油には硫黄が含まれています。硫黄は燃焼すると亜硫酸ガスとなり、大気汚染の原因となります。そこで、水素を使って硫黄化合物などを硫化水素に変えて除去する「水素化精製」（脱硫）という方法をとります。水素化精製装置は一般的に、ナフサ、灯油・軽油、重油ごとに分かれますが、プロセスはほぼ同じです。

ただし、炭化水素が重くなるにしたがって硫黄分が多くなるので、装置の運転条件がより過酷になります。

とくに重油にはナフサや灯油、軽油よりも脱硫されにくい成分が多く、また有機金属分も含まれています。そのため、重油を直接脱硫する場合には、高温・高圧の運転条件となり、脱硫に使う水素消費量も多くなります。このため装置の建設費も高くなります。

燃料となる石油製品以外に、潤滑油を製造する過程でも水素化精製が行われています。

脱硫の過程で硫化水素が発生しますが、薬剤などを使って硫黄に変えられて回収されます。

### ✤化学反応で水素をつくる水素製造装置

精製プロセスで大量の水素を使用するため、製油所には水素を製造する装置があります。一般的には、水素の原料としては精製過程で副次的に発生するオフガス、LPG、ナフサを使います。触媒を使ってこれらの原料と水蒸気を化学反応させて水素を製造します。これを「水蒸気改質」と呼びます。

### ✤材料油をブレンドする

蒸留、分解、改質、水素化精製（脱硫）といった精製過程を経てつくられた何種類かの油を「材料油」といいます。材料油が混合されて、最終的に私たちが使用する石油製品となります。ブレンドの方法には「タンクブレンド」と「ラインブレンド」の2種類があります。

①タンクブレンド

タンクに規定量の材料油や添加剤を入れてミキサーします。数時間置いた後に出荷されます。

②ラインブレンド

数種類の材料油を配管内でブレンドし、配管内を乱流状態にして出荷する方法です。ブレンドと同時に出荷が可能となります。

以上のように、石油の精製プロセスを大まかに説明しましたが、実際の製油所にはさらに数多くの装置があります。

また、原油の精製過程での炭化水素の反応は非常に複雑です。このため、製油所では精製にコンピュータを導入して装置の運転を制御しています。

# 2 石油製品にはどんなものがあるのか

## 燃料油をはじめ規格に基づいた様々な種類がある

### ✤石油製品にはＪＩＳ規格がある

石油製品の規格は、ＪＩＳ（日本工業規格）で試験方法も含めて細かく定められています。ただし、ＪＩＳ規格から外れたものを販売しても罰則規定はありません。また、規制緩和によって96年から石油製品の輸入が自由化されました。

品質が適正でない製品が流通する可能性があるため、96年に「揮発油販売業法」が「揮発油等の品質の確保等に関する法律」（品確法）に改正されました。この法律で定められた規格に適合しないガソリン、灯油、軽油を販売した場合には、処罰の対象となります。これを「強制規格」といいます。

石油製品には数多くの種類が存在し、様々な用途に使用されています。

### ✤ガソリン・ナフサ留分の石油製品

①ガソリン

主な用途は自動車用です。自動車用ガソリンの規格はＪＩＳで定められています（ＪＩＳ Ｋ２２０２）。品確法で10項目が強制規格として定められています。自動車用ガソリンは、オクタン価（エンジン内の打撃音・振動を抑える強さの基準）96以上が「プレミアム（ハイオク）ガソリン」、同89以上が「レギュラーガソリン」です。

ここでオクタン価について説明します。自動車のエンジンは、シリンダ内にガソリンと空気の混合気を入れ、これを圧縮、点火、爆発（燃焼）させてピストンを動かします。

しかし、点火のタイミングよりも早くガソリンが爆発すると、エンジン内でノッキング（打撃音・振動）という現象が起きます。このノッキングを防ぐ

## ガソリンの強制規格（品確法）

| | |
|---|---|
| 鉛 | 検出されない |
| 硫黄分 | 10ppm以下 |
| MTBE | 7vol%以下 |
| ベンゼン | 1vol%以下 |
| 灯油混入 | 4vol%以下 |
| メタノール | 検出されない |
| 実在ガム | 5mg/100ml以下 |
| 色 | オレンジ系 |
| 酸素分 | 1.3wt%以下 |
| エタノール | 3.0vol%以下 |

灯油と間違えないように、
ガソリンには色がついている

強さを示す指標が「オクタン価」です。

高圧縮比エンジンやターボエンジンはノッキングを起こしやすいため、オクタン価の高いガソリンを使用するのが望ましいのです。

②ナフサ

沸点範囲によって軽質ナフサ（沸点範囲35～80℃）重質ナフサ（同80～180℃）、ホールレンジナフサ（軽質・重質両方を含む）があり、主な用途は石油化学の原料です。ナフサについては182ページで詳しく説明します。

## ジェット燃料、灯油になる灯油留分

①ジェット燃料

軍用には沸点がガソリン留分から灯油留分にまでまたがるものもありますが、民間用は灯油留分が大半です。ジェット燃料は厳しい規格に基づいて製造され、輸送と貯蔵について厳しく品質管理されています。

②灯油

石油ストーブ用の燃料がイメージされますが、工場のボイラー用燃料としても使われています。灯油はガソリンと比べて引火点（引火するために必要な最低温度）が約40℃と高いため取り扱いが容易です。

## 軽油、A重油になる軽油留分

①軽油

主に、トラック、バスなどのディーゼル自動車の燃料用に使われます。日本は南北に長く、冬と夏では温度差が激しいため、低温のときでも固まったりしないようにする必要があります。このため、固まった状態から流れ出す温度（流動点）によって、JIS規格では軽油は5種類に分かれています。

軽油の強制規格は、品確法に定められています。バイオディーゼル燃料（BDF）の登場で、強制規格にBDFの項目が加わっています。

②A重油

ディーゼル発電機、漁船といった自動車以外のディーゼルエンジンに使用する燃料は、軽油に残油を一部混ぜたA重油が使われます。また、A重油は工場のボイラー燃料としても多く使われています。

## 灯油と軽油の強制規格（品確法）

### 〔灯油〕

| | |
|---|---|
| 硫黄分 | 80ppm以下 |
| 引火点 | 40℃以上 |
| 色 | セーボルト指数<br>+25以上 |

※注:セーボルト指数は透明度を表す指数

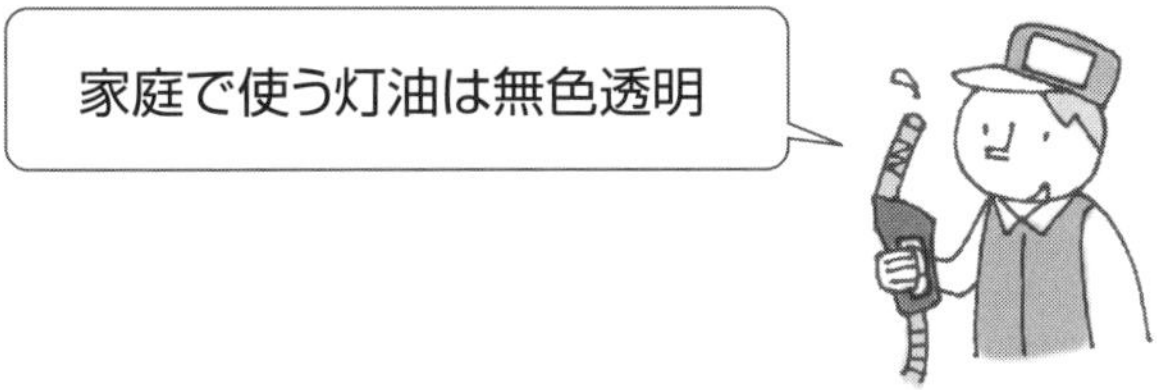
家庭で使う灯油は無色透明

### 〔軽油〕

| | |
|---|---|
| セタン指数 | 45以上 |
| 硫黄分 | 10ppm以下 |
| 蒸留性状 | 90%留出温度<br>360℃以下 |
| 脂肪酸メチル<br>エステル | 0.1質量%以下 |
| トリグリセリド | 0.01質量%以下 |

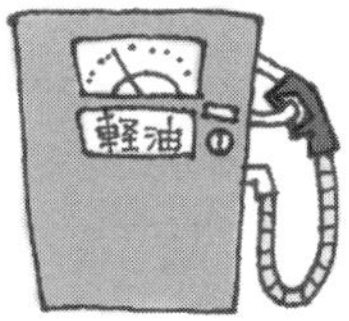
軽油

※注:セタン指数は軽油の着火性能を表す指数

ところで、石油業界では灯油留分と軽油留分を合わせて「中間留分」と呼んでいます。

## ❖重油留分の中心はC重油

原油から各留分を精製した後に残った残油です。

重油は動粘度（粘度の基準数値）によって大きくA、B、C重油の3つに分けられます。ただし、A重油は主成分が軽油であるため、石油業界ではA重油は中間留分として扱われています。また、B重油はほとんど使われていません。したがって、重油という場合はC重油を指すことが多いのです。ここではC重油に絞って解説します。

C重油は硫黄分が高いため、使用する地域の環境規制に従い、中間留分などで薄めて硫黄分を調整した上で出荷されます。

また、粘度が高く固まりやすい性質なので、タンクを加温しておく必要があります。このため、そうした設備を整えている大量消費型の工場などで利用されています。例えば、石油火力発電所や工場の大型ボイラー、大型船舶のエンジン用の燃料として使われます。

## ❖その他にも様々な石油製品がある

ガソリンからC重油までを総称して「燃料油」と呼びます。燃料油以外の石油製品には、LPG（液化石油ガス）、潤滑油、グリース、溶剤、アスファルト、ワックス、石油コークス（石油からつくる石炭のようなもの）などがあります。また、精製時の脱硫（硫黄分除去）過程で生産された硫黄も製品の一つです。

①LPG

製油所の常圧蒸留装置（→P128）から出てきたガスを液化させたものです。家庭の湯沸し器やストーブ、自動車（主にタクシー）、工場のボイラー用の燃料などに使われています。

②潤滑油

残油から取り出されたベースオイル（原料となる油）に添加剤を加えたものです。潤滑油は自動車、船舶、機械、金属加工、電気絶縁に幅広く使われています。

様々な用途があるので、どのような添加剤を使っ

## 重油の JIS 規格

| | A重油（1種）（漁船、小型ボイラー燃料に使用） | | B重油（2種）（現在はほとんど使われていない） | C重油（3種）（石油火力発電所、大型ボイラー燃料に使用） | | |
|---|---|---|---|---|---|---|
| | 1号 | 2号 | | 1号 | 2号 | 3号 |
| 反応 | 中性 | | | | | |
| 引火点℃ | 60以上 | | | 70以上 | | |
| 動粘度(50℃)mm²/s{cSt} | 20以下 | | 50以下 | 250以下 | 400以下 | 400を超え1000以下 |
| 流動点℃ | 5以下※1 | | 10以下※1 | — | — | — |
| 残留炭素分質量% | 4以下 | | 8以下 | — | — | — |
| 水分容量% | 0.3以下 | | 0.4以下 | 0.5以下 | 0.6以下 | 2.0以下 |
| 灰分質量% | 0.05以下 | | | 0.1以下 | | |
| 硫黄分質量% | 0.5以下 | 2.0以下 | 3.0以下 | 3.5以下 | — | — |

※注：1種および2種の寒候用のものの流動点は0℃以下とし、1種の暖候用の流動点は10℃以下とする

て潤滑油をつくるかが技術の見せどころであり、日々研究されています。

③グリース

半固体状の潤滑油です。

④アスファルト

天然に産出するものもありますが、製油所で残油を減圧蒸留装置（↓P129）にかけて減圧軽油を取り出した後に出てくるものです。道路の舗装や屋根の防水剤に使われています。

⑤ワックス

原油に含まれる蝋分を取り出したもので、やわらかくなめらかな固体の物質です。

⑥石油コークス

残油をコーカーと呼ばれるコークス製造装置で熱分解した後に出てくる固形の物質です。コーカーから取り出された生コークスは、灰分が少なく発熱量が高いため、各種の燃料として使われます。

また、生コークスをさらに焼いて水分や揮発分を取り除いたものは、電極などに使われます。

# 3 石油製品はどのような流通経路をとるのか

## タンカーやタンクローリーで最終消費地に運ばれる

### ❖陸上と海上に分かれる輸送手段

製油所（→P124）で製造された石油製品は、海上輸送か陸上輸送で日本各地に運ばれます。海上輸送にはタンカー、陸上輸送にはタンクローリーやタンク車（鉄道）があります。そのほかにパイプラインを使った輸送もあります。

なお、燃料油以外の潤滑油などは、工場向けにタンクローリーで輸送されるケースもありますが、一般的にはドラム缶や小缶に詰められて、トラックで輸送されます。

①海上輸送

タンカーを使って輸送されます。タンカーは石油製品を一度に大量に長距離輸送することができ、輸送コストも低いのが特徴です。日本国内に石油製品を輸送するタンカーを「内航タンカー」と呼びます。

内航タンカーはガソリン、灯油、軽油を輸送する「クリーンタンカー」（白油船）と重油を輸送する「ダーティータンカー」（黒油船）に分けられます。さらにアスファルト、潤滑油、LPG（液化石油ガス）などを輸送する「特殊タンカー」もあります。

内航タンカーの隻数は、05年時点でクリーンタンカー391隻、ダーティータンカー364隻で合計755隻になります。これは10年前の95年と比較して3割以上も減っています。産業用燃料の需要減少や石油会社間のバーター（融通）が増えたことで、内航タンカーの数は減少の一途をたどっています。

②陸上輸送

陸上輸送の主役はタンクローリーで、30～50km程度の近距離輸送に利用されてきましたが、高速道路網の整備で100kmを超える中長距離輸送も増えつ

## 石油製品の輸送方法

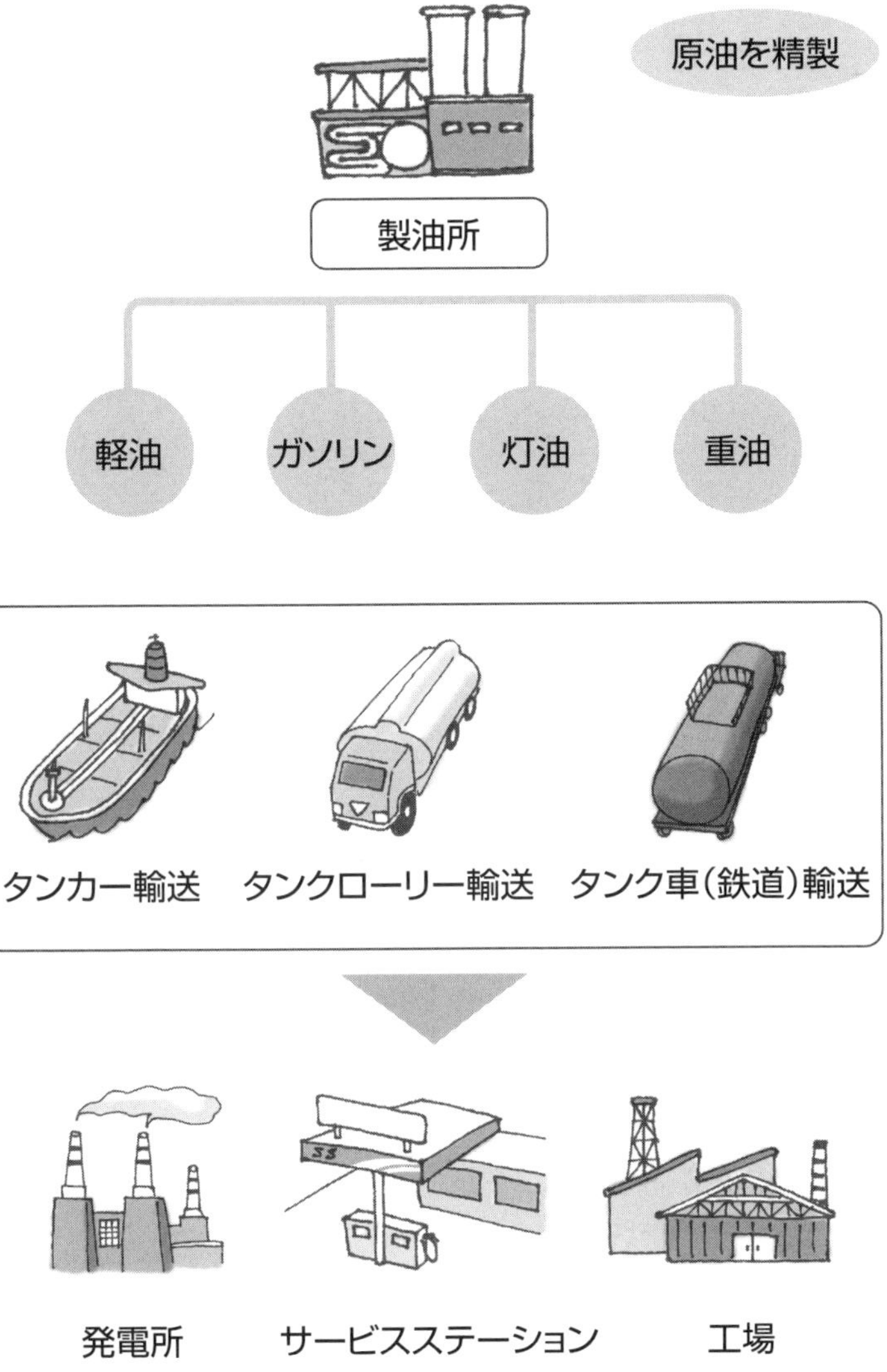
原油を精製
製油所
軽油
ガソリン
灯油
重油
タンカー輸送
タンクローリー輸送
タンク車(鉄道)輸送
SS
発電所
サービスステーション
工場

つあります。

タンクローリーは専門の輸送会社が所有していますが、石油会社と専属契約を締結している車には、契約先の石油会社のマークが塗装されています。

図のように、タンクローリーのタンク内部には仕切りが設けられ、複数の石油製品を積み込むことができます。

内航タンカーと同じように、タンクローリーも「白油ローリー」と「黒油ローリー」に分けられます。

タンクローリーに積載できる容量は、一般的に16〜20klですが、30klを積載できるものもあります。

タンクローリーの数は、06年時点で白油ローリー7109台、黒油ローリー2755台、LPGローリー1294台となっています。内航タンカーと同じく、約10年前と比較するとタンクローリーの台数は3〜4割減少しています。

## ❖油槽所は輸送の中継基地

製油所から直接サービスステーション（SS）に石油製品が届けられることもありますが、SSが製油所から遠く離れている場合には、「油槽所」という中継基地を経由して届けられます。

油槽所には、「臨海油槽所」と「内陸油槽所」があります。臨海油槽所の数は油槽所全体の80％以上を占め、タンク容量でも80％以上を占めています。海か川に面していて、主にタンカーで石油製品を受け入れます。内陸油槽所は、内陸部の平野や山間地に所在し、主にタンクローリーで受け入れます。

物流効率化のため、製油所から油槽所を経由せずにSSなどへ直接輸送することが多くなったため、油槽所の数は減少傾向にあります。04年3月時点で全国に約190カ所あります。

## ❖消費者に販売するサービスステーション

一般消費者が石油製品を購入するのは、主にSSで、全国に約4万4000カ所あります（↓P80）。SSではガソリン、灯油、軽油といった石油製品の販売以外に、オイル交換、洗車、車のメンテナンスといったサービスも提供しています。

かつては石油元売会社のブランドを店頭に掲げた

## 陸上輸送用のタンクローリー

〔タンクローリーの構造〕

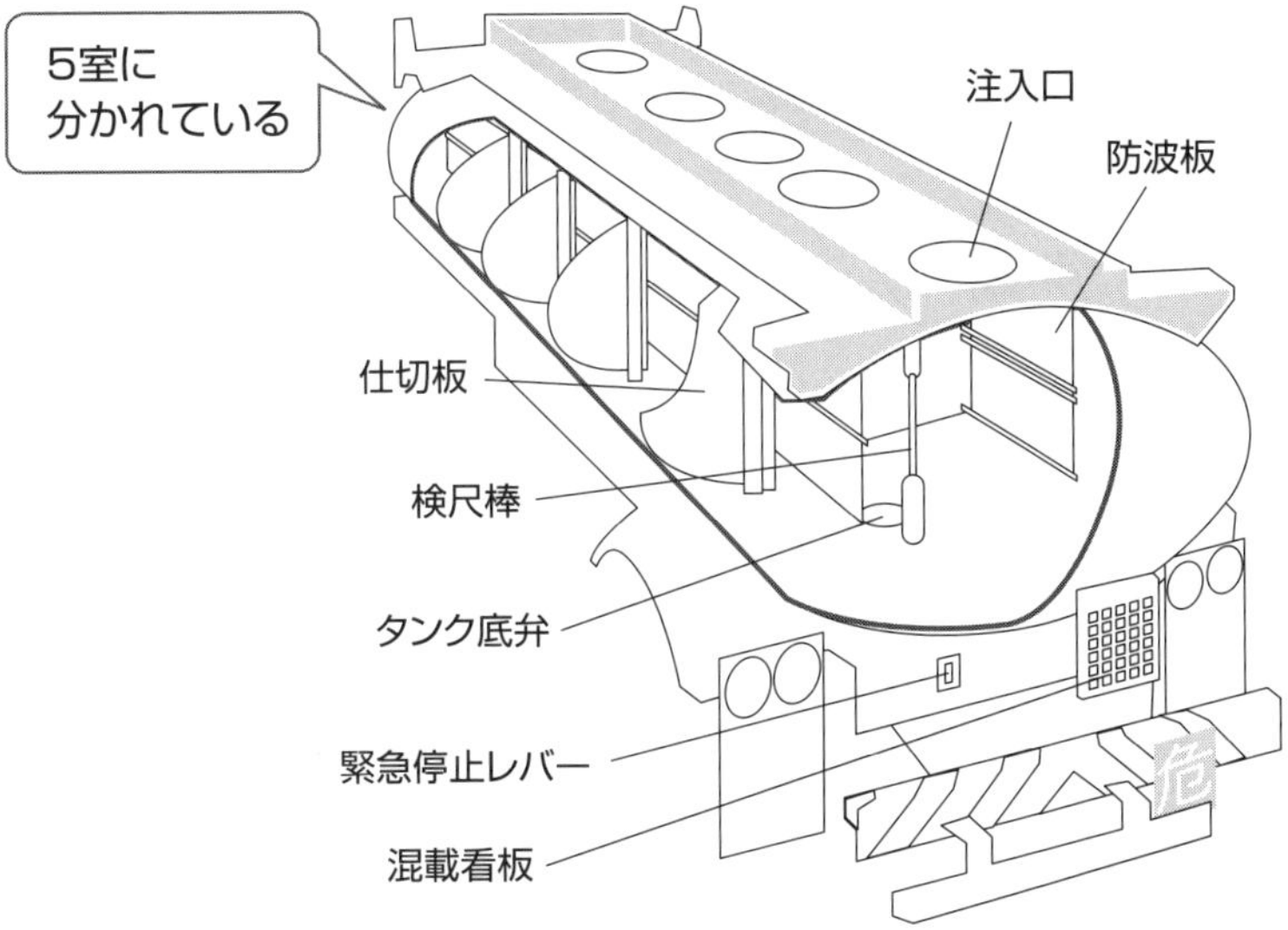


〔荷おろし〕

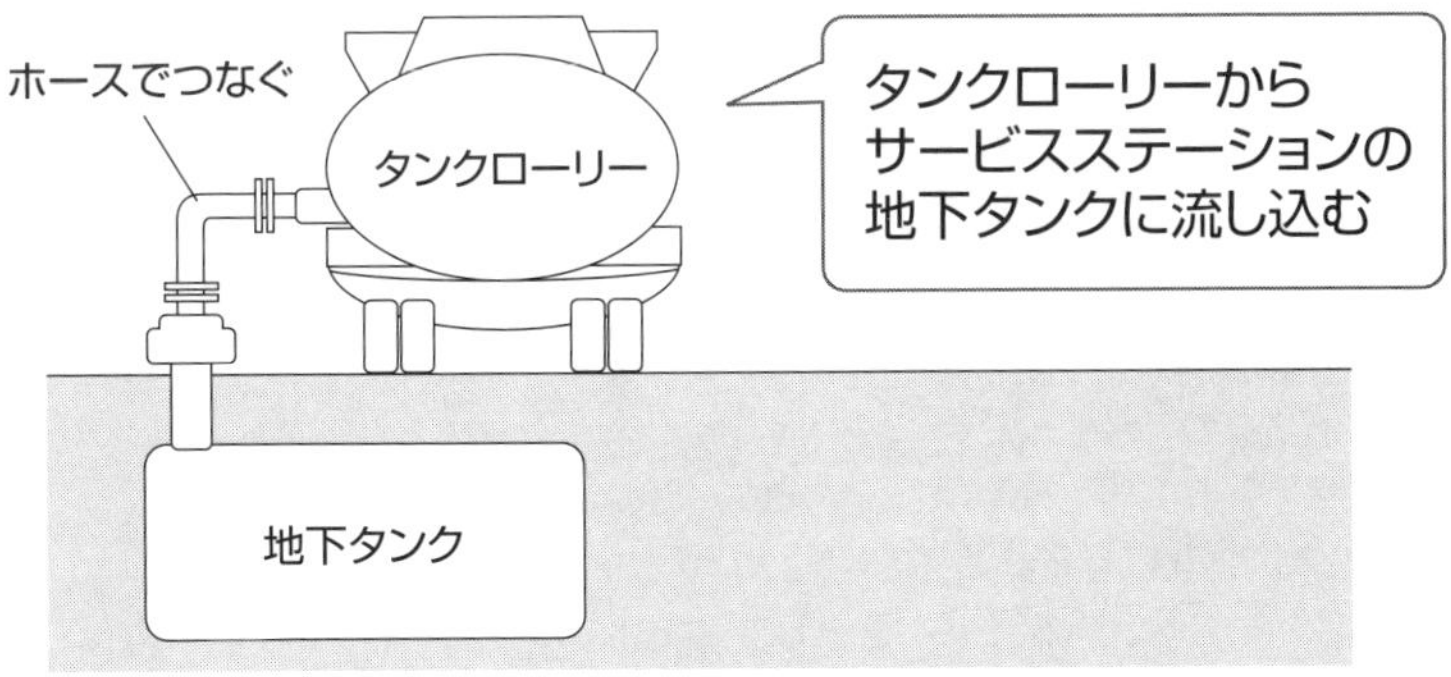

SSがほとんどでしたが、石油販売の規制緩和が進んだことで、商社、全国農業協同組合連合会（全農）、大手スーパーなどがプライベートブランドを掲げたSSを展開するようになりました。また近年、消費者が自分でガソリンを入れるセルフサービスのSSも増加しています。

SSは、取り扱う商品が危険物であるため、建物や塀を耐火構造にしたり、地下タンクや油水分離槽（油分と水を分離する装置）の設置などが必要となります。したがって、一般的な小売販売施設と異なり、設備投資額が大きくなります。

なお、一般家庭向けのLPG（液化石油ガス）は、圧力容器に詰められて販売業者が家庭まで届けています。

## ✤石油製品の販売形態は直売と特約店販売

80ページで述べたように、石油製品の販売形態は、石油元売業者の「直売」と、石油元売業者と特約販売契約を締結した特約店（卸売・販売業者）の「特約店販売」に大きく分けられます。これに加え、SSを経営する販売業者が特約店から仕入れて一般消費者に販売するルートもあります。

一般消費者への販売は、SSを拠点に地域に密着した細やかな対応が必要となるので、一般的に特約店あるいは販売店を通じてなされます。

## ✤灯油は独特な流通経路をとる

灯油は明治時代にロウソクに代わる照明用燃料や薪・木炭に代わる家庭用燃料として登場したため、他の石油製品とは異なり販売業者が多岐にわたります。特約店に加え、薪・炭・米穀系の燃料卸商、一般小売店、米穀店、ホームセンター、農協、生協などでも販売されています。

また、ミニローリー（軽トラックに積まれる小型のタンク）による少量、小分けの移動販売もされています。灯油は、一斗缶（18リットル）単位で小売販売されるのが一般的です。

## 石油会社のサービスステーション数

| 石油会社名 | マーク | SS数 |
|---|---|---|
| 新日本石油 | ENEOS | 9919 |
| エクソンモービル | Esso Mobil ゼネラル | 4911 |
| 出光興産 | | 4808 |
| 昭和シェル石油 | | 4417 |
| コスモ石油 | | 4125 |
| ジャパンエナジー | JOMO | 3555 |
| 九州石油 | STORK | 670 |
| キグナス石油 | KYGNUS | 568 |
| 太陽石油 | SOL'ATO | 362 |
| 三井石油 | | 335 |
| その他 | | 10387 |
| 合計 | | 44057 |

（2008年3月末現在）

1位の新日本石油は石油元売最大手企業で2位以下を大きく引き離している

# 4 石油製品の価格決定と税制の仕組み

出荷価格に様々な税金が上乗せされている

## ✤ 石油製品の販売価格の決まり方

私たち一般消費者が購入するガソリンや灯油などの石油製品の価格は、サービスステーション（SS）の看板で知ることができます。

一方で、産業用の石油製品は、販売する会社と購入する会社の相対取引（市場を通さず売買当事者だけで行う取引）なので、取引価格は表に出てきません。しかし、一部の産業用燃料などは、新聞報道で知ることができます。

日本では、石油製品の販売価格は販売業者が自由に決めることができます。しかし、消費者も自由に店を選べるので、高い価格の店では売れません。

消費者は利便性やサービスなども考えて店を選びますが、価格は店を選ぶ大きな決定要因です。したがって、石油製品の価格は一定地域内で安い価格の方へ収れんし、その地域で基準となる価格が形成されます。

## ✤ 市況を石油情報センターが公表する

販売価格の基準となるものを「市況」といいます。

全国の市況は、石油情報センターが調査、公表しています。石油情報センターは、81年に設置された日本エネルギー経済研究所の付置機関です。

公表内容は、①SSで販売されるガソリン、軽油、灯油の小売価格、②SS以外で販売される灯油、家庭用LPG、自動車用LPG（オートガス）、産業用軽油、A重油のローリー渡し価格（顧客の工場などにタンクローリーで持ち込む価格）、③ガソリン、軽油、灯油の卸売価格となっています。

公表内容は新聞報道のほか、石油情報センターのホームページにも掲載されています。

## 石油製品の店頭価格と輸入原油価格

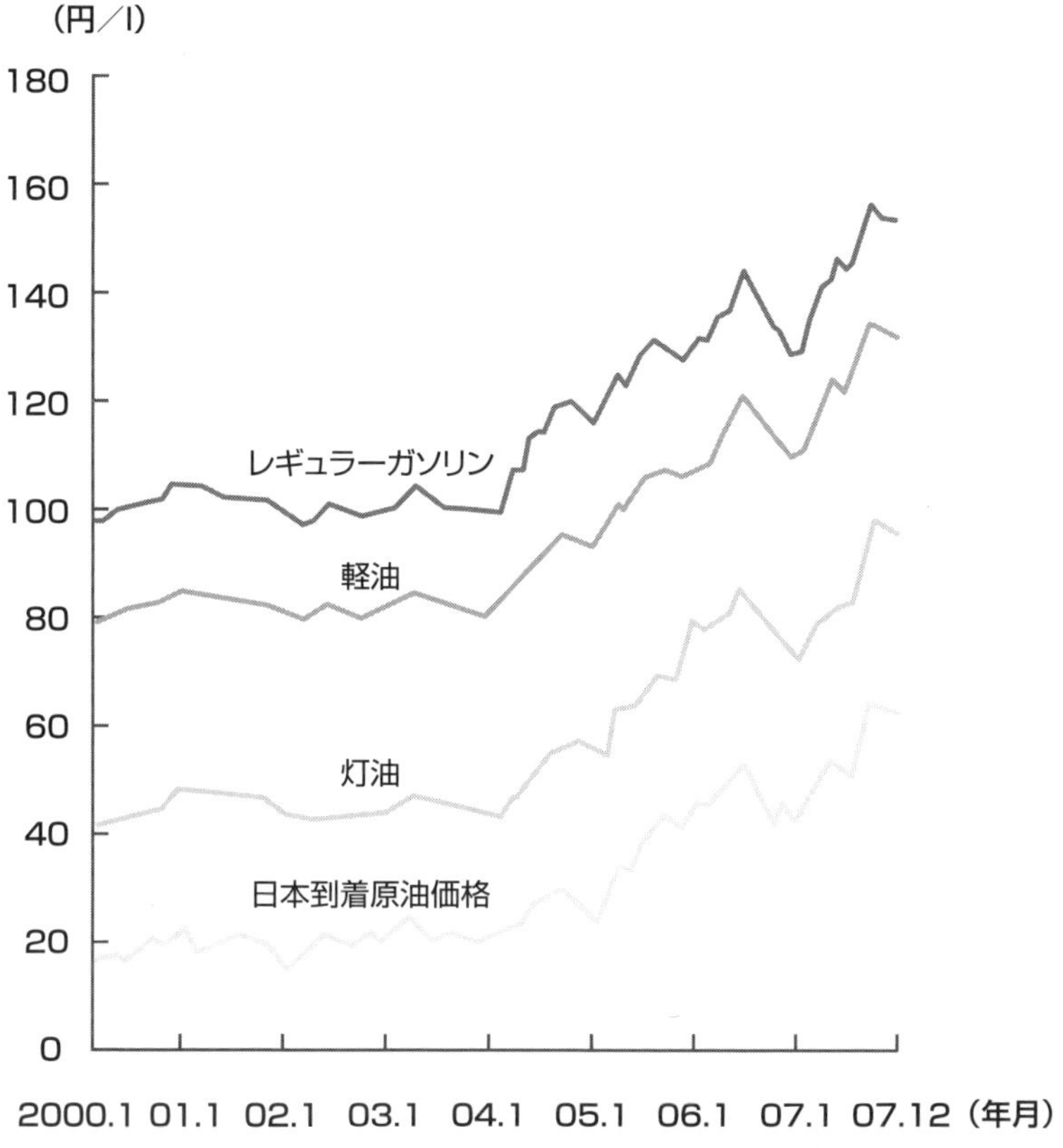
(円/l)
180
160
140
120
100
80
60
40
20
0
レギュラーガソリン
軽油
灯油
日本到着原油価格
2000.1 01.1 02.1 03.1 04.1 05.1 06.1 07.1 07.12 (年月)

※注:04年3月以前は消費税抜きの金額

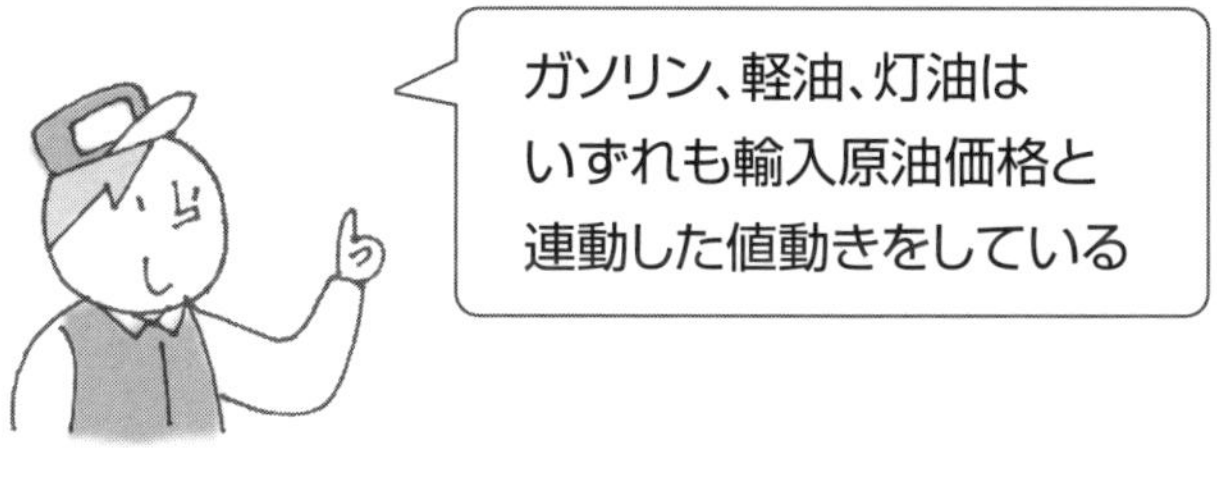
ガソリン、軽油、灯油は
いずれも輸入原油価格と
連動した値動きをしている

## 石油製品価格は原油価格に連動している

石油製品の市況は、国内販売業者の競争で生まれます。しかし、石油製品は原油を精製して生産されることから、国際的な原油価格の動きに大きく影響されます。

レギュラーガソリン、軽油、灯油の毎月の全国平均価格と、日本に到着した原油価格の推移をみると両者はほぼ同じ動きをしています。

ただし、レギュラーガソリン、軽油、灯油の価格水準はそれぞれ大きく異なります。これは、各製品に課せられた税金の額が違うからです。

## 石油製品の税制の仕組み

石油製品に対する課税をみてみましょう。まず、原油の輸入段階で課される税金について説明します。

一般的に、モノを輸入する場合には関税がかかりますが、原油の税率は現在ゼロとなっています。一方で、石油製品の輸入には関税がかかります。また、原油、石油製品を輸入すると、石油石炭税が2・04円／lかかります。

次に、国内で販売される石油製品にかかる税金について説明します。LPG（液化石油ガス）は石油ガス税が9・8円／l、ガソリンはガソリン税が53・8円／l、軽油は軽油引取税が32・1円／l、ジェット燃料は航空機燃料税が26・0円／lかかります。そのほかの石油製品には税がかかりません。

最後に、ガソリン、軽油を一般消費者が購入するときに、中味価格と前述の税金を加えた合計金額に対して消費税がかかります。つまり、税金にも消費税が課されているのです。これをタックス・オン・タックス（二重課税）といいます。

## ガソリン価格の約6割が税金

私たちが購入する石油製品の価格にどの程度税金が含まれているかを、レギュラーガソリンの例でみてみましょう。

石油情報センターの調査による09年2月の全国平均価格（消費税込み）は109円／lです。税金の内訳をみると、石油石炭税は2・04円／l、ガソリン税は53・8円／lで合計55・84円／lとなります。

## 石油にかかる税金

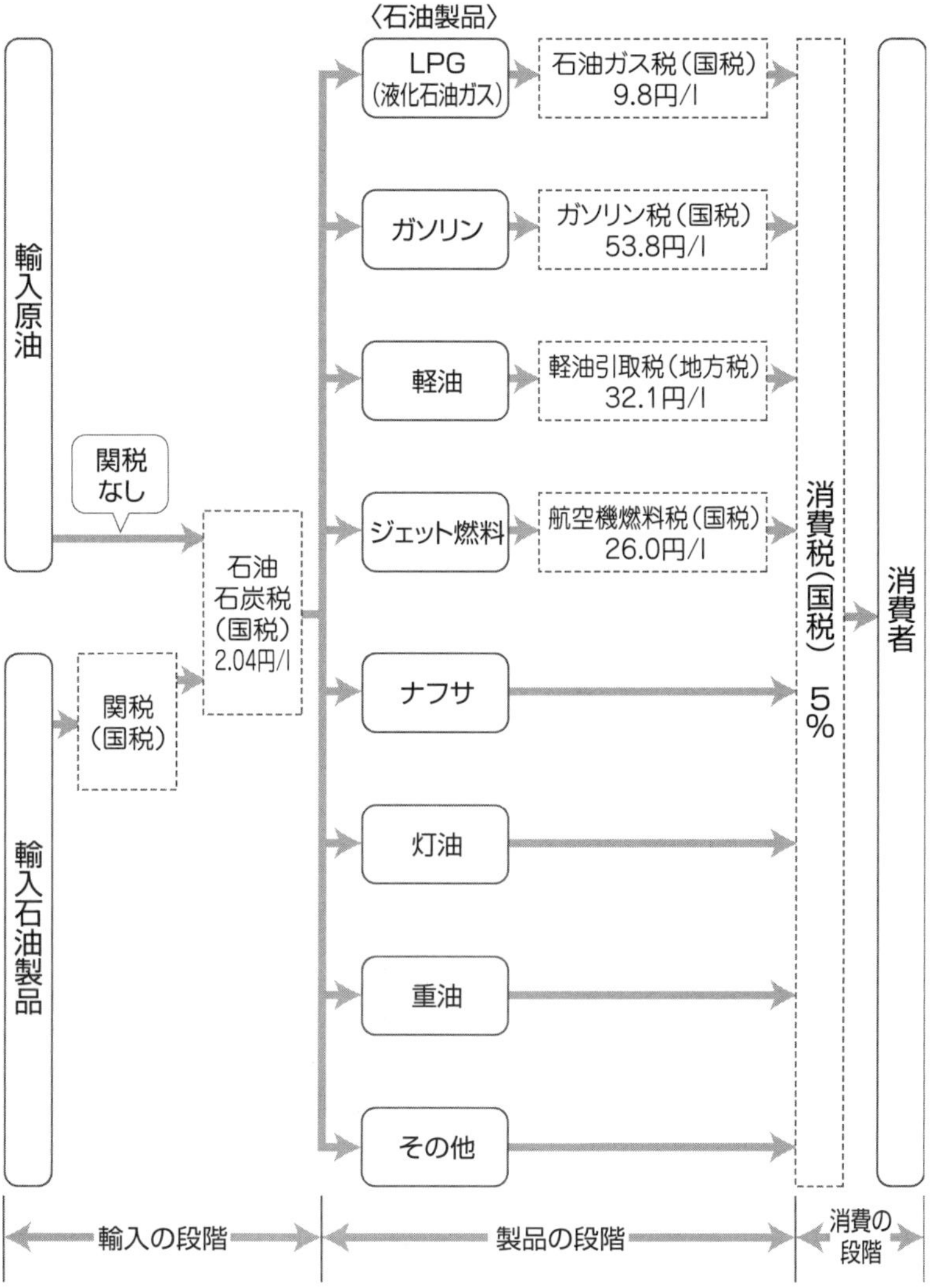


<出典:石油連盟「今日の石油産業2008」より作成>

この税金に対してかかる消費税が2・79円／ℓとなります。販売価格109円のレギュラーガソリンに課された消費税は5・19円／ℓですから、約5割に二重課税されています。

そして、消費税を合わせた税金の合計は61・03円／ℓとなります。このように、販売価格109円／ℓのうち、実に約6割もが税金になっています。

## ❖間接税収の第2位が石油諸税

石油に課される様々な税金を総称して「石油諸税」と呼んでいます。

石油諸税の内訳を08年度予算案でみると、石油製品の輸入関税が33億円、石油石炭税が5210億円、石油ガス税が280億円、ガソリン税が3兆647億円、航空機燃料税が1052億円となっています。これらは国が徴収する国税となり、合計3兆7000億円強です。

また、都道府県が徴収する地方税の軽油引取税が9914億円となります。国税と地方税を合わせた石油諸税の合計は約4兆7000億円になります。

08年度予算案は国税収入が55兆1399億円で組まれており、そのうち37・4％が間接税（納税者と税負担者が別の税金）です。間接税の中でもっとも多いのが消費税で、間接税の19・4％を占めます。次が地方税の軽油引取税を除く石油諸税で、同5・6％を占め、酒税やタバコ税をも上回っています。

なお、08年度予算では、石油諸税収入のうち9割近くが道路整備に使われます。この収入の使い道をめぐる道路特定財源問題では、様々な議論を呼んでいます。

## ガソリン価格に占める税金の割合

〔109円／lの場合〕

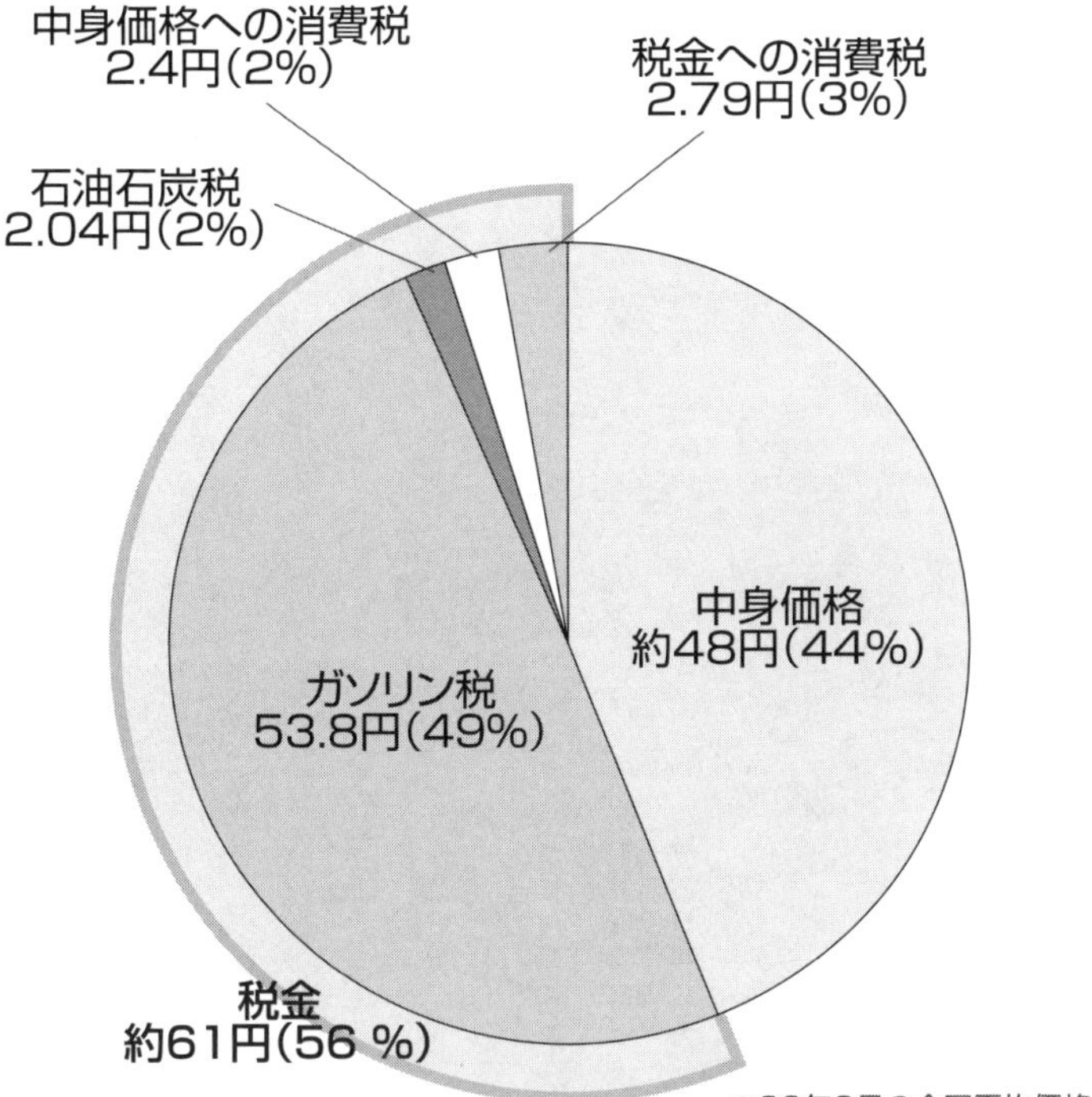


※09年2月の全国平均価格

税に対して課される税を「二重課税」という
ここでは2.8円が二重課税にあたる

## 5 品質向上が進んでいる石油製品

### 石油製品中の有害物質削減がカギになっている

### ガソリンの有害物質対策

ガソリンの重要な規格の一つがオクタン価（→P132）です。

オクタン価を向上させるために、かつては鉛（四アルキル鉛）をガソリンに入れていました。これを「有鉛ガソリン」といいます。

しかし、鉛は人体に有害な物質とされており、日本の石油業界は世界に先駆けて、75年にレギュラーガソリン、86年にプレミアム（ハイオク）ガソリンでの鉛の使用を中止しました。

現在、ガソリンには重質油を分解してつくられる分解ガソリンが入っています。分解ガソリンの中には、発がん性のあるベンゼンが含まれています。このため、日本の石油業界は00年からベンゼンの含有量を1％以下に抑えています。

### ガソリンの光化学スモッグ対策

ガソリンは揮発性（蒸発しやすい性質）が高い石油製品で、給油中にもガソリンが蒸発していきます。

ガソリンの主成分である炭化水素は、光化学スモッグ発生の要因の一つとなっています。ガソリンに含まれる窒素酸化物や炭化水素が紫外線と反応して光化学オキシダントなどが生成されると、目や喉に痛みを感じたり皮膚が赤くなったりします。つまり、ガソリンから蒸発した炭化水素がその原因物質の一つとなっているのです。

夏場は気温が高くなるので、ガソリンも蒸発しやすくなります。このため、日本の石油業界は夏場のガソリンの蒸気圧（蒸発しようとする分子の力）をLPG（ブタン）調合比率の調整（夏は下げて冬は上げる）で低くするようにしています。

## 光化学スモッグ発生の仕組み

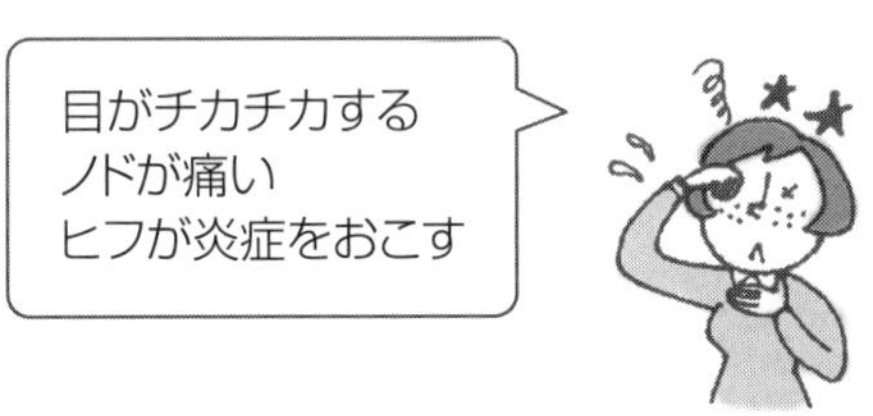


クルマの排ガスに含まれる有害物質を取り除く必要がある

ところで、地球温暖化問題からバイオエタノールの導入が注目されています。エタノールはオクタン価が高いため、ガソリンに混入すると容易にオクタン価が向上するメリットがあります。しかし、エタノール混入ガソリンは蒸気圧が高くなるというデメリットもあります。

## ✤自動車燃料中の硫黄分低下の取り組み

ガソリンエンジンが出す排ガスには、二酸化炭素以外に有害物質の一酸化炭素、窒素酸化物、燃焼しなかった炭化水素が含まれています。そのため、ガソリン車の排気管には、この3つを同時に取り除く「三元触媒」という排ガス浄化装置がついています。

ところが、ガソリンに硫黄分が多く含まれていると三元触媒の働きが弱くなります。したがって、石油業界はガソリンの硫黄分低下に努力してきました。

また、ディーゼルエンジンでは、排ガス再循環、酸化触媒といった排ガス浄化装置を採用していますが、燃料の軽油に硫黄分が含まれていると、この装置の機能が低下します。

そこで、石油業界は軽油の硫黄分低下に努め、かつては2000ppmだった硫黄分が、97年から500ppmと4分の1に下がりました。

その後、ディーゼルエンジンから排出されるススなどが社会問題になったことから、自動車メーカーはDPFという浄化フィルターを排気管に装着。DPFの機能を発揮させるために、石油業界も軽油の硫黄分のさらなる低下に取り組んでいます。

そして05年、日本はガソリン、軽油ともに硫黄分を10ppm以下にまで下げる「サルファーフリー化」を世界に先駆けて実現しました。

これにより、ガソリン車の三元触媒の耐久性が向上し、直噴エンジン（燃費性能と排ガス低減に優れたガソリンエンジン）に装着されている新しい排ガス浄化装置の性能発揮にも役立っています。

また、ディーゼル車の最新の排ガス浄化装置は、触媒に付着した硫黄を燃焼させる仕組みになっていますが、サルファーフリー化によって硫黄の燃焼が

## ガソリンのサルファーフリー化技術

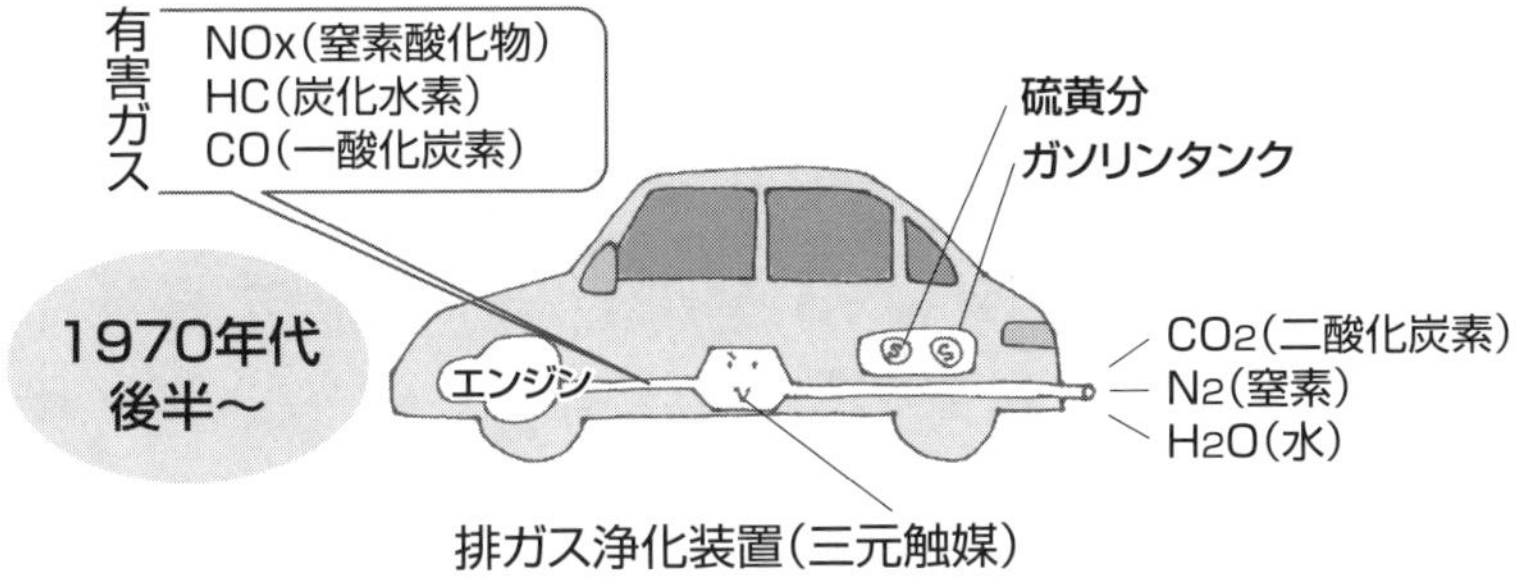


排ガス対策に三元触媒を導入

ところが…

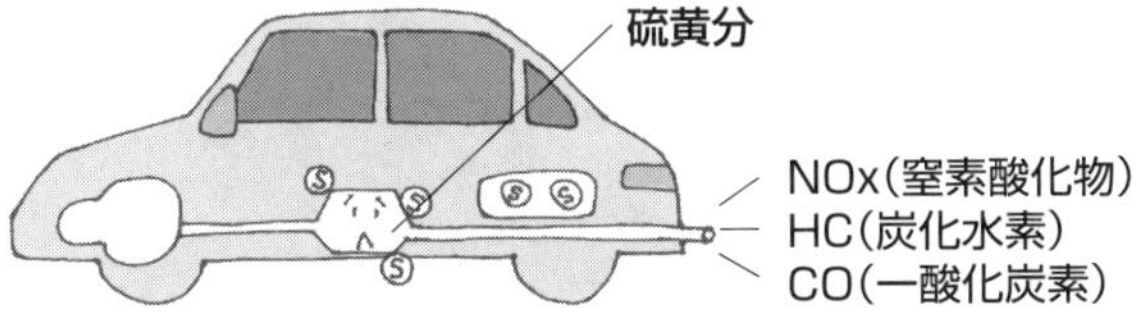


ガソリンに含まれる硫黄分が三元触媒の働きを弱くする

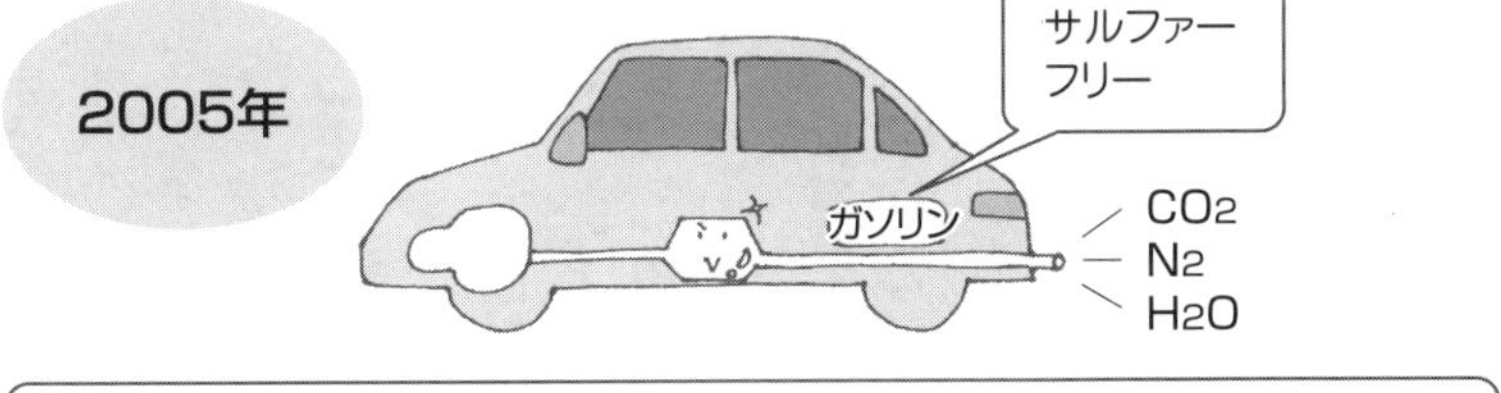


ガソリンをサルファーフリー(硫黄分を10ppm以下に下げること)にして三元触媒の働きが維持される

少なくなるので、車の燃費が向上して二酸化炭素の削減に役立ちます。

このように、自動車の排ガス浄化や燃費の向上は、自動車本体の性能改善によるものだけではなく、燃料であるガソリン・軽油の品質改善によるものでもあるのです。

## ❖品確法が石油製品の品質を規制する

96年に石油製品の輸入者を制限していた法律が廃止され、石油製品の輸入が自由化されました。

しかし、自由化されると品質の悪い石油製品が輸入されて、国内市場に出回る可能性が出てきました。このため、96年に「揮発油販売業法」が改正されて「揮発油等の品質の確保等に関する法律」（品確法）が制定されました。

品確法は石油製品の安全・環境面での品質基準で、違反すると罰則が加えられる「強制規格」の項目もあります。石油精製業者や販売業者には、この強制規格を守る義務が課されました。

強制規格は、必要に応じて内容が追加されていいます。例えば、制定当初は想定されていなかった高濃度アルコール含有燃料が99年から輸入されて自動車用燃料として販売され、エンジン発火などの事故が起きました。このため、ガソリンの強制規格にアルコール含有に関する項目が03年に追加されました。

また、生物由来のバイオ燃料（↓P156）が注目されるようになり、各地で実証実験などが行われるようになると、軽油の強制規格にバイオ軽油の主成分である脂肪酸メチルエステル（FAME）など4項目が追加されました。

## ❖SQマークは標準的な品質基準を表す

品確法は、安全や環境面に関する内容については強制規格を定めていますが、ガソリンのオクタン価といった性能面に関しては強制規格を設けず、標準的な品質基準を定めています。この標準品質基準はJIS規格に準拠しています。

品確法では、標準的な品質を満たしている石油製品に、販売業者が「SQ（Standard Quality）マーク」を表示できる「標準品質表示制度」（SQマーク

## 日本の環境規制の強化

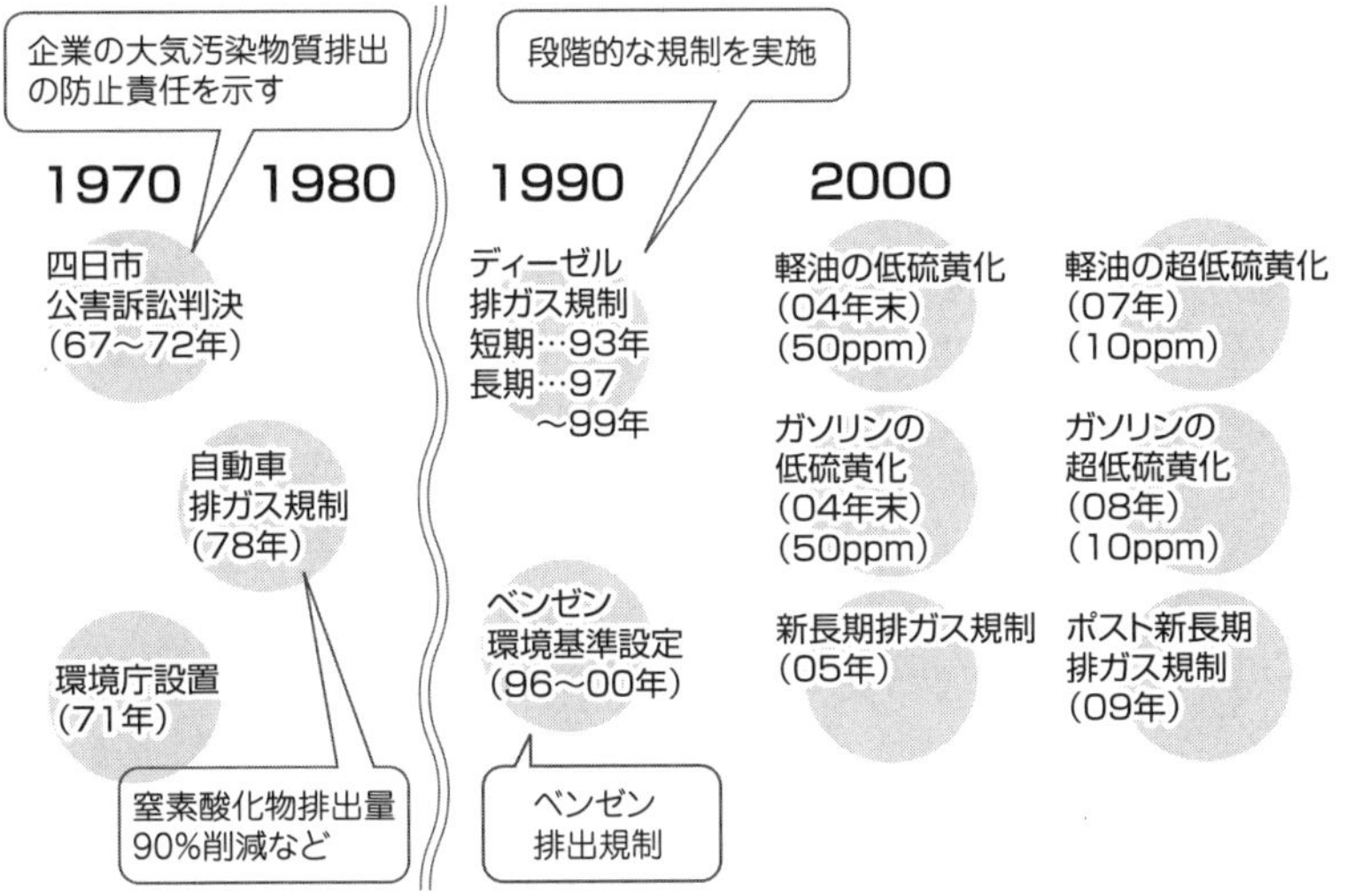


制度）を導入しています。SQマークはSS（サービスステーション）などの給油所の計量器に表示されており、対象はレギュラーガソリン、ハイオクガソリン、軽油、灯油となっています。

SQマークを掲げながら標準品質を満たさない製品を販売した場合には、国から販売しないよう指導が行われたり、指示に従わない業者名を公表するといった措置がとられます。

このように、日本の石油業界は石油製品の製造段階だけでなく、販売段階でも品質を確保する努力をしています。

# 6 バイオディーゼルとバイオエタノール

## 米国、ブラジルが先行し日本でも実用化が進む

バイオ燃料には様々な種類がありますが、これからガソリン代替燃料の「バイオエタノール」、軽油代替燃料の「バイオディーゼル」の2つを説明します。

### ✤ バイオ燃料は環境対策に適している

「バイオ燃料」とは一般に植物からつくられた燃料のことです。バイオ燃料が燃焼したときに排出される二酸化炭素は、もともと大気中の二酸化炭素を植物が光合成で吸収したものなので、実質的に大気中の二酸化炭素は増加しません。このことを「カーボンニュートラル」といいます。

現在、地球温暖化対策のために、温室効果ガスの一つである二酸化炭素の排出抑制が課題となっています。この一環で、石炭、石油、ガスといった化石燃料に代わるものとしてバイオ燃料が注目されています。

植物が原料となるバイオ燃料は、農業と密接に関係しています。農業が盛んな国では、農業振興、地域振興の観点からもバイオ燃料が注目されています。

### ✤ 米国とブラジルで盛んなバイオエタノール

「エタノール」は飲料に使われるアルコールのことです。ブラジルでは、サトウキビを原料としたエタノールを、ガソリンの代替燃料として大量に利用しています。ブラジルは70年代の石油ショック以降、原油の輸入量を減らすためにエタノールの利用拡大政策を進めてきました。

現在、ブラジルの給油所ではエタノール、エタノール混合ガソリン、通常のガソリンの3種類の自動車燃料が販売されています。最近では、エタノールの消費量がガソリンを上回っています。

また、農業の盛んな米国では、主にトウモロコシ

## 環境にやさしいバイオエタノール

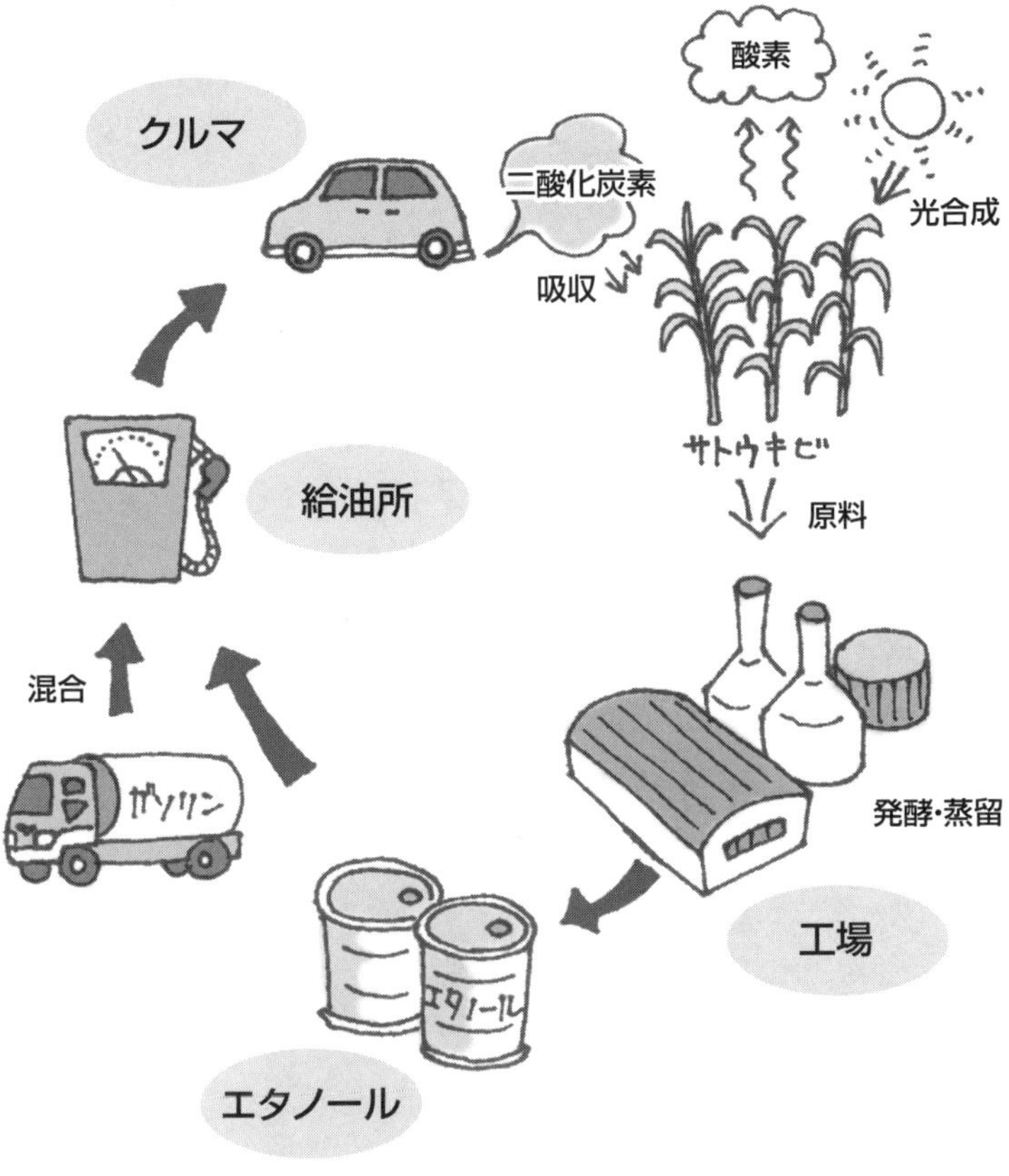


バイオエタノールが燃焼して排出される二酸化炭素は、
もともと原料の植物が吸収したものなので、
大気中の二酸化炭素量は変わらない

を原料としてエタノールを生産しています。現在の米国のエタノール導入目標は、22年までに360億ガロン（約1・36億kl）となっていますが、オバマ大統領は30年までに600億ガロン（約2・27億kl）と発言しています。

世界のエタノール（飲料、自動車燃料用）の約7割が米国とブラジルで生産されています。

## ❖ 多様なバイオディーゼルの原料

バイオディーゼルの原料は主に植物油です。エタノールはそのままガソリンに混入できますが、植物油はそのまま軽油に混入できません。そこで、植物油とメタノール（アルコールの一種）を化学反応させて「脂肪酸メチルエステル」という物質に変えて軽油の代替燃料にします。

植物油の原料には、菜種、大豆、パームやし、ヒマワリなどがあります。さらに、日本では見かけませんが、毒性があるため食用に適さない植物ナンヨウアブラギリ（ジャトロファ）もあり、これは耕地に適さない荒地でも育つという特徴があります。

また、バージンオイル（搾った油を化学処理せずそのまま製品としたもの）だけでなく、使用済みの廃食用油も原料にできます。日本でもわずかながら廃食用油からつくられたバイオディーゼルが生産されています。

## ❖ 日本もバイオ燃料を導入し始めた

日本の製品規格では、ガソリンに対してエタノールは3％以下、軽油に対して脂肪酸メチルエステルは5％以下の混入が認められています。

日本は年間約6000万klのガソリンを消費していますが、仮にガソリンに3％のエタノールを混入すると、その量は年間約180万klとなります。

財務省の統計によると、日本のアルコール飲料の消費量は年間約900万klですが、飲料の成分はアルコール（エタノール）だけではないので、実際のアルコールの量ははるかに少ない数字になります。

したがって、エタノール180万klは非常に大きな数字です。日本の石油業界は、バイオエタノールをETBE（エチルターシャリーブチルエーテル）

# バイオディーゼル燃料の製造工程

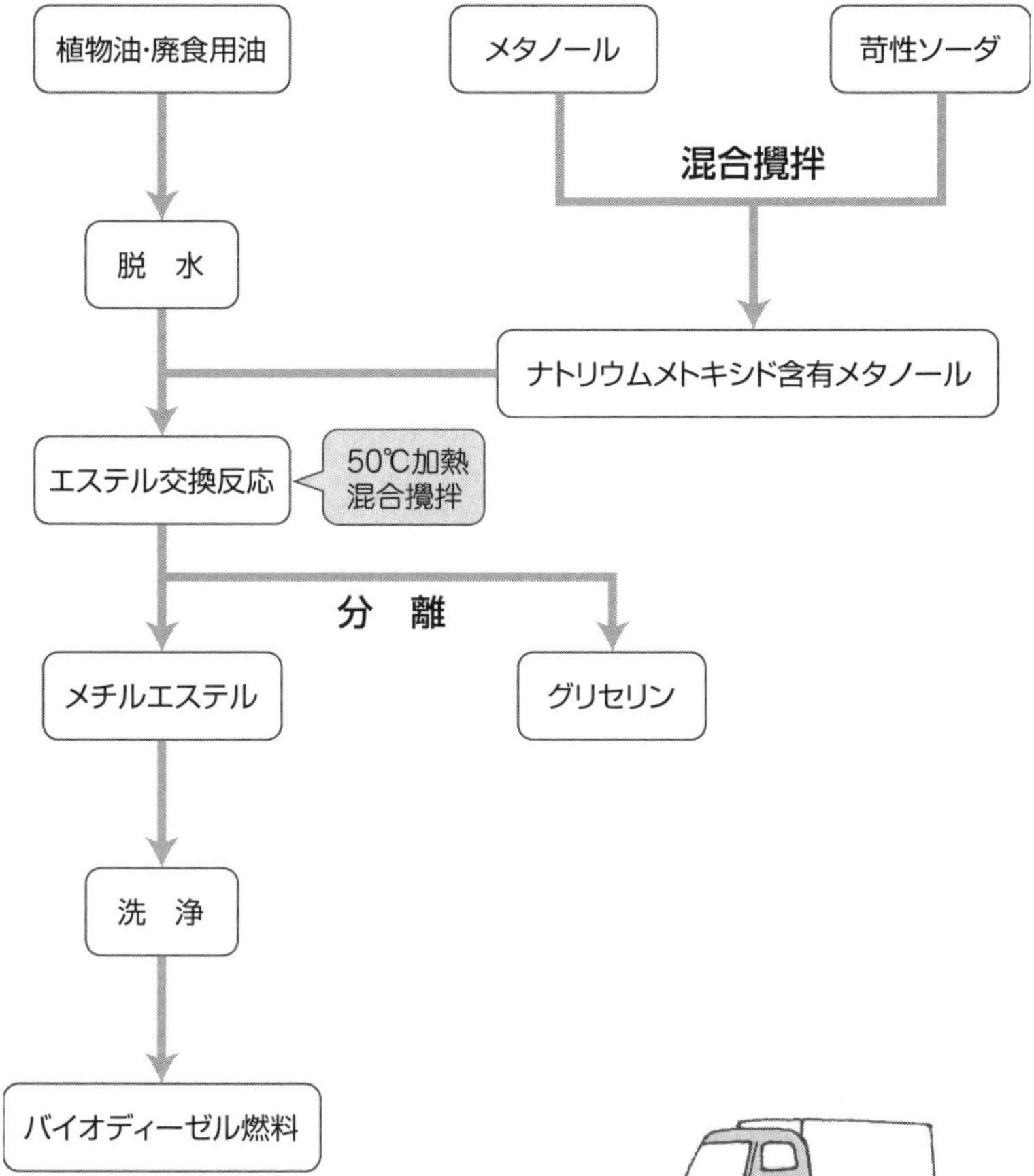

という物質に転換した上でガソリンに混入する方法を採用しています。

07年度からETBE混入ガソリンの導入が進められていて、10年度には全国展開する予定です。もちろん日本は国土が狭く、大量のエタノールは生産できませんので、輸入することになります。現在は、ETBE自体も輸入しています。

## バイオ燃料の問題点と改善の動き

08年中頃まで、原油をはじめとする天然資源価格や食糧価格の高騰が問題になりました。この原因の一つとしてバイオ燃料の増産が挙げられています。バイオ燃料の増産によって食糧を生産する農地が減り、食糧生産量が圧迫されているのです。

また、バイオ燃料を増産するために、二酸化炭素を吸収する貴重な森林を破壊して農地にすることも問題になっています。

さらに、植物の生産、バイオ燃料への加工、バイオ燃料輸送の際に消費されるエネルギーを加えると、化石燃料と比較して二酸化炭素削減量はさほど大きくないケースも出てきます。

現在、バイオ燃料に関して多くの議論がされていて、今後の動きが注目されています。

先に述べたように、現在のバイオ燃料は食糧生産を圧迫する問題があります。このため、食糧と競合しないバイオ燃料の研究が進められています。これは「第2世代バイオ燃料」と呼ばれ、代表的なものは、植物の茎といった食糧とされずに廃棄されている部分からエタノールを生産するセルロース系エタノールという技術です。

また、現在生産されているバイオディーゼルは、ディーゼル用燃料としては性能がよくありません。そこで、植物油を水素化処理することで優れたディーゼル用燃料とするバイオディーゼル燃料の技術が研究されています。

例えば、日本では新日本石油とトヨタ自動車が共同で、海外ではブラジルの国営石油会社ペトロブラスやイタリアの国営石油会社ENIが、実用化に向けた実験などを行っています。

## セルロース系エタノール製造方法

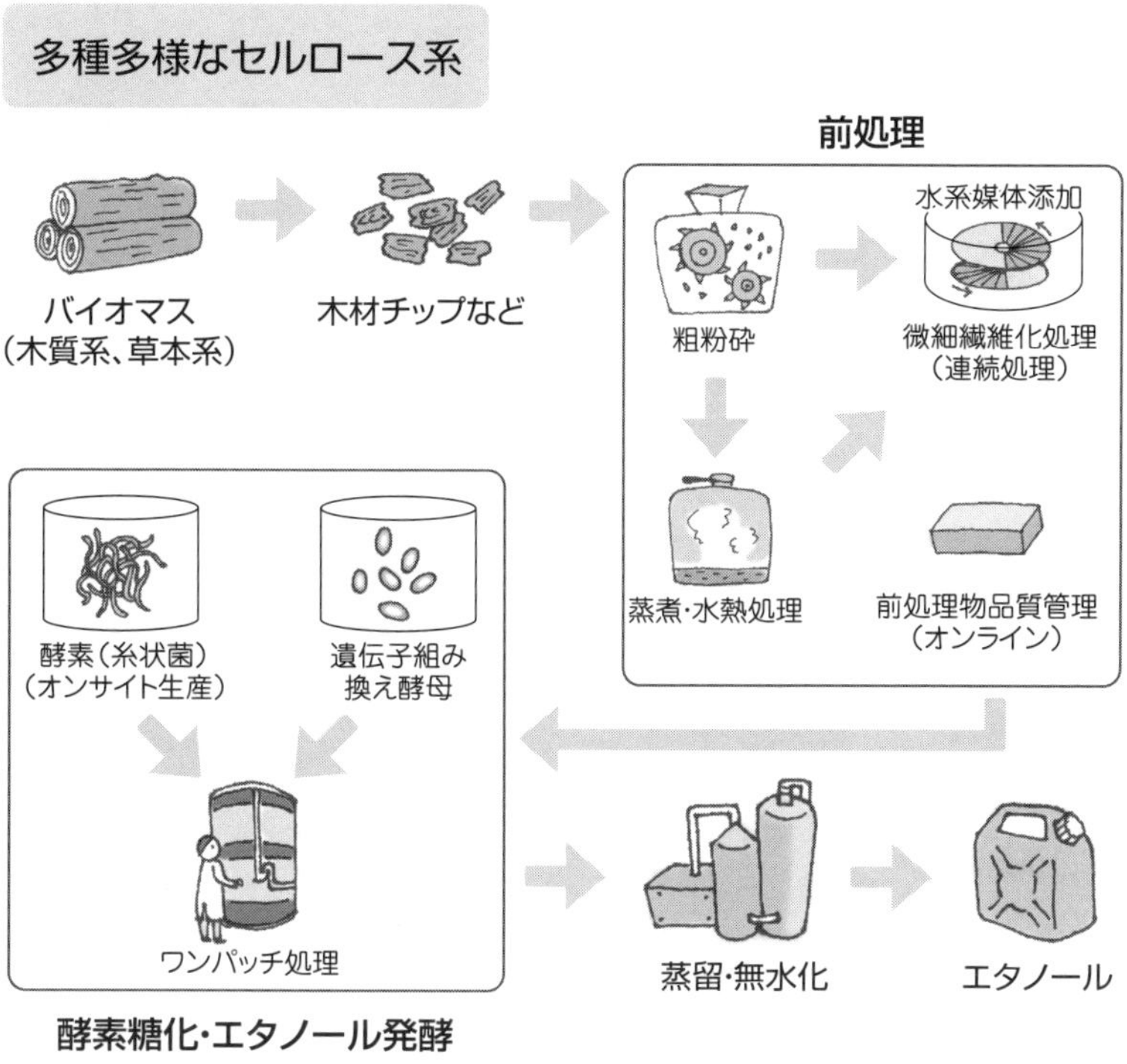
多種多様なセルロース系
バイオマス
（木質系、草本系）
木材チップなど
前処理
粗粉砕
水系媒体添加
微細繊維化処理
（連続処理）
蒸煮･水熱処理
前処理物品質管理
（オンライン）
酵素（糸状菌）
（オンサイト生産）
遺伝子組み
換え酵母
ワンバッチ処理
酵素糖化･エタノール発酵
蒸留･無水化
エタノール

※注:非硫酸方式によるバイオマスエタノール製造プロセス
<出典:産業技術総合研究所ホームページより作成>

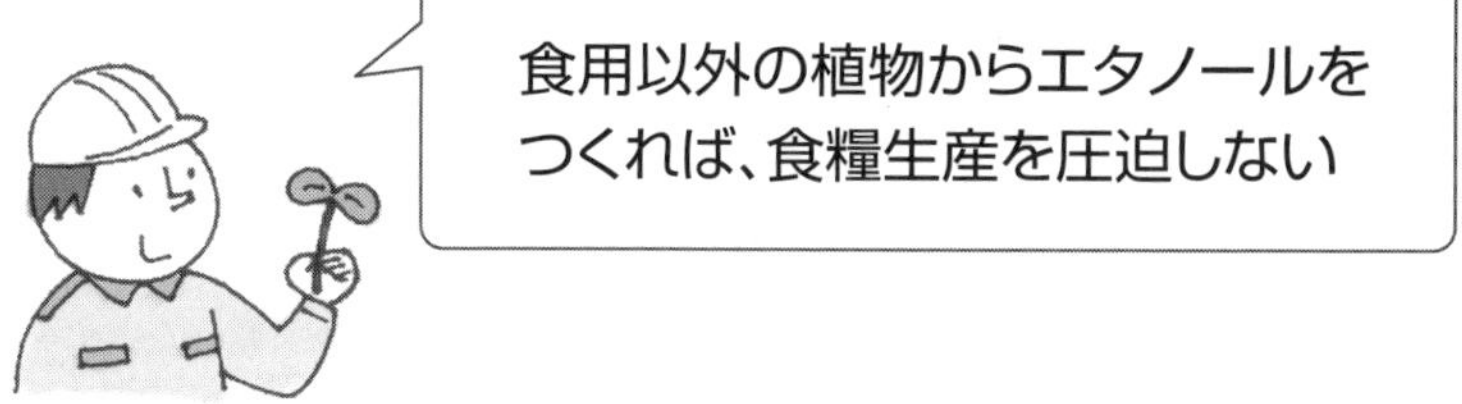
食用以外の植物からエタノールを
つくれば、食糧生産を圧迫しない

# 第4章 日本の石油化学産業

1

# 発展を続ける石油化学工業

18世紀後半に化学工業が誕生し、20世紀に石油化学工業が発展した

### ❖有機化学製品をつくる石油化学工業

石油化学工業とは、原油、天然ガスを出発原料（最初の原料）にして、プラスチック（合成樹脂）、合成繊維、合成ゴムなどの様々な「有機化学製品」を大量生産する産業です。

有機化学製品は炭素と水素の化合物「炭化水素」（ハイドロカーボン）を原油、天然ガスなどから分離して、化学的、物理的に分解したり結合したりして生産します。その大半がプラスチックとその原料になります。つまり、石油化学工業とは、「石油を原料にプラスチックを製造する」産業のことです。

石油化学製品を含む化学製品は、工業製品としていかに効率的に大量生産できるかが競争力を決めるカギとなります。そのカギを握るのは原料コストと製造技術です。

### ❖大戦後、化学原料が石油に転換した

石油化学工業は、第2次世界大戦後に目覚ましい発展を遂げました。大量の原油や天然ガスがエネルギー源として消費されるようになり、原油の生産・供給コストが大きく引き下げられ、価格が下がりました。

このため、化学製品の原料は、それまで使われていた石炭や石灰から、安価に入手できる原油や天然ガスへとシフトしました。

さらに、近代化学工業の技術力が大きく開花して、石油化学製品の製造技術が発展しました。

まず、欧州で誕生した化学工業と米国で誕生した石油化学工業について順に説明します。

### ❖化学工業は英国で誕生しドイツで発展した

近代化学工業は、産業革命期の英国で、酸やアル

## 石油化学工業とは？

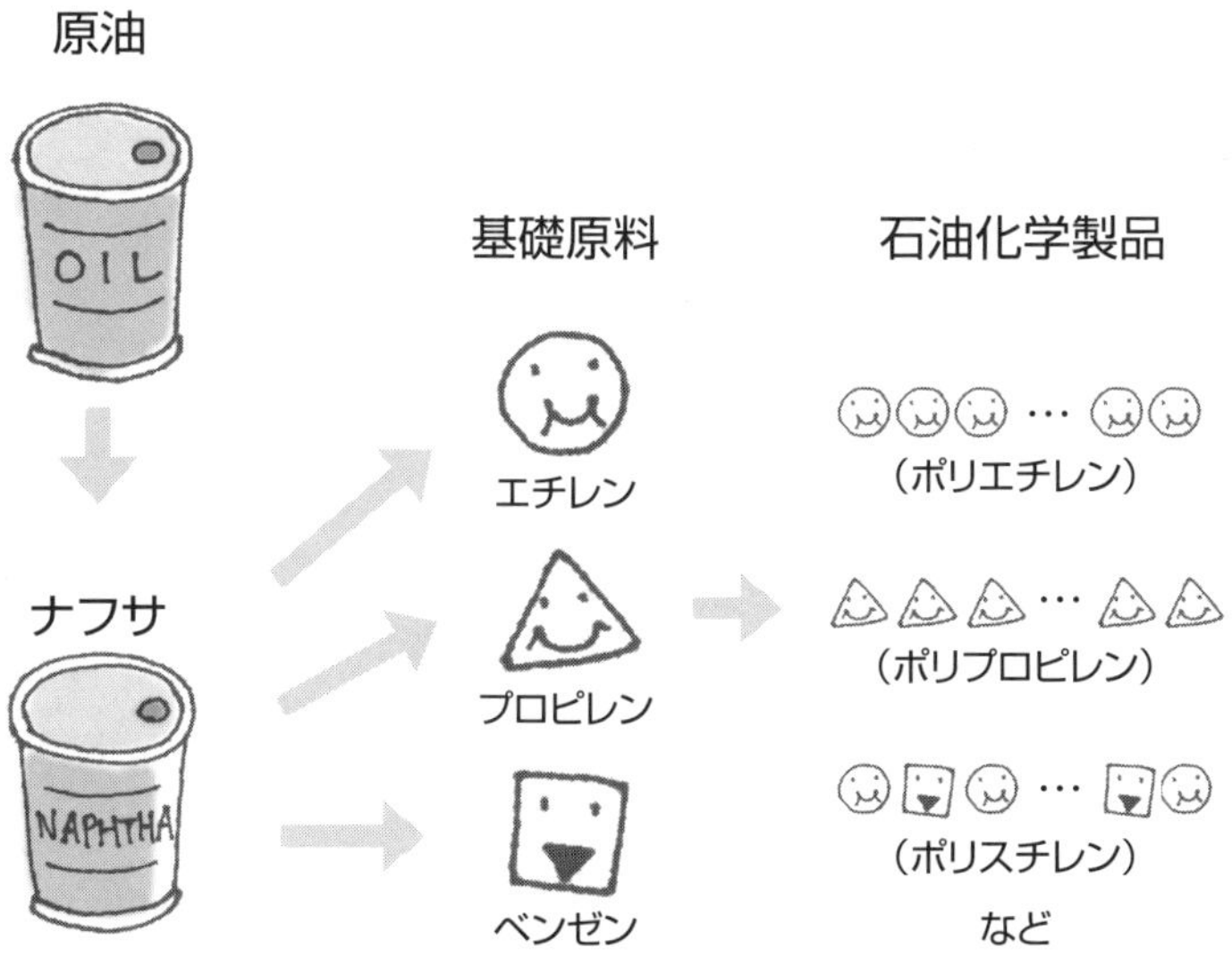
原油
OIL
ナフサ
NAPHTHA
基礎原料
エチレン
プロピレン
ベンゼン
石油化学製品
（ポリエチレン）
（ポリプロピレン）
（ポリスチレン）
など

原油を精製して
ナフサを取り出す

ナフサを分解して
基礎原料をつくる

基礎原料を結合して
石油化学製品をつくる

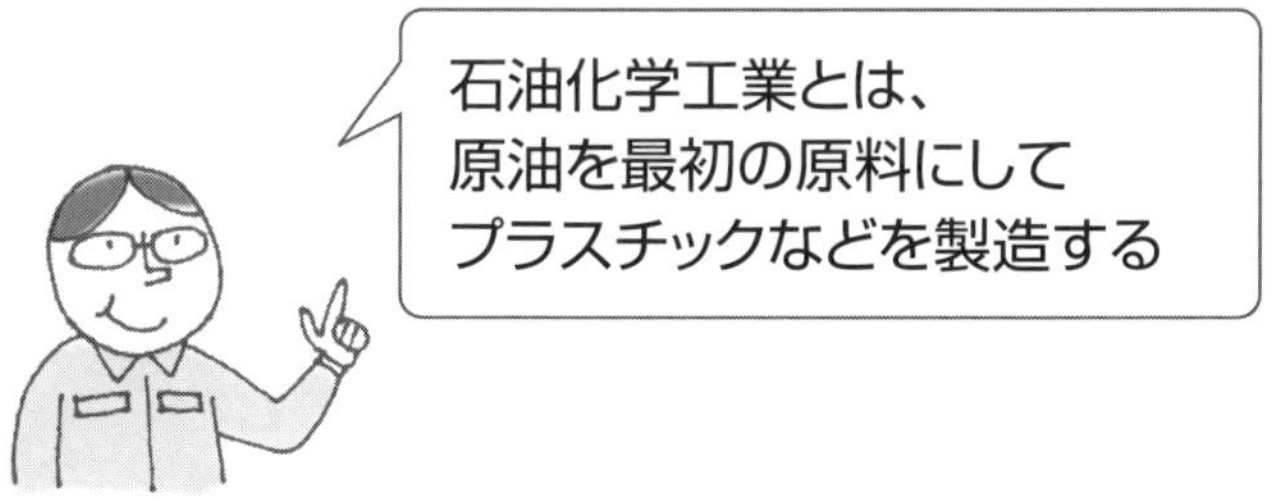
石油化学工業とは、
原油を最初の原料にして
プラスチックなどを製造する

カリを生産する「無機化学工業」（無機化合物の製品）として成立しました。

当時の英国では、繊維需要が爆発的に増えて、繊維産業が急成長していました。それにともなって、繊維の漂白用に使う硫酸や苛性ソーダなどの無機化学製品を工業的に大量生産する必要があったのです。

さらに、19世紀後半以降になると、ドイツで合成染料、有機肥料、医薬品などを生産する「有機化学工業」（有機化合物の製品）が発展しました。ドイツには、英国のインド藍やフランスのあかね草といった天然の染料がなかったため、コールタール（石炭を乾留して得られる黒色の液体）を原料とする合成染料の開発が進んだのです。

当時、ドイツでは鉄鋼業が成長し、原料用のコークスの生産が増えていました。コークスを生産すると、副産物のコールタールが大量にできるので、コールタールの生産が増えたのです。

この合成染料工業の誕生は、ドイツの有機化学工業（医薬品を含む）を発展させ、化学産業の世界の中心は、それまでの英国からドイツに移りました。

1863年に染料会社として設立されたドイツのバイエル社は、1899年には解熱・鎮痛薬のベストセラー「アスピリン」の販売を始めました。

1908年、ドイツで空気から直接、窒素を固定化して窒素肥料や火薬を合成する「ハーバー・ボッシュ法」が確立され、アンモニア合成工業もスタートしました。

窒素源はそれまでチリ硝石に依存していましたが、この発明によって化学肥料や火薬を工業的に大量生産することが可能になりました。

ジーンズの染料として有名な合成染料「インディゴ」を世界で初めて合成し、大企業へ成長したドイツのBASF社は、ハーバー・ボッシュ法によるアンモニア合成工業のパイオニア企業となりました。

## ❖米国で石油化学工業が誕生した

石油化学工業の成立と発展の背景には、次の2つがあります。

### ①化学原料の転換

## 化学工業の歴史

繊維産業が
急成長

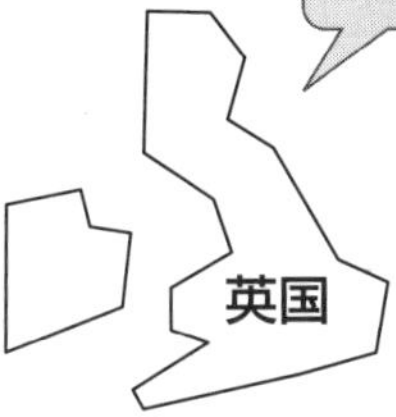


### 18世紀後半

**英国で無機化学工業が誕生**

繊維の漂白用に使う硫酸や苛性
ソーダを生産

天然の染料が
不足していた

### 19世紀後半

**ドイツで有機化学工業が誕生**

合成染料、有機肥料、医薬品を生産

自動車の普及とともに
大量のガソリン需要が発生

### 20世紀

**米国で石油化学工業が誕生**

原油を精製してガソリンを
つくる際にできる副産物を原料に
石油化学製品を生産

20世紀に入り、エネルギーの主役は石炭から石油に移りました。米国の自動車会社フォードがT型フォードの量産を開始した1908年以降、自動車が普及し、大量のガソリン需要が生まれました。

原油を精製してガソリンを生産する原油精製設備の建設が進み、ガソリン生産の副産物としてできる炭化水素を原料にする石油化学工業が誕生しました。

世界初の石油化学製品は、20年代の米国スタンダード・オイル・オブ・ニュージャージー（現エクソンモービル）が、製油所で出るガスからプロピレンを回収し、これを原料に生産したイソプロピルアルコール（IPA）です。

その後、米国では第2次世界大戦中に本格的な石油化学製品の工業化が進みました。

②高分子化学の発展

30年代以降、高分子化合物（プラスチック）が発明されました。代表的なものは、英国のICI社によるポリエチレンの発明や米国のデュポン社によるナイロンの発明です。

プラスチックの需要が拡大し、それを生産するための大規模な生産施設「石油化学コンビナート」が建設されました。

## ❖国産化を進めた日本の化学各社

日本は明治維新後、欧米で発展した近代化学工業の技術導入と国産化を積極的に進めてきました。

明治政府の近代国家建設への強い意志、第1次世界大戦中に化学製品の輸入が一時的に減少したこと、大正末期の日本経済の成長、原料の石炭と水力発電による電力が確保されたこと、などが化学工業の発展を後押ししました。

1888年に有機肥料（人造肥料）が国産化され、1918年に帝国人造絹絲（現帝人）がレーヨンの生産を開始、23年には日本窒素肥料（現チッソ）が合成アンモニアを生産開始しています。

第2次世界大戦中には、化学各社が軍事物資の合成ゴム、合成樹脂、合成繊維の開発要請を受け、小規模ながらアクリロニトリル・ブタジエン系ゴム、クロロプレン系ゴム、塩化ビニル樹脂、ポリスチレ

## 日本の石油化学工業の誕生

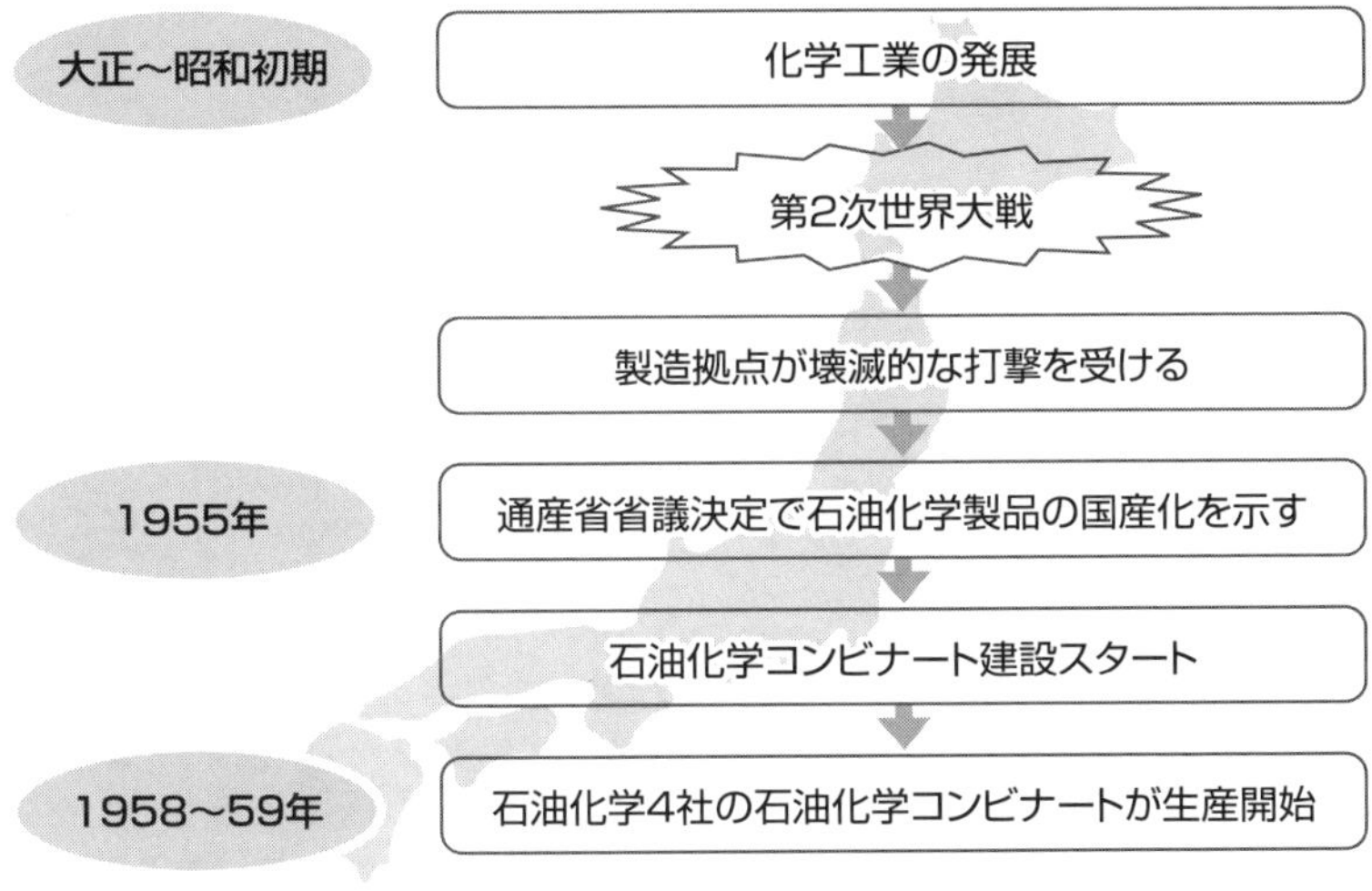
大正〜昭和初期
化学工業の発展
第2次世界大戦
製造拠点が壊滅的な打撃を受ける
1955年
通産省省議決定で石油化学製品の国産化を示す
石油化学コンビナート建設スタート
1958〜59年
石油化学4社の石油化学コンビナートが生産開始

ン、メタクリル樹脂などの生産に成功しています。

この成功は、戦後の日本の石油化学工業発展の基礎となりました。

### ❖日本は50年代に石油化学工業がスタート

第2次世界大戦で壊滅的な打撃を受けた日本は55年、通産省省議決定で石油化学製品の国産化を示しました。原油精製で得た「ナフサ」(→P182)を原料に、「ナフサ分解設備」（ナフサクラッカー）を中心とする本格的な石油化学コンビナートを建設するという内容でした。

政府は土地の取得(軍用地の払い下げ)、設備建設、海外からの技術導入などの重要な権利を認可制度とし、どの企業に石油化学事業を行わせるかを選別しました。

そして、58〜59年にかけて三井石油化学（現三井化学）、住友化学工業（現住友化学）、三菱油化（現三菱化学）、日本石油化学（現新日本石油）の4社の石油化学コンビナートが生産を開始し、日本で石油化学工業の歴史がスタートしました。

2

# 石油化学コンビナートの現状と課題

## 戦後の新規参入ラッシュを経て現在11社が展開している

### 戦後、石油化学コンビナートを続々と建設

第2次世界大戦後の復興期、日本政府は石油化学産業の育成を国策と位置づけました。その目的は、輸入に頼っていた石油化学製品を国産化し、鉄鋼の次に重要な素材の石油化学製品を国際価格で供給する体制を築くことでした。

一方で、民間企業は石油化学産業の将来性に注目し、政府の産業政策を実現するかたちで「石油化学コンビナート」の建設を進めました。

まず、国の第1期計画（55〜59年）では、三井化学（当時三井石油化学）が岩国（山口県）、三菱化学（当時三菱油化）が四日市（三重県）、新日本石油（当時日本石油化学）が川崎（神奈川県）、住友化学が愛媛に石油化学コンビナート（先発センター）を建設し、58〜59年に相次ぎ稼動を開始しました。

続いて第2期計画（60〜64年）では、東燃化学（当時東燃石油化学）が川崎、東ソー（当時大協和石油化学）が四日市、丸善石油化学が千葉、三菱化学（当時三菱化成工業）が水島（岡山県）、出光興産（当時出光石油化学）が徳山（山口県）に石油化学コンビナートを建設しました（後発センター）。

このうち、岩国、四日市、徳山の石油化学コンビナートは、旧陸海軍の燃料基地の跡地で、これを民間企業に払い下げたものです。

### 石油精製・石油化学・火力発電所の3点セット

日本の石油化学コンビナートは良港を備えた海岸線の一等地に立地し、「臨海コンビナート」と呼ばれます。そして、石油化学コンビナートに原料ナフサを供給する「石油精製工場」、電力を供給する電力メーカーの「火力発電所」が隣接しています。石油

# 石油化学コンビナートの所在地とエチレン年間生産能力

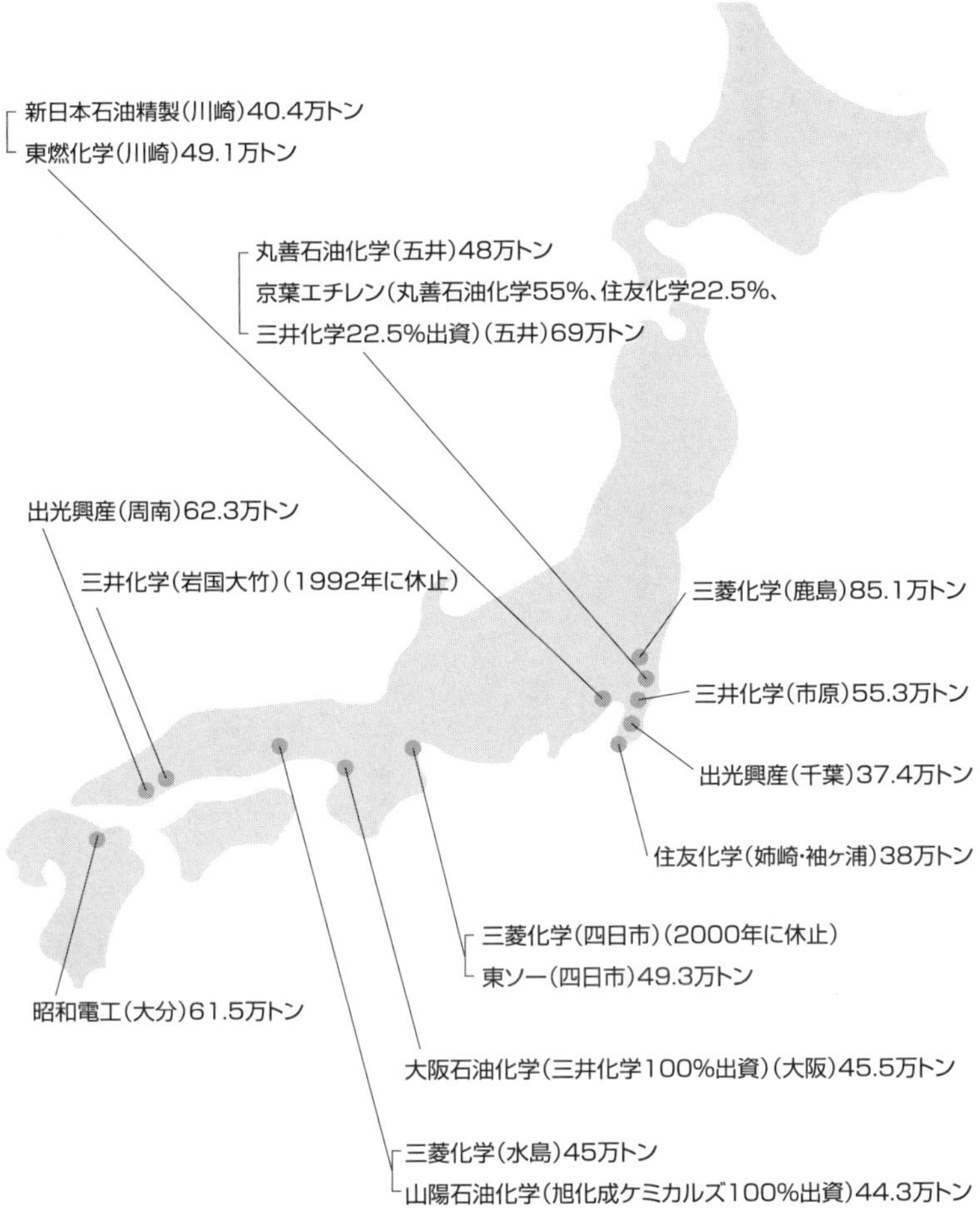

新日本石油精製(川崎)40.4万トン
東燃化学(川崎)49.1万トン
丸善石油化学(五井)48万トン
京葉エチレン(丸善石油化学55%、住友化学22.5%、
三井化学22.5%出資)(五井)69万トン
出光興産(周南)62.3万トン
三井化学(岩国大竹)(1992年に休止)
三菱化学(鹿島)85.1万トン
三井化学(市原)55.3万トン
出光興産(千葉)37.4万トン
住友化学(姉崎・袖ヶ浦)38万トン
三菱化学(四日市)(2000年に休止)
東ソー(四日市)49.3万トン
昭和電工(大分)61.5万トン
大阪石油化学(三井化学100%出資)(大阪)45.5万トン
三菱化学(水島)45万トン
山陽石油化学(旭化成ケミカルズ100%出資)44.3万トン


※注:カッコ内はコンビナート所在地。数字はエチレン年間生産能力(2007年末)

精製・石油化学・火力発電所の3点セットは、日本の臨海コンビナートのほとんどに当てはまる特徴となっています。

3点セットの利点は、ほぼ全量を輸入に頼る原油を有効利用できることです。原油を精製すると、軽質ナフサ、ガソリン・軽油・灯油、重油ができます。石油精製工場は、燃料油に向かない軽質ナフサを石油化学工場に、重油を火力発電所に、ガソリン・軽油・灯油を石油元売会社に販売します。

ただし、近年は、電力会社が火力発電所のエネルギーを輸入LNG（液化天然ガス）に転換しており、3点セットの意義が薄れつつあります。一方で、石油精製と石油化学の連携は一段と重要視されるようになっています。

## 使用原料を軽質ナフサに頼る理由

日本の石油化学コンビナートは、使用原料のほとんどが軽質ナフサですが、北米では天然ガスとナフサの両方を使用します。また、欧州ではガスオイル（灯油・軽油）などナフサ以外の原料も使用します。

日本の石油化学産業が原料を軽質ナフサに頼る背景には、①日本で産出される天然ガスが、石油化学原料に利用されるエタン以下の留分（蒸留で分けられた成分）をほとんど含まないこと、②歴史的に石油精製と石油化学の連携の意識が薄く、精製メーカーが生産するナフサ以外の留分の利用が進まなかったこと、などが挙げられます。

## 石油化学業界は過当競争体質

日本の石油化学産業は、その誕生の時期から80年代後半までの約30年間、政府が各社の事業参入と拡張計画を細かく規制してきました。政府は、国内の石油化学産業が国際競争力をもつまで、保護・育成する方針でしたが、育成期を過ぎても海外企業に対抗する競争力がなかったからです。

その理由には、50年代の産業の初期段階で石油化学参入企業が多かったため、過当競争体質に陥っていたことがあります。

政府は当初、石油化学産業に参入する企業は3大財閥（三井、三菱、住友）や大手石油精製企業など、

## 臨海コンビナートの3点セット

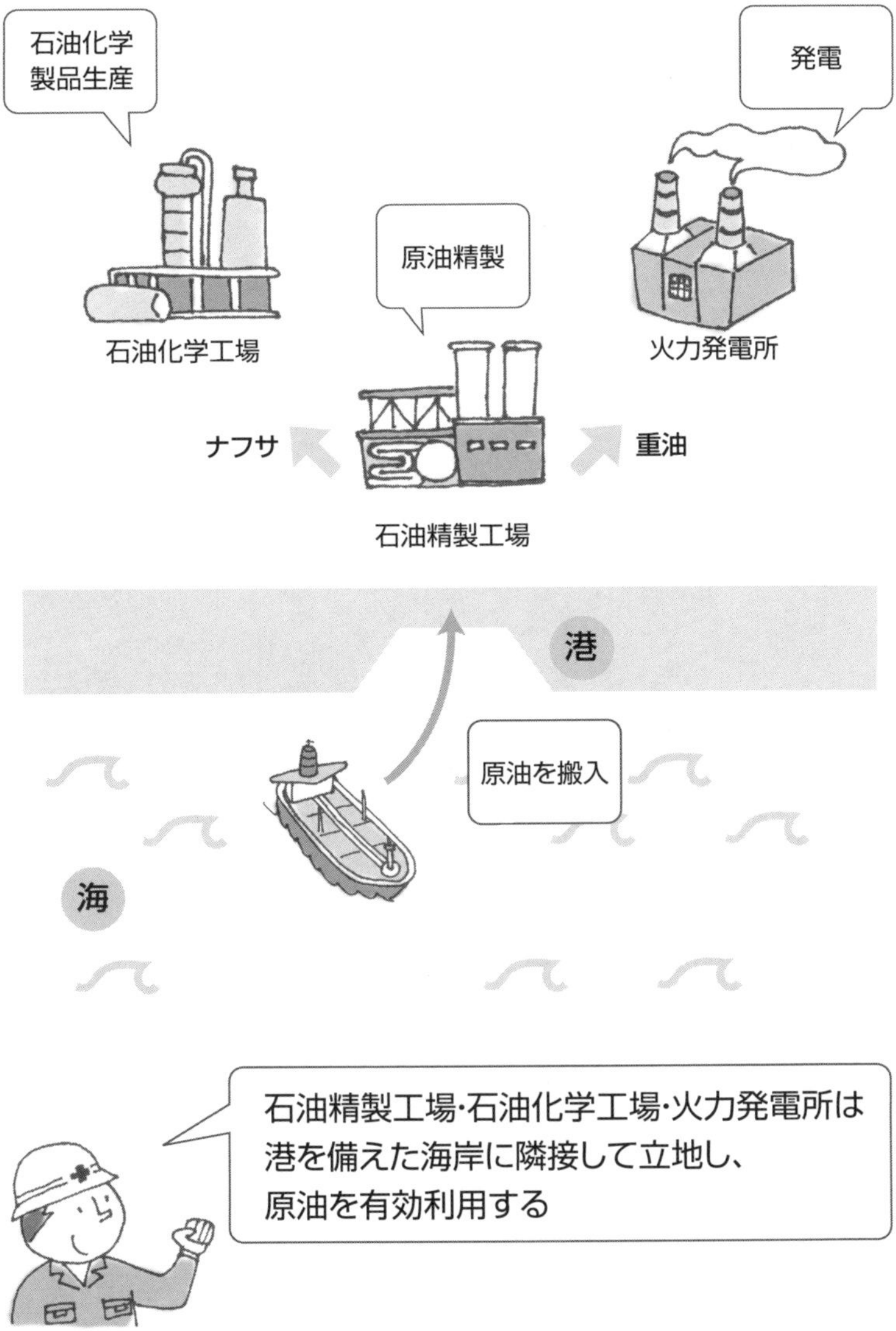
石油化学
製品生産
発電
原油精製
石油化学工場
火力発電所
ナフサ
重油
石油精製工場
港
原油を搬入
海
石油精製工場・石油化学工場・火力発電所は
港を備えた海岸に隣接して立地し、
原油を有効利用する

特定の数社に絞る計画でした。

ところが、それ以外の企業グループも、将来有望な成長産業と思われていた石油化学産業への進出をねらって、激しいロビー活動を展開しました。この結果、政府は当初の予定数以上の企業に石油化学産業への参入を認可しました。

また、石油化学コンビナートの建設は、3大財閥といえども単独での投資をためらうほど、巨額の初期投資が必要でした。その額は、大手石油化学企業の年間売上高に匹敵したといわれています。そのため、コンビナート建設に複数の企業を巻き込んでリスクを分散しました。

そして、政府は65年、新規石油化学コンビナート建設を認可する条件として年産10万トンのエチレン生産能力を、67年には同30万トンの生産能力をハードルとして打ち出し、参入企業を絞り込もうとしました。

しかし、これがかえって企業の参入意欲をかき立てる結果となり、高いハードルをクリアするために、複数の企業が資本を出し合いました。

こうして、日本の石油化学コンビナートは、多くの企業が参入した上、1つのコンビナートに資本系列の異なる複数の企業が同居し、複雑な利害関係がからみあう不自由な体制を余儀なくされました。

ただし、こうした過当競争体質も、石油化学製品の需要が爆発的に拡大した高度経済成長期には、あまり表面化しませんでした。

## 11社体制が確立した

第3期計画（67～71年）では、三井化学と住友化学が千葉、昭和電工（当時鶴崎油化）が大分、新日本石油（当時浮島石油化学）が川崎、三井化学（当時大阪石油化学）が泉北（大阪府）、三菱化学が鹿島（茨城県）に石油化学コンビナートを建設しました。

その後、ニクソンショック（71年）や石油ショック（73年と78年）など世界的な政治・経済の混乱で、石油化学産業を取り巻く環境は一変しました。新規の石油化学コンビナート建設計画は中断し、過当競争体質の問題点が表面化しました。

80年代後半になると、石油化学製品の需要は再び拡大し、85年に出光興産が千葉、94年に京葉エチレン（丸善石油化学、三井化学、住友化学の合弁会社）が千葉にコンビナートを建設し、07年末現在で合弁会社を含めて11社が14カ所で石油化学コンビナートを運営しています。

## 石油化学コンビナート運営11社

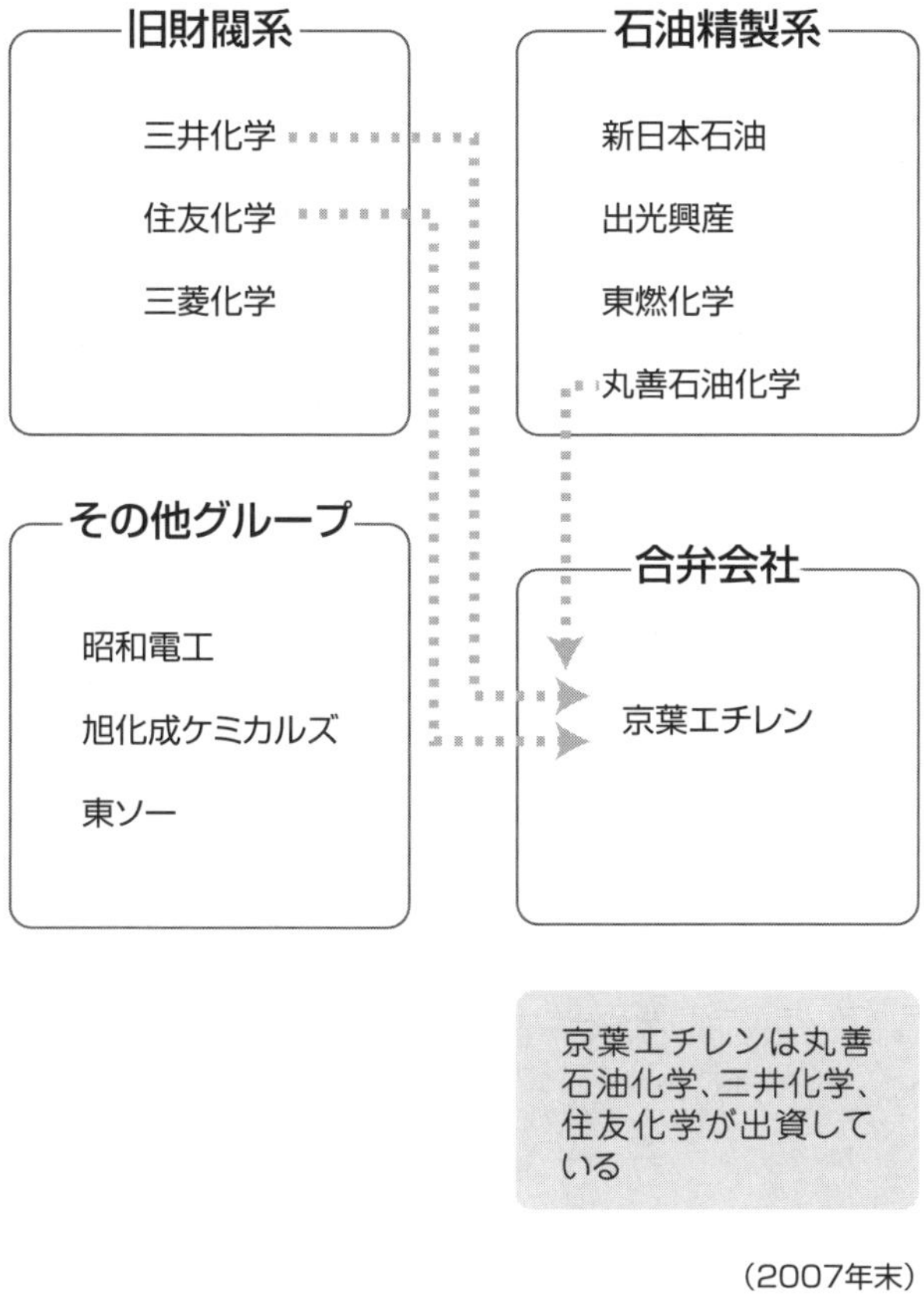

# 3 大規模で幅広い用途をもつ石油化学産業

素材産業中最大の化学産業の中核を占める

## ✤ 巨大な産業規模を誇る化学工業

石油化学工業は、原料を化学反応によって加工する「化学工業」の中に含まれます。

日本化学工業協会によると、06年の化学工業の出荷額は約26兆円で、全産業の8％にあたります（プラスチック加工と合成ゴム加工を除く。医薬を含む）。一番出荷額が大きいのは輸送用機械（60兆円）、2位は一般用機械（33兆円）で、化学工業は3番目です。また、従業員数は34万人（全産業の4％）で8位となっています。

化学工業の大半は装置産業（製品の生産のために巨大な設備が必要となる産業）であるため、他の産業と比較した場合、従業員1人あたりの出荷額が大きいという特徴があります。

さらに、プラスチック加工とゴム加工を加えた広義の化学工業でみた場合、出荷額は約41兆円（全産業の13％）で第2位となり、従業員数は91万人（同11％）で4位に位置しています。

また、日本の化学工業の出荷額をドル換算した場合、06年は米国の6370億ドル、中国の3100億ドルに次いで第3位（2590億ドル）となります。

## ✤ 化学工業の中心を占める石油化学工業

石油化学工業協会によれば、06年の日本の石油化学工業の出荷額は10兆5000億円余りでした。前述したように、狭義の化学工業は日本の全産業の出荷額の1割近くを占める巨大産業ですが、その中で石油化学工業は約40％を占める中心産業です。さらに、プラスチック加工やゴム加工も石油化学工業ととらえれば、その規模は一段と高まります。

石油化学製品を製品別にみると、プラスチック（合

## 石油化学工業の市場規模

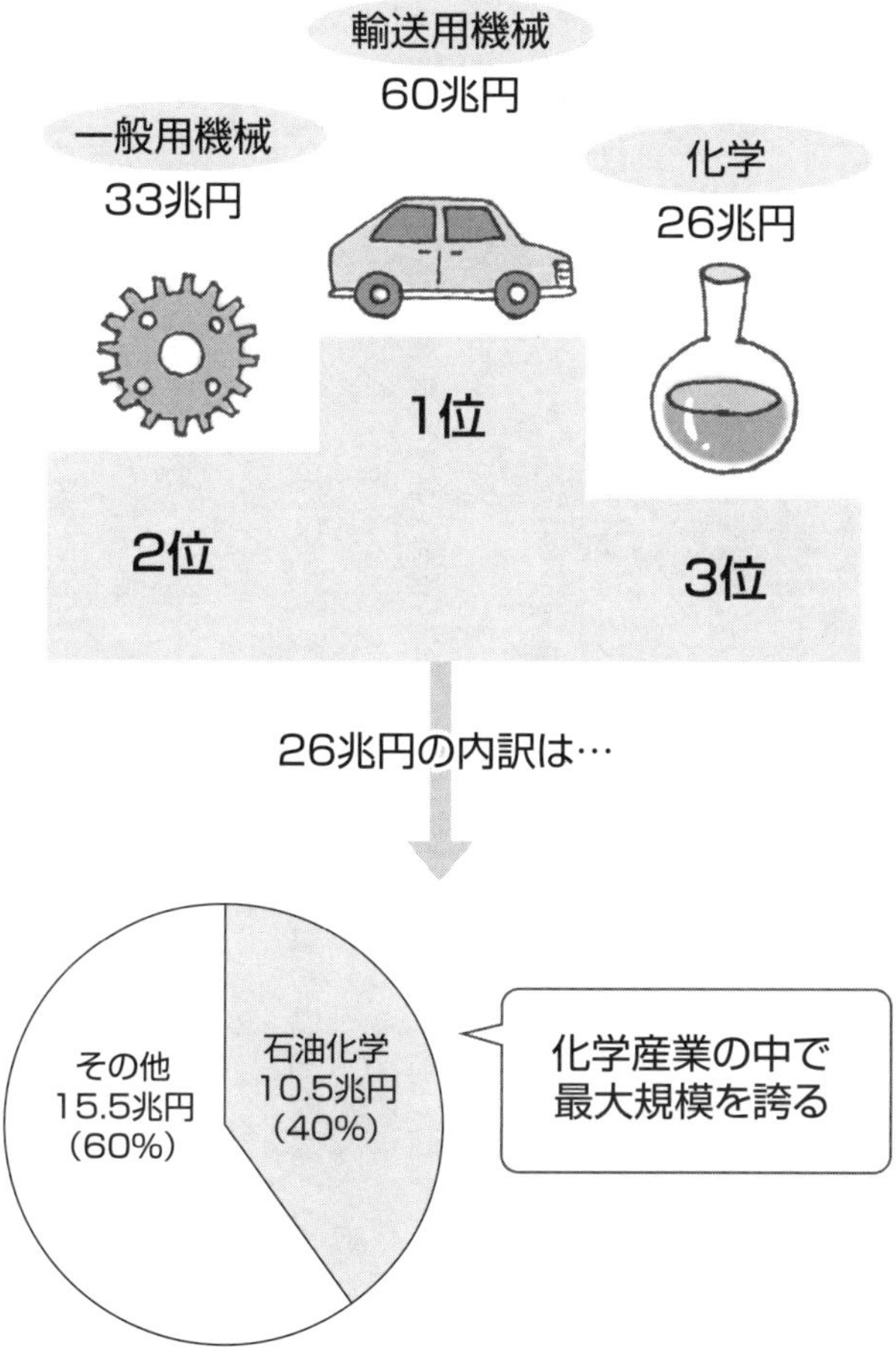
輸送用機械
60兆円
一般用機械
33兆円
化学
26兆円
1位
2位
3位
26兆円の内訳は…
その他
15.5兆円
(60%)
石油化学
10.5兆円
(40%)
化学産業の中で
最大規模を誇る

(出荷額ベース、2006年)

※注:化学は医薬を含む

<出典:日本化学工業協会、石油化学工業協会資料より作成>

成樹脂）が約6割を占める最大製品で、第2位が合成ゴムの1割強です。石油化学工業は、合成ゴムを含めたプラスチックを生産する産業であるといっても過言ではありません。3位以下は、合成繊維、塗料、合成洗剤・界面活性剤の順になっていて、これらの比率はいずれも1割以下です。

## 素材産業の中でもっとも用途が幅広い

化学産業は、鉄、非鉄、ガラス、セラミックス、セメントなどの産業とともに「素材産業」と呼ばれ、化学の出荷額はその中で最大です。

製造業は一般的に、製品の加工度に応じて「素材産業」「部材・部品加工業」「組み立て加工業」の3段階に分けられます。

素材産業は、部材や部品を生産する加工業に素材（原材料）を供給し、部材・部品加工業は自動車や家電製品などの最終製品を生産する組み立て加工業に部材や部品を供給します。こうした素材から最終製品までの流れを「サプライチェーン」と呼びます。

サプライチェーンの川上に位置する素材産業の中で、化学産業が最大の規模をもつのは、化学製品が他の素材産業に比べてより幅広く利用されているからです。石油化学製品に限っても、その用途は自動車、家電、ＯＡ機器、ゲーム機などの工業製品から、住宅建材、食品、衣料品、トイレタリー製品など衣食住にかかわるあらゆる分野にわたります。

## 基礎原料、中間製品、プラスチックの流れ

また、素材産業のうち、化学産業だけは特定製品の名前が産業の名前になっていません。これは、化学産業は製品を製造するのに化学反応の技術を利用している点は共通していますが、その実態は多種多様な製品を生産する産業群の集まりだからです。

産業群とは、無機工業製品、石油化学系基礎製品、プラスチック、石けん・洗剤、塗料、接着剤、医薬品、化粧品などです。

このうち、石油化学系基礎製品は、石けん・洗剤、塗料、医薬品、化粧品などの原材料となっており、さらに、石油化学系基礎製品の中にも、①原油・ナフサなどに近い基礎原料の製品、②基礎原料をもと

## 石油化学製品のサプライチェーン

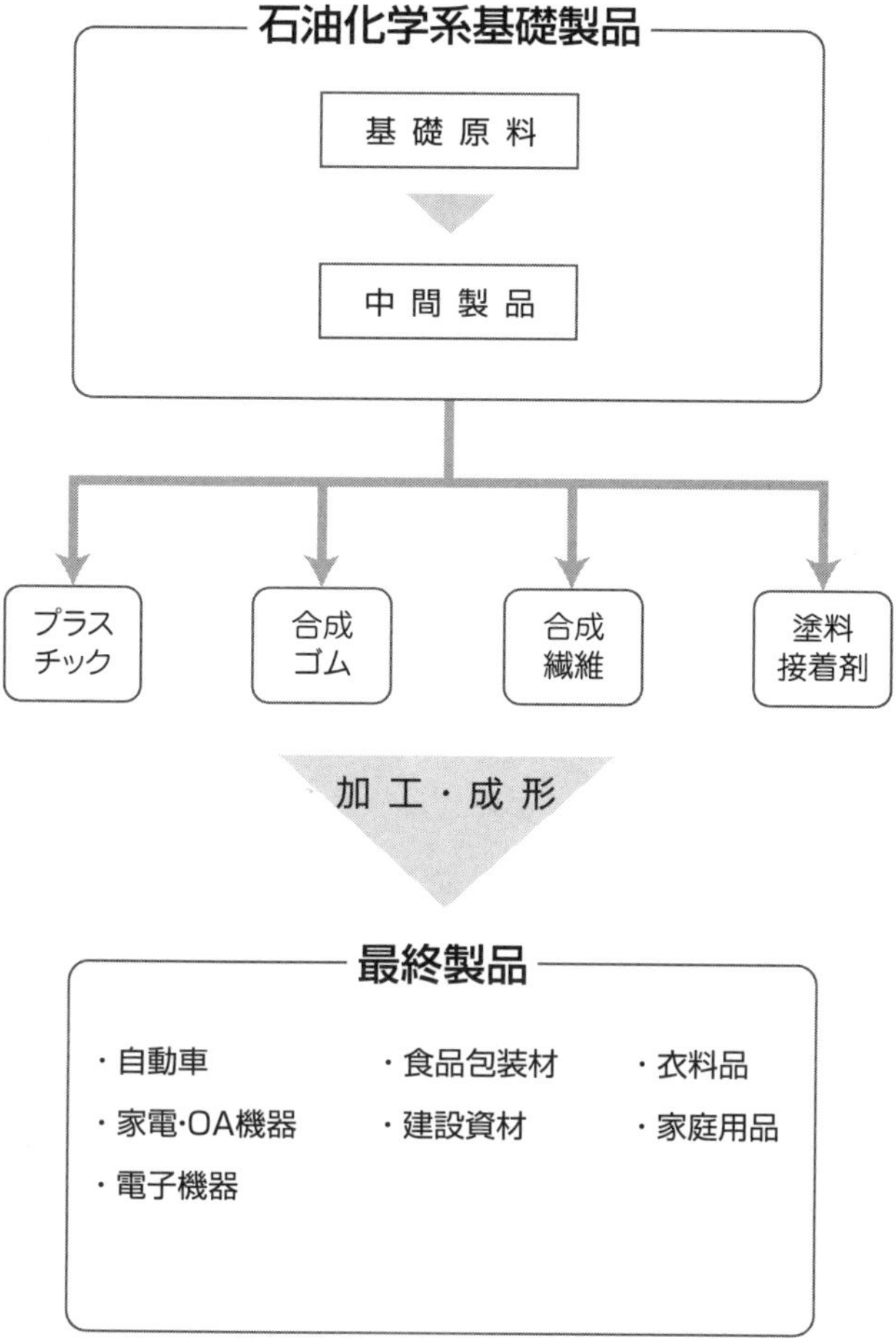

に生産する中間製品、③中間製品を原料とするプラスチック、というサプライチェーンが存在します。

このため、化学製品のユーザーが化学メーカーというケースが非常に多くなっています。

## 石油化学産業の規模はエチレン生産能力で測る

石油化学産業のうち、もっとも川上に位置する企業は、ナフサを原料に石油化学基礎原料の「エチレン」（→P188）などを生産する「エチレンセンター企業」です。エチレンセンター企業は、一般的にその国を代表する化学企業が運営しており、エチレンの生産能力が、その企業や国の石油化学産業の規模を測る指標の一つになっています。

07年末現在の日本全体のエチレン生産能力は、プラントの定期修理を加味した実能力ベースで年産約770万トンです。これは、米国、中国、サウジアラビアに次いで世界第4位の生産能力です。

また、日本最大のエチレンセンター企業は三菱化学で、国内のエチレン生産能力は年産約125万トン、第2位は三井化学で年産約100万トンです。両社はアジアを代表する石油化学企業です。

## 海外勢との競争が激化している

近年、中国、インド、サウジアラビア、イランといったアジア・中近東の諸国が大規模な石油化学コンビナートを相次いで建設しており、1社で年産200万トン以上のエチレン生産能力をもつ企業が多数出現しています。このため、日本の石油化学企業の世界的な地位は低下傾向にあります。

また、日本国内のエチレン需要は年間500万〜550万トン程度で、200万〜250万トンをプラスチックなど川下製品に加工したものを含めて輸出しています。

輸出先の大半は中国を中心とするアジアですが、アジア最大の需要地である中国市場をめぐって国際競争が激化しており、日本は輸出量が維持できなくなる恐れがあります。そうなれば、日本の石油化学コンビナートは余剰生産能力を抱えることになり、生産能力を縮小せざるをえません。これが構造的な問題として指摘されています。

## 国別のエチレン生産量

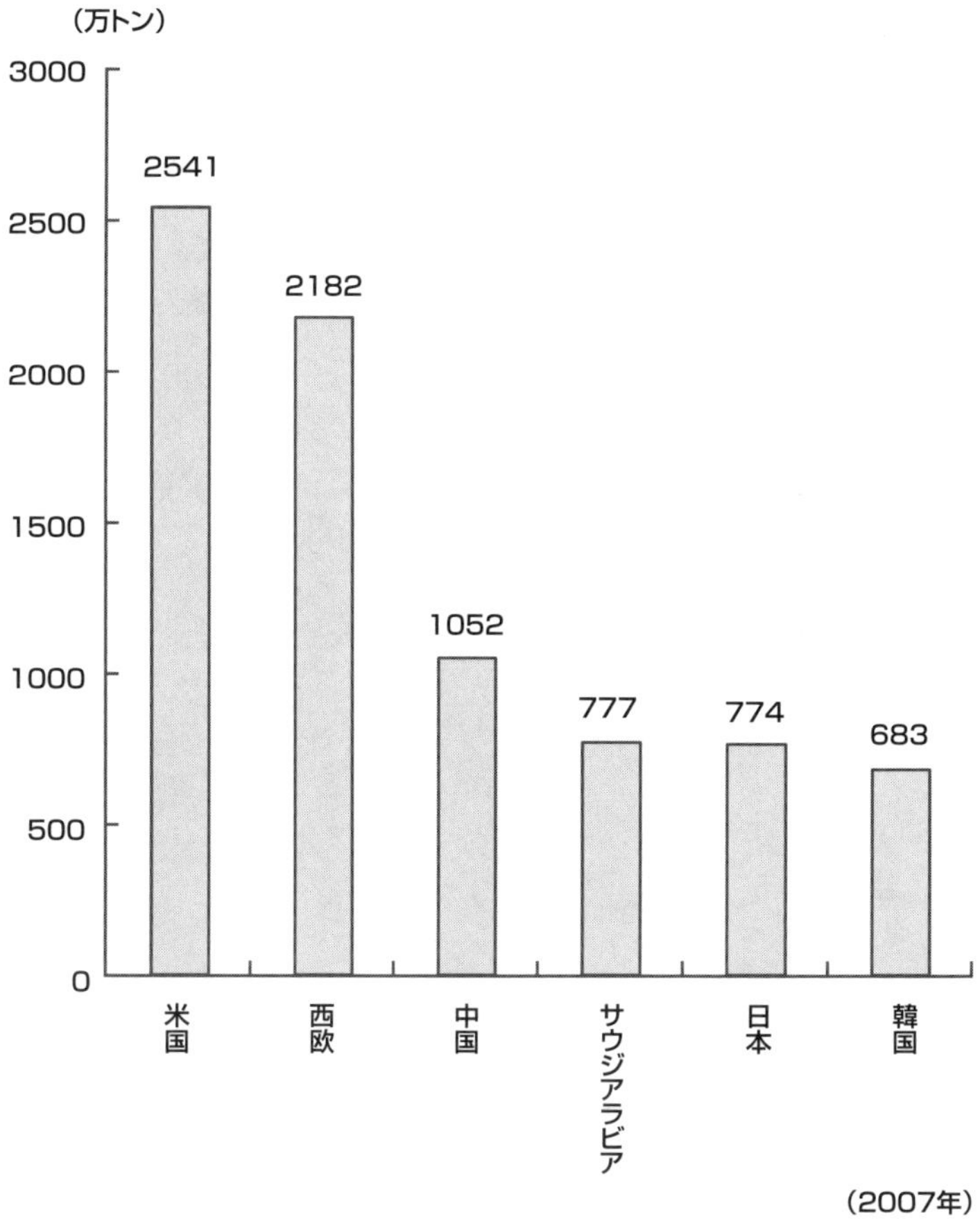


<出典:石油化学工業協会資料より作成>

アジア・中近東の国々が大規模な石油化学コンビナートを相次いで建設しており、日本の地位は低下傾向にある

4

# 石油化学主原料ナフサとは何か

## 国内需要の半分を輸入に頼り、調達方法は重要課題

### ❖石油化学原料のナフサのつくり方

日本の石油化学製品の原料（出発原料）は、約95％が「ナフサ」（粗製ガソリン）です。ナフサとは、ジッポライターの燃料にも使われている無色透明の液体で、原油を構成する炭化水素のうち、ある一定の範囲の留分（蒸留して分けられた成分）です。

原油は、ナフサ、灯油、軽油、重油、アスファルトなどの留分がこん然と混ざり合ったものです。ナフサは、原油を一次精製装置（トッパー）で常圧蒸留して得る石油製品のうち、オフガス（蒸留装置から発生する低沸点の炭化水素）を除きもっとも軽質な（沸点の低い）留分で、沸点の範囲は35～180℃です（原油の精製→P124）。

このうち沸点が約80℃以下のものを「軽質ナフサ」（ライトナフサ）、それ以上のものを「重質ナフサ」（ヘビーナフサ）、その両方が混ざったものを「ホールレンジ（フルレンジ）ナフサ」と呼びます。

ナフサとガソリンはほぼ同じ意味ですが、その定義は国ごとにばらつきがあります。日本でガソリンといえば、通常は自動車用ガソリンを指しますが、自動車用ガソリンの主成分は重質ナフサを改質装置（リフォーマー）などで改質（芳香族化）したものです。

一方、石油化学の原料として使われるのは軽質ナフサです。軽質ナフサは一部が自動車用ガソリンにも配合されていますが、重質ナフサに比べて自動車用ガソリンとしての性能が低い一方、石油化学原料には最適の炭化水素です。

ナフサの性状を沸点で説明しましたが、本来は炭素数（Cの数）の違いで認識します。原油を構成す

## ナフサの種類と用途

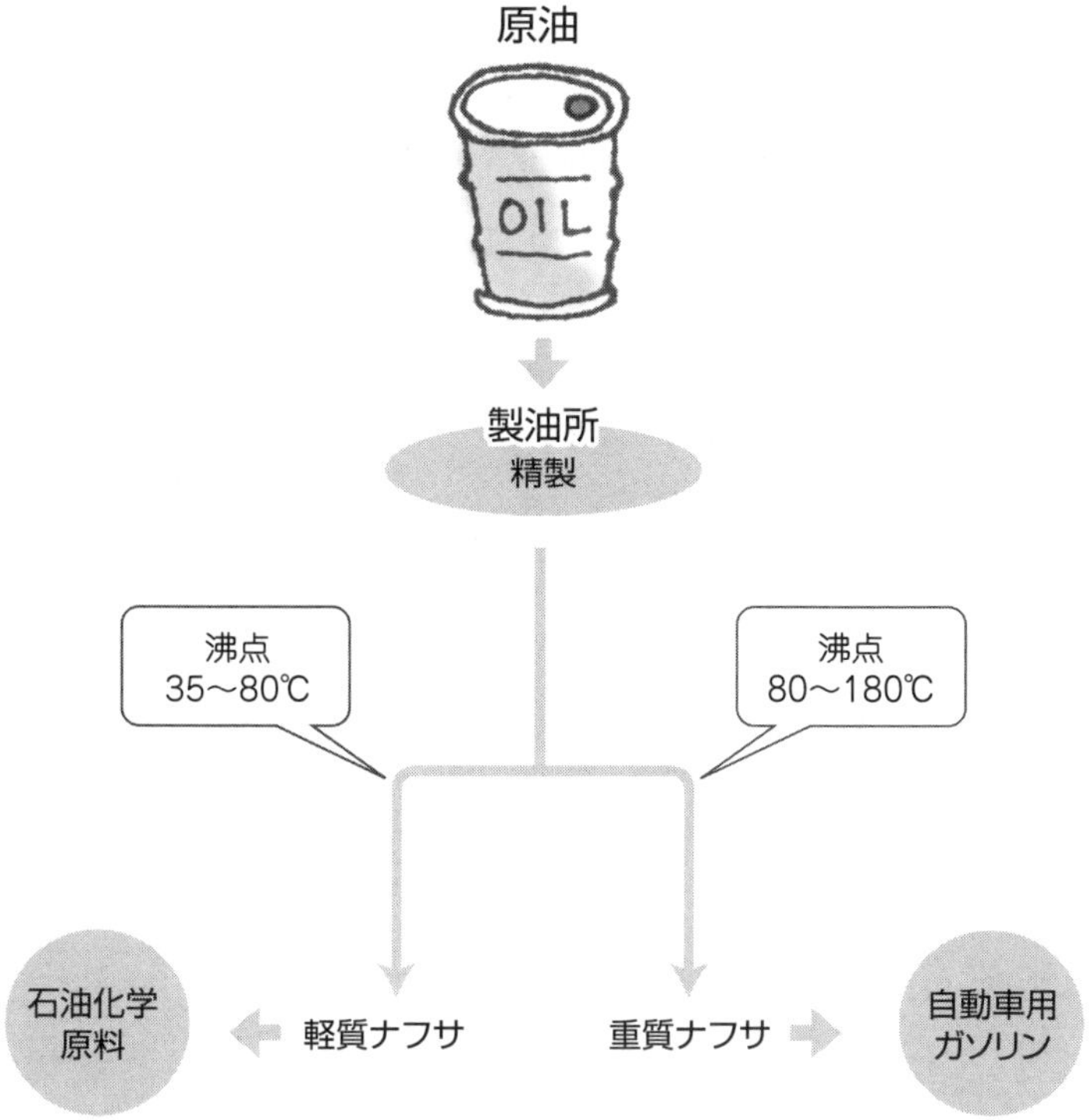


ナフサは4割程度が国産で、残りは輸入に頼っている

る炭化水素は通常、炭素（C）がC－C－C……と鎖状に一直線に並んで分子となっています。

このうち、炭素の数が少なく分子の長さが短いものほど沸点が低く（軽質に）なります。軽質ナフサは通常、炭素が5～8程度並んだ分子であり、並ぶ炭素数が4以下になると、軽質ナフサより沸点がさらに低く常温では気体となります。

ちなみに、炭素数1の炭化水素がメタン（ガス）、2がエタン（ガス）、3がプロパン（ガス）、4がブタン（ガス）です。メタンは都市ガスに利用され、プロパン・ブタンの混合物はLPG（液化石油ガス）と呼ばれています。軽質ナフサはこれらのガスよりちょっとだけ炭素数が多いため、常温で液体となっているのです。

### 国産ナフサと輸入ナフサ

ナフサは石油会社が生産している石油製品で、国内の石油会社から購入するものを「国産ナフサ」、海外の石油会社から購入（輸入）するものを「輸入ナフサ」と呼びます。日本で石油化学産業がスタートした当初は国産ナフサで十分でしたが、石油化学産業の拡大とともに輸入比率が増え、90年代には輸入比率が6割を超えました。

しかし、その後は石油化学と石油精製の連携意識が強まったことなどから国産ナフサの生産量が拡大し、07年時点では輸入比率は54％となっています。

### 東京市場がアジアのナフサ価格の指標

ナフサは原油同様に国際市況商品であり、スポット（当用買い）価格は毎日変動します。アジア地域の指標価格は東京市場の価格で、これはアジア地域の原油指標価格であるドバイ原油（→P42）に相当します。

東京市場価格は、石油情報配信の米国プラッツ社が発表し、翌日の日本経済新聞の商品市況欄に掲載されます。とくに、東京価格の1日の中心値を「MOPJ」（モップジェー＝Mean of Platts Japan＝日本価格の中位の意味）と呼び、これが日本のナフサ価格を決定する重要指標です。単位はドル／トン（C－F＝運賃・保険料込み条件）です。

## ナフサの価格の３つの種類

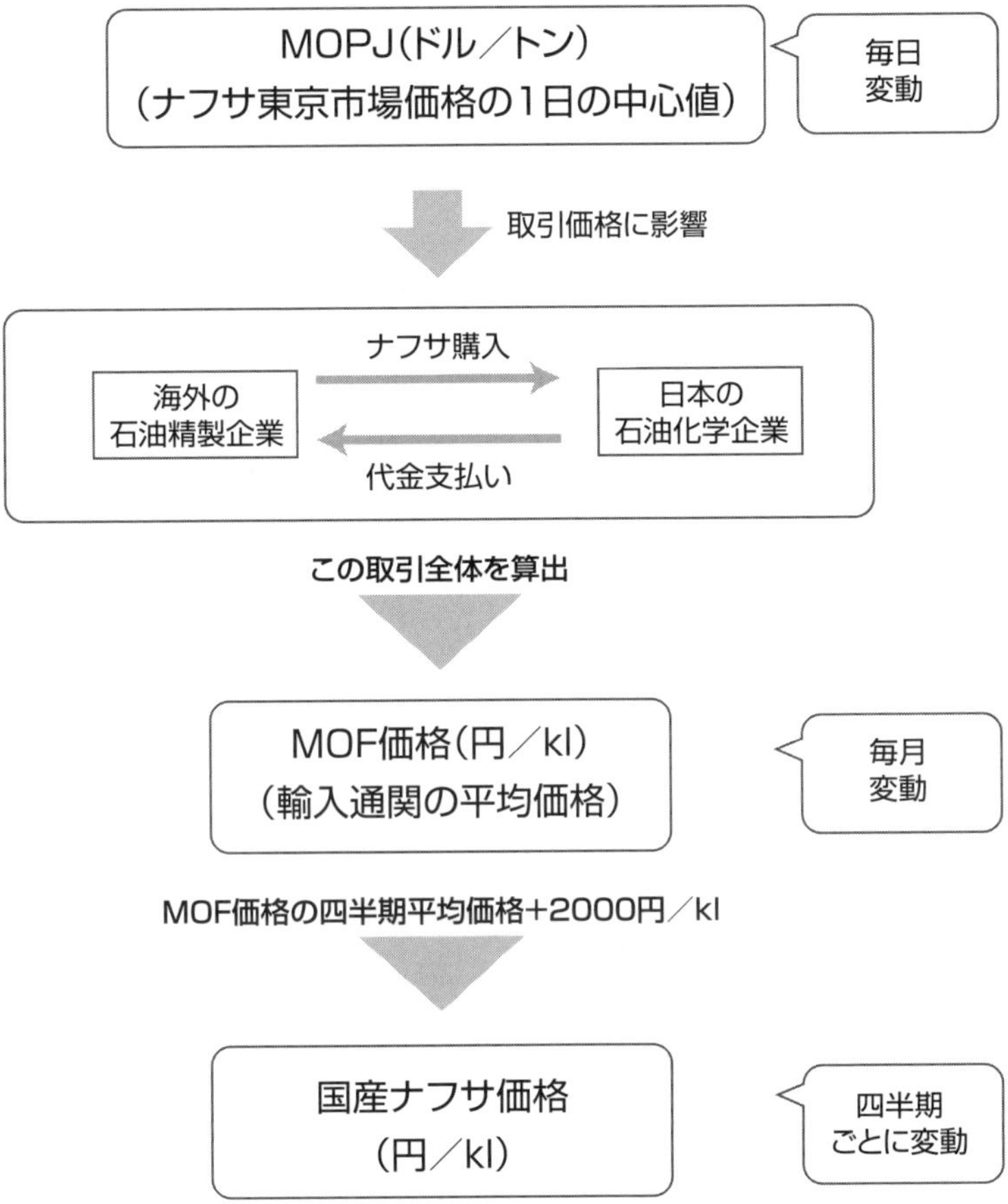
MOPJ(ドル／トン)
(ナフサ東京市場価格の1日の中心値)
毎日
変動
取引価格に影響
ナフサ購入
海外の
石油精製企業
日本の
石油化学企業
代金支払い
この取引全体を算出
MOF価格(円／kl)
(輸入通関の平均価格)
毎月
変動
MOF価格の四半期平均価格+2000円／kl
国産ナフサ価格
(円／kl)
四半期
ごとに変動

ナフサ価格は基本的に、原料である原油価格の動向とナフサ自体の需給バランスで価格変動します。

## ナフサ価格の決定方式

ＭＯＰＪを基に海外の各石油精製企業と日本の石油化学企業との間で「輸入ナフサ価格」が決定され、ナフサが輸入されます。この取引全体は財務省が発表する貿易統計に表れ、輸入平均単価「ＭＯＦ価格」（財務省価格の意味）が算出されます。ＭＯＦ価格の単位は円／kl（ＣＩＦ）です。

「国産ナフサ価格」は、このＭＯＦ価格に一定の手数料を加えたもので、具体的には四半期（３カ月間）の輸入平均価格に１klあたり２０００円を加え、１００円未満を四捨五入した価格となります。

このため、輸入ナフサも国産ナフサも、一定のタイムラグこそ発生しますが、ＭＯＰＪに連動して値動きをしています。なお、国産ナフサ価格は、プラスチックなどの石油化学製品の国内価格を決定する重要な指標となります。

原油価格は03年後半以降、世界経済の拡大を背景に急上昇し、これとともにナフサ価格も高騰しました。08年7～9月の国産ナフサ価格は１klあたり８万５８００円の史上最高値をつけました。これは６年前の02年7～9月の２万１８００円の約4倍に相当します。

しかし08年9月以降、米国のサブプライムローン問題（低所得者向け住宅ローンの焦げつき問題）に端を発した世界金融危機の影響を受けて原油価格は大きく下落し、これに連動してナフサ価格（ＭＯＰＪ）も急落しました。

日本企業のナフサ輸入先は、韓国、サウジアラビア、クウェート、アラブ首長国連邦（ＵＡＥ）などの石油会社です。中東湾岸諸国からナフサを輸入する場合、海上輸送で1カ月以上かかります。一方で、価格の契約は、ナフサ船が輸入先を出航した直後などに行われるため、この場合、日本には1カ月以上前に価格契約されたナフサが到着することになります。このため、ＭＯＰＪとＭＯＦの値動きには通常、1カ月強のタイムラグが生じます。また、需給バラ

## ナフサ購入のリスクヘッジの例

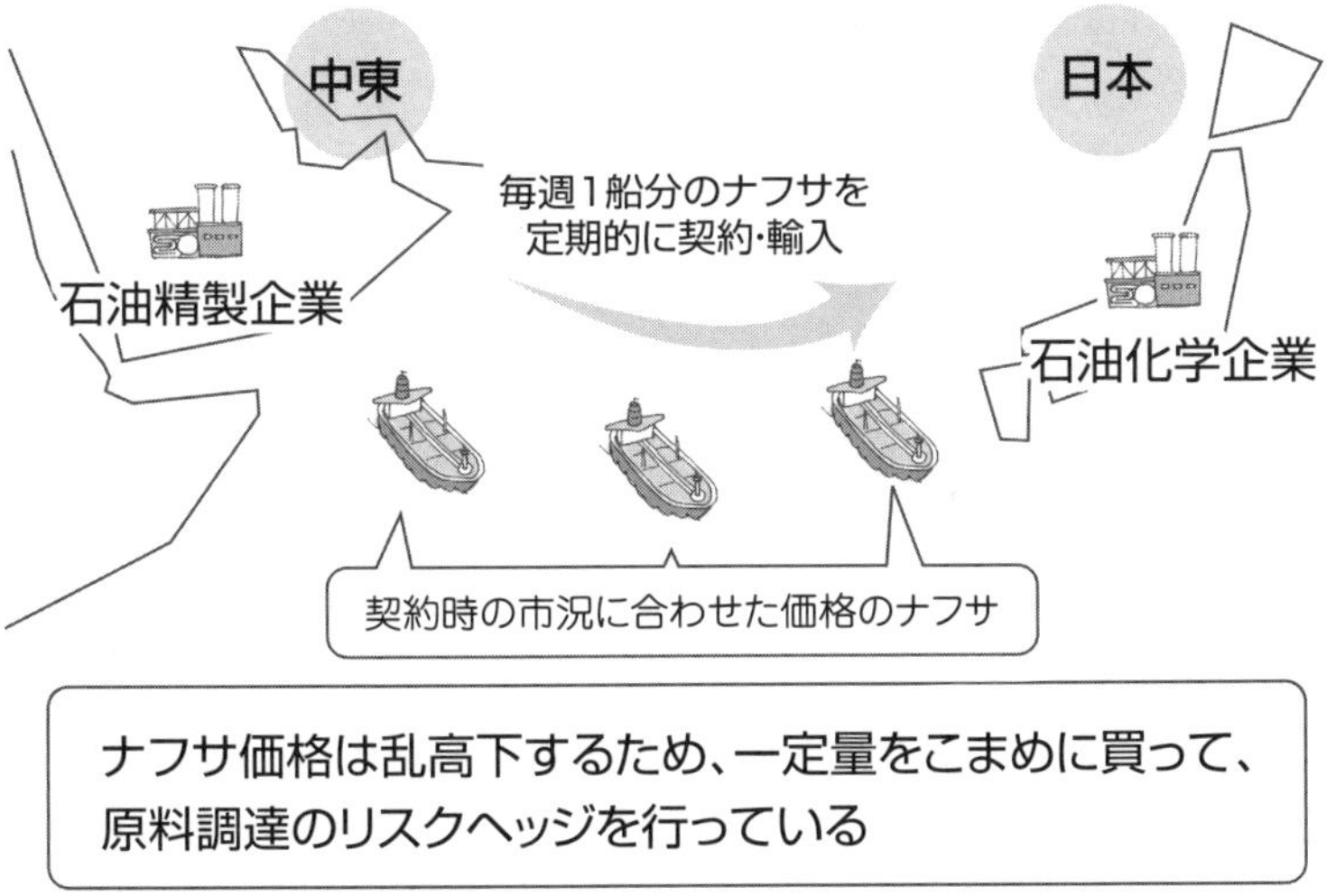


ンスによってはナフサ販売元がMOPJにプレミアム（割増金）を上乗せするケースもあるため、MOPJの動きだけで正確な国産ナフサ価格を予想することはできません。

### ❖ナフサ調達のリスクヘッジ方法

ナフサは、原油同様に市況が乱高下するため、ナフサの買い方しだいで収益が大きく変動するリスクがあります。

日本の石油化学企業は、こうしたリスクを回避するため、毎週1船分のナフサを契約するなど、一定量のナフサを輸入し続け、結果的には1年間の購入平均価格がその年のナフサの平均価格となるように調整しています。過去において、安値と思われる時期に大量のナフサを買い付け、大きな損失を出すという苦い経験があったからです。

一方、海外の石油化学企業は巨大なナフサ貯蔵タンクをもち、安値のナフサを積極的に調達してコスト削減をねらうケースもあるようです。

5

# 石油化学基礎原料はどうつくられるのか

ナフサを分解して基礎原料エチレンなどを得る

## ✤ナフサを分解し石油化学基礎原料をつくる

ナフサを原料とする石油化学製品の生産は、まず「ナフサ分解炉」（ナフサクラッカー、エチレン設備ともいう）でナフサを分解（クラッキング）し、エチレン、プロピレンなどの基礎原料を得る工程からスタートします。

天然に存在する炭化水素は、その大部分が安定した分子構造をもつ飽和炭化水素で、反応性が低い特徴があります。そこで、これをナフサ分解炉で、反応性の高いオレフィンや芳香族系炭化水素（アロマティックス）に変換します。

ナフサは通常「パラフィン」を使用します。パラフィンとは、C-C-C-C-C……と炭素が一直線上に並んだ炭化水素のうち、二重結合などの多重結合をもたない飽和炭化水素です。

ナフサ分解炉は、耐火構造の分解炉（ファーネス）の内部にナフサが通過する金属製のチューブが走っている構造で、分解炉内の温度は通常800～850℃程度です。

予備加熱のためスチームと混合したナフサをこのチューブに通すと、高熱でナフサの炭素の鎖は途中で切れます（C-C／C-C-C）。このとき、炭素に対して水素が不足するため、二重結合を1つもつ炭化水素「オレフィン」（C=C、C=C-C）になります。

炭素数2の二重結合はエチレンで（C=C）、炭素数3で二重結合を1つもつのはプロピレン（C=C-C）です。これがナフサ分解の仕組みで、高熱で物理的にパラフィンを分解し、基礎原料となるエチレンやプロピレンなどのオレフィンを得るので

## ナフサ分解の仕組み

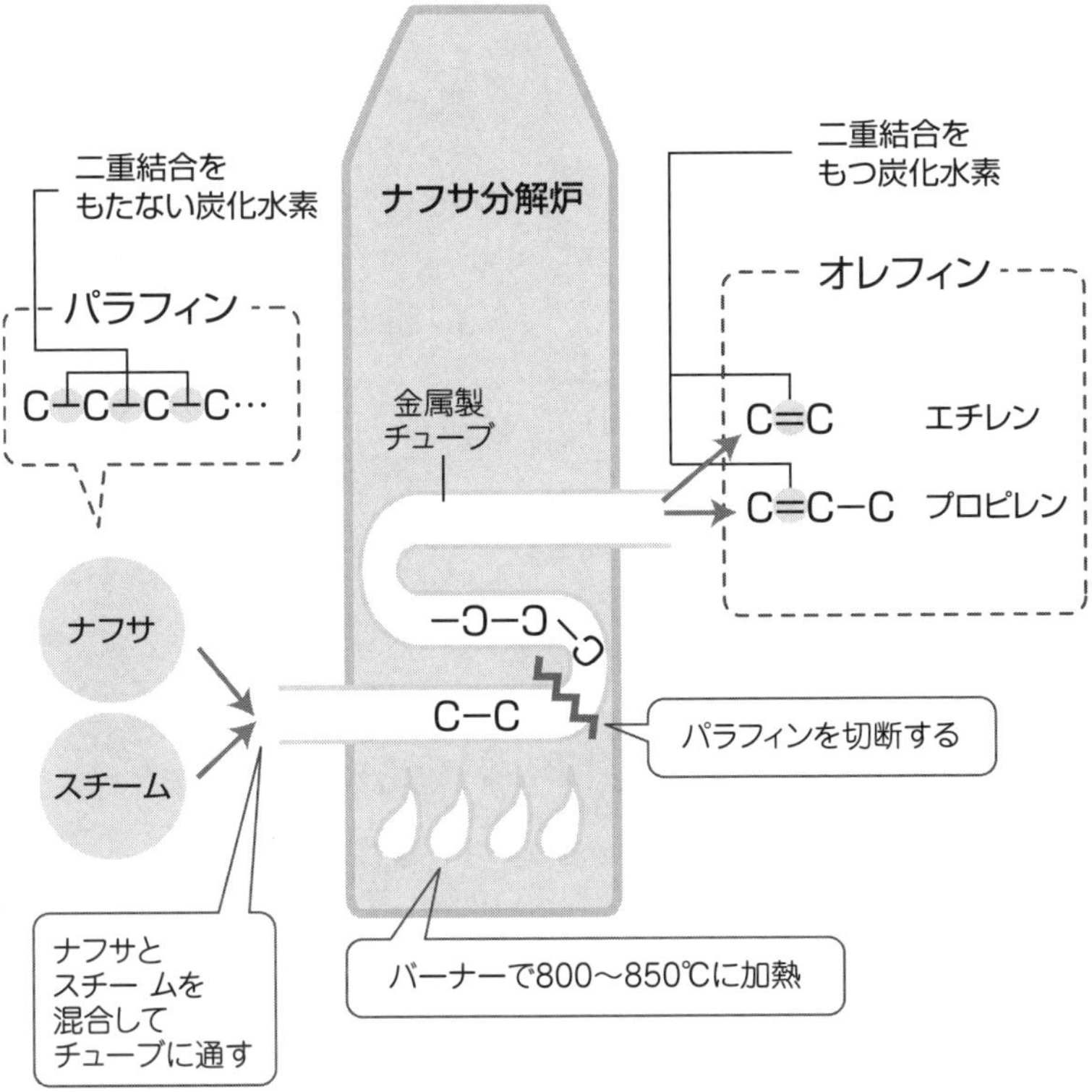


ナフサ分解とは、高熱で物理的に「パラフィン（ナフサ）」を分解し、石油化学基礎原料になるエチレンやプロピレンなどの「オレフィン」を得ること

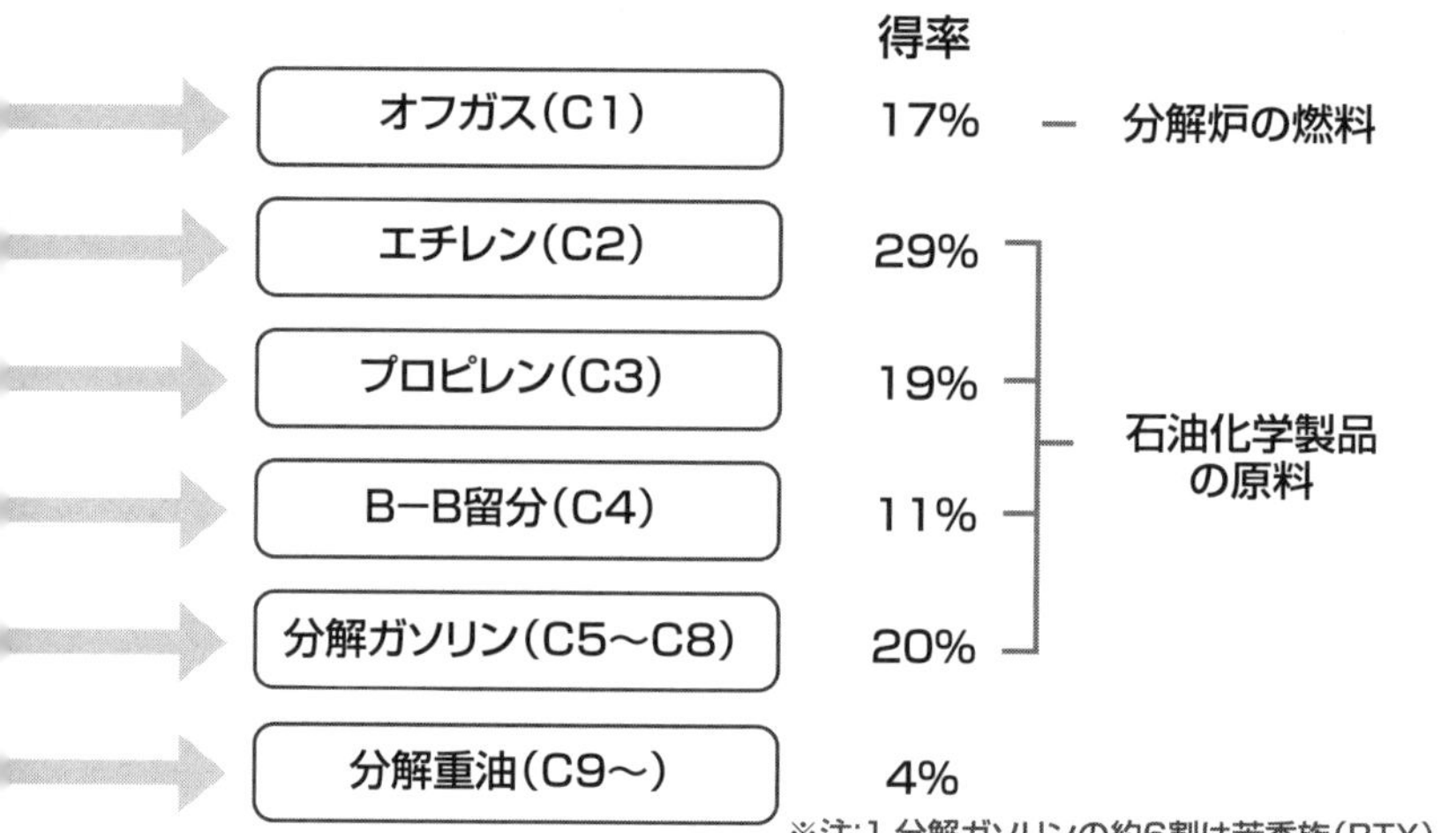


※注：1.分解ガソリンの約6割は芳香族(BTX)
2.得率は2007年実積値

す。なお、オレフィンの水素の数は炭素の数の2倍（$C_nH_{2n}$）で、パラフィンはオレフィンより水素の数が2つ多い（$C_nH_{2n+2}$）構造となっています。

## ✤ナフサ分解で得られる各基礎原料の割合

ナフサ分解で得られる留分（沸点の違いで分けた成分）ごとの基礎原料の割合はほぼ決まっていて、得られる比率のことを「得率」と呼びます。

通常、比重0・7の軽質ナフサを分解炉で分解して得られる基礎原料は、オフガス（炭素数1）が17％、エチレン（炭素数2）が29％、プロピレン（炭素数3）が19％、ブテン・ブチレン留分（B－B留分、炭素数4）が11％、分解ガソリン（炭素数5～8）が20％、分解重油（炭素数9以上）が4％です。

分解ガソリンの約6割は芳香族です。芳香族とは、ベンゼン（炭素数6）、トルエン（炭素数7）、キシレン（炭素数8）のことで、まとめてBTXとも呼びます。芳香族は、ガソリンの主成分であると同時に石油化学の基礎原料です。ただし、ベンゼンは発がん性の問題からガソリンには使用されなくなって

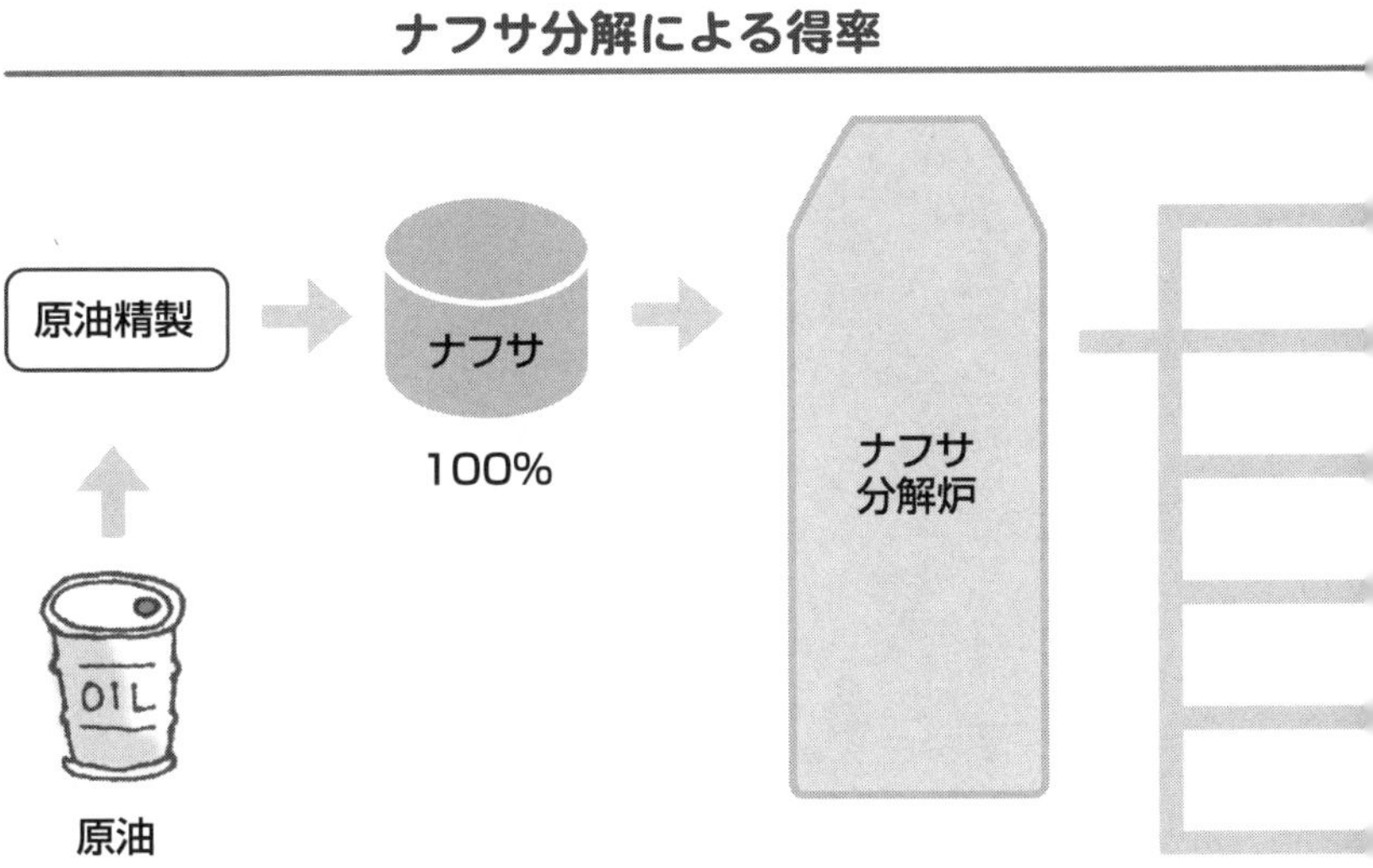




おり、石油化学原料として使われています。

分解炉で分解された各留分はその後、コンプレッサーで急激に冷却・圧縮され、分離・精製工程で各留分ごとに仕分けされます。このうち、主に分解炉の燃料に使われるオフガスと、石油化学原料に向かない分解重油を除く留分が、プラスチックなどの石油化学製品の原料となります。

なお、得られたエチレンの大部分は、代表的な汎用樹脂であるポリエチレンと、ポリエステル原料のエチレングリコールの生産原料になります。

## ✤ナフサ熱分解以外にも基礎原料生産方法がある

前述したナフサの熱分解以外にも、基礎原料となるエチレン、プロピレン、芳香族を得る方法があります。

主な方法は、石油精製（→P124）の過程で、水素化分解、流動接触分解（FCC）、改質（リフォーミング）、抽出などを行うことです。

このうち、FCCによるプロピレン生産、改質によるBTX生産は、石油化学原料の重要な生産方法となっています。

FCCとは、石油精製の一次精製装置（トッパー）で生産された重油留分を、二次精製装置で触媒を使って分解し、自動車ガソリンなどの成分を生産する方法です。

この工程で一定のオレフィン類が副産物として生産されます。このオレフィン類にたくさん含まれている基礎原料プロピレンを抜き取っています。ただし、オレフィン類の中に二重結合のないプロパン（炭素数3）が3割程度混じっているため、通常、スプリッターと呼ばれる精製装置でプロピレン純度を高め、基礎原料プロピレンを生産します。

また、基礎原料キシレンは、ナフサ分解で生産される分解ガソリンに少量しか含まれていないため、改質が主な生産方法となっています。キシレンはポリエステルの原料となります。ポリエステル繊維やPETボトルの世界的な需要拡大を背景に、キシレン生産が増えています。

## ◆天然ガスからも基礎原料を生産する

中東や北米など、エタン（炭素数2）、プロパンなどを含んだ石油随伴ガス（原油生産の際に発生するガス）や天然ガスが豊富に得られる地域では、これらのガスを原料に石油化学基礎原料を生産しています。その代表はエタン分解炉（エタンクラッカー）で、エタン（C2H6）を脱水素してエチレン（C2H4）を生産します。

サウジアラビアなどの中東湾岸諸国では、国内のエタン供給価格を政策的に安く抑え、ナフサ分解を利用した石油化学産業とは比較にならないほど価格競争力の高い石油化学産業を積極的に育成しており、巨大なエタン分解炉の建設を進めています。

また近年では、プロパンガスの脱水素による基礎原料プロピレン生産が拡大しています。世界的にプロピレンの需要が拡大していることが背景にあります。

さらに現在、ブタンガスの脱水素による基礎原料ブテン・ブチレン留分の生産も研究されています。

## ナフサ分解以外の石油化学基礎原料生産方法

### 〔改質(リフォーミング)〕

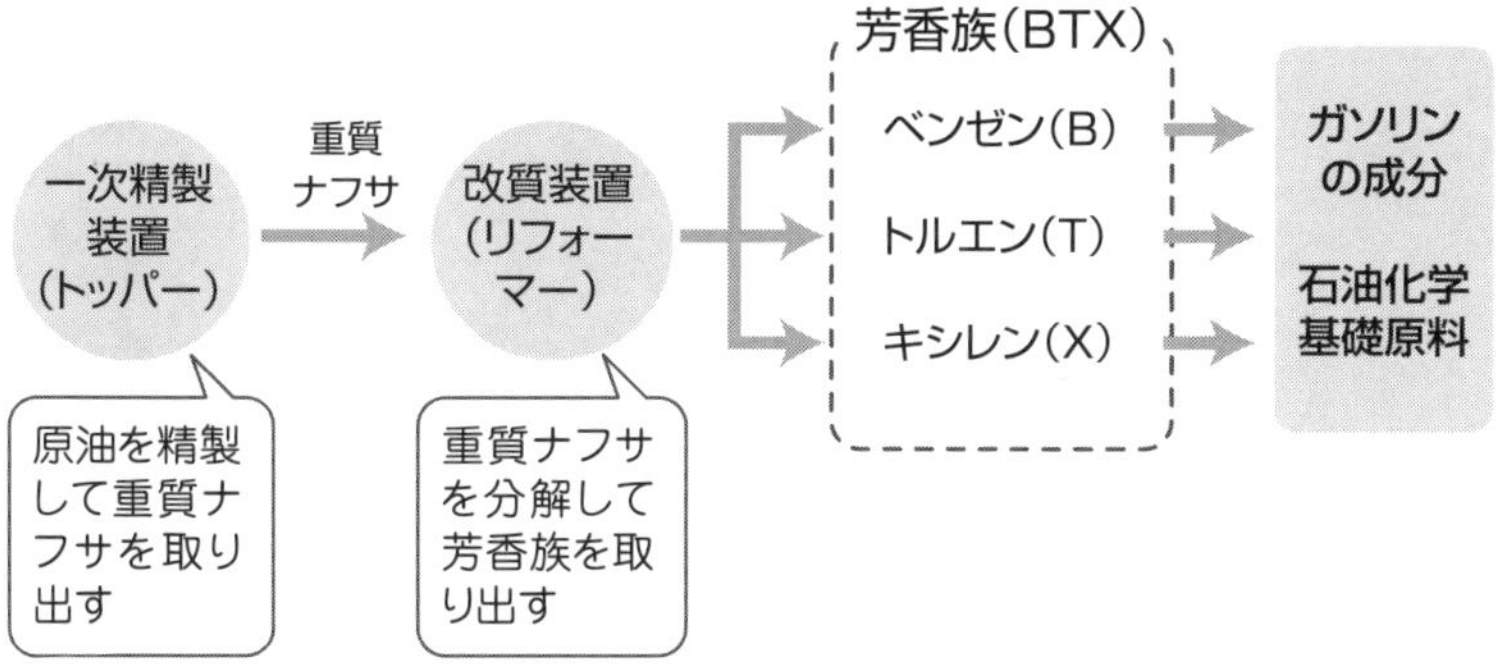


### 〔流動接触分解(FCC)〕

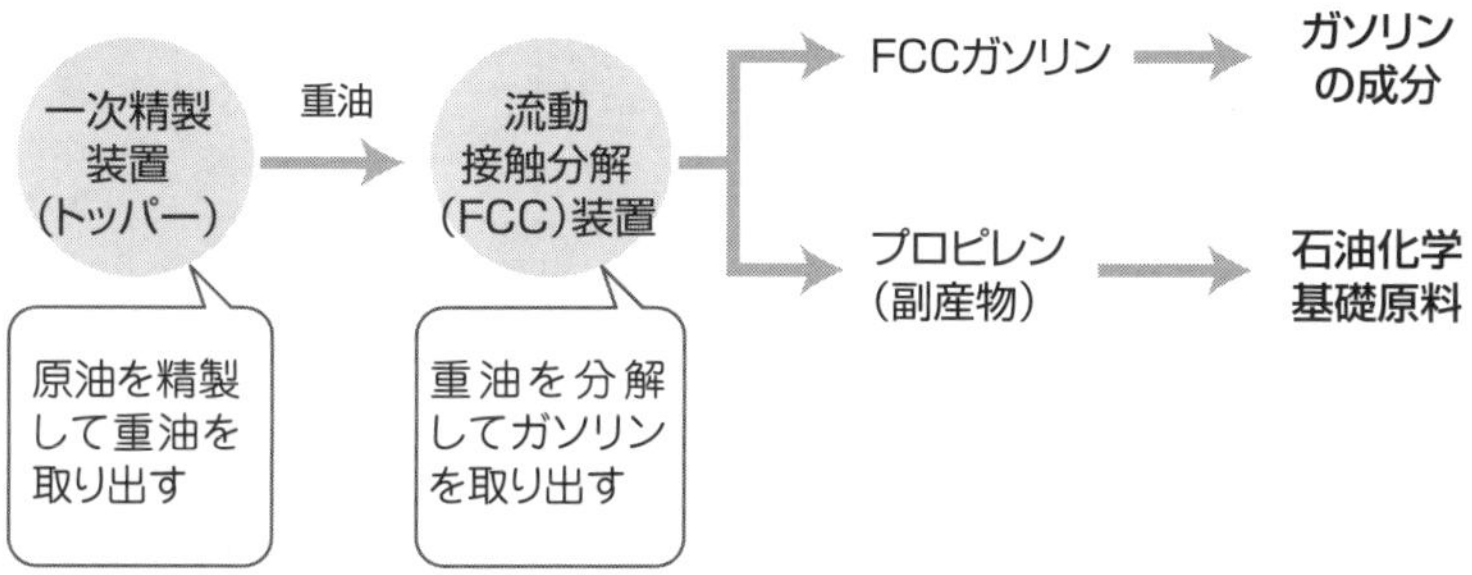


石油精製の過程からも石油化学基礎原料がとれ、
重要な原料供給源になっている

6

# 石油化学中間原料のつくり方と用途

## 基礎原料は中間原料に姿を変える

### ❖エチレン誘導品

エチレン、プロピレン、ベンゼンなどの「基礎原料」（モノマー→P200）は、直接プラスチックの原料になるほか、いったん「中間原料」と呼ばれる製品に姿を変えてから、プラスチック、合成繊維、合成ゴムなどの様々な製品になります。

Aという原料からBという製品ができるとき、BはAの「誘導品」と呼びます。この節では、基礎原料ごとに誘導される様々な誘導品のうち、中間原料の製造方法と用途について説明します。

**①エチレンオキサイド（酸化エチレン）**

エチレンを酸素と触媒反応させてつくる方法が主流です。主に、ポリエステル原料であるエチレングリコール、界面活性剤、有機合成顔料、エタノールアミンの原料になります。

**②エチレングリコール**

エチレンオキサイドを水と水和反応させるエチレンオキサイド法でつくるのが主流です。

中心製品はモノエチレングリコールで、ポリエステルや寒冷地の冷却水に使われる不凍液の原料になります。

高純度テレフタル酸やテレフタル酸ジメチルと重合反応させると、PETチップができます。PETチップはポリエステル繊維、PETフィルム、PETボトルの原料になります。

**③塩化ビニルモノマー**

まず、エチレンと塩素（工業塩を電気分解して得る）を反応させて中間体である二塩化エチレンとし、これから塩化水素を分解して塩化ビニルモノマーにします。このとき副生する塩酸は、オキシクロリネ

## 石油化学原料から製品への流れ

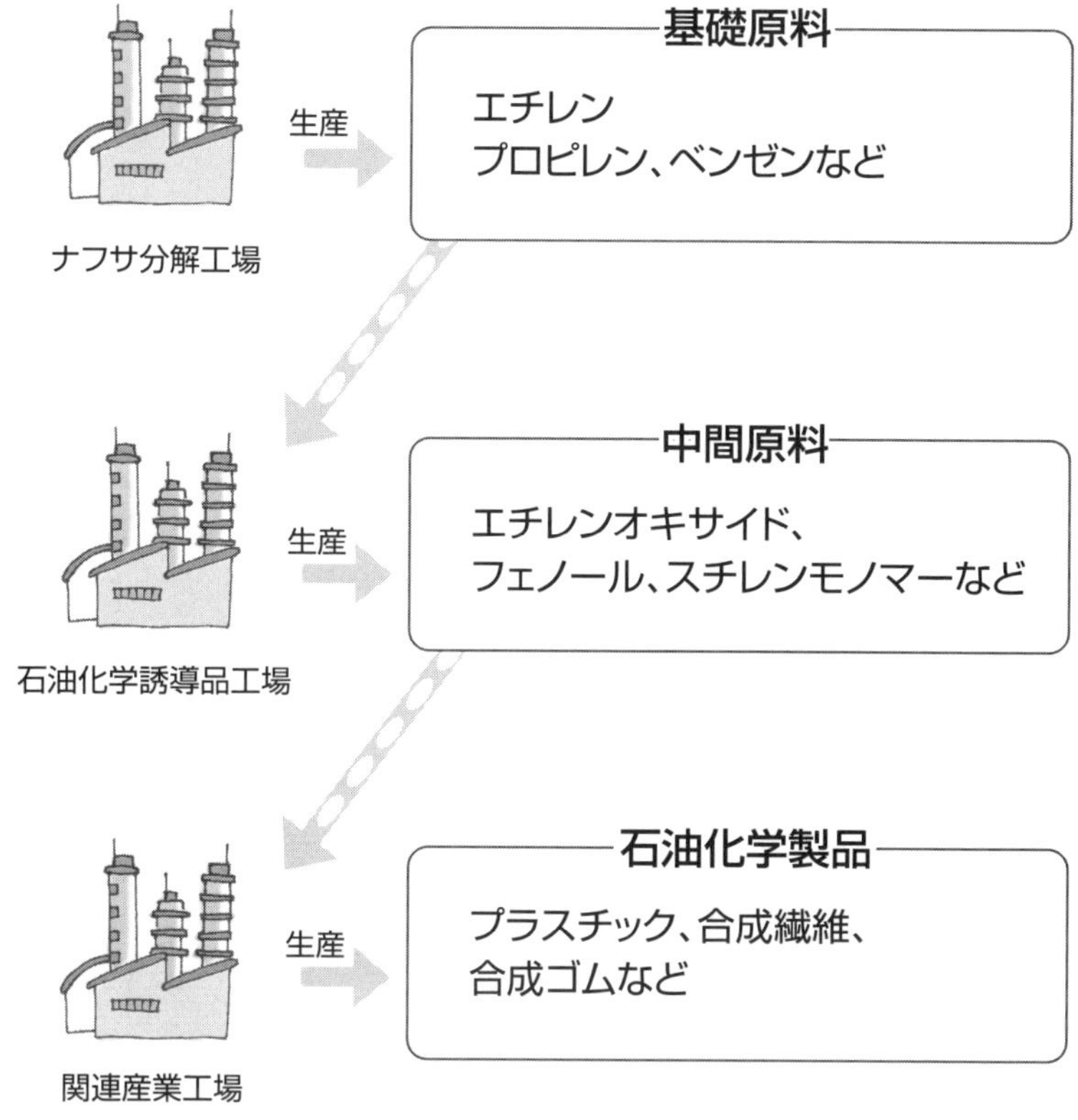
基礎原料
エチレン
プロピレン、ベンゼンなど
生産
ナフサ分解工場
中間原料
エチレンオキサイド、
フェノール、スチレンモノマーなど
生産
石油化学誘導品工場
石油化学製品
プラスチック、合成繊維、
合成ゴムなど
生産
関連産業工場

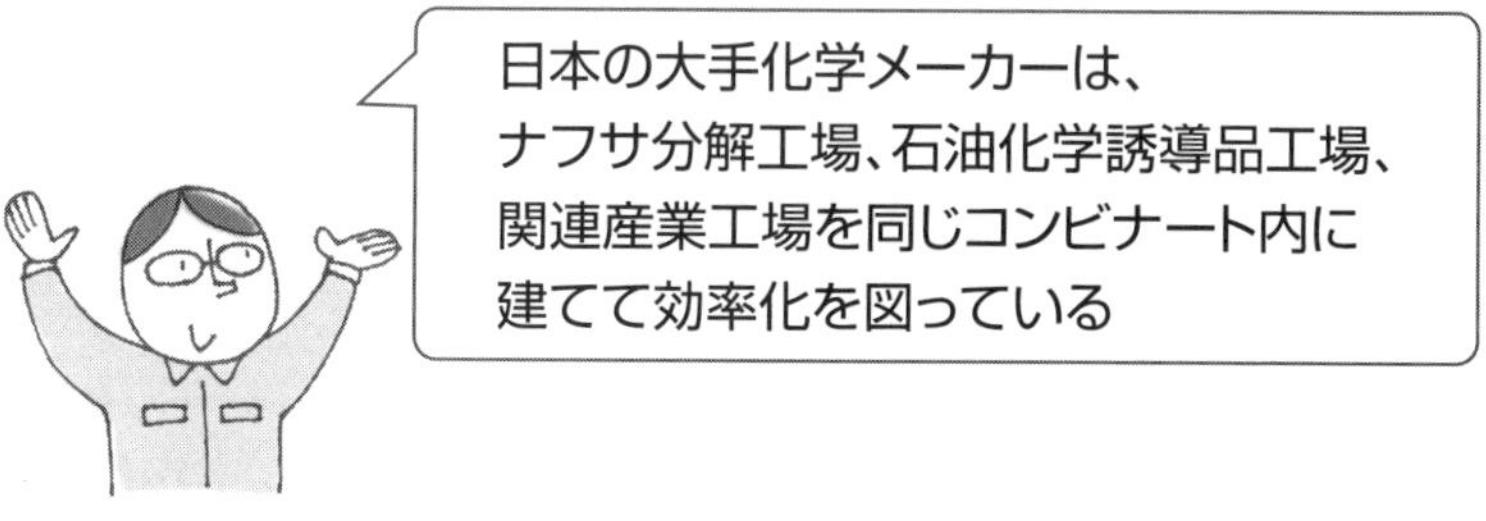
日本の大手化学メーカーは、
ナフサ分解工場、石油化学誘導品工場、
関連産業工場を同じコンビナート内に
建てて効率化を図っている

ーション法と呼ばれる工程でエチレン、酸素と反応させ、再び二塩化エチレンとし、ここから再び塩化ビニルモノマーを生産します。

用途は、塩化ビニル樹脂、家庭用ラップになる塩化ビニリデン樹脂の原料です。

## ✤プロピレン誘導品

①アクリロニトリル

プロピレンにアンモニアと酸素を反応させてつくります。この製法では、アクリロニトリルの約10％の量のシアン化水素（青酸）が副産物として発生するため、この青酸とアセトンを原料にメチルメタクリレートモノマー（アクリル樹脂の原料）をセットで生産するケースが多くなっています。

また近年では、イソブテンを酸化してアクリロニトリルとする直酸法（C4法）や、天然ガスのプロパンから生産するプロパン脱水素法などが開発されています。

主な用途はアクリル繊維、ABS樹脂などです。

②プロピレンオキサイド（酸化プロピレン）

大量の水の中にプロピレンと塩素を吹き込むクロルヒドリン法や、エチルベンゼンとプロピレンを原料に、スチレンモノマーとプロピレンオキサイドを併産するライオンデル法などがあります。

プロピレンオキサイドの大半は、ウレタン原料のポリプロピレングリコールにします。

③アクリル酸

プロピレンを酸化してアクロレインとし、さらに酸化してアクリル酸とする二段酸化法が主流です。

塗料や接着剤の原料となるアクリル酸エステルや、紙おむつなどに使われる高吸水性樹脂の原料になります。

## ✤ベンゼン誘導品

①スチレンモノマー

ベンゼンとエチレンをゼオライト触媒などを用いて中間体であるエチルベンゼンとし、これを脱水素して生産する単産法と、エチルベンゼンとプロピレンを反応させて、スチレンモノマーとプロピレンオキサイドを併産するライオンデル法などがあります。

## エチレン・プロピレンの中間原料と用途

| 〔基礎原料〕 | 〔中間原料〕 | 〔製品〕 | 〔用途〕 |
|---|---|---|---|
| エチレン | エチレンオキサイド | ・界面活性剤 | 石けん |
| | ↓ エチレングリコール | ・ポリエステル | ワイシャツ、PETボトル |
| | | ・不凍液 | 自動車のラジエター冷却用 |
| | 塩化ビニルモノマー | ・塩化ビニル樹脂 | 水道管、壁紙 |
| | | ・塩化ビニリデン樹脂 | 食品ラップ |
| | スチレンモノマー | ・ポリスチレン | ブラウン管テレビのボディ、カップ麺の容器 |
| | | ・合成ゴム | タイヤ、ホース |
| プロピレン | アクリロニトリル | ・アクリル繊維 | セーター |
| | | ・アクリロニトリル・ブタジエン・スチレン樹脂 | ゲーム機、薄型テレビのボディ |
| | プロピレンオキサイド | ・ポリプロピレングリコール（ウレタン原料） | マットレスのクッション、スポンジタワシ、断熱材 |
| | アクリル酸 | ・アクリル酸エステル（塗料・接着剤の原料） | 自動車用塗料、瞬間接着剤 |
| | | ・高吸水性樹脂 | 紙おむつ、生理用ナプキン |

ポリスチレン、アクリロニトリル・スチレン樹脂、アクリロニトリル・ブタジエン・スチレン樹脂、不飽和ポリエステル樹脂などの原料になります。

②フェノール

まず、ベンゼンとプロピレンを反応させてキュメンとし、次にキュメンヒドロキシオキシドという工程を経てフェノールとアセトンを併産するキュメン法が主流です。

ポリカーボネート樹脂の原料であるビスフェノールAと、熱硬化性樹脂であるフェノール樹脂の原料になります。

③カプロラクタム

ベンゼンを水素添加してシクロヘキサンとし、これを酸化してカプロラクタムにします。ナイロン6繊維やナイロン6樹脂の原料となります。

## トルエン誘導品

トルエンは、化学用としては主に塗料の溶剤としてそのまま使用され、誘導品としてはウレタン原料のトルエンジイソシアネートがあります。

## キシレン誘導品

①パラキシレン

キシレンは通常、オルソキシレン、メタキシレン、パラキシレン、エチルベンゼンの4つの異性体（分子式は同じだがそれぞれ構造が異なる化合物）の混合物（混合キシレン）です。

オルソキシレン、メタキシレンを異性化（化合物をある異性体に変えること）と呼ばれる製法でパラキシレンに転換し、大量のパラキシレンを生産します。パラキシレンはほぼ全量が高純度テレフタル酸に誘導されます。

②高純度テレフタル酸

パラキシレンを酢酸溶媒中で空気酸化して得る方法でつくるのが主流です。

高純度テレフタル酸をエチレングリコールと反応させると、ポリエチレンテレフタレートとなります。ポリエチレンテレフタレートの繊維やフィルムをポリエステルと呼び、ボトルにする場合はＰＥＴボトルと呼びます。

## ベンゼン・トルエン・キシレンの中間原料と用途

| 〔基礎原料〕 | 〔中間原料〕 | 〔製品〕 | 〔用途〕 |
|---|---|---|---|
| ベンゼン | スチレンモノマー | ・ポリスチレン | ブラウン管テレビのボディ、カップ麺の容器 |
| | | ・アクリロニトリル・スチレン樹脂 | 使い捨てライターのボディ |
| | | ・アクリロニトリル・ブタジエン・スチレン樹脂 | ゲーム機、薄型テレビのボディ |
| | | ・不飽和ポリエステル樹脂 | バスタブ、小型ボートのボディ |
| | フェノール | ・ポリカーボネート樹脂 | DVD、CD、自動車のヘッドランプカバー |
| | | ・フェノール樹脂 | プリント配線基坂 |
| | カプロラクタム | ・ナイロン6繊維 | 水着、スポーツウェア |
| | | ・ナイロン6樹脂 | 自動車の吸気パイプ、菓子袋 |
| トルエン | | ・シンナー | 塗料 |
| | トルエンジイソシアネート | ・ウレタン | マットレスのクッション、スポンジタワシ、断熱材 |
| キシレン | 高純度テレフタル酸 | ・ポリエステル | ワイシャツ、PETボトル |
| | | ・シンナー | 塗料 |

# 7 プラスチックのつくり方と用途

## 基礎原料や中間原料を重合反応させて生産する

### ❖モノマーを重合してポリマーをつくる

プラスチックは、基本的に1つの「分子体」（単量体＝モノマー）である基礎原料や中間原料を、圧力、熱、触媒などを利用して鎖状に多数をつなぎ合わせる「重合」という方法で生産します。重合でできた大きな化合物を「重合体」（ポリマー）と呼び、プラスチックはポリマーになります。

プラスチックの分子の数（分子量）は、一般的に数千～数十万あります。ポリマーは、スパゲッティのように絡み合うことでプラスチック製品や繊維としての形状を維持しています。

プラスチックは、熱するとドロドロに溶け（流動性が高まり）、冷やすと固まる「熱可塑性樹脂」と、常温では液体で、熱すると固まる「熱硬化性樹脂」に大きく分けられます。ここでは、一般的に広く用いられる熱可塑性樹脂のうち、需要量の大きい5大汎用樹脂を取り上げます。

### ❖2種類あるポリエチレン

エチレンを重合して生産するポリエチレンは、密度が0・94未満の「低密度ポリエチレン」と、0・94以上の「高密度ポリエチレン」に大きく分かれます。

**①低密度ポリエチレン**

柔軟性があり、包装用の各種フィルム製品（ポリ袋向けなど）が主力用途です。高温高圧下で生産する「高圧法低密度ポリエチレン」（LDPE）と、触媒を利用して低圧下で生産する「直鎖状低密度ポリエチレン」（LLDPE）があります。

LDPEの密度が低いのは、ポリマーが細かく枝分かれした構造をもつためです。枝の多い木を束ねるのが難しいのと同じで、細かく分かれた枝がお互

## プラスチックのつくり方

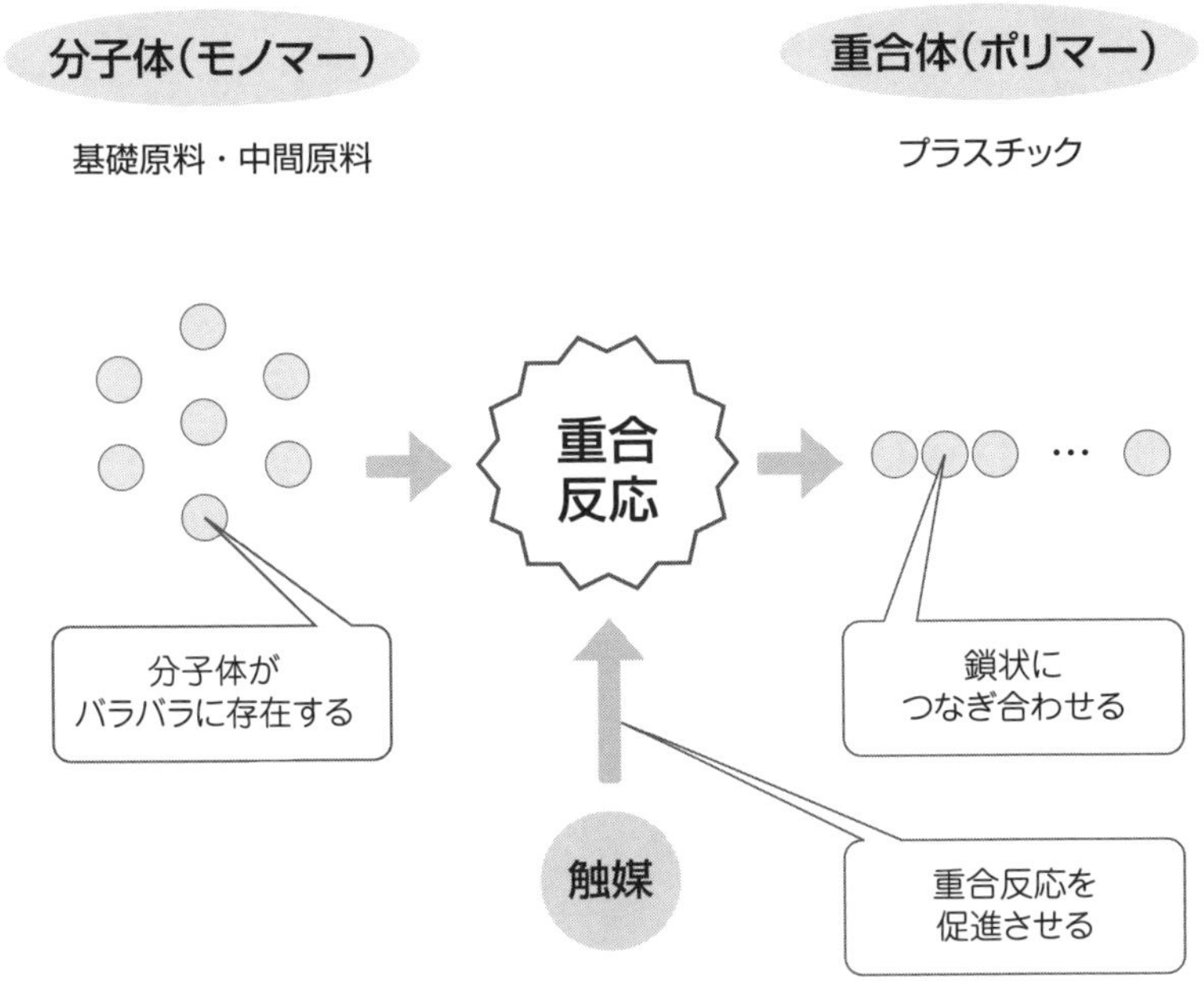
分子体(モノマー)
基礎原料・中間原料
重合体(ポリマー)
プラスチック
重合反応
分子体が
バラバラに存在する
鎖状に
つなぎ合わせる
触媒
重合反応を
促進させる

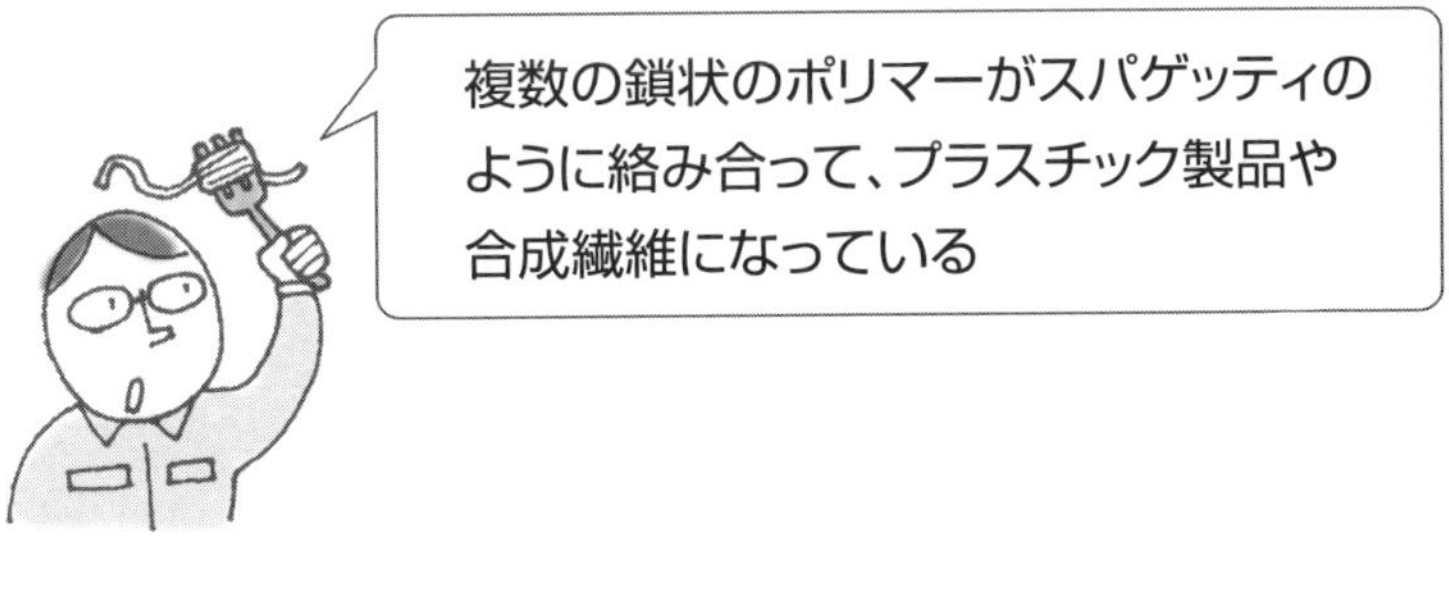
複数の鎖状のポリマーがスパゲッティのように絡み合って、プラスチック製品や合成繊維になっている

いに邪魔して、まとまっても小さく圧縮されずに密度が低くなるのです。

LLDPEは、LDPEの設備建設費や運転コストを削減するために開発されたポリエチレンで、高密度ポリエチレンの鎖（主鎖）に主モノマーとは別のモノマー（コモノマー）であるブテン、ヘキセンなどを原料とするポリマーの枝（側鎖）を取り付ける（二元化重合体とする）ことで低密度化しています。LLDPEの製造方法には溶液法と気相法があります。

また、LDPEと酢酸ビニルの二元化重合体（コポリマー）であるエチレン酢酸ビニル樹脂（EVA）も低密度ポリエチレンの一種です。

### ②高密度ポリエチレン

高密度ポリエチレンは、チーグラー触媒など触媒を利用し、中・低圧下で生産するポリエチレンです。LDPEに比べて硬い（剛性が高い）のが特徴で、シャンプーのボトル、ビールのコンテナ、自動車の樹脂製ガソリンタンクなどの用途があります。

包装材ではスーパーやコンビニなどで使用するレジ袋が代表的で、LDPE製の包装材に比べてコシが強いという特徴があります。

製造設備には、高密度ポリエチレンだけを生産する工程と、高密度ポリエチレンとLLDPEを併産する工程の2種類があります。

## ✤ポリプロピレンの需要は一番大きい

ポリプロピレンは基本的に、純度が99.5%以上の精製プロピレンを触媒を利用して重合します。プロピレン分子が立体的に規則正しく並んだ構造をもつので、プラスチックの中でももっとも比重が軽く（0.90）、しかも強度・剛性に優れます。このことから、繊維、フィルム、発泡製品、雑貨、工業部品など幅広い用途があり、単独のプラスチックとして世界最大の需要量があります。

工業部品向けでは、さまざまな添加剤、強化材などを混ぜることで物理的性質を改良できることから市場を拡大させてきました。

プロピレンだけを重合した「ホモポリマー」と、

## ポリエチレンの３つの構造

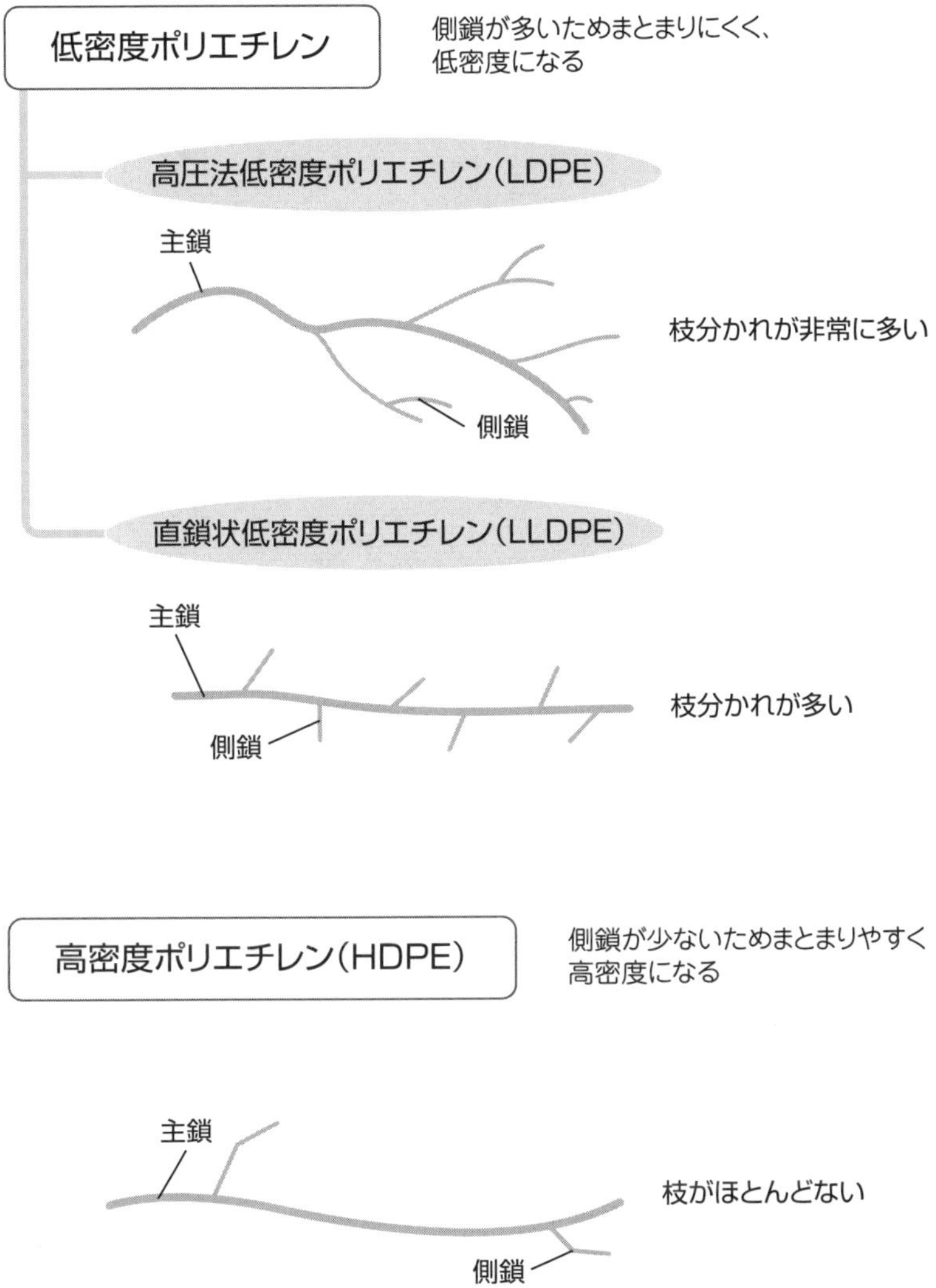
低密度ポリエチレン
側鎖が多いためまとまりにくく、
低密度になる
高圧法低密度ポリエチレン(LDPE)
主鎖
側鎖
枝分かれが非常に多い
直鎖状低密度ポリエチレン(LLDPE)
主鎖
側鎖
枝分かれが多い
高密度ポリエチレン(HDPE)
側鎖が少ないためまとまりやすく
高密度になる
主鎖
側鎖
枝がほとんどない

エチレンを5～10％程度共重合（2種類以上のモノマーを用いた重合）させた「コポリマー」があり、用途によって使い分けます。

コポリマーには、プロピレンとポリエチレンの分子の並びが規則的な「ブロックコポリマー」と、並びが不規則な「ランダムコポリマー」があります。

自動車部品など工業用に多く使われる「ブロックコポリマー」は、ゴム成分を混ぜて耐衝撃強度を大幅に改善しています。

## 塩化ビニル樹脂は成形しやすい

塩化ビニル樹脂は、塩化ビニルモノマーを重合したもので、可塑剤(柔軟性や耐候性を改良する薬剤)、安定剤などの各種添加剤を混ぜて成形します。可塑剤の含有比率が10％以下の「硬質塩化ビニル樹脂」と、10％以上の「軟質塩化ビニル樹脂」に分けられます。成形がしやすく、電気絶縁性があるなどの優れた特性があり、広い用途で使われます。

硬質塩化ビニル樹脂は上下水道用のパイプ、雨どい、波板、窓枠などの建材向けが主力用途で、軟質塩化ビニル樹脂はフィルム、電線被覆、合成皮革、壁紙、レインコート、雨靴、サンダルなど多種多様な用途があります。

## ポリスチレンとその改良型

ポリスチレンは、スチレンモノマーを重合して生産します。電気絶縁性、透明性、耐薬品性、高い寸法精度などの特徴があります。

主な用途は食品包装用、発泡ポリスチレン（発泡スチロール）、工業部品向けなどです。ただ、衝撃強度が弱いため、工業部品向けなどにはポリブタジエンなどのゴム成分を添加した「耐衝撃性ポリスチレン」(ハイインパクトポリスチレン)が使われます。これに対し、ゴム成分を混ぜていないものを「一般用ポリスチレン」と呼びます。

スチレンモノマーとアクリロニトリルを共重合した「アクリロニトリル・スチレン樹脂」と、スチレンモノマー、アクリロニトリル、ブタジエンを共重合した「アクリロニトリル・ブタジエン・スチレン樹脂」は、ポリスチレンの改良型樹脂です。

# ポリプロピレンの３つの構造

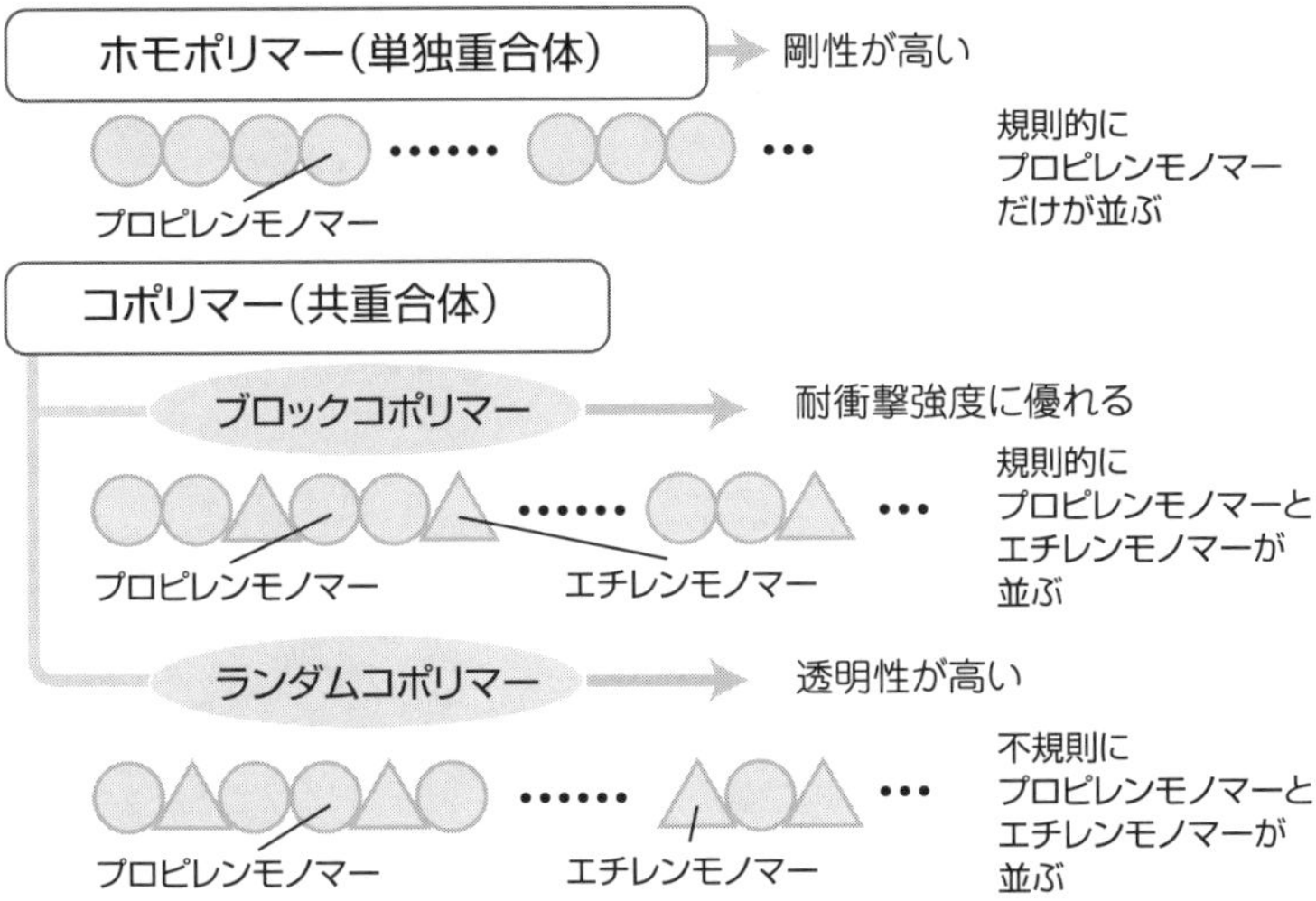




ポリスチレン、アクリロニトリル・スチレン樹脂、アクリロニトリル・ブタジエン・スチレン樹脂の3製品を合わせて「スチレン系樹脂」と呼びます。

## ✤高機能のエンジニアリング・プラスチック

汎用樹脂に比べて耐熱性や強度が高い機能性樹脂（高性能プラスチック）で、「エンプラ」という略称が定着しています。工業部品を中心に、汎用樹脂では難しい金属代替用として使われています。

主な種類は、ポリアミド（ナイロン）、ポリエチレンテレフタレート、ポリブチレン・テレフタレート、ポリアセタール、ポリカーボネート、変性ポリフェニレンエーテル、があります。ガラス繊維などのファイバーを混ぜて強度を高めた繊維強化グレードが、広く工業部品向けに使われています。

これらよりも耐熱性や強度の高い樹脂をスーパー・エンジニアリング・プラスチックと呼びます。主なものに、ポリイミド、ポリサルフォン、ポリエーテルサルフォン、液晶ポリマーなどがあります。

8

# 多種多様な合成繊維・合成ゴム

天然物の代替として機能に応じて使い分けている

## 3大合成繊維とは？

繊維は、綿（木綿）や羊毛などの「天然繊維」と、化学的な工程を経て製造される「化学繊維」に大きく分けられます。

化学繊維には、プラスチックと同じ石油化学製品である「合成繊維」、天然物を原料とする「再生繊維」（レーヨンなど）、天然物に化学品を加えてつくる「半合成繊維」（アセテートなど）、無機物からつくる「無機繊維」（炭素繊維など）があります。

合成繊維のうち、ポリエステル繊維、ナイロン（ポリアミド系）繊維、アクリル繊維を「3大合成繊維」（3大合繊）と呼びます。現在では、需要量でポリエステル繊維が他の繊維を圧倒しています。

3大合繊を実用化したのは米国デュポン社で、工業生産の開始はナイロン66繊維が40年、アクリル繊維が43年、ポリエステル繊維が53年です。

合成繊維は当初、「クモの糸よりも細く、鋼鉄よりも強い」というキャッチフレーズで登場しました。そして、天然繊維との混紡技術や染色技術など、様々な技術的改良によって需要を拡大させました。

合成繊維の形状には長繊維（フィラメント）とワタ状の短繊維（ステープル）があり、用途によってつくり分けます。3大合繊の紡糸工程は、溶融紡糸法が一般的で、熱でドロドロになった原料をシャワーのような口金から繊維状に押し出して、空気で冷やしてから巻き取ります。

## ポリエステル繊維はもっとも需要が多い

ポリエステル繊維は、世界で2500万トン以上の需要をもつ合成繊維の王様です。ブラウス、ワイシャツからスーツなどの各種衣類、カーテン、カー

## 世界の合成繊維生産量と生産国

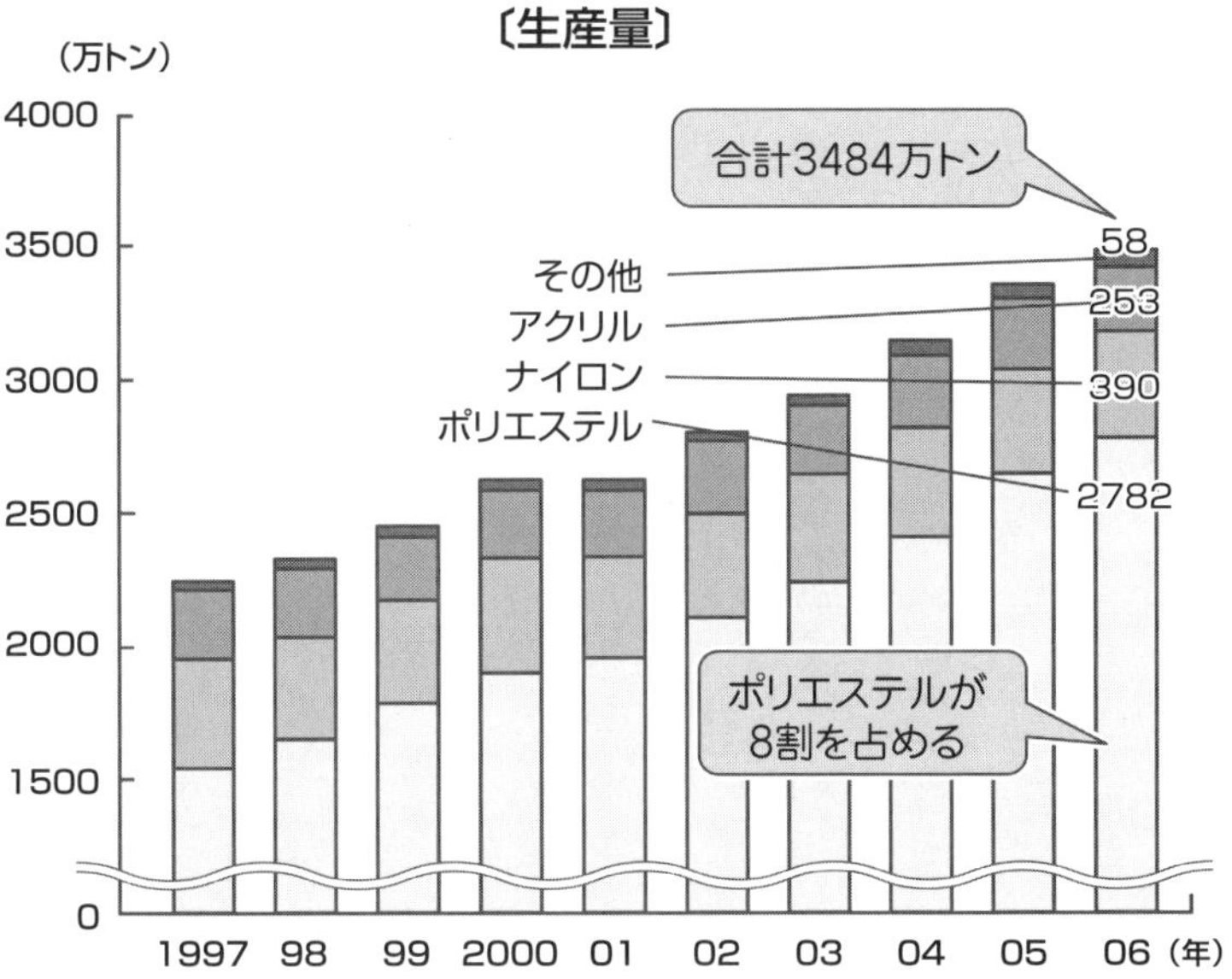


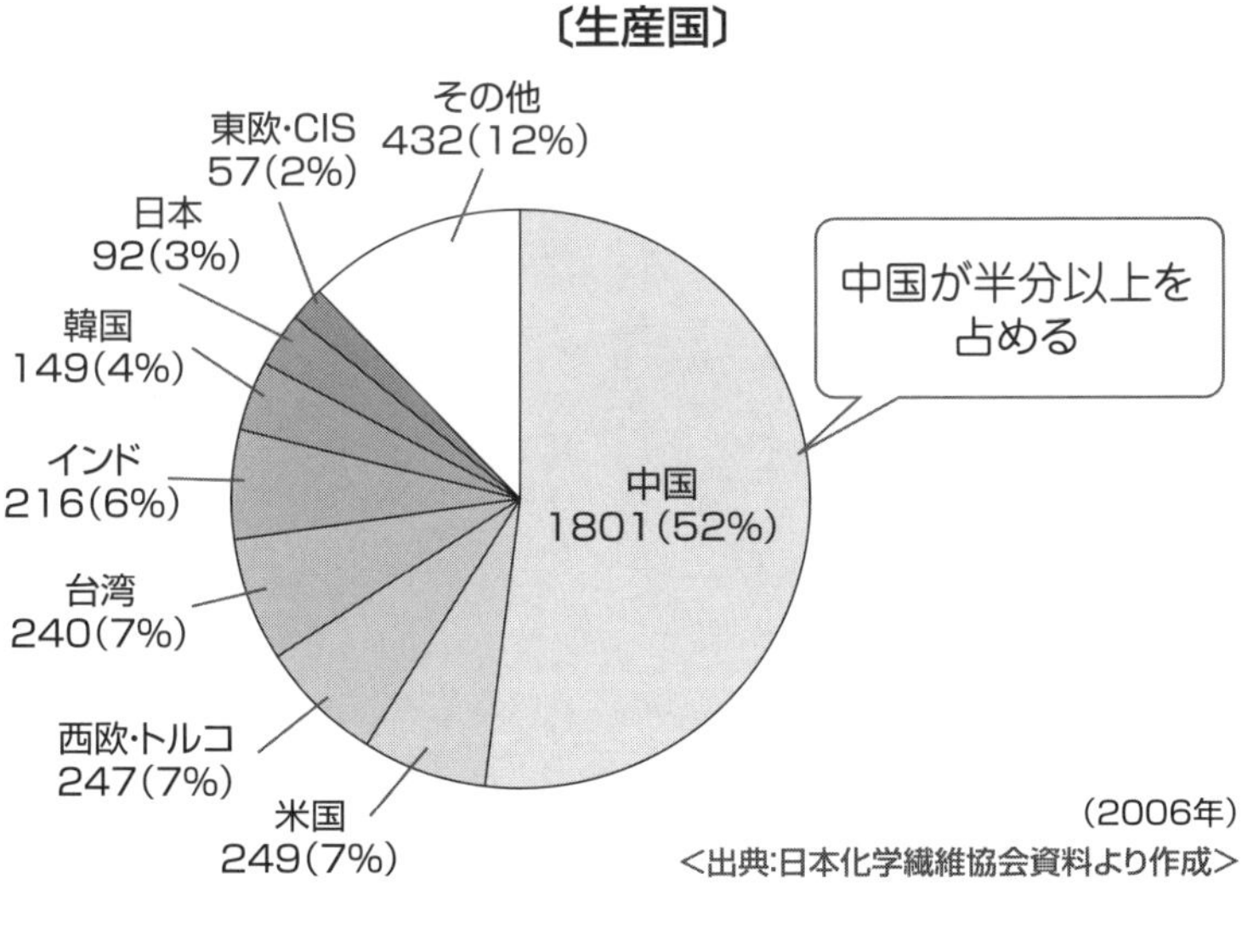


<出典:日本化学繊維協会資料より作成>

ペットなどのインテリア、自動車シートの表皮やタイヤコード（タイヤ補強に使うコード）などの工業製品まで幅広い用途があります。

ポリエステルは本来、「酸」と「エステル」を重合（エステル反応）して製造する製品の総称ですが、一般的には、高純度テレフタル酸とエチレングリコールを原料とするポリエチレンテレフタレートのことです。

高純度テレフタル酸とエチレングリコールを重合反応させると、ポリエステルチップとよばれる状態となり、これを溶融して紡糸すればポリエステル繊維となります。

### ナイロン繊維は工業用にも使われる

ナイロンは本来、デュポン社の登録商標ですが、ポリアミド系の高分子化合物を総称してナイロンと呼ぶのが一般的です。ポリアミド系の高分子化合物にはカプロラクタムを原料とするナイロン6、アジピン酸とヘキサメチレンジアミンを原料とするナイロン66が代表的ですが、ほかにナイロン46、ナイロンMXD6などがあります。

ナイロン66は、デュポン社が35年に合成に成功した世界初の合成繊維で、ナイロン6はドイツのIG（イーゲー）社が43年に工業化に成功しました。

衣料用はほとんどがナイロン6かナイロン66で、主な用途はストッキングやスポーツウェア、水着などです。工業用としては、カーペットや自動車のタイヤコードなどがありますが、近年ではコストの安いポリエステル繊維への代替が進んでいます。

### アクリル繊維は保温性が高い

アクリロニトリルを原料とするアクリル繊維は、羊毛に似たやわらかい繊維で、短繊維にすると保温性が高まるのが最大の特徴です。このため、毛布、セーターの用途が多く、気温の高い国にはあまり需要がありません。

### 合成ゴムの用途は自動車向けが多い

「合成ゴム」は、ゴムの樹から産出する天然ゴムの代替品として開発されました。自動車需要の拡大でタイヤなどに使う天然ゴムが不足すると、天然ゴム

## ポリエステル・ナイロン繊維のつくり方

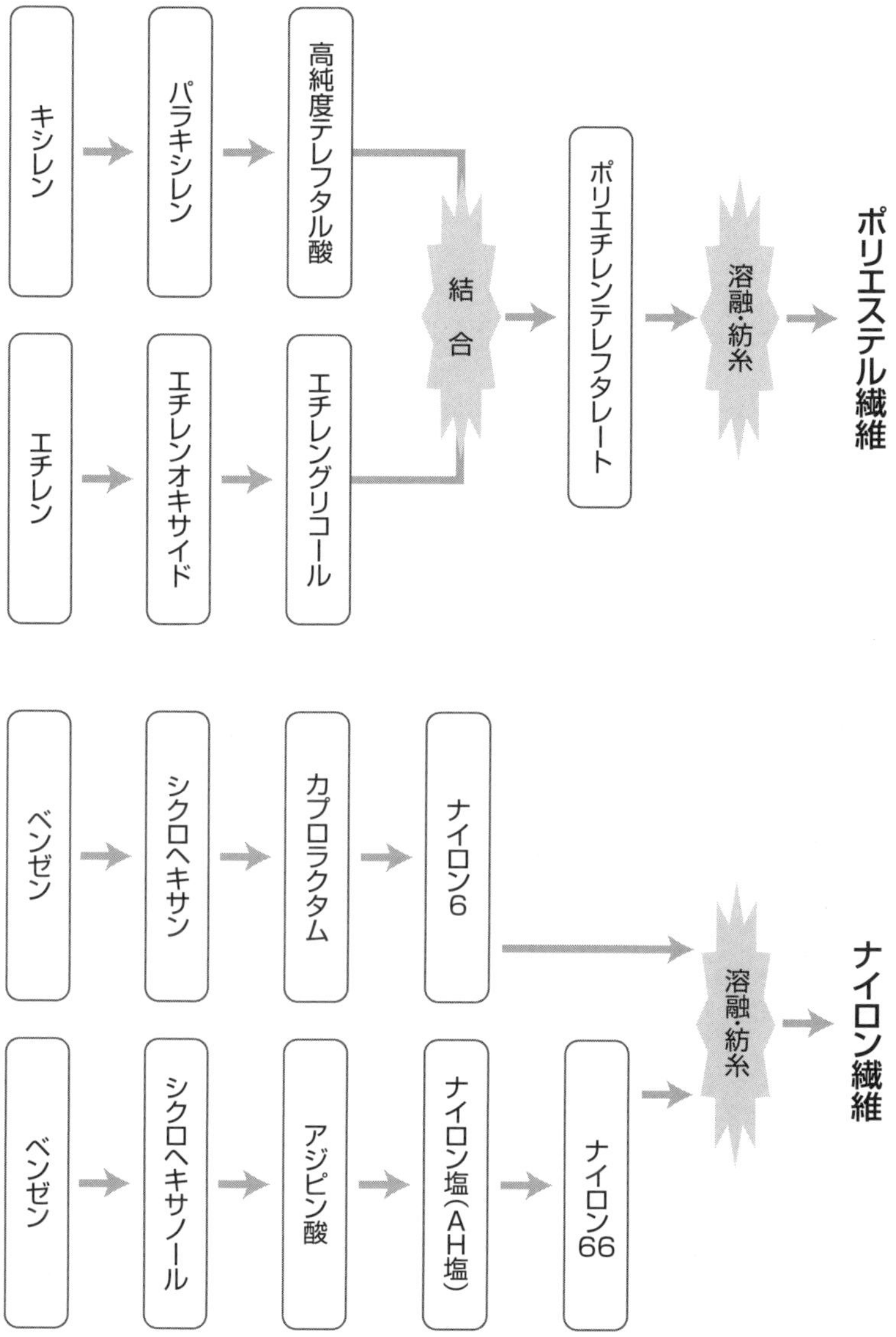

の産地を植民地にもたないドイツや米国で天然ゴムの研究が熱心に進められました。

「加硫」（生ゴムに硫黄を混ぜて強度を高める方法）の仕組みが解明され、各種添加剤を使った合成ゴムの改良が進みました。

合成ゴムには固形品（ソリッド）と液状品（ラテックス）があります。固形品の用途は、自動車などの輸送機器のタイヤとチューブ向けが圧倒的で、ほかに工業用ベルト、ホース、電線被覆、各種パッキン、防水材などがあります。液状品の用途は、大部分が紙や繊維の改質やプラスチック添加剤などです。

また、合成ゴムは汎用ゴムと特殊ゴムに分かれます。汎用ゴムにはスチレンブタジエンゴム、ポリブタジエンゴム、ポリイソプレンゴムなど、特殊ゴムにはニトリルゴム、ブチルゴム、エチレンプロピレンゴムなどがあります。

## ✤熱可塑性エラストマーはリサイクルできる

タイヤなどのゴム製品は、天然ゴムと合成ゴムの両方を原料としています。ゴム製品は、生ゴム（天然ゴムと合成ゴム両方）に老化防止剤、安定剤など様々な添加剤を混ぜて品質を高め、さらにカーボンブラックや硫黄などの加硫剤を添加した上で、加熱しながら成形します。

加硫とは、ゴムの分子の鎖を三次元に結合（架橋）し、幅広い温度範囲内で弾性が保てる丈夫なゴム製品にすることです。

その一方で、いったん加硫したゴム製品はもはや加熱しても可塑化（溶解化）せず、リサイクルが難しいという欠点があります。このため、近年ではゴムの性質をもちながら、加硫を行わないためリサイクルが可能な「熱可塑性エラストマー」の需要が拡大しています。

熱可塑性エラストマーには、オレフィン系エラストマー、スチレン系エラストマー、塩化ビニル樹脂系エラストラマー、ウレタン系エラストマーなどがあります。

一般的に、合成ゴムと熱可塑性エラストマーを合わせて「エラストマー」と呼んでいます。

## 主な合成ゴムの性能と用途

| | | 反発弾性 | 引裂強さ | 耐摩耗性 | 耐老化性 | 高温限界 | 耐油性 | 主な用途 |
|---|---|---|---|---|---|---|---|---|
| 汎用ゴム | 天然ゴム | 良 | 優 | 優 | 普通 | 120℃ | 不可 | タイヤ、チューブ、輪ゴム、靴底 |
| | イソプレンゴム | 良 | 普通 | 良 | 普通 | 120℃ | 不可 | タイヤ、チューブ |
| | スチレンブタジエンゴム | 普通 | 可 | 優 | 普通 | 120℃ | 不可 | タイヤ、チューブ、ベルト |
| | ブタジエンゴム | 優 | 普通 | 優 | 普通 | 120℃ | 不可 | タイヤ、チューブ、ベルト |
| 特殊ゴム | クロロプレンゴム | 普通 | 普通 | 良 | 優 | 130℃ | 普通 | エスカレーターの手すり、耐油性ホース、接着剤、ウェットスーツ |
| | ブチルゴム | 可 | 普通 | 普通 | 良 | 150℃ | 不可 | タイヤ、チューブ |
| | エチレンプロピレンゴム | 普通 | 可 | 普通 | 優 | 150℃ | 不可 | 自動車ウィンドウ・工作機械用のパッキン |
| | アクリロニトリルブタジエンゴム | 可 | 可 | 普通 | 普通 | 130℃ | 優 | 耐油性ホース（自動車エンジン・燃料回り） |

用途に応じて使い分けている

# 9 コスト構造と国際競争力はどうなっているのか

日本はアジア・中東諸国と熾烈な競争をしている

### ❖日本企業は国際競争の波にさらされてきた

日本の石油化学工業の歴史の中で、国際競争力が最初に問題になったのは70年代の2度の石油ショックの時代です。

当時、原油高騰で石油化学工業の原料コストが上昇しました。日本の石油化学工業は原料のおもとなる原油を輸入に頼っていたので、原油や天然ガスを産出して石油化学原料を自国で調達できる「原料立地型」の米国などにコスト面で対抗できず、競争力を失いました。その結果、輸入品が急増して、石油化学産業の生産活動が圧迫される事態になりました。

さらに、石油ショックが原因となって、石油化学産業の官製リストラが行われました。しかし80年代後半以降になると、日本はバブル経済に突入し、生

**70年代**
石油ショック
マイナス→ 原料コストが上昇したため、日本企業の生産活動が圧迫される

**80年代**
バブル経済・景気拡大
プラス→ 需要増加で日本企業の生産活動が活発化

**90年代初頭**
韓国で石油化学コンビナート完成
マイナス→ 日本企業の輸出競争力に悪影響

## 日本の石油化学産業を取り巻く環境

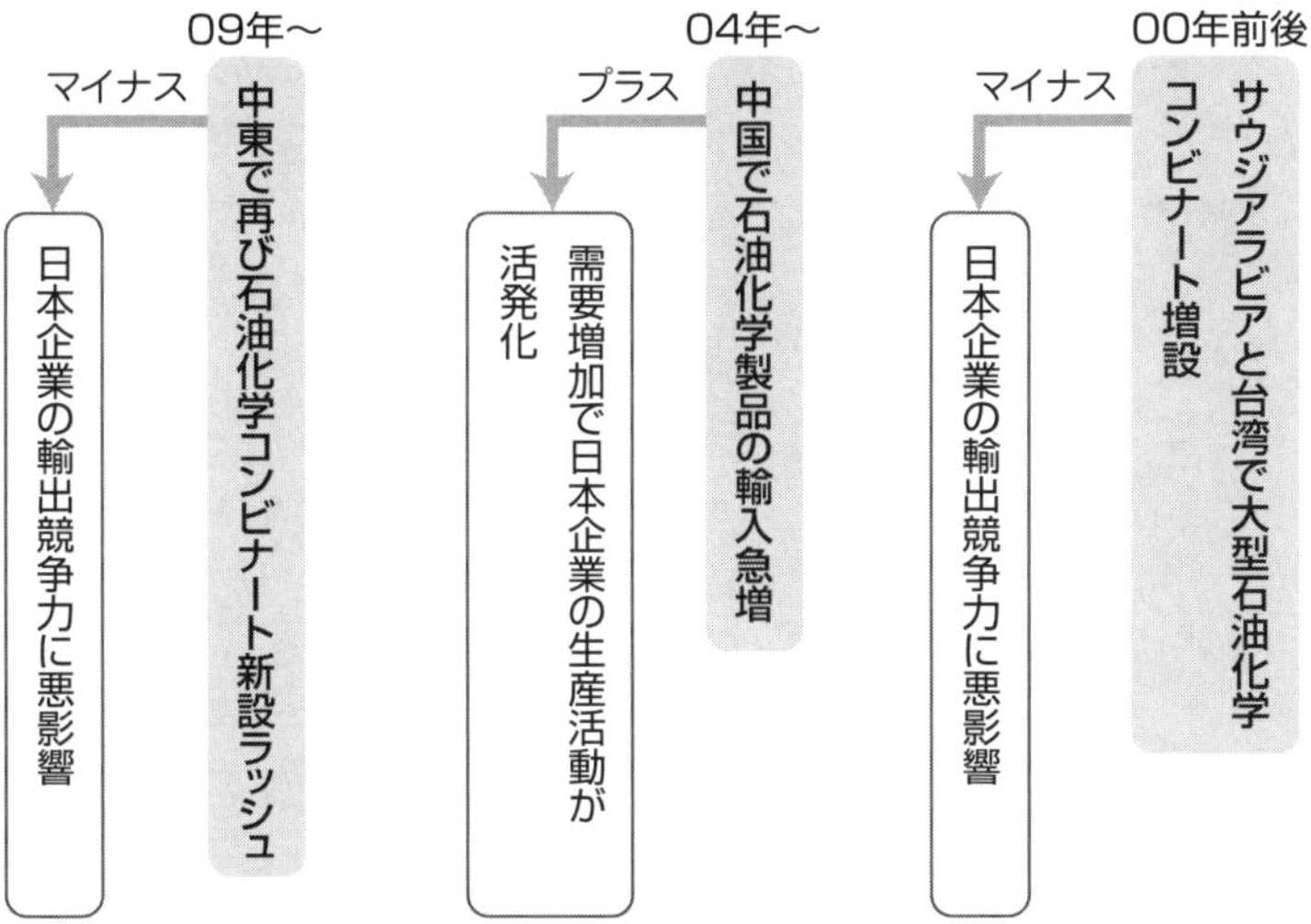
00年前後
サウジアラビアと台湾で大型石油化学コンビナート増設
マイナス
日本企業の輸出競争力に悪影響
04年～
中国で石油化学製品の輸入急増
プラス
需要増加で日本企業の生産活動が活発化
09年～
中東で再び石油化学コンビナート新設ラッシュ
マイナス
日本企業の輸出競争力に悪影響

産活動は再び活発化しました。

　韓国で有力財閥が相次いで石油化学コンビナートを完成させた90年代初頭と、サウジアラビアと台湾で大型石油化学コンビナートの新増設が重なった00年前後にも、輸出品の競争力が問題になりました。

　しかし04年以降になると、高い経済成長を続ける中国で石油化学製品の輸入が急増し、輸出競争力の問題は沈静化しました。

　09年以降、中東で再び石油化学コンビナートの新設ラッシュが始まります。08年から続く世界経済の低迷と合わせて、日本の石油化学産業の国際競争力が問題になっています。

### ❖ 生産規模が大きいほど製造コストは低くなる

　石油化学製品の製造コストには、原料コスト、エネルギーコストなどの「変動費」と、減価償却費、金利、人件費などの「固定費」があります。

　一般に、ナフサを出発原料（最初の原料）とする石油化学コンビナートの場合、生産量の多い汎用製品は原料コストが6～7割を占め、競争力を決定する最大の要因になります。

また、典型的な装置産業なので、1つの製品あたりの生産量が多いほど、固定費が下がって競争力が高くなります。

燃料代、電気代、工業用水代などのエネルギーコストについて、例えば、年産100万トンのプラントは、年産50万トンのプラントの2倍以下にコストを抑えられ、一般に規模が大きいほど単位あたりの生産コストは低くなります。

つまり、原料供給地に世界最大規模の巨大な石油化学コンビナートを建設してコストを抑えれば、国際競争力のもっとも高い石油化学事業を運営できることになります。実際に、原料地と巨大なコンビナートを構えている中東の石油化学産業は、「世界最強」の称号を得ています。

## ❖日本とアジア諸国間でコスト格差が縮まる

日本と同じく、原料のナフサを輸入している韓国、台湾、シンガポールなどのアジア諸国は、日本と比べて、人件費、不動産価格、物流費、税制などのコスト面で優位に立っています。日本の石油化学産業が抱える高コスト構造や制度上の問題は、国際競争力を奪う要因となってきました。

しかし近年、アジア諸国は経済成長によって様々なコストが上昇し、原料コストも増えています。その結果、日本に対するコストの優位性は低くなっています。現在、ナフサを国際価格で調達する国は、企業の経営力の優劣が、収益力の優劣に大きく影響しています。

## ❖生産品目・生産技術が企業の競争力を左右する

企業の競争力を決定するもう一つの要因は、「生産品目」です。石油化学産業は、1つの原料から多種多様な製品を生産します。

しかし、企業は生い立ちや保有技術の違いによって、生産品目が異なります。また、石油化学製品の販売価格（市況）は、需給バランスによって日々変動しています。

このため、例えば同じプロピレン系製品でも、主にポリプロピレンを販売する企業と、主にアクリロ

## 石油化学企業のコスト構造のモデル

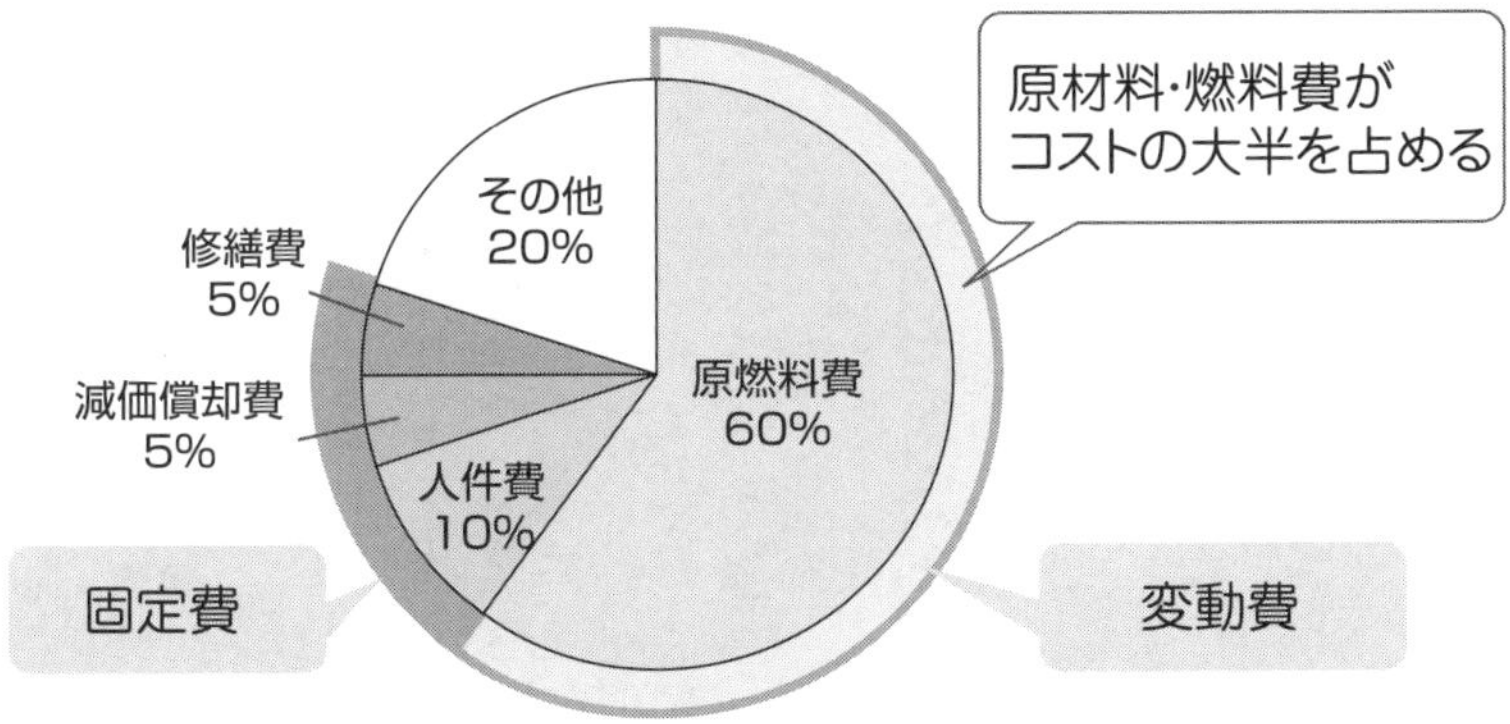


原燃料費が近年高騰しており、石油化学企業は生産規模の拡大で燃料費を抑えようとしている

ニトリルを販売する企業の間では、期間損益（一定期間の損益）には差が出ます。

さらに、製品の加工度の違いによる販売価格の格差も小さくありません。例えば一般に、日本のような先進国の石油化学企業は、新興国と比べて、長年の技術開発の蓄積によって付加価値の高い製品を生産でき、高い単価で販売できます。

このほか、生産効率の違いやプラントの安定操業のための運転技術なども競争力を決定する要因となります。例えば、プラントの規模が同じでも、効率のよい触媒を開発して時間あたりの生産量を大幅に増やし、競争力を高めることができます。

ただし汎用製品の分野では、市場から撤退した欧米企業が、新興国企業に高効率の生産技術のライセンスを与えるケースが増えています。

### 石油化学企業のコスト計算の仕組み

エチレン設備（ナフサ分解設備）は、石油精製と同様に、連産品（ある工程で、同一原料から様々な製品ができること）の仕組みになります。そこで、石油化学企業は一般的に、主産物のエチレンと副産物のエチレン以外に分けて収支計算します。

まず、原料費、燃料費、減価償却費などのコストを合計し、総コスト金額を計算します。次に、すべての副産物の販売価格を計算し、総コストから引きます。最後に、主産物であるエチレンの総販売価格から、引いて残ったコスト金額を除いた金額を利益と考えます。

近年では、需要が増えたプロピレンも主産物と考え、エチレンとプロピレンを戦略的に価格決定する企業が増えています。

## ❖エチレンとプロピレンの価格決定方式

日本のエチレン、プロピレンと、それを原料に生産される製品価格は、一般に、四半期に1度、〈2N±α〉という計算式で決定されます。

Nはナフサ価格で、ナフサの輸入通関統計の実績をベースに自動的に決まります。αはインセンティブ（調整金）で、需給バランスなどを加味して変動させます。

この価格決定方式を「ナフサスライド制」といい、石油化学製品の価格は常に現状のナフサ価格に連動しています。乱高下するナフサの市況をリスクヘッジし、安定した企業経営を行うことができます。

一方で、アジアのエチレンとプロピレン価格は、欧米系の調査会社が毎週発表するスポット（当用買い）価格を指標に変動しています。

日本の価格とアジアのスポット価格は、短期間で比較するとしばしば大きな乖離がみられますが、ある一定の期間で平均してみると大きな差はないといわれています。

また、エチレン、プロピレンの川下製品である中間製品やプラスチックなどについても、国内においてはナフサスライド制の価格決定が一般化しています。川下製品においては、国産ナフサ価格が1klあたり1000円変動するごとに、製品価格で1kgあたり2円の価格改定を行うことが一般的になっています。例えば、ナフサが5000円値上がりすれば、製品価格は10円値上げされます。

## 石油化学企業の利益計算

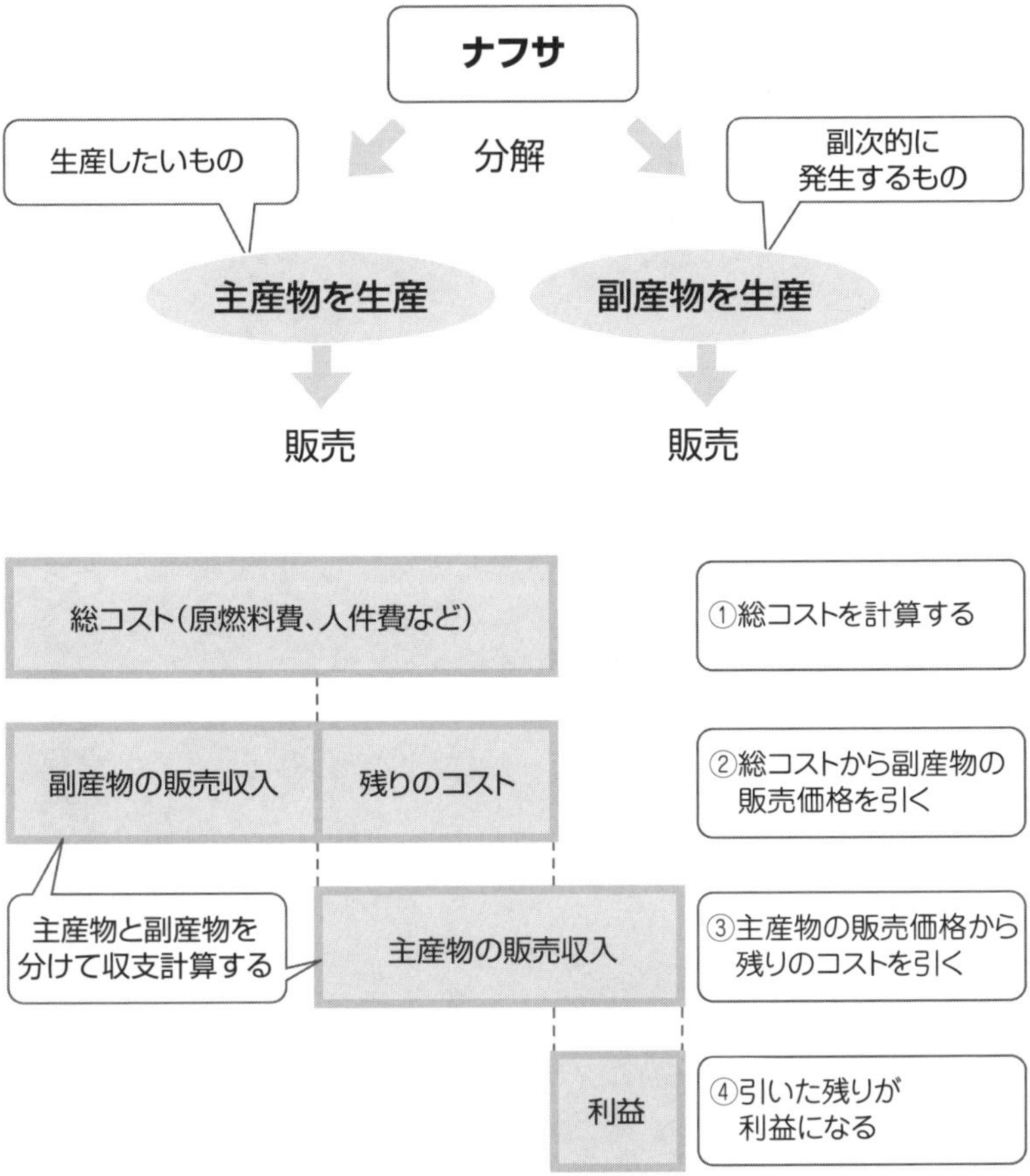
ナフサ
分解
生産したいもの
副次的に
発生するもの
主産物を生産
副産物を生産
販売
販売
総コスト（原燃料費、人件費など）
①総コストを計算する
副産物の販売収入
残りのコスト
②総コストから副産物の
販売価格を引く
主産物と副産物を
分けて収支計算する
主産物の販売収入
③主産物の販売価格から
残りのコストを引く
利益
④引いた残りが
利益になる

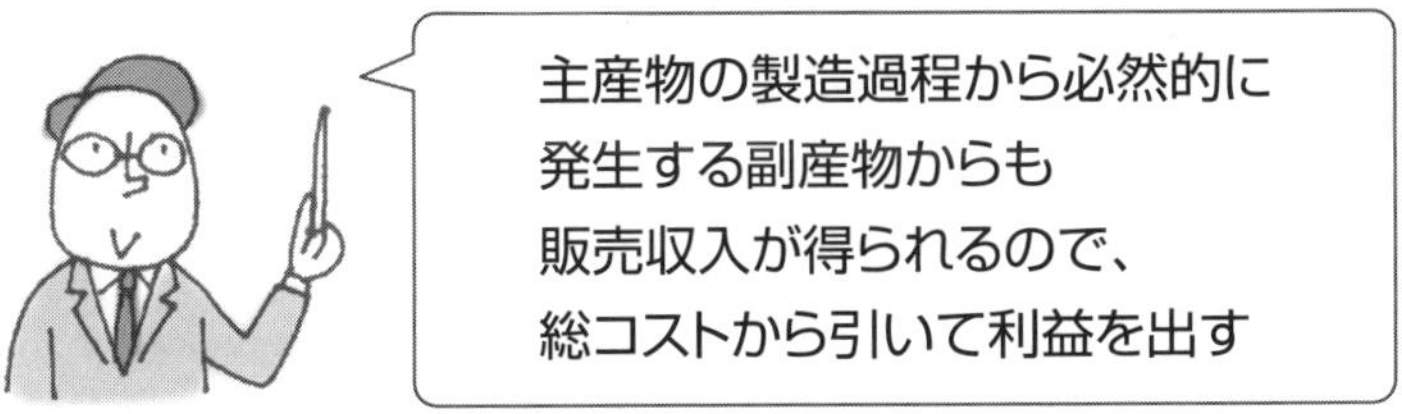
主産物の製造過程から必然的に
発生する副産物からも
販売収入が得られるので、
総コストから引いて利益を出す

# 10 躍進する中東の石油化学産業と日本企業

## 原油を産出する地の利を生かして発展

イランは、国内で利用されていなかった石油随伴ガス（原油の産出とともに生産されるガス）を利用した石油化学プロジェクトを立案しました。イラン政府と三井東圧化学（現三井化学）などの日本企業との合弁会社イランジャパン石油化学が73年に設立され、石油化学コンビナートの建設を開始しました。

しかし、79年のイラン革命や80～88年のイラン・イラク戦争などの混乱に巻き込まれ、建設中にプロジェクトは中断し、日本企業は手痛い損失を出しました。その後、イランはコンビナートを独自に完成させています。

### ✤サウジアラビアは世界最大規模に成長した

サウジアラビアでは70年代初頭から、サウジ基礎産業公社（SABIC）が石油化学計画を立案し、米国エクソン、同モービル、英蘭シェル、三菱グルー

### ✤中東諸国は資源収入依存経済を打開したい

90年以降、中東、アセアン諸国、韓国、台湾、中国などの石油化学工業が次々と成長し、それまで先進国中心だった世界の石油化学工業の勢力図が大きく変化しました。

とくに00年代半ば以降、世界の石油化学コンビナートの大型新設計画が中東と中国の2極に集中し、その存在感を一段と高めています。

70年頃、中東諸国は原油や天然ガスの資源収入に極度に依存する経済を打開するため、石油の川下産業である石油化学に参入し、自国の産業を高度化する動きが始まりました。天然ガスの成分の一つであるエタンを主原料とした基礎原料エチレンの生産に集中したことが特徴です。

### ✤イラン革命で日本・イラン合弁事業が頓挫した

## アジア・中東地域のエチレン生産能力

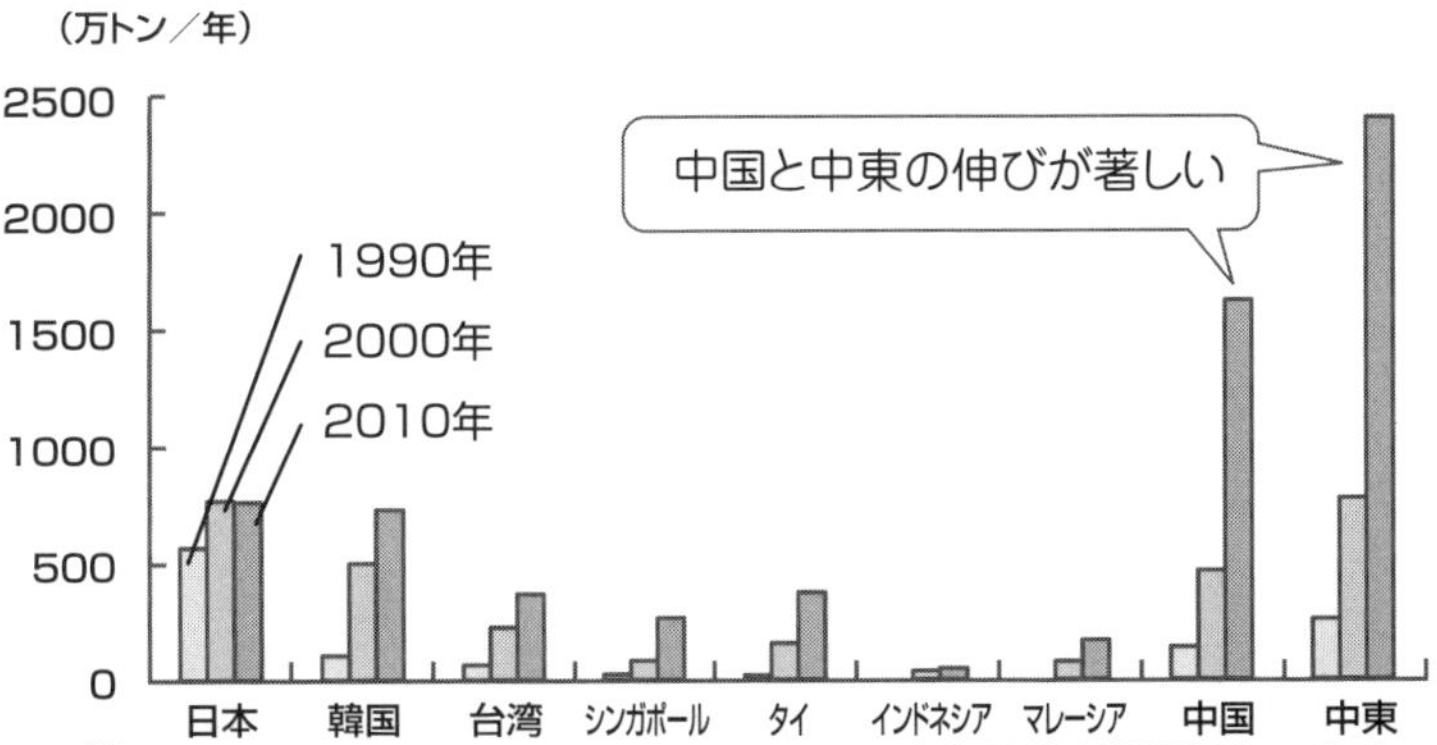


<出典:経済産業省資料より作成>

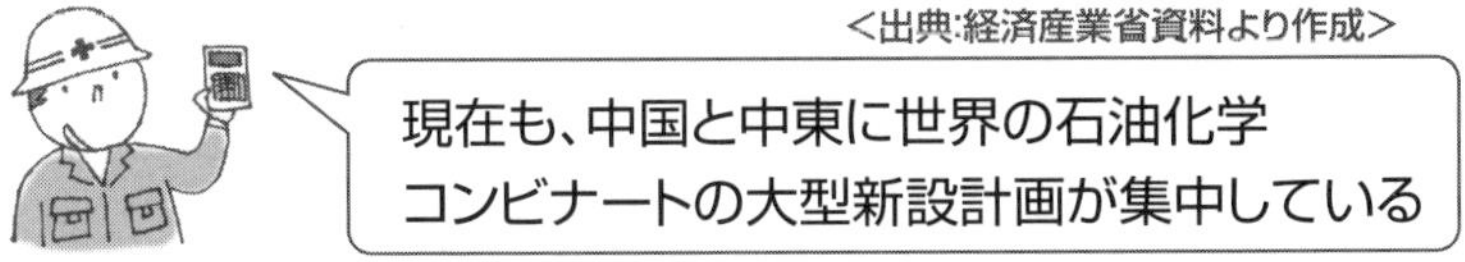


プを中心とする日本企業連合と、それぞれ合弁で大型の石油化学コンビナート建設計画を進めました。

81年には、原油確保が急務だった日本の国家事情も背景に、日本とサウジアラビアの国家プロジェクトとしてSABICと日本企業連合との合弁会社（通称SHARQ）が設立され、87年にポリエチレンとエチレングリコールの生産を開始しました。

90年代に入ると、SHARQが立地するサウジアラビア東海岸のアル・ジュベール地区で、00年前後の完成予定でエタンを原料とするエチレン設備の新増設計画が相次ぎ、またたく間に世界最大の石油化学集積拠点になりました。

中東産の石油化学製品が欧州市場に流入し、欧州の大手化学企業が次々と石油化学事業から撤退し、日本の石油化学業界でも「サウジアラビア脅威論」が吹き荒れました。

### ❖ 2009年以降、石油化学業界の懸念が現実に

00年以降になると、サウジアラビア、イラン、クウェート、カタール、アラブ首長国連邦（UAE）

**70〜80年代**

イラン、サウジアラビアなどで石油化学工場の建設計画が始まる。日本企業も多数参加

**90年代**

サウジアラビアで石油化学コンビナートの建設ラッシュが起こり、「サウジアラビア脅威論」が日本で台頭

**00年代〜**

サウジアラビアで複数企業の石油化学コンビナート建設計画が進み、世界最大級のコンビナートを建設

などで巨大石油化学計画が相次いで表面化し、中東の石油化学産業の存在感が一段と高まりました。

サウジアラビアでは、それまで独占企業だったSABICに加え、民間財閥や国営石油会社サウジアラムコによる石油化学計画が次々と立案されました。

サウジアラムコのラービグ計画には日本の住友化学が合弁パートナーとして迎えられ、09年春に世界最大級の石油精製・石油化学一貫のコンビナートが操業を開始する計画です。

イランとカタールは、ペルシャ湾にある世界最大の天然ガス田の利権国として、先を争うように開発計画に乗り出しました。

イランは合計10以上の石油化学計画をスタートさせ、カタールは巨大なLNG（液化天然ガス）開発プロジェクトを先行させつつ、その副産物を利用した石油化学計画を立ち上げました。

このほか、UAEのアブダビ首長国、クウェート、オマーンなどの中東湾岸諸国やアフリカのリビアといった資源国で、新規の石油化学プロジェクトが多

## 中東の石油化学産業の流れ

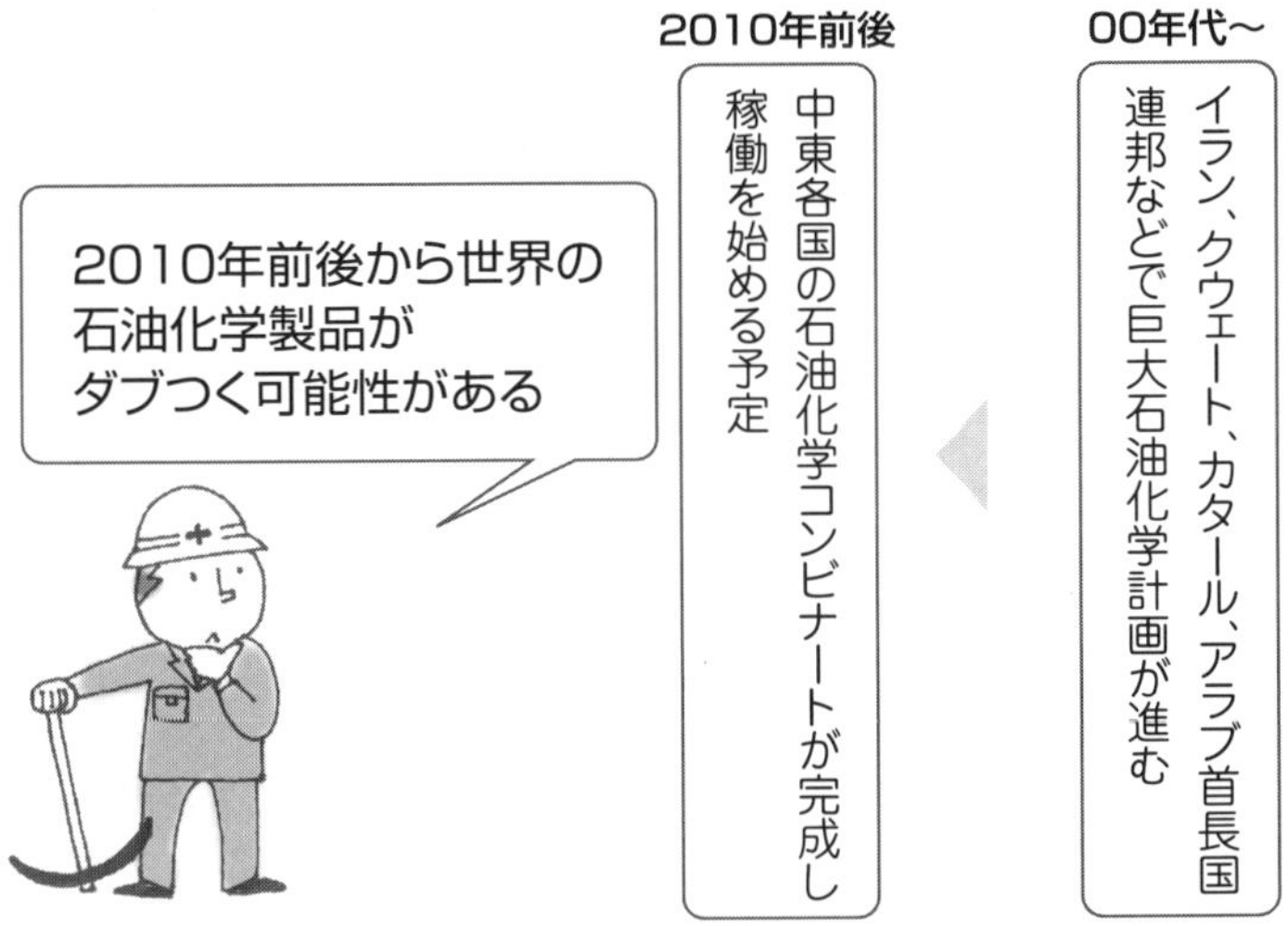

00年代～
イラン、クウェート、カタール、アラブ首長国連邦などで巨大石油化学計画が進む
2010年前後
中東各国の石油化学コンビナートが完成し稼働を始める予定
2010年前後から世界の石油化学製品がダブつく可能性がある


数立案されています。

　原油価格が高騰し始めた04年以降になると、資源国の石油化学プロジェクトの商業的価値が急激に高まったため、欧米、中国、日本、韓国などの化学企業が中東の石油化学プロジェクトへの参加を模索し始めました。このうち韓国の湖南石油化学は07年、カタールでポリプロピレンなどを生産する合弁事業に出資することを決めています。

　計画されている中東の石油化学プラントは、いずれも10年までの完成予定で、その合計のエチレン年間生産能力は、1000万トンを上回ります。これは石油化学産業の「2008年問題」と呼ばれ、世界の石油化学製品、とくにエチレン系製品の需給バランス悪化が懸念されました。

　しかし、プロジェクトの極度の集中によるプラント建設費の上昇、鋼材価格の高騰、イランの国際社会からの孤立などを背景に、プラント建設計画の遅れも相次いでおり、需給バランス悪化懸念は09年以降にずれ込んでいます。

# 11 台頭するアジアの石油化学産業と日本企業

各国でエチレン設備が続々と新設されている

## ✤中国では2大石油化学企業へ再編された

中国政府は98年、中国石油天然気集団（CNPC）と中国石油化工集団（シノペック）の2大企業が、国内のほとんどの石油精製・石油化学工場を一貫して運営する体制へと、戦略的な石油化学業界再編を行いました。

乱立する企業群を整理統合した上で、製造設備の近代化・大型化を図り、産業の国際競争力を高めることが目的です。その背景には、01年に実現した世界貿易機関（WTO）加盟への準備や、増え続ける国内需要への対応などがありました。

中国政府の第10次5カ年計画（01～05年）では、前述の中国2大企業と有力外資系企業との合弁で、石油精製設備の改造と石油化学コンビナートの新設計画が進められました。

多数の石油化学企業が乱立

▶

2大石油化学企業へ再編（98年）

- 中国石油天然ガス集団（CNPC）
- 中国石油化工集団（シノペック）

▶

## 中国の石油化学産業の流れ

・製造設備の近代化・大型化
・増大する国内需要に対応し増産体制を整える

**第10次5カ年計画(01～05年)**
・2大石油化学企業と有力外資系企業との合弁で石油化学コンビナート新設
・既存の石油化学コンビナートの能力増強

**第11次5カ年計画(06～10年)**
・エクソンモービル、サウジアラムコなど外資との合弁による石油化学コンビナート新設
・中国側が独自に石油化学コンビナート新設

新設の石油化学コンビナートとして、05年に英国BPが50％出資する上海SECCO石油化工（上海、エチレン年産90万トン）と、ドイツのBASFが50％出資するBASF-揚子石油化学（南京、エチレン年産60万トン）が稼働を開始しました。

06年には英蘭シェルが50％出資する中海シェル石油化工（広東省恵州、エチレン年産80万トン）が稼働を開始しました。また、既存の石油化学コンビナートも相次いで生産能力を増強しました。

第11次計画（06～10年）では、エクソンモービルが25％、サウジアラムコが30％出資するエチレン設備新設計画（福建省泉州、エチレン年産80万トン）のほか、中国側が独自に建設を進めている天津、浙江省寧波などの新期石油化学コンビナートが09年に稼働を開始する予定です。

### ❖韓国企業は輸出中心

88年のソウルオリンピックを契機に経済の飛躍期に入った韓国では、90年代初頭から大山、麗川、蔚山の3地区で、三星（現サムスン）、現代、ラッキー

ゴールドスター（現LG）といった有力財閥が次々に石油化学コンビナートを建設しました。

この結果、90年代半ばには、韓国の主要石油化学製品の生産能力が国内需要の2倍を超えました。韓国は当初から主力石油化学製品の輸出比率が50％以上でしたが、生産能力の増強で輸出を拡大させ、中国を中心とした輸出市場を積極的に開拓しました。

その後、97年のアジア通貨危機と00年代初頭の世界的な景気後退で、石油化学産業は再編を余儀なくされ、現代はLGとロッテグループに石油化学コンビナートを売却し、サムスン総合化学はフランスのトタルグループから資本を受け入れました。

しかし、LG、湖南石油化学、SKコーポレーションなど再編を生き抜いた企業は、M＆A（合併・買収）を通じて事業基盤を強化させました。ナフサ分解炉の増強計画も再び進められ、08年にはエチレンの年間総生産能力が700万トンを突破し、日本に迫りました。

さらに、原料供給地の中東、市場の中国をターゲットに、新たな生産拠点構築を模索しています。

ただし、08年後半からの世界不況で、韓国の石油化学産業は90年代後半の低迷期を上回る危機に直面しており、再び大規模な業界再編が予想されます。また、より付加価値の高い高機能製品へシフトすることが大きな課題になっています。

## 台湾では民間企業が台頭する

台湾の石油化学産業は、国営石油会社の中国石油（CPC）と、民間企業の台湾プラスチック（FPC）グループの2大企業が、基礎原料エチレン生産事業を展開しています。

このほかに長春グループ、李長栄グループ、奇美実業などの有力な石油化学企業が存在します。90年代前半までエチレン生産はCPCの独占事業でしたが、92年頃から、塩化ビニル加工や合成繊維など川下分野で台頭したFPCグループが、台湾西海岸の麦寮でエチレン生産計画をスタートさせました。

FPCグループは、00年の第1期工事完成以降、数度の増設を経てエチレン年間生産能力300万ト

## 韓国、台湾、シンガポールの石油化学産業

### 韓国

- 90年代初頭、有力財閥が石油化学コンビナートを建設
- 90年代半ば、生産量を増大させて中国を中心に輸出拡大
- 97年のアジア通貨危機後、業界再編し事業基盤強化

### 台湾

- 90年代以降、中国石油（CPC=国営）と台湾プラスチック（FPC=民間）の2大企業が中心
- 現在、FPCは米国、中国にも生産拠点をもつ

### シンガポール

- 80年代以降、外資系企業を誘致
- 現在、ジュロン島に石油化学集積拠点をもつ



ン規模の巨大な石油化学集積拠点をつくり上げ、設備老朽化で縮小が進むＣＰＣの生産規模を上回りました。ＦＰＣグループは台湾のほか、米国テキサス州、中国寧波にも一大石油化学拠点を築いています。

**シンガポールは人工島に巨大プラントを集中**

シンガポール政府は83年、住友化学を中心とした日本企業との合弁で、アセアン初の石油化学コンビナート、シンガポール石油化学（ＰＣＳ）の操業を始めました。その後、英蘭シェルが参加しています。

アジア経済のハブ拠点であるシンガポールは、ＰＣＳの成功を契機に、インフラの充実、税制の自由化などを進めながら、海外の有力化学企業を誘致して石油化学産業を大きく発展させました。

石油化学集積拠点のジュロン島は、数度の大規模な埋め立て工事で小さな島々を巨大な1つの島に合体させています。ジュロン島は台湾の麦寮と並んでアジアを代表する石油化学拠点になっています。

エチレンセンター企業のうちエクソンモービルは、年産１００万トンのエチレン工場を11年にも完成さ

せる予定です。また、シェルは自社の石油精製拠点のあるシンガポール・ブコム島で、09年完成の年産100万トン規模の石油化学コンビナート建設計画を推進中です。

## アセアン3カ国では日本企業がからむ

タイ、マレーシア、インドネシアの3カ国は、自国の原油資源を利用して石油化学に参入しています。いずれも90年代のアジア（アセアン）ブームの時代に、石油化学計画が立案・実行されています。日本の総合商社や化学企業も関わっています。

①タイ

国営石油会社NPC系企業と、民間企業のサイアムセメント、タイ・ペトロケミカル・インダストリー（TPI）の3社が、エチレン設備の建設計画を進め、95〜97年にかけてタイ湾に面したマプタプット地区で3つのエチレン設備を完成させました。

ただし、97年のアジア通貨危機で石油化学工業は再編期に突入し、NPC系企業の統合が進み、TPIは破綻に追い込まれました。

このうち、サイアムセメントの建設計画では、三井物産、三井化学、旭硝子が出資する合弁企業が、サイアムセメントと同じグループのエチレンセンター企業、ラヨン・オレフィンズに小規模ながら資本参加していましたが、現在は撤退しています。

また、TPIの建設計画には、宇部興産がカプロラクタム、ナイロン樹脂、ブタジエンゴムを生産する誘導品企業として参加しました。

②マレーシア

民間企業のタイタン石油化学が、ナフサを原料とするエチレン設備を94年に完成しました。その後、国営石油会社ペトロナスが、天然ガスを原料としたエチレン設備を外資導入によって立ち上げました。

95年に出光石油化学（現出光興産）が出資したエチレンマレーシアのエチレン設備が操業しました（出光石油化学はその後撤退）。02年には、米国ユニオンカーバイド（現ダウ・ケミカル）が出資したオプティマル・オレフィンズのエチレン設備が操業しています。

③インドネシア

開発独裁体制を敷いたスハルト政権（68〜98年）が、石油化学プロジェクトを進めました。95年に大統領のファミリー企業である台湾系資本と、丸紅など日本企業連合との合弁企業チャンドラ・アスリが、ナフサを原料とするエチレン設備を完成させました。しかし、スハルト大統領の失脚で、その後の建設計画は実現していません。

## アセアン３カ国の石油化学産業

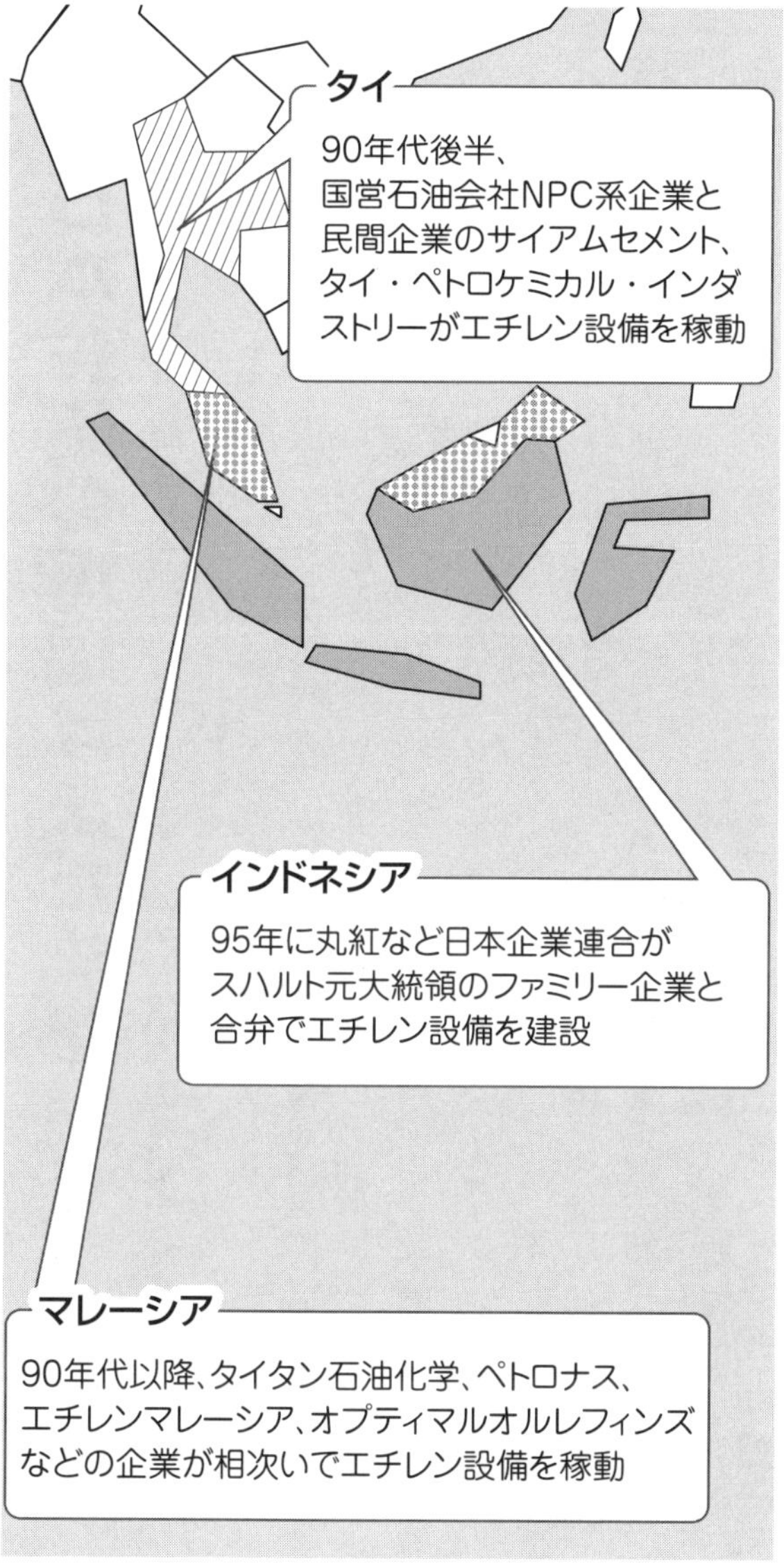
タイ
90年代後半、
国営石油会社NPC系企業と
民間企業のサイアムセメント、
タイ・ペトロケミカル・インダ
ストリーがエチレン設備を稼動
インドネシア
95年に丸紅など日本企業連合が
スハルト元大統領のファミリー企業と
合弁でエチレン設備を建設
マレーシア
90年代以降、タイタン石油化学、ペトロナス、
エチレンマレーシア、オプティマルオルレフィンズ
などの企業が相次いでエチレン設備を稼動

12

# 日本企業の再編はまだまだ続く

石油ショック、バブル崩壊に続く第3の再編が始まっている

## 70〜80年代の官製リストラ

高度経済成長下で急拡大した日本の石油化学工業は、70年代に入ると一転して不況に直面しました。その理由には、①国内需要の成長が鈍化したこと、②参入企業が多すぎて過当競争と過剰設備に直面したこと、③石油ショックによる原燃料コスト上昇で国際競争力を失ったこと、④公害問題への対応で企業体力が疲弊したこと、が挙げられます。

このため、70年代に不況カルテル（不況に対処するための販売価格、販売条件、生産制限などの企業間協力）が結成され、エチレン、塩化ビニル樹脂で過剰設備が廃棄されました。

さらに80年代に入ると、政府は石油化学工業救済のため時限的な法律として産業構造改善法（産構法）を成立させ、汎用樹脂の共同販売会社の設立や設備廃棄を実施させました。

例えば、80年代初頭時点で、17社が個別にポリオレフィン（ポリエチレン、ポリプロピレン）と塩化ビニル樹脂事業を行っていましたが、共同販売会社の設立で販売窓口はそれぞれ4つに集約されました。これらは、国がすべての企業を救済する意図をもった措置として「護送船団方式」と呼ばれました。

## バブル崩壊で事業再編・統合の動きが加速

日本の石油化学工業は80年代後半に一度は立ち直ったものの、90年代にはバブル崩壊による内需低迷と、中東・アジア地域の石油化学産業の急拡大で国際競争が激化し、再び不況に直面しました。

かつてのように国が特定の産業を救済する時代が終わり、自由化の時代に突入するなかで、石油化学各社は自主的な構造改革を進めました。まず実施さ

## 80 年代の石油化学業界の販売窓口集約

〔塩化ビニル樹脂の共同販売会社(82年設立)〕

| 会社 | 参加企業 |
|---|---|
| 第一塩ビ販売 | • 住友化学工業 • 呉羽化学工業(現クレハ) • 日本ゼオン • サン・アロー化学(現トクヤマ) |
| 中央塩ビ販売 | • 信越化学工業 • 化成ビニル(三菱グループ) • 菱日 • 旭硝子 |
| 日本塩ビ販売 | • 鐘淵化学工業(現カネカ) • 電気化学工業 • 東亞合成化学工業(現東亞合成) • 三井東圧化学(現三井化学) |
| 共同塩ビ販売 | • 東洋曹達(現東ソー) • チッソ • セントラル化学 • 日産塩化ビニール • 徳山積水 |

〔ポリオレフィンの共同販売会社(83年設立)〕

| 会社 | 参加企業 |
|---|---|
| ダイヤポリマー | • 三菱油化(現三菱化学) • 三菱化成(現三菱化学) |
| ユニオンポリマー | • 住友化学 • 宇部興産 • 東洋曹達(現東ソー) • チッソ • 徳山曹達(現トクヤマ) • 日産丸善ポリエチレン(現丸善石油化学) |
| 三井日石ポリマー | • 三井石油化学工業(現三井化学) • 三井東圧化学(現三井化学) • 日本石油化学 • 三井ポリケミカル(現三井・デュポンポリケミカル) |
| エースポリマー | • 昭和電工 • 旭化成工業(現旭化成ケミカルズ) • 出光石油化学(現出光興産) • 東燃石油化学(現東燃化学) • 日本ユニカー |

石油化学産業の再編は80年代の政府主導による「共同販売会社」設立で始まった。ただし、共販会社は販売機能だけの再編で統合効果には限界があった

れたのがポリエチレン、ポリプロピレン、塩化ビニル樹脂、ポリスチレン、ＡＢＳ樹脂などの汎用樹脂事業の再編・統合です。

90年代前半、各社が樹脂事業を本体から切り離し、数社の事業を束ねて合弁会社を設立する動きが一気に表面化しました。

## 企業本体の合併も始まる

合成樹脂事業再編の過程で、企業本体同士の合併の検討も始まりました。まず、同じ財閥系グループ内企業の合併検討が進み、第1弾として94年に三菱化成と三菱油化が合併し「三菱化学」が誕生しました。

同時期に検討されていた三井東圧化学と三井石油化学工業の合併は、マスコミに情報が漏れたことを理由に交渉が一時凍結されるアクシデントがありましたが、97年に合併し「三井化学」となりました。

00年には、住友化学と三井化学が財閥の壁を越えた合併の検討に入りましたが、交渉過程で条件の折り合いがつかず、03年に白紙撤回されました。

再編・統合で汎用樹脂の企業数は大幅に減少しました。90年代初頭と09年1月時点で比較すると、ポリエチレン事業は14社が8社に、ポリプロピレン事業は14社が4社に、ポリスチレン事業は9社が4社に、塩化ビニル樹脂事業は15社が7社に減っています。この過程で、各樹脂ごとに設備廃棄による生産能力の縮小も行われました。

しかし、産構法施行以降に休止（その後廃棄）されたエチレン設備は、83年の住友化学・新居浜（愛媛県）、92年の三井化学・岩国（山口県）、01年の三井化学・四日市（三重県）の3件しかなく、石油化学産業のリストラがまだ不十分であるという指摘があります。

## 欧州と比較して遅れている状況

一方、欧州では80～90年代にかけて石油化学産業の大規模な再編が実施されました。英国、フランス、ドイツ、イタリアでは、その国を代表する大手化学メーカーが石油化学から事業撤退し、医薬品などの付加価値の高い事業に経営資源をシフトさせました。

# 日本のポリエチレン・ポリプロピレンメーカー

〔ポリエチレンメーカー〕

| 会社名(設立年) | 出資企業 |
|---|---|
| 京葉ポリエチレン(97) | チッソ石油化学<br>丸善石油化学 |
| 日本ポリエチレン(03) | 日本ポリケム(三菱化学100%出資)<br>日本ポリオレフィン<br>(昭和電工65%、新日本石油35%出資) |
| 宇部丸善ポリエチレン(04) | 宇部興産<br>丸善石油化学 |
| プライムポリマー(05) | 三井化学<br>出光興産 |
| 住友化学 | ー |
| 日本ユニカー | ー |
| 旭化成ケミカルズ | ー |
| 東ソー | ー |

〔ポリプロピレンメーカー〕

| 会社名(設立年) | 出資企業 |
|---|---|
| サンアロマー(99) | ライオンデルバセル<br>(オランダの世界最大のポリプロピレンメーカー)<br>昭和電工<br>新日本石油 |
| 日本ポリプロ(03) | 日本ポリケム<br>チッソ |
| プライムポリマー(05) | 三井化学<br>出光興産 |
| 住友化学 | ー |

(08年末現在)

バブル崩壊後、ポリエチレンメーカーは14社から8社に、
ポリプロピレンメーカーは14社から4社に再編された

欧州の化学企業が抱えていた原料コスト高、内需の成熟といった課題は日本の化学企業と共通であるため、欧州の化学企業と比較した場合、この間の日本の化学業界の構造改善は極めて緩慢だったといえます。

### ✤石油精製と連携する動き

90年代の終わり頃になると、生産設備が隣接する石油精製と石油化学工業が連携を深めることで、お互いに競争力を高めようとする機運が高まりました。欧米の石油メジャーが石油精製から石油化学までの高度な一体運営を行い、高い競争力を生み出す一方で、日本ではこうした連携が薄かったからです。

こうしたなか、00年に通産省（現経済産業省）の肝入りで石油精製・石油化学関連企業20社が参加し、「石油コンビナート高度統合運営技術研究組合」（RING）が設立されました（現在28社）。

RINGは、鹿島（茨城県）、千葉、水島（岡山県）などのコンビナート地区で、隣接する石油精製と石油化学の各企業が高度な一体運営を実現する研究開発事業「コンビナート・ルネッサンス計画」を立案し、00年から3年ごとに計3回の研究開発事業を行いました。

この間、RINGとは別に、新日鉱ホールディングスと三菱化学が鹿島地区で、出光興産と三井化学が千葉地区で包括提携関係を結ぶなど、業界をまたいだ再編の機運が高まりました。

### ✤金融危機で再編機運が再燃

04～07年にかけて世界経済が好況期となり、石油精製と石油化学の連携強化の機運は一時後退しました。しかし08年後半以降の世界的な金融危機で、経済環境が再び急激に悪化し、設備稼働率が大きく下がるなど石油化学工業を取り巻く環境は再び悪化しました。

08年末には、ガソリン需要の後退に直面した石油精製業界で、新日本石油と新日鉱ホールディングスの事業統合計画が発表され、石油化学業界でも再編の機運が再燃する見通しです。

## 日本の塩化ビニル樹脂・ポリスチレンメーカー

〔塩化ビニル樹脂メーカー〕

| 会社名(設立年) | 出資企業 |
|---|---|
| 新第一塩ビ(95) | トクヤマ<br>日本ゼオン<br>住友化学 |
| 大洋塩ビ(96) | 東ソー<br>三井東圧化学(現三井化学)<br>電気化学工業 |
| ヴイテック(00) | 三菱化学<br>東亞合成 |
| カネカ | ― |
| 信越化学工業 | ― |
| 徳山積水 | ― |
| 東ソー(特殊品) | ― |

〔ポリスチレンメーカー〕

| 会社名　(設立年) | 出資企業 |
|---|---|
| 日本ポリスチレン(97) | 住友化学<br>三井東圧化学(現三井化学) |
| 東洋スチレン(99) | 電気化学工業<br>新日鐵化学<br>ダイセル化学 |
| PSジャパン(03)<br>(前身は98年設立の<br>エー･アンド･エムスチレン) | 旭化成ケミカルズ<br>三菱化学<br>出光興産 |
| DIC | ― |

(08年末現在)

バブル崩壊後、塩化ビニル樹脂メーカーは15社から7社に、
ポリスチレンメーカーは9社から4社に再編された

13

# 石油化学の新技術と成長期待分野

付加価値の高い素材技術で新たな市場を開拓する

### 液晶ディスプレイに使われる重要部材

70年代以降、日本の化学企業の多くは、収益性が低い石油化学工業の将来を悲観し、より付加価値が高く収益性が見込める「ファイン・スペシャリティ事業」を拡大する戦略を進めました。

そして、00年以降になると、石油化学の川下産業である樹脂加工が新たな収益源として注目を集めています。その火付け役となったのは液晶表示装置（LCD）に代表される薄型ディスプレイ分野で、日本製の高機能樹脂フィルムがなくてはならない重要部材として世界市場を席巻しました。

さらに、自動車の軽量化、太陽電池、水処理など、環境・エネルギー問題を解決する新たな技術においても、石油化学の技術が生み出す素材の可能性に注目が集まっています。

### 情報電子材料に使われる樹脂製品

家電製品の筐体（外装）や電子回路基板など、情報電子分野は、もともと石油化学にとって重要な需要分野でした。00年以降になると、携帯電話、ノートパソコン、薄型テレビ、デジタルカメラなどの普及が進んだことで、LCDを中心とした薄型ディスプレイの需要が爆発的に伸び、これが日本の化学企業の収益を大きく改善させました。

LCDは、ガラス基板、液晶、偏向フィルム、カラーフィルターといった数多くの光学材料を使っており、この光学材料の多くに品質要求の厳しい樹脂製の高機能フィルム・シート製品が使われています。

さらに、光学材料を埃などから保護するために貼り合わせる工程紙という透明なシートにも、樹脂製の高機能シートが多数使用されています。このフィ

## 液晶ディスプレイの部材に使われるプラスチック

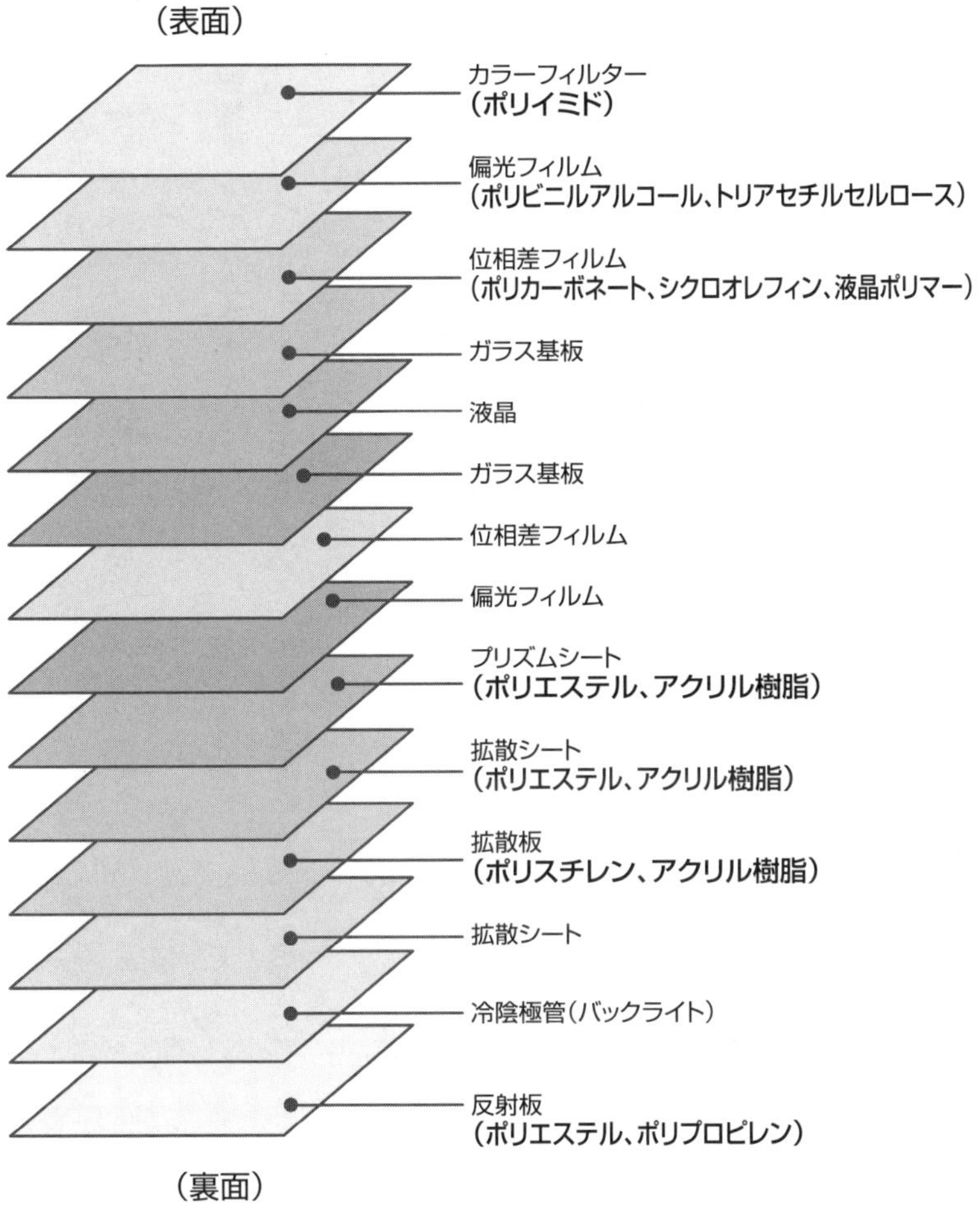

ルム・シートの材料には、もともと写真フィルムの基材（基本原料）として使用されていたトリアセチルセルロースフィルムのほか、ポリエステルフィルム、ポリエチレンフィルムなどが使われています。

## ✤日本企業が高機能フィルム市場を独占

近年、LCDの大型化が進むと、粘着性能や不純物などに関する条件から、買い手の要求を満足させる高機能フィルムはほとんどが日本製品に絞られました。基材を生産する日本の石油化学企業や、基材を加工する日本の樹脂加工メーカーは、世界需要を独占するようになりました。

フィルム製品の生産・加工段階の品質管理は、長い年月をかけて確立した極めて高度なノウハウをともなう技術で、生産現場で働く人材の質の高さが日本企業の競争力の源泉となっています。

さらに、日本の石油化学企業が長く続いた過当競争時代に、世界に例のない緻密なプラスチック原材料の開発に取り組んできた成果が結実しています。

ポストLCDの有機ELディスプレイも本格的な商品化の時代に入っており、使用量は減るものの、LCDと同様に高機能フィルムを使用します。次世代ディスプレイでも、日本の石油化学企業、樹脂加工メーカーが生み出す高機能フィルムの果たす役割が期待されているのです。

## ✤自動車の次世代技術に使われる

鉄、アルミ、ガラス、プラスチック、繊維などあらゆる素材を使用する自動車には、多くの石油化学製品が使われています。現在、環境・エネルギー問題を背景に、自動車開発はパワートレイン（動力機関）と車体の変革に取り組んでいます。

### ①パワートレイン

ガソリンエンジンなどの内燃機関を、燃料電池や電気などの次世代動力機関に置き換える研究開発が進んでいます。ハイブリッド車や電気自動車、燃料電池車などに搭載される高性能リチウムイオン電池の部材であるセパレータは、石油化学系部材として注目されています。

セパレータは、ポリオレフィン系のフィルム製品

# 自動車に使われる主な石油化学製品

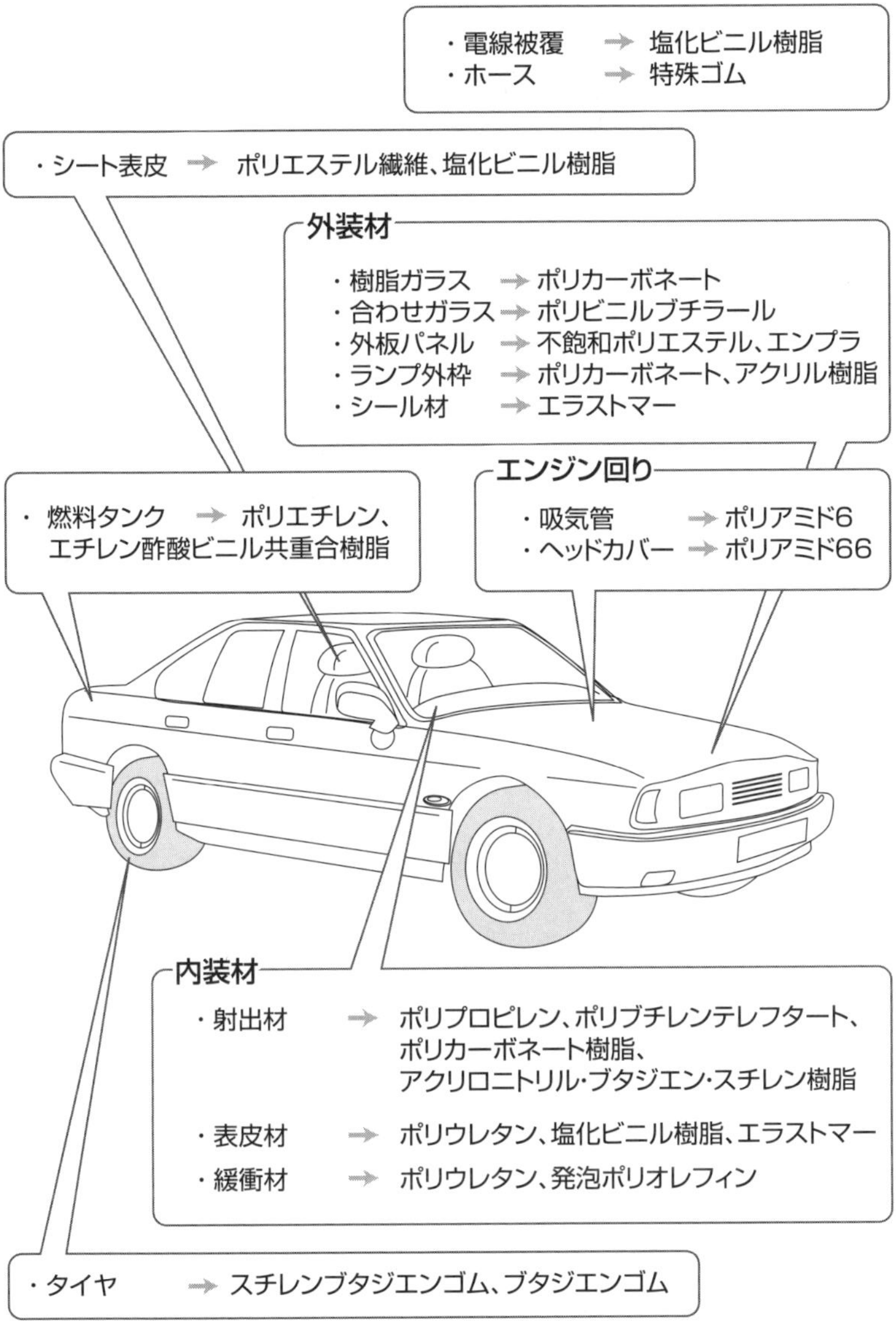
・電線被覆 → 塩化ビニル樹脂
・ホース → 特殊ゴム
・シート表皮 → ポリエステル繊維、塩化ビニル樹脂
外装材
・樹脂ガラス → ポリカーボネート
・合わせガラス → ポリビニルブチラール
・外板パネル → 不飽和ポリエステル、エンプラ
・ランプ外枠 → ポリカーボネート、アクリル樹脂
・シール材 → エラストマー
・燃料タンク → ポリエチレン、エチレン酢酸ビニル共重合樹脂
エンジン回り
・吸気管 → ポリアミド6
・ヘッドカバー → ポリアミド66
内装材
・射出材 → ポリプロピレン、ポリブチレンテレフタート、ポリカーボネート樹脂、アクリロニトリル・ブタジエン・スチレン樹脂
・表皮材 → ポリウレタン、塩化ビニル樹脂、エラストマー
・緩衝材 → ポリウレタン、発泡ポリオレフィン
・タイヤ → スチレンブタジエンゴム、ブタジエンゴム

です。自動車用の高性能リチウムイオン電池が生み出す高いエネルギーに耐える、安全性の高いセパレーターの開発競争が熱を帯びています。

②車体

車体軽量化の研究開発が進み、金属系製品を樹脂系製品に置き換える動きが出ています。炭素繊維を樹脂で固めた複合材料（ＣＦＲＰ）は、高い強度と軽量化を両立させる部材として注目されています。

しかし、ＣＦＲＰは、炭素繊維そのものが高価であることや、部品の成形に手間がかかることなどから、コスト削減が大きな課題となっています。

自動車メーカーや化学メーカーは、ＣＦＲＰのコスト高を改善するため、使用する樹脂を現在主流の熱硬化性樹脂からポリオレフィンなどの熱可塑性樹脂に転換する研究開発を進めています。

## 太陽電池、ろ過膜に使われる

21世紀の課題とされる資源・エネルギー問題を解決する新技術にも、石油化学の技術は不可欠です。

すでに普及が進んでいる太陽電池には、バックシートと呼ばれる太陽電池本体を外部環境から保護するシートや、太陽電池の封止（気密接合）のための接着層に貼る樹脂製シートに石油化学製品が使われています。

バックシートは従来、ガス透過率が極めて低いアルミシートが基材に使われていましたが、ＰＥＴフィルムなどに特殊な加工を施すことでアルミシートの代替とする開発が進められています。

中東や中国北部をはじめ、世界各地で問題となっている水不足問題では、プラスチック製のろ過膜の逆浸透膜（ＲＯ膜）需要が拡大しており、ここでも日本が大きなシェアを握っています。ＲＯ膜は、水は通しますが微粒子やイオン物質などを通さない性質をもち、高い水圧をかけることで水をろ過します。

また、水処理関連では、上下水の運搬や工業用水・下水の処理などに、塩化ビニル樹脂製や複合素材系のパイプが利用されています。これらのパイプは、日本企業が施工ノウハウまでも含めて提供することで、世界各地で販売されています。

## 新技術に使われる石油化学製品

### 太陽電池パネル

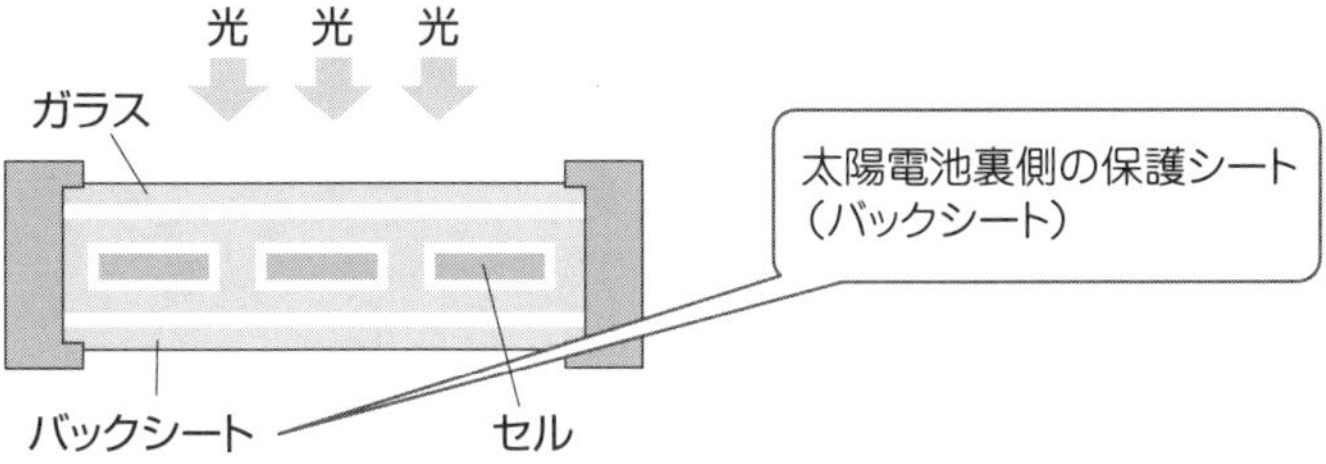


### 海水淡水化装置の逆浸透膜エレメント

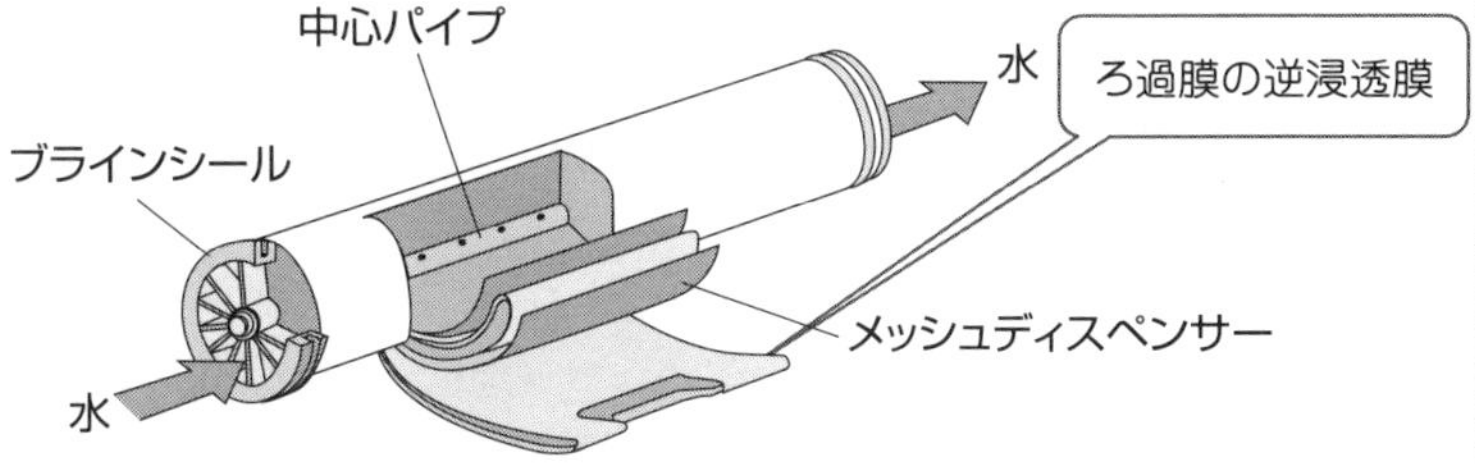


### リチウムイオン電池

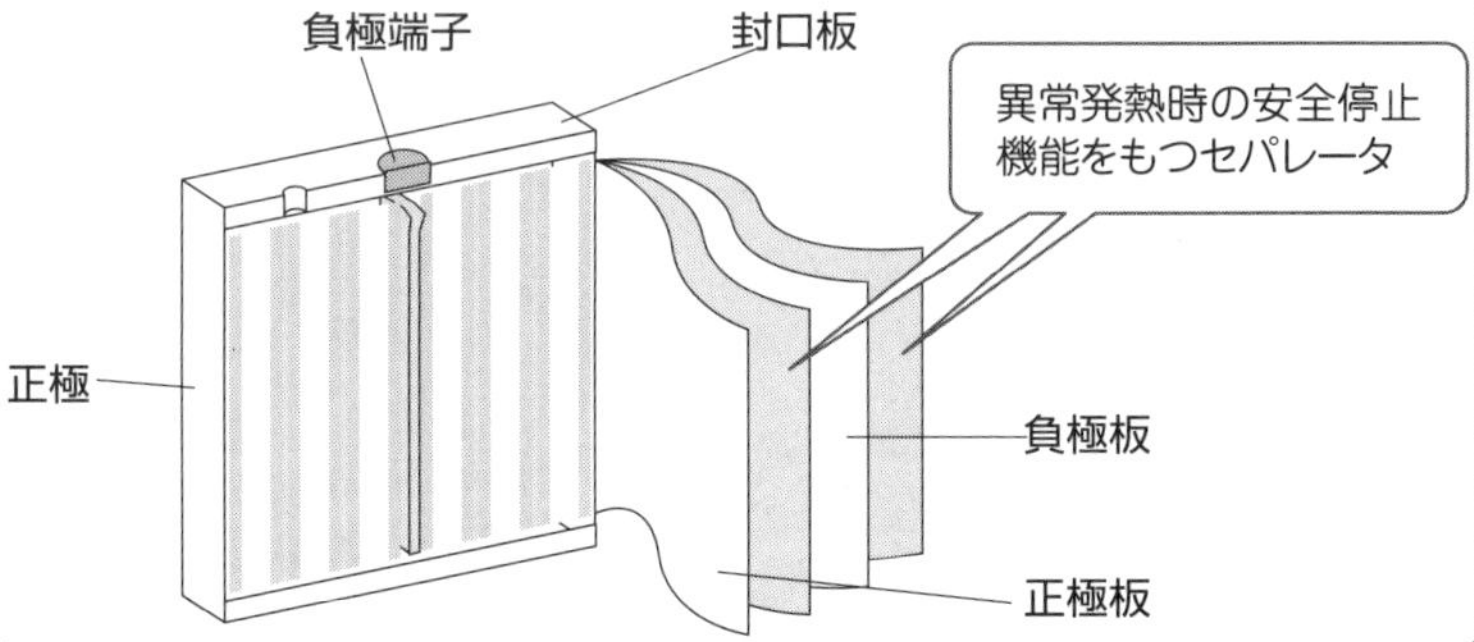

# 14 環境分野を通じて飛躍する石油化学産業

## 脱石油の動きが進み、究極の原料は二酸化炭素と水

### 容リ法制定でプラスチックリサイクルが加速

日本の石油化学企業は、60～70年代に引き起こした公害問題への反省や、プラスチックゴミの批判対策などから、80年代以降、環境対策に多くの経営資源を投入してきました。

石油化学企業は80年代からプラスチックのリサイクルに本格的に取り組み始め、95年の容器包装リサイクル法（容リ法）の制定で、その動きが加速しました。

家庭が排出するゴミ（一般廃棄物）のうち、容器包装の廃棄物は約6割の容積を占めます。容リ法は、関連事業者からリサイクル（再資源化）費用を徴収し、再資源化を義務化する法律です。

プラスチック処理促進協会によると、廃プラスチックの有効利用化率は、95年度には25％だったのが翌96年度には39％に跳ね上がり、その後も毎年上昇して06年度には72％となっています。

この間、石油化学業界は各プラスチックの業界団体ごとにリサイクル率の向上に取り組んでいます。とくに発泡スチロール系製品、農業用プラスチック製品、PETボトルは高いリサイクル率を達成しています。

プラスチックのリサイクルには、再びプラスチック製品として再生する「マテリアルリサイクル」、油やガスに転換したり鉄鋼生産用の原料に利用する「ケミカルリサイクル」、焼却した際の熱をエネルギーとして利用する「サーマルリサイクル」の3種類があります。

### バイオプラスチックへの取り組み

現在、環境問題、資源・エネルギー問題が人類最

## プラスチック製品のリサイクルの仕組み

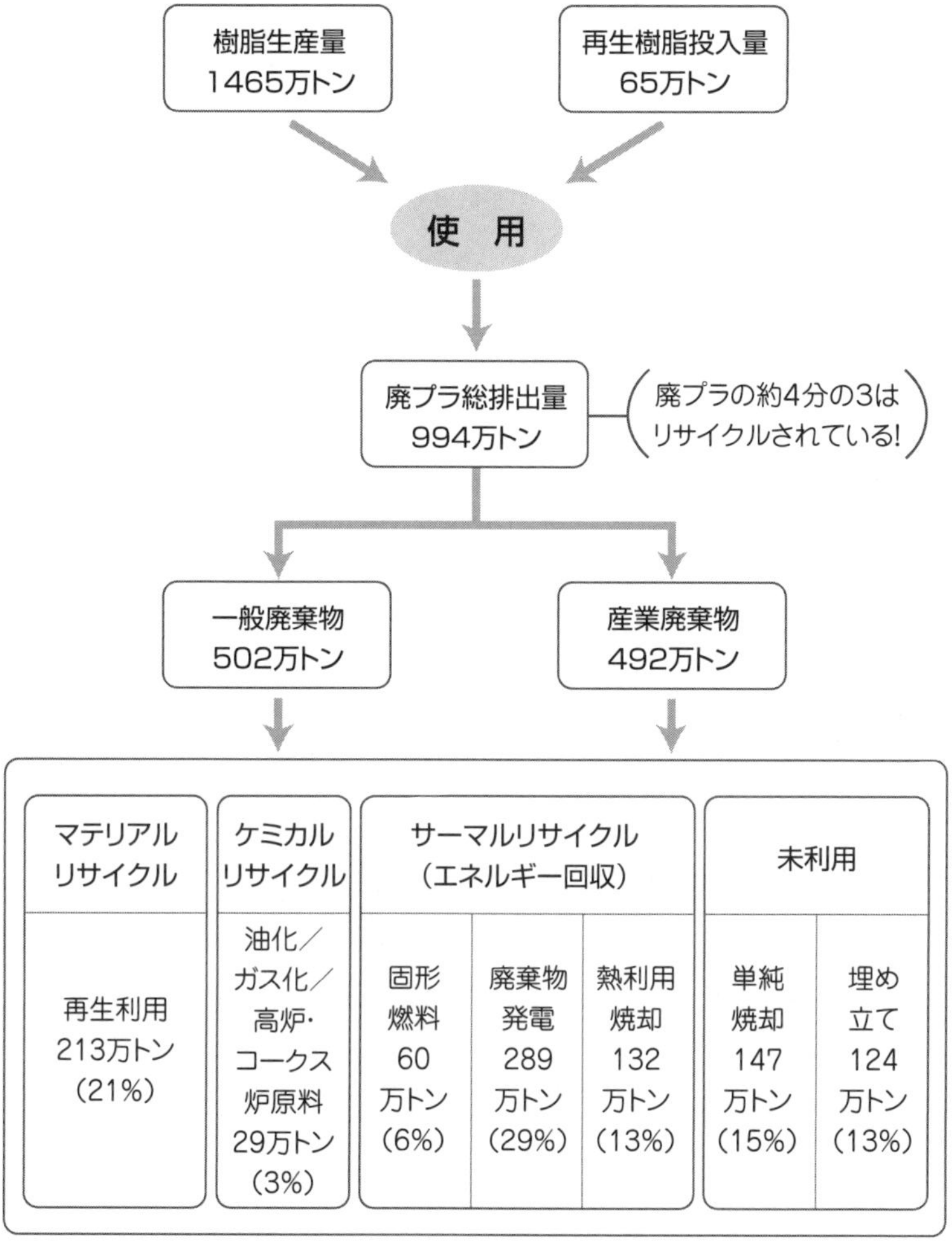


(2007年)

<出典:プラスチック処理促進協会資料より作成>

大の問題となっています。石油化学企業は、一般社会や自動車、家電、流通などの顧客企業からの強い要請を受け、原料をナフサや天然ガスなどの有限な化石燃料から、植物などの再生可能資源に転換させようとしています。こうしたなかで注目されている技術が「バイオプラスチック」です。

バイオプラスチックは、地中などで自然に分解する機能（生分解性）をもつ「グリーンプラスチック」と、石油を使わずに植物や動物など生物由来の有機資源を原料とする「バイオマスプラスチック」の総称です。グリーンプラスチックには石油系のものも含まれ、バイオマスプラスチックには生分解性をもたないものも含まれます。

①グリーンプラスチック

バイオプラスチックはもともと、グリーンプラスチックとして開発されました。開発の背景には、ゴミとして廃棄しても分解しないプラスチックに批判が高まったことがあります。農業、土木、水産などの分野で供給への期待が高い製品です。

②バイオマスプラスチック

ポリ乳酸（ＰＬＡ）をはじめとする植物系のバイオマスプラスチックで、近年急速に関心が高まっています。もともと地球に存在していた二酸化炭素を吸収した植物は、「カーボンニュートラル」（燃焼時に発生する二酸化炭素がゼロ）であるとカウントされます。

このため、バイオマスプラスチックは環境負荷の少ない素材として、自動車、家電、流通業界などから、供給への期待が高い製品です。

ただし、バイオマスプラスチックの主流の素材であるポリ乳酸は、米国ネイチャーワークス社の独占供給体制にあるので、供給量に制限があるのが問題です。

ポリ乳酸の原料は、本来は食物であるトウモロコシです。05年以降、自動車の燃料としてトウモロコシから生産したバイオエタノールの需要が拡大しています。

しかし近年、世界の穀物市況が高騰して「食糧危

## バイオプラスチックの２つの種類

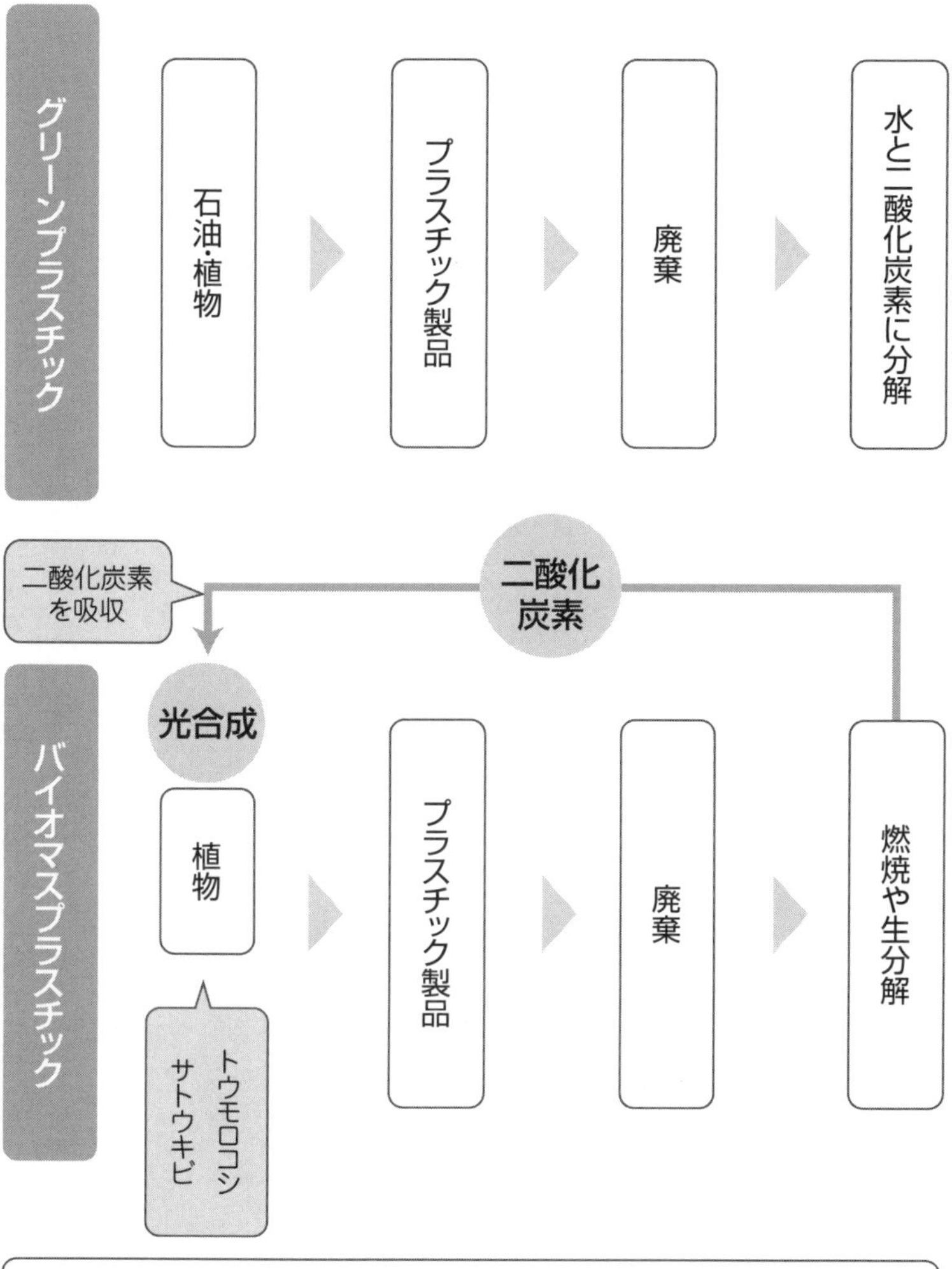


バイオマスプラスチックは地球上の二酸化炭素を増やさない「カーボンニュートラル」の製品として注目されている

機」が叫ばれており、燃料やプラスチックに食糧を使用することに批判が高まりました。こうした背景から、第2世代として枯れ草やサトウキビの搾りかすなどの食用ではない原料からバイオマスプラスチックをつくる研究開発が始まっています。

例えば、ブラジルのブラスケム社は、サトウキビの搾りかすから生産したバイオマスエタノールを原料に、これまで石油系原料を使用していた年産20万トンのポリエチレン設備でバイオマスポリエチレンを生産する計画です。同社は、従来の石油由来のポリエチレンとまったく同じものが生産できるとしています。さらに同社は、バイオマスポリプロピレンの生産も計画しています。

日本でも、既存の石油化学コンビナートの原料をバイオマスエタノールに換える研究開発がかなり進んでいますが、原料の安定供給が大きな課題です。

## 二酸化炭素プラスチックは究極の製品

さらに、究極の環境対応技術として、日本の大手化学企業が二酸化炭素を原料にプラスチックなどの石油化学製品を生産する構想を打ち出しており、産業自体が大きな転換期に差しかかっています。

三菱化学は86年、香川県の坂出事業所で二酸化炭素とコークス設備から発生する副生ガスを原料に、ベンゼンを生産する計画を発表しました。11年には年産40万トンのベンゼンを生産する予定です。

また、東京大学、帝人、住友化学などからなる産学グループは07年、二酸化炭素とエポキシドという化合物を混ぜてプラスチックをつくることに成功し、12年に実用化すると発表しました。

さらに三菱ケミカルホールディングスが08年に二酸化炭素と水素（または水）だけからプラスチックを生産する究極の技術の開発に取り組むと表明しています。ただし、二酸化炭素と水素だけからプラスチックを大量生産することは相当ハードルが高いといわれています。

将来、これまで述べてきた最新技術が生産現場に導入されれば、日本の石油化学コンビナートが大きく変貌する可能性があります。

## 石油化学工業の原料の変遷

過去
石炭
石油需要の拡大で
石油化学工業が
発展した
現在
OIL
石油
天然ガス
将来
植物
CO2
H2O
H2
二酸化酸素・水素・水

すでに二酸化炭素からプラスチックをつくる実験に成功している。
あとはどうやって大量生産の技術を手に入れるか…

# 第5章 これからの石油産業のゆくえ

1

# 世界の石油消費は今後どうなるのか

## アジア新興国が増大し日米欧先進国は減少する

### ✤世界の石油消費は増えていく

世界の石油消費は、今後も増えていくと予測されます。IEA（国際エネルギー機関→P63）などの代表的な予測機関の長期石油需要見通しをみると、共通点として、先進国が新エネルギーや代替エネルギーへ移行したとしても、今後世界経済が発展途上国を中心に3％台で順調に成長する結果、世界の石油消費は年平均で日量90万～120万バレルのテンポで増加します。これは日本の石油消費量の4分の1程度に相当します。

その結果、30年には現在の日量8520万バレルの1・3倍の同1億1000万バレル程度へ増えると予測されています。

世界の石油消費見通しは、人口と経済の伸びが前提となります。世界人口は現在の65億人から30年に82億人へと年率1％で増え続け、世界の実質GDPは約2倍に増加すると見込まれています。

### ✤中国、インド、中東などが需要増の中心

世界の石油消費を地域別にみると、07～30年の増加分のほとんどが発展途上国・新興国によるものです。石油消費に占める発展途上国・新興国のシェアは、07年の45％から30年には59％に増加するとみられています。

なかでも、中国の石油消費は年率3％台で急速に増え、30年には現在の2倍強の日量1660万バレルになり、世界に占めるシェアは9％から16％に上昇します。中国以外にも、インドや中東諸国を中心に石油消費が急速に増えるとみられています。

他方、先進国では人口の伸びが鈍化し、モータリゼーション（自動車の普及が進むこと）もピークに

## 世界の石油消費量の見通し

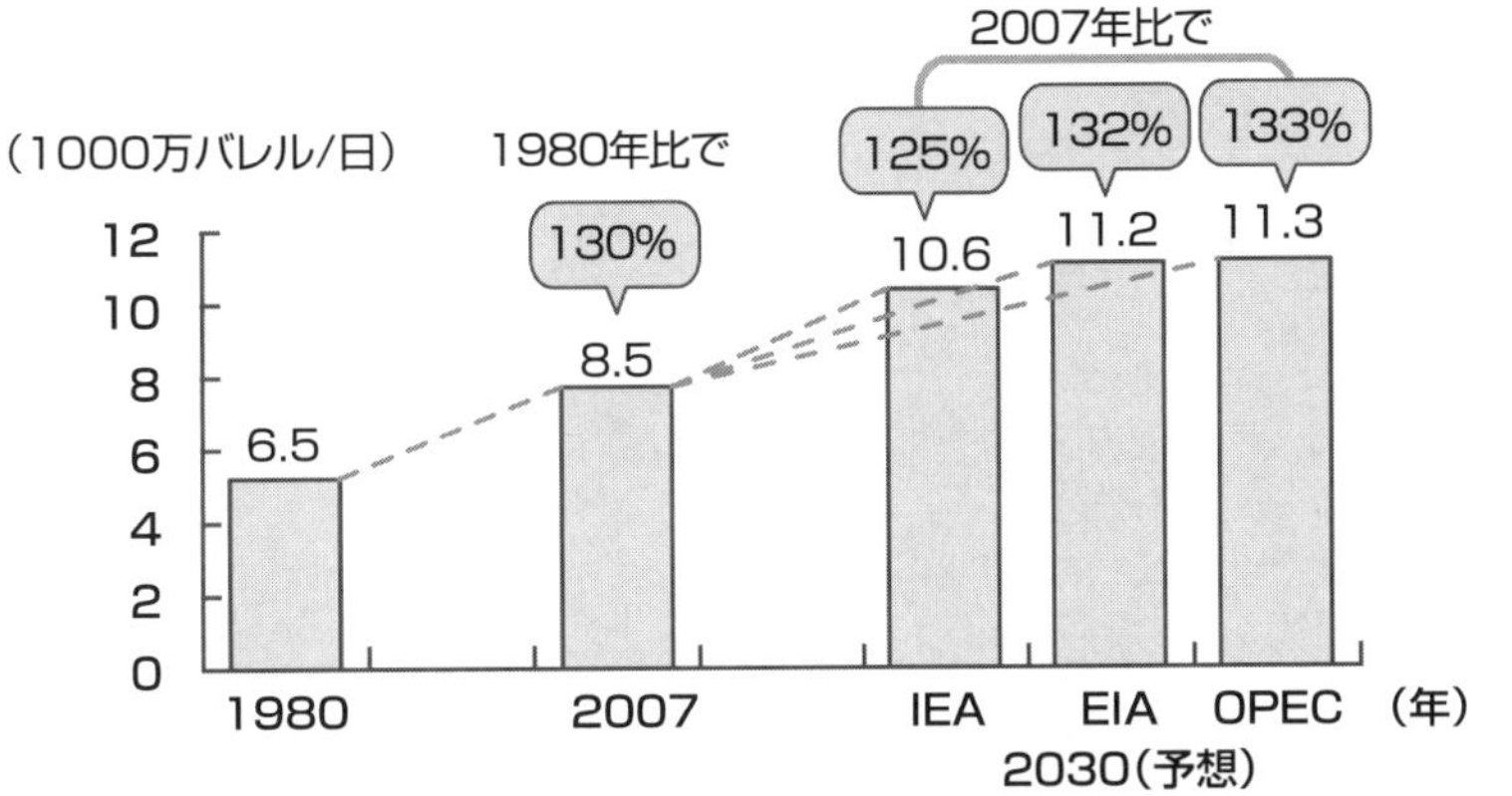


<出典:IEA「World Energy Outlook 2008」、EIA「International Energy Outlook 2008」、OPEC「World Oil Outlook (2008)」より作成>

達し、省エネカーや小型車の普及が進むことで、石油消費の伸びは低迷するとみられています。

### ✤途上国の運輸部門が石油消費を拡大する

30年までの石油消費の増加分を部門別にみると、運輸部門が増加分の約7割を占め、産業部門が2割、民生（家庭やオフィス）・その他部門が1割を占めるとみられています。

運輸部門の石油消費の伸びは、06年から30年にかけて世界全体で年率1・4％になるとみられます。先進国は同0・1％と横ばいになりますが、発展途上国・新興国が同3・1％と高い伸びとなり、運輸部門に占める途上国のシェアは現在の32％から48％に増えます。これは今後、途上国を中心に自動車保有が拡大するとみられているからです。

発電部門では、石油消費は減るとみられています。今後、発展途上国を中心に、石炭、天然ガスなど石油以外の燃料による発電が急速に増えるからです。

### ✤経済成長の見方しだいで消費は大きく変動する

米国エネルギー情報局（EIA）の08年の見通し

では、①レファレンスケース（もっともありえそうな前提条件）のほかに、②経済高成長、③経済低成長、④原油高価格、⑤原油低価格の4つのケースを設定し、将来の石油消費の変化を試算しています。

①レファレンスケース

世界の実質GDP（購買力平価ベース）は年率4％で成長し、05年から30年にかけての世界の石油消費増加分は、日量2890万バレルとなります。

②経済高成長ケース

実質GDPが同4・4％とレファレンスケースよりも0・4ポイント高めで成長する結果、石油消費増加分は、レファレンスケースよりも4割増え日量4140万バレルに達します。これは世界最大の産油国であるサウジアラビアの07年の原油生産量、日量1040万バレルの約4倍に相当します。

③経済低成長ケース

実質GDPがレファレンスケースより0・5ポイント低い同3・5％で成長する結果、石油消費増加分はレファレンスケースの6割にとどまります。先進国の石油消費は30年にかけて減少（同マイナス0・8％）します。

④原油高価格ケース

先進国の石油消費はマイナスで推移し、世界の石油消費増加分はレファレンスケースの5割と低迷します。ここでは、30年の原油価格（名目）を1バレル＝186ドルと、レファレンスケースの1バレル＝113ドルより6割も高くなると想定しています。

⑤原油低価格ケース

発展途上国を中心に需要が拡大し、世界の石油消費増加分はレファレンスケースの3割増となります。ここでは、30年の原油価格（名目）を1バレル＝69ドルとレファレンスケースよりも4割低くなると想定しています。

このように、今後の石油消費は、経済成長や原油価格など需要に影響を与える要因の動向で大きく変化する可能性があります。

## ✤省エネ・環境対策導入によっては大幅削減も

経済成長や原油価格とともに今後の石油消費に大

## 2030年の石油消費増加分見通し（2005年比）

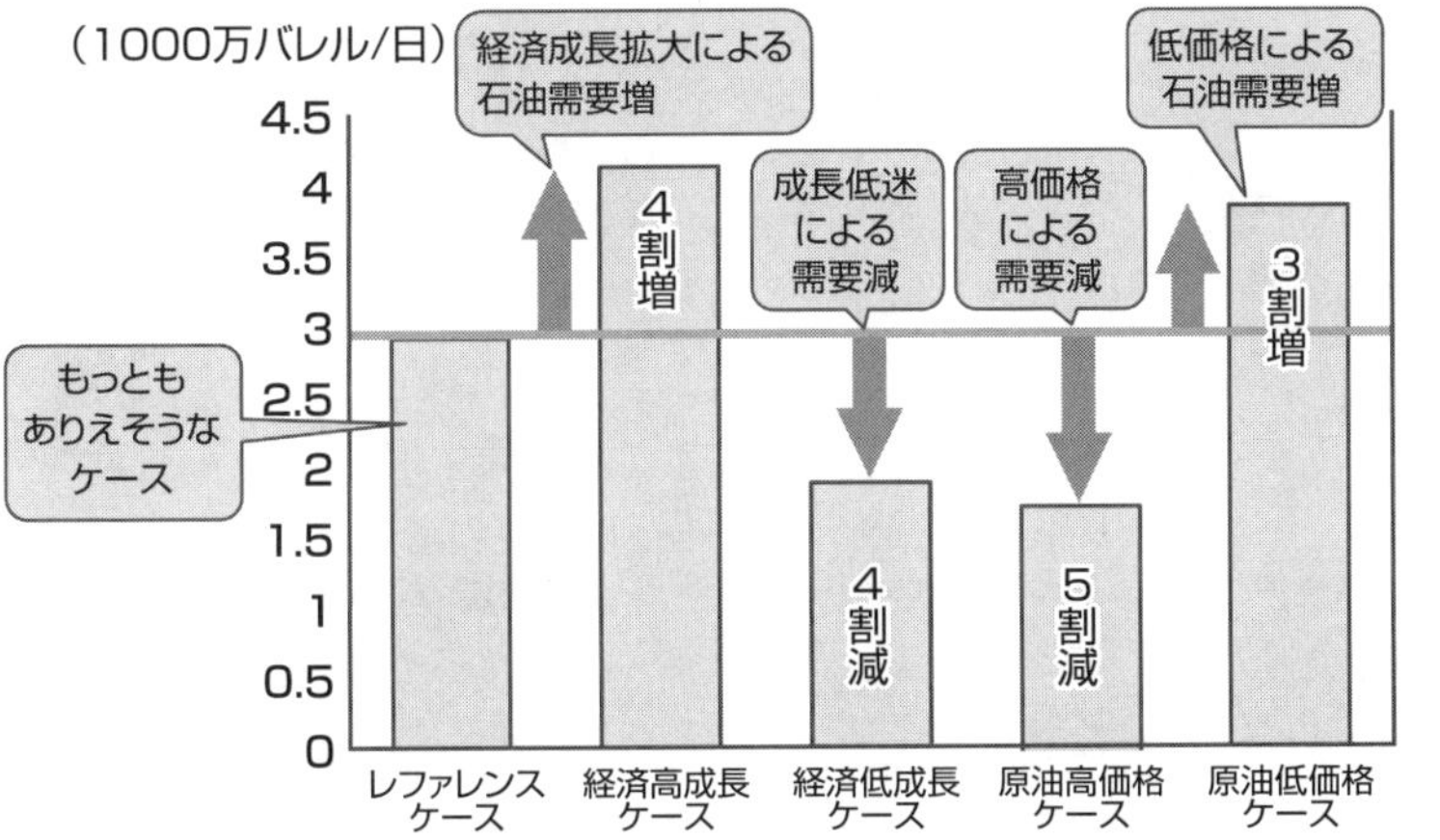

<出典:EIA「International Energy Outlook 2008」より作成>



きな影響を与える要因として、主要国の石油代替エネルギー・省エネルギー政策があります。

日本では、2つの石油ショックをきっかけにこれらの政策に取り組んだ結果、石油消費の伸びを抑えて1次エネルギー（天然資源のエネルギー）消費に占める石油依存度を73年の77％から06年の48％まで下げました。

IEAの別の見通しでは、各国政府が現在導入を検討しているエネルギー安全保障政策や地球温暖化政策を導入した場合のエネルギー需給への影響を分析しています。

これらの政策が実行された場合、30年の石油消費の削減量は日量1400万バレルで、現在の消費量の12％に相当する見込みです。

もっとも削減が見込まれるのは運輸部門で、自動車の燃費改善や電気自動車などの普及拡大によって石油消費が減少するとみられます。地域別でみると、発展途上国の石油消費削減量が、先進国や移行国（旧ソ連、東欧諸国）の削減量を上回ります。

# 2 中国とインドは石油資源の獲得を進める

## 国内原油生産が伸び悩み海外自主開発に乗り出している

### ✤アジア新興国の経済成長で石油需要が拡大

中国やインドなどのアジアの新興国は、高い経済成長、自動車の普及拡大、薪・牛糞などの伝統的な燃料から石油・ガスなどの化石燃料へのエネルギー転換といった動きによって、今後も石油消費が大幅に拡大していくことは確実です。

IEA（国際エネルギー機関）の見通し（08年11月）によれば、アジア新興国の石油消費は07年の日量1580万バレルから年3％で増加し、30年には同3080万バレルに倍増する見込みです。1500万バレルという増加量は、07年の日本の石油消費量（同500万バレル）の約3倍に相当します。

また、世界の石油消費に占めるアジア新興国の割合は、07年の19％から30年には29％に拡大する見込みです。なかでも中国、インド両国の伸びは著しく、同期間における世界の石油消費の伸びの4割を中国、2割をインドが占めます。

### ✤中国、インドの国内原油生産が伸び悩む

アジア新興国の原油の国内生産は、大型油田の成熟化などで伸び悩んでいます。中国は大慶（黒竜江省）、勝利（山東省）、遼河（遼寧省）の三大油田で、インドは同国最大のムンバイハイ油田（インド西部）で原油生産が低迷しています。両国の国内生産は、需要の増加に追いついていないのです。

一方で、両国の00～07年の原油の純輸入量は、中国が日量150万バレルから同380万バレルに、インドが同160万バレルから同210万バレルに拡大しています。両国の原油輸入量は将来拡大していくことが確実で、日本を抜くのも時間の問題です。

両国政府は、外資導入も含めて国内の探鉱・開発

## アジア諸国の石油輸入量の見通し

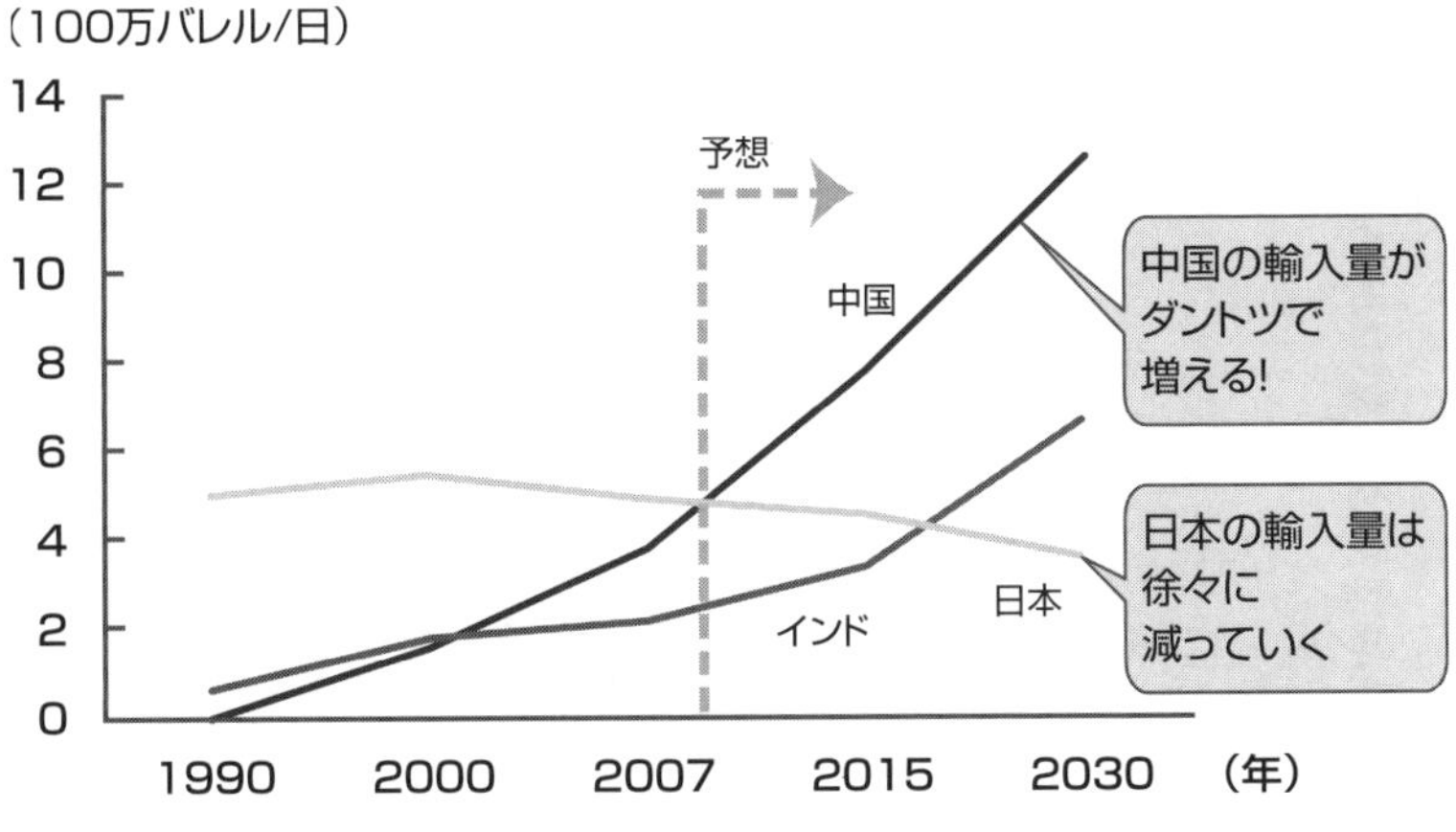


<出典:IEA「World Energy Outlook 2008」より作成>

を進め、新たな油田開発を行っています。また、原油を安定的に輸入するため、国営石油会社（→P56）を中心に海外での資源開発を進めています。

### ❖中国は輸入先を多様化させている

中国の原油輸入は拡大していますが、中東依存度は4割強で、他のアジアの原油輸入国に比べて低い水準です（日本は9割）。これは、中国が輸入先を多様化し、アンゴラ、スーダンなどのアフリカ諸国やロシアなど、非中東諸国からの原油輸入を増やしたからです。

中国では、近年の原油価格高騰やその背景となっている不安定な中東情勢をふまえ、輸入先を多様化させる重要性を認識しています。

そのため、国境を接し、豊富な資源をもつロシア、カザフスタンなどからの大規模な原油輸入計画を検討・推進してきました。とくに、ロシア・東シベリアから中国・大慶までの原油パイプライン敷設計画を検討しています。

輸入先を多様化できた背景には、中国が首脳レベルによるＶＩＰ外交で、積極的に資源国と外交関係を築いてきたことがあります。

中国は90年代後半からサウジアラビア、イラン、ロシアなどの主要産油国との関係強化を図ってきました。そして、00年以降はナイジェリア、アルジェリア、ベネズエラ、カナダ、ブラジルなどとの関係強化を進め、エネルギー資源獲得を進めています。

中国は首脳間の相互訪問で、エネルギー関係の強化を謳った協力協定などを締結しています。例えば、イランとの間でイランのＬＮＧ（液化天然ガス）を輸入する契約を中国の石油会社が締結するのと引き替えに、イランの石油・ガスの上流開発に参加するなどの動きをみせています。

また、中国は輸入ルートの多様化も進めています。ミャンマーと中国雲南省を結ぶパイプライン計画を進め、中東原油などを運ぶ際に使うマラッカ海峡ルート以外の新しい輸入ルートをつくる計画です。

## 中国の国営石油会社は海外進出を進める

中国の国営石油企業は、産油国の探鉱・開発へ直接投資することで海外進出を進めてきました。近年では海外自主開発を活発化させ、世界の注目を集めています。次の３大国営石油会社が代表的です。

①中国石油天然気集団公司（ＣＮＰＣ）

中国最大の石油会社です。93年にカナダに進出して以来、最近ではスーダン、イラン、イラクなど西側（とくに米国）石油企業の参入制限がある国々や、カザフスタンなどの中央アジア、インドネシア、南米などの探鉱・開発事業へ積極的に参加しています。

②中国石油化工集団公司（シノペック）

中国第２位の石油会社で、00年以来、中東、アフリカ、東南アジアで上流開発を実施してきました。

③中国海洋石油総公司（ＣＮＯＯＣ）

中国第３位の石油会社で、ＬＮＧ事業を展開するとともにガス資源獲得を強化しています。05年に米国石油会社ユノカルに買収提案を行いました。安全保障上の問題などから米国政府・議会が反発し、結果として買収計画は頓挫しましたが、世界的な関心を集めました。

## 中国の原油輸入先

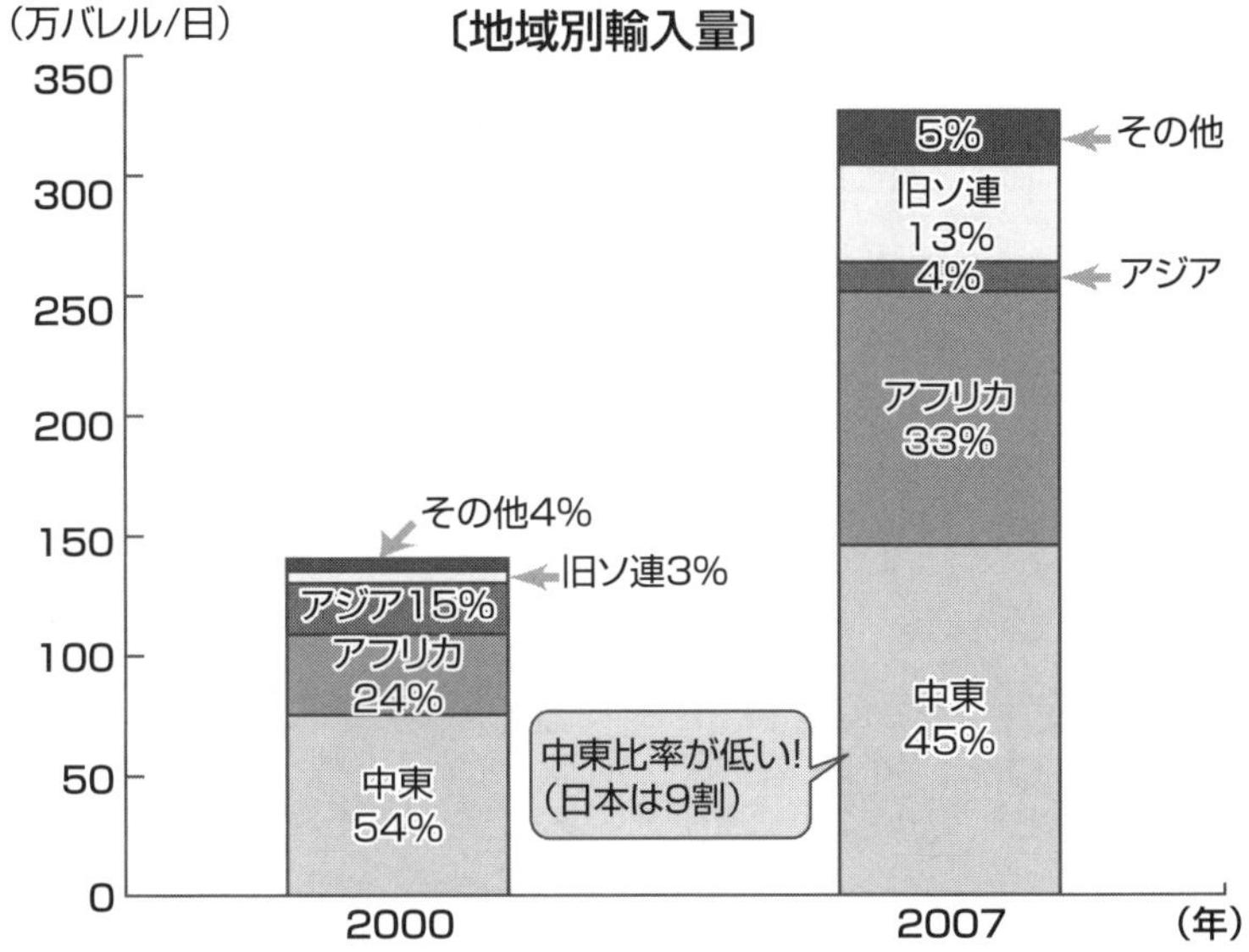


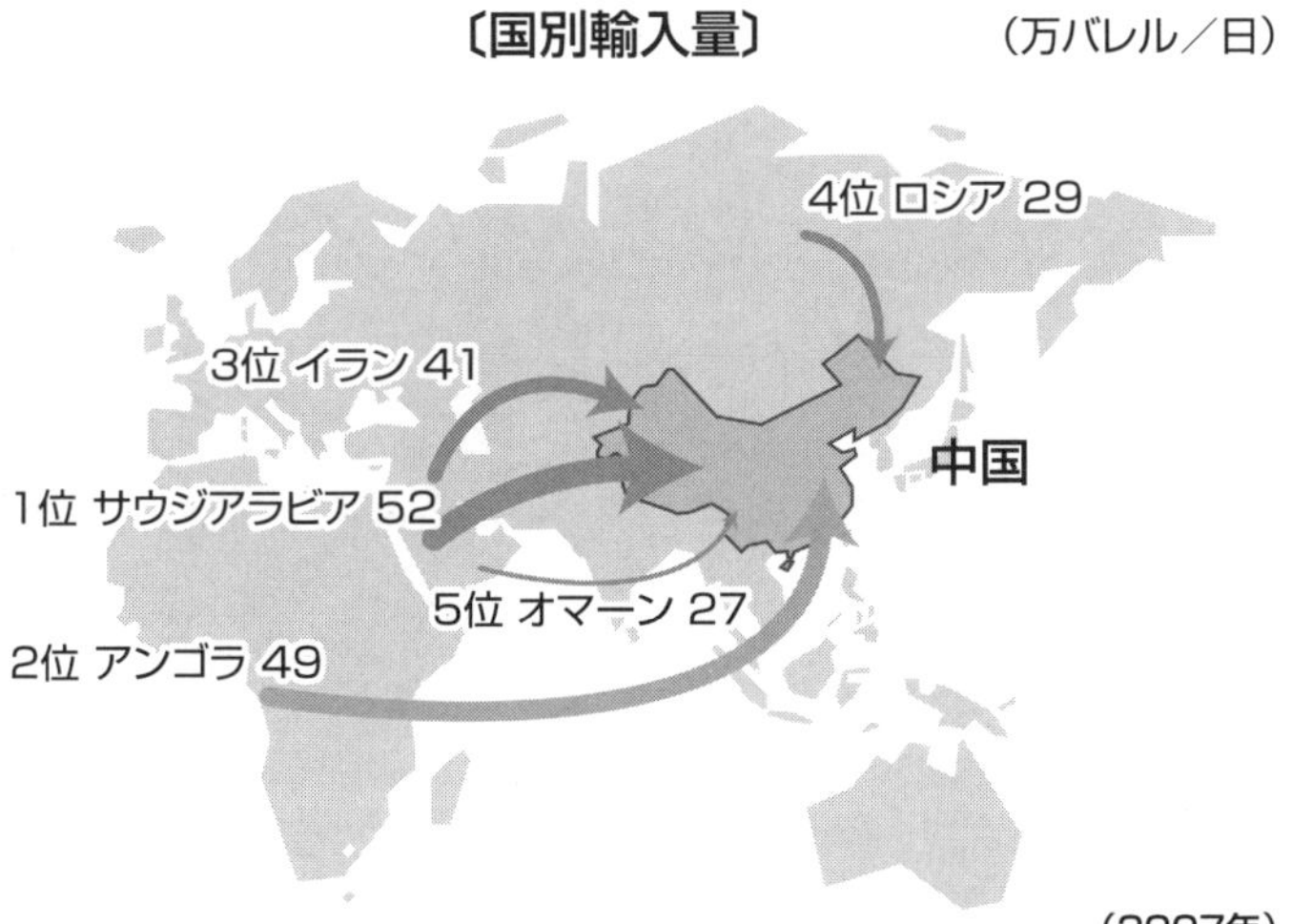


(2007年)
<出典:China OGPより作成>

現在、3大国営石油会社は、30以上の国で、120以上の原油探鉱・開発プロジェクトに参加しています。07年の海外での権益を保有する原油の生産量は、3社合計で4000万トンに達しています。

## インドも海外原油開発に目を向け始めた

インドは国内の原油生産が停滞し、原油輸入が増え続けています。そこで最近になって海外の石油・ガス上流部門に進出し始めています。海外資源に直接アクセスすることで、エネルギーの安定供給体制を確保しようとしているのです。

実際に海外の上流部門へ投資するのは、インドの国営石油会社です。国内油田だけではなく海外油田にも投資することで、自社が保有する人的資源や技術などを有効活用し、事業内容を多角化させて収益を向上させようとしています。

インドにとって、同じアジアの国の中国が積極的に海外事業を展開しているのが刺激材料になっているようです。インドが中国と同様に、アフリカを中心に産油国に対して積極的にインフラ整備を行っている点は注目されます。

## インド国営石油会社は経済性にも配慮している

インドの海外の原油自主開発は、国営石油会社ONGCの子会社、ONGCビデシュ（OVL）が中心となって活動しています。重点地域にロシア、中東（イラク、イランなど）、北アフリカ、アジアを挙げており、すでに18カ国以上に進出しています。

インドの国家開発計画「第10次計画（02〜07年度）」の海外生産目標（累計）は、石油520万トン、天然ガス49億立方メートルですが、02〜07年度の生産実績は石油1700万トン、天然ガス54億立方メートルと、目標を大きく上回っています。

インドの石油会社は、自社か親会社の財源だけで海外の原油自主開発を行っています。したがって、原油自主開発はインド政府の安全保障政策の一環ではあるものの、石油会社が自ら進出先や案件の経済性評価を行い、経済合理性に基づいて投資を行っています。この点が、国家主導で原油自主開発を進める中国とは異なっています。

## インドの原油輸入先

〔地域別輸入量〕

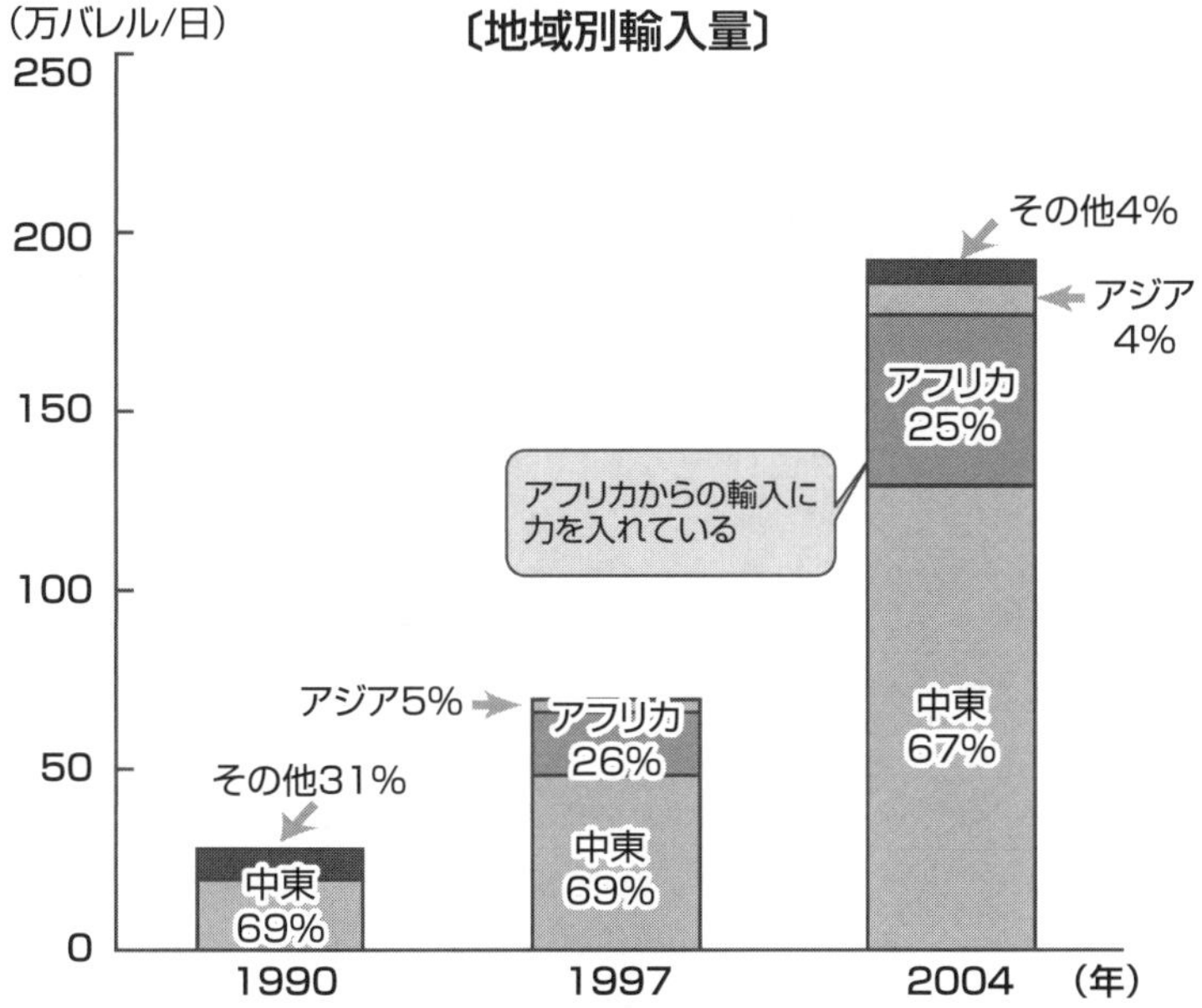
(万バレル/日)
250
200
150
100
50
0
その他31%
中東 69%
アジア5%
アフリカ 26%
中東 69%
その他4%
アジア 4%
アフリカ 25%
中東 67%
アフリカからの輸入に力を入れている
1990
1997
2004
(年)

〔国別輸入量〕

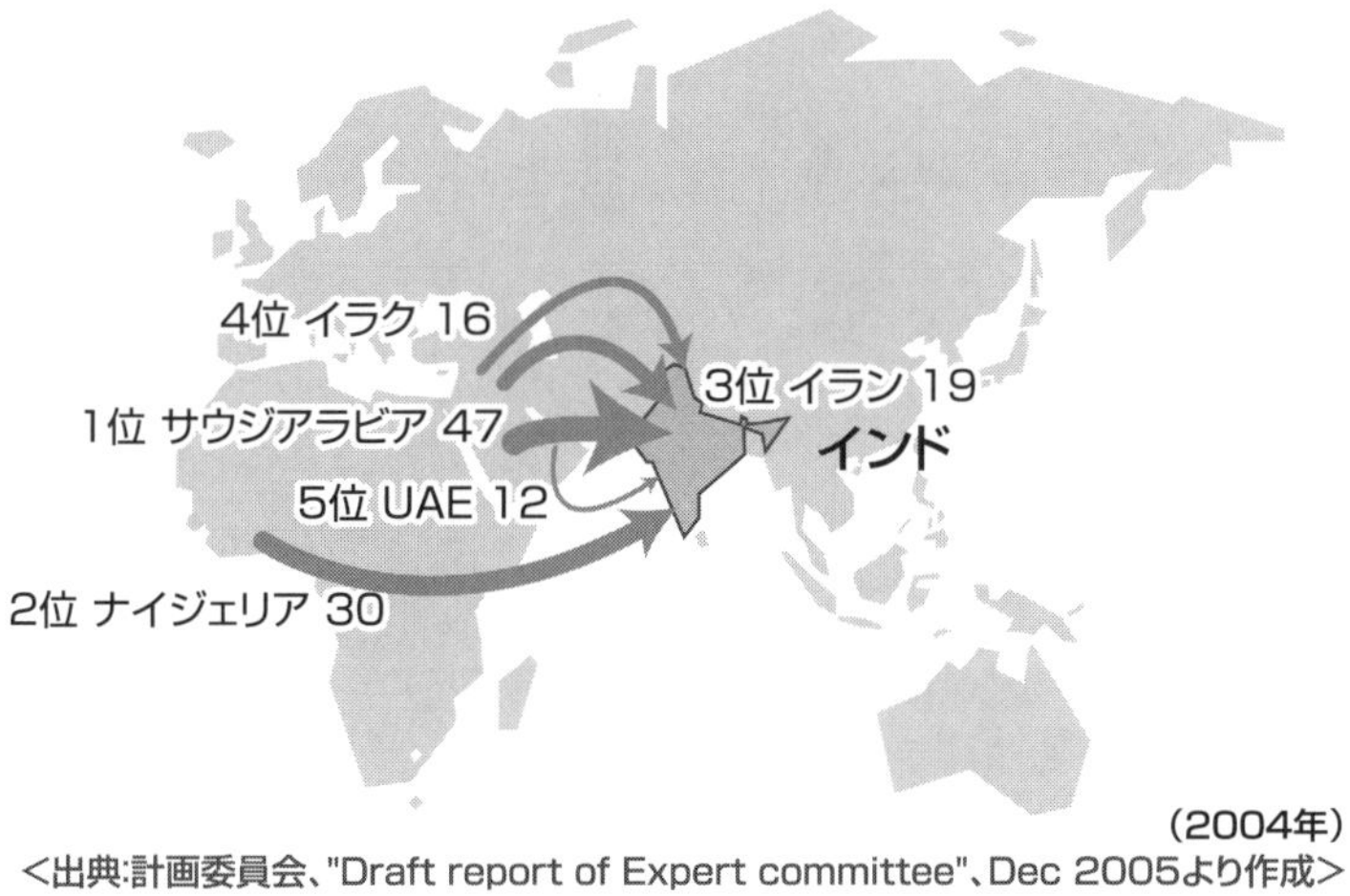
(万バレル/日)
4位 イラク 16
3位 イラン 19
1位 サウジアラビア 47
インド
5位 UAE 12
2位 ナイジェリア 30

(2004年)

<出典:計画委員会、"Draft report of Expert committee"、Dec 2005より作成>

# 3 産油国・地域で高まる地政学的リスク

世界中にある様々なリスクの影響力が強まっている

## ❖国際原油市場における地政学的リスクとは？

最近の国際原油市場において、原油・天然ガスを産出する地域の「地政学的リスク」の重要性がますます大きくなっています。

02年、当時のグリーンスパン米国連邦準備制度理事会（ＦＲＢ）議長は、中東などの特定地域の情勢悪化が世界経済の不安要素になるという懸念を示すために「地政学的リスク」という言葉を使い、その後広く用いられるようになりました。

戦争や内乱、テロ活動、資源国政府による油田・ガス田の国有化など、政治的な理由で引き起こされる出来事で、比較的短期に原油供給を減少させる可能性が懸念されるリスクを国際原油市場では、「地政学的リスク」と呼びます。

実際に、過去数年間にわたって、国際原油市場における様々な地政学的リスクが原油価格を上昇させる要因になってきました。とくに中東やアフリカ諸国の政治情勢はとても不安定な状況で、将来の原油供給に対するリスクととらえられています。

## ❖ウラン濃縮活動を続けるイランのリスク

国際原油市場における多数の地政学的リスクの中でも、とくにその影響力が大きく、また日本にとっても重要性の高いのが中東の地政学的リスクです。

その中でも、現在とくに大きなリスク要因として考えられているのが、ウラン濃縮活動をめぐるイランと欧米諸国の対立です。

イランは現在、国内の電力不足を補うために原子力発電の導入を進めており、その燃料用としてウラン濃縮活動を続けています。

しかし、米国をはじめとする欧米諸国は、濃縮さ

## 地政学的リスク

政治的な理由で引き起こされるリスク

戦争・内乱

テロ活動

資源国政府の
油田国有化

↓

短期間に原油供給を減少させる可能性 ＝ 地政学的リスク

↓

原油供給がひっ迫して原油価格上昇

産油国が多い中東、
アフリカ諸国の政治情勢はとても
不安定な状況にある

れたウランが核兵器の製造に転用されるのではないかという疑いを強めていて、イランと欧米諸国の政治的な緊張が高まっています。

09年1月のオバマ政権の誕生にともない、米国とイランとの間には関係改善の動きもみられ始めています。

しかし、イラン国内のウラン濃縮活動は依然として続けられており、イランと欧米諸国の緊張関係を根本的に解決するためには、まだ多くの課題が残されています。

イランは世界第4位の原油生産国で、日本はイランから日量約50万バレルの原油を輸入しており、イラン産原油の世界最大の輸入国です。

このため、仮にイランと西側諸国との間で軍事衝突が発生し、イランからの原油輸入が停止すれば、日本経済は非常に大きな打撃を受けます。

## ❖イラク、サウジ、ナイジェリアのリスク

イランのほかにも産油国には地政学的リスクがあるので、主なリスクを紹介します。

### ①イラク

イラクでは、03年のイラク戦争以降続いてきた治安の悪化には若干の改善がみられますが、今後、米国のオバマ政権がイラクからの米軍の撤退を進めていくなかで、イラク政府が国内の治安をどう維持していくかが大きな課題となっています。

また、北西部クルド地域では、クルド人勢力とトルコとの軍事的な緊張が高まっており、08年にはトルコ軍とクルド人勢力との軍事衝突が起きるなど、不安定な状況が続いています。

### ②サウジアラビア

07年、2度にわたって大量のテロ容疑者を拘束しました。その中には石油施設へのテロ攻撃を企てていた集団もあり、今後も石油関連施設へのテロ攻撃のリスクが存在します。

### ③ナイジェリア

アフリカ最大の産油国であるナイジェリアの油田地帯、ニジェール・デルタ地域で石油収入の公平な分配を求める地元武装組織が、原油生産施設の従業

## 中東地域の地政学的リスク

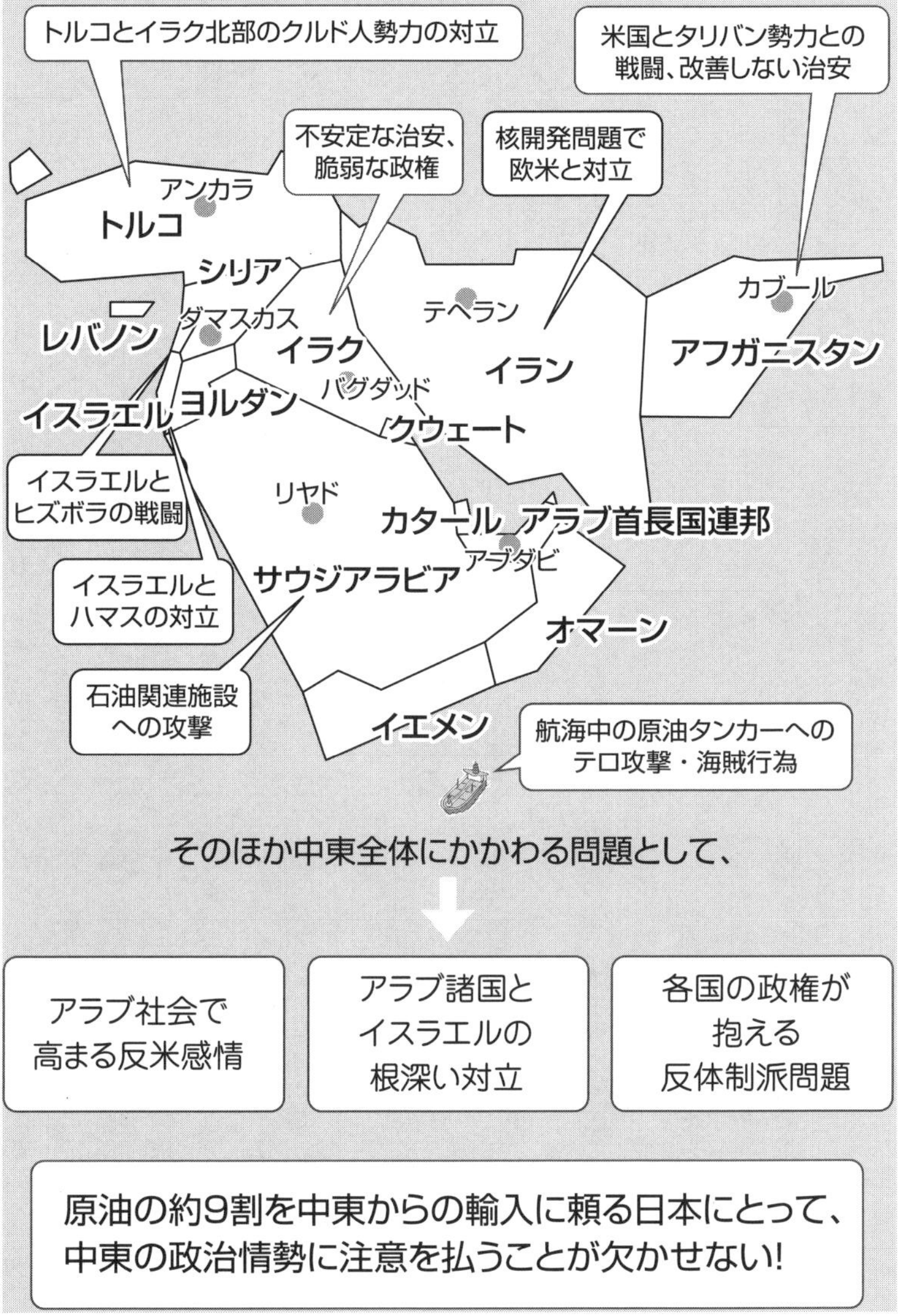


そのほか中東全体にかかわる問題として、

↓

| | | |
|---|---|---|
| アラブ社会で<br>高まる反米感情 | アラブ諸国と<br>イスラエルの<br>根深い対立 | 各国の政権が<br>抱える<br>反体制派問題 |

原油の約9割を中東からの輸入に頼る日本にとって、
中東の政治情勢に注意を払うことが欠かせない!

員を誘拐したり、生産施設を攻撃したりする事件が頻発しています。

このため、本来であればナイジェリアは日量260万バレルの原油生産能力をもつにもかかわらず、190万バレル（08年12月現在）しか生産できていません。

このように、現在の国際原油市場には様々な地政学的リスクが存在しています。しかし、過去の国際原油市場の歴史を振り返ってみると、政治的な理由で原油供給が途絶する出来事は珍しいことではありません。地政学的リスクは、国際原油市場には常に存在しているといえます。

## 地政学的リスクが強まっている

しかし、現在の地政学的リスクはこれまでよりも国際原油市場に大きな影響を及ぼしているといえます。その理由は3つ挙げられます。

### ①リスクが広範囲の地域にある

地政学的リスクは世界最大の産油地域である中東、アフリカ最大の産油国であるナイジェリア、南米最大の産油国であるベネズエラなど広範囲の地域に存在しており、その深刻さの度合いを増しています。

### ②OPECの余剰生産能力が縮小した

これまで、OPEC（石油輸出国機構）の余剰生産能力は、世界の産油国で供給途絶が発生した際にその穴を埋めるバッファー（緩衝材）の役割を果たしてきました。しかし、この余剰生産能力が近年減少してきています。

このことは、単に原油市場における需給バランスがタイトになってきているだけではなく、原油市場が突発的な供給途絶に対して脆弱になっていることも意味しています。

### ③世界の石油供給の途上国依存が強まっている

一般に、地政学的リスクは途上国の産油国にあるケースが多いため、世界が原油供給を途上国に依存する割合が高まるにつれて、地政学的リスクが原油市場に与える影響が大きくなっています。

## 過去に起きた世界の原油供給途絶量

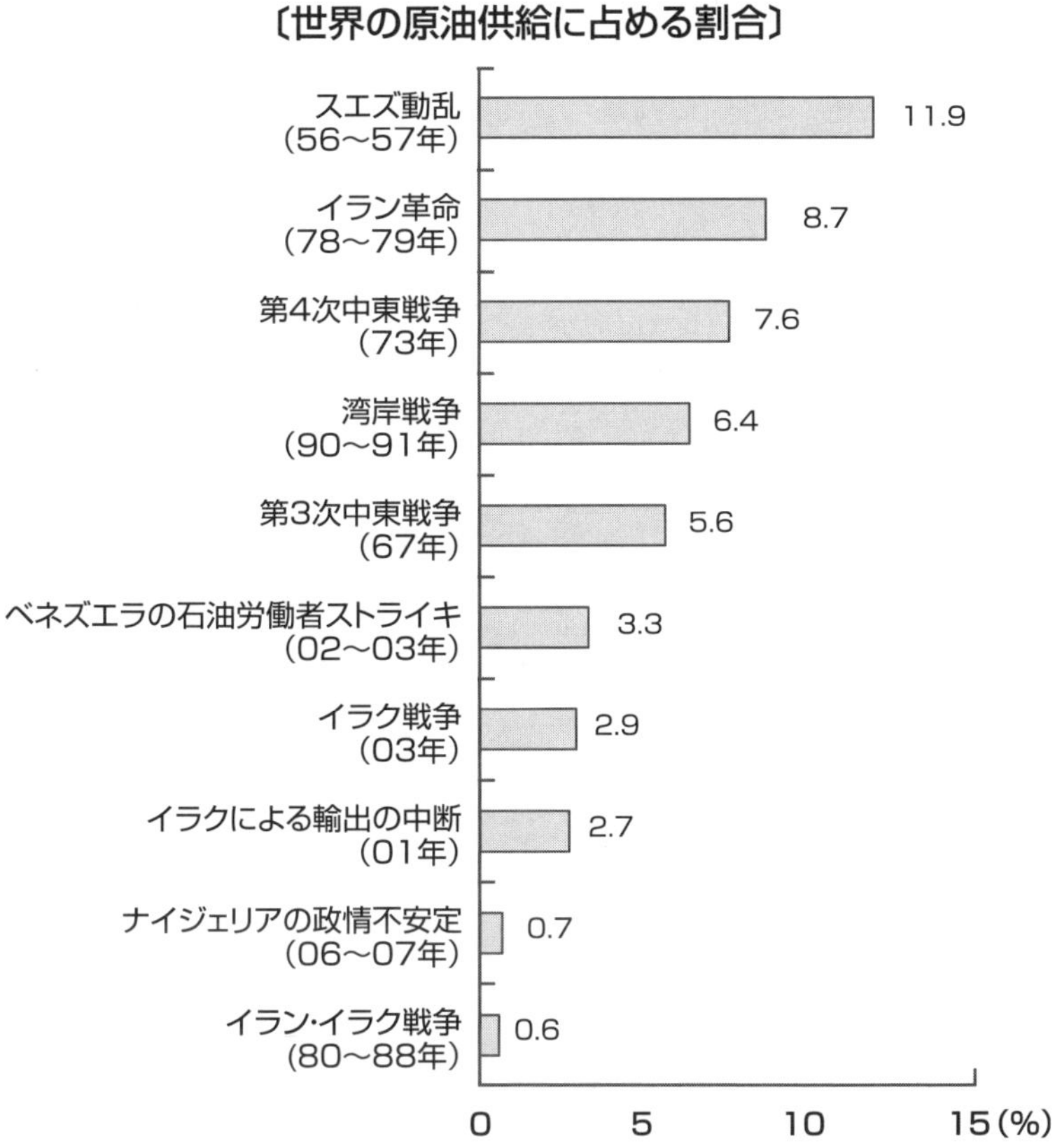
〔世界の原油供給に占める割合〕
スエズ動乱（56〜57年） 11.9
イラン革命（78〜79年） 8.7
第4次中東戦争（73年） 7.6
湾岸戦争（90〜91年） 6.4
第3次中東戦争（67年） 5.6
ベネズエラの石油労働者ストライキ（02〜03年） 3.3
イラク戦争（03年） 2.9
イラクによる輸出の中断（01年） 2.7
ナイジェリアの政情不安定（06〜07年） 0.7
イラン・イラク戦争（80〜88年） 0.6
0
5
10
15（%）

※注:途絶量は最大時の数値
<出典:IEA「Oil Supply Security」より作成>

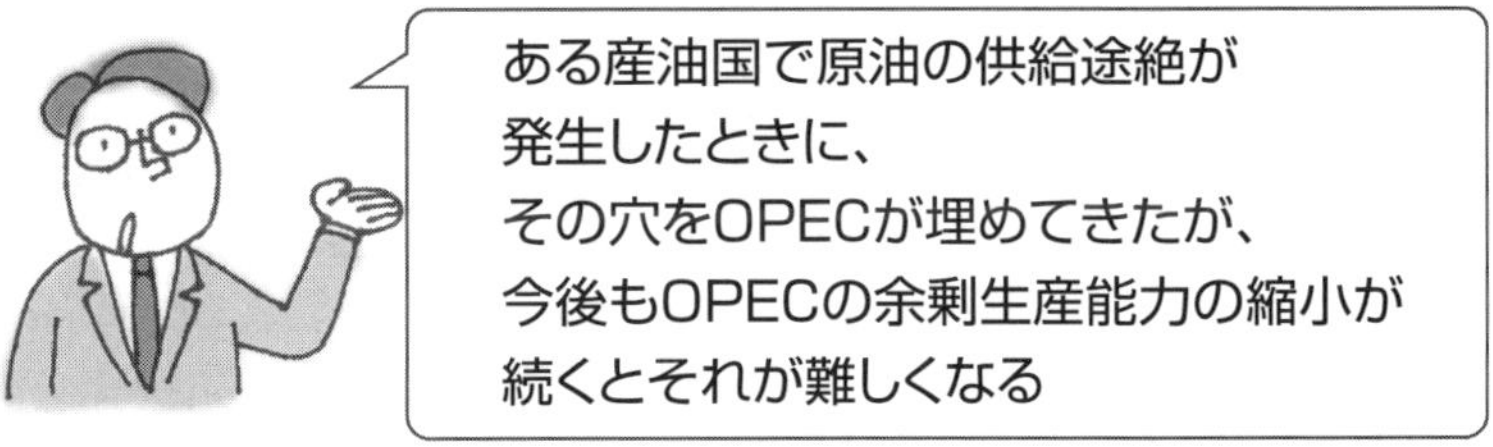
ある産油国で原油の供給途絶が
発生したときに、
その穴をOPECが埋めてきたが、
今後もOPECの余剰生産能力の縮小が
続くとそれが難しくなる

# 4 台頭する資源ナショナリズムの猛威

## 原油価格高騰と密接な関係をもつ構造

### 資源ナショナリズムとは何か

石油資源を産出しない日本にとって、最近高まっている「資源ナショナリズム」の動きを無視することはできません。

「ナショナリズム」を一言でいえば、自国の利益を追求する動きのことをいいます。そして、資源ナショナリズムとは、石油をはじめとする天然資源の産出国が自国資源から得られる利益を最大化させようとする動きといってよいでしょう。

資源ナショナリズムを大きく分けると、天然資源の保有国が、①国内の石油・天然ガス資源の国家管理を強化し、自国の主導権の下で開発・生産を行う動き、②自国の資源を採掘する外資企業に対する課税を増やす動き、の2つになります。

資源ナショナリズムが台頭し始めている国には、①ロシアやカザフスタンといった旧共産圏の国、②ベネズエラやボリビアなどの南米諸国、③アルジェリアやチャドなどのアフリカ産油国などがあります。今や、資源ナショナリズムは世界規模の動きとなっているのです。

### 資源ナショナリズムは70年代にもあった

資源ナショナリズムそのものは決して新しい動きではありません。70年代初め、OPEC（石油輸出国機構→P60）の加盟国は次々と、欧米の石油会社が自国に保有していた石油関連資産（油田の採掘設備や採掘の権利など）を国有化し、原油から得られる収入を自国の手に取り戻しました。

ただし、この資源ナショナリズムの動きは、80年代に入って世界の石油需要が減少し、原油価格が下落するとともに後退しました。さらに90年代には、

## 資源ナショナリズムとは？

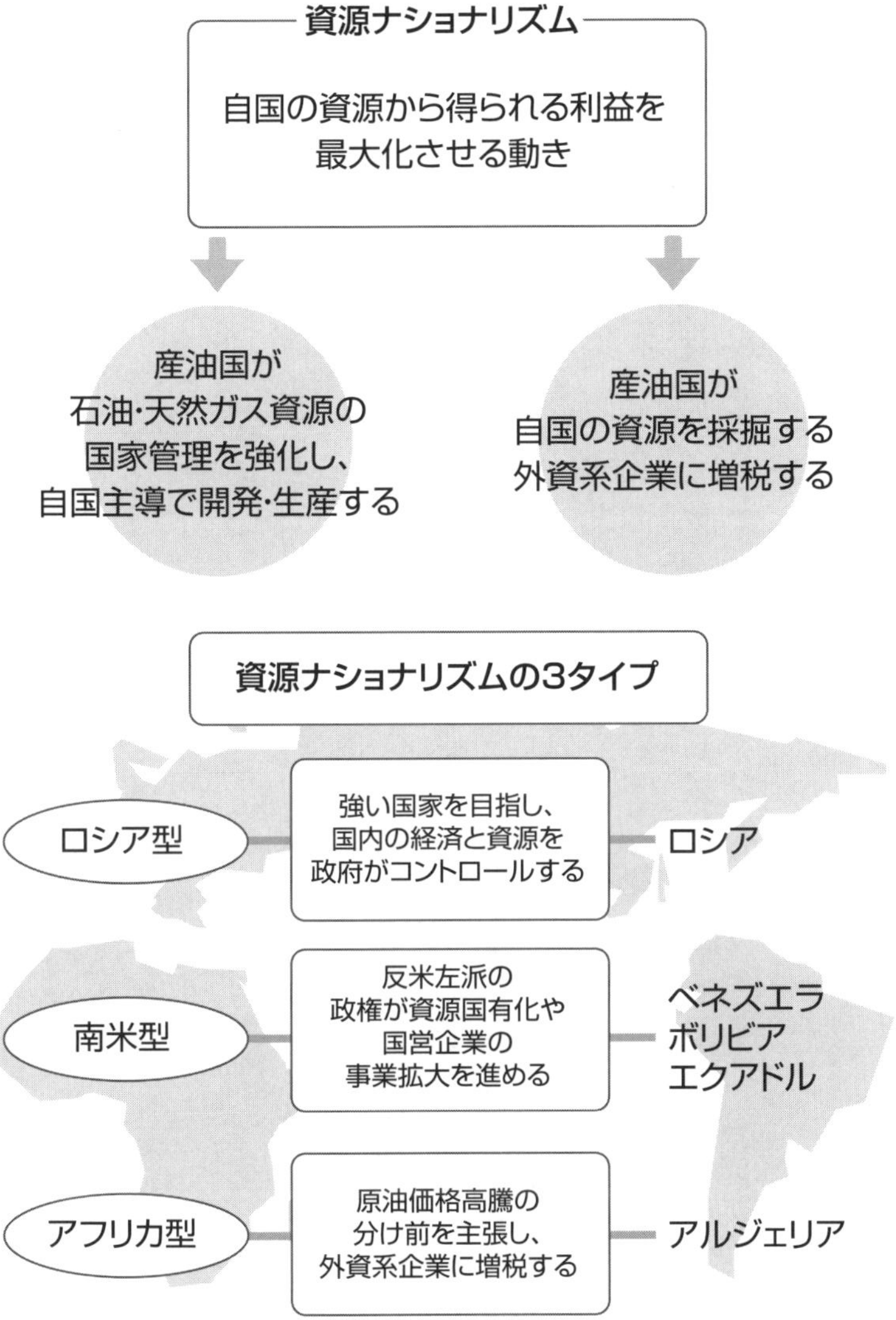

主要な産油国で国内の油田開発を外資系企業に開放するケースもあり、70年代の政府国有化とは逆行する動きもありました。

しかし00年代に入り、原油価格が高騰し始めると、再び資源ナショナリズムが台頭してきました。

## ✤資源ナショナリズムが起こる理由は?

資源ナショナリズムの台頭には、いくつかの理由があります。

### ①原油価格の上昇

まず、原油価格の上昇によって、産油国は自国の原油生産量を増やさずに高い輸出収入を得ることができるようになりました。そこで、国内の油田の生産量を増やすために、先端技術をもつ外資系企業を参入させる必要性が後退しました。

次に、原油価格の上昇は、石油需給がひっ迫することによって起こるため、産油国と消費国との交渉において産油国が有利になりました。

実際に、70年代に資源ナショナリズムが台頭した際にも、00年代半ばと同様、世界の石油需要が急増して原油市場の需給がひっ迫していました。

### ②反米左派の政策

南米のベネズエラやボリビアといった国々においては、反米左派(米国と敵対し社会主義的な政策を支持するグループ)の政治家が相次いで大統領に就任しました。彼らは、これまで米国が主導してきた市場主義(経済を市場原理にまかせる考え方)を重視する政策を批判しました。

ここでも70年代の資源ナショナリズムとの類似点が指摘できます。70年代の資源ナショナリズムは、南北問題(先進国と資源保有国などの途上国との経済格差問題)を是正すべきであるとの国際的な世論の高まりを背景に台頭したものでした。世界経済を支配する秩序へのアンチテーゼとして台頭してきたという点で、00年代の資源ナショナリズムは70年代の資源ナショナリズムと似通った性格をもっています。

反米左派の中でもっとも象徴的な地位にあるのがベネズエラのチャベス大統領です。同大統領は就任

## 2000年以降の資源ナショナリズムの動き

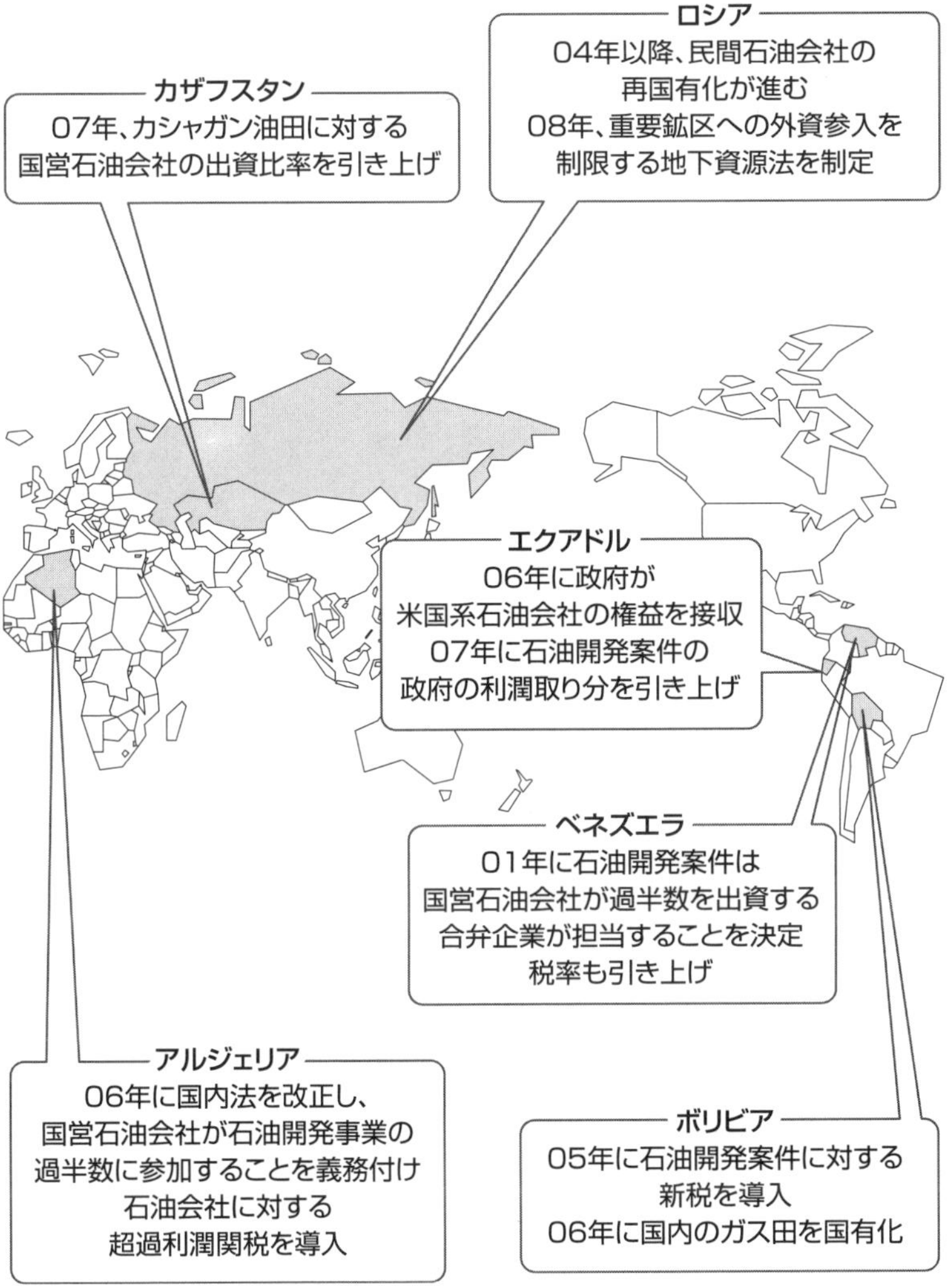
ロシア
04年以降、民間石油会社の
再国有化が進む
08年、重要鉱区への外資参入を
制限する地下資源法を制定
カザフスタン
07年、カシャガン油田に対する
国営石油会社の出資比率を引き上げ
エクアドル
06年に政府が
米国系石油会社の権益を接収
07年に石油開発案件の
政府の利潤取り分を引き上げ
ベネズエラ
01年に石油開発案件は
国営石油会社が過半数を出資する
合弁企業が担当することを決定
税率も引き上げ
アルジェリア
06年に国内法を改正し、
国営石油会社が石油開発事業の
過半数に参加することを義務付け
石油会社に対する
超過利潤関税を導入
ボリビア
05年に石油開発案件に対する
新税を導入
06年に国内のガス田を国有化

直後から一貫して、同国が90年代に進めていた市場主義に基づいた経済政策の見直しを進めてきました。市場主義は外資系企業に利益をもたらし、国内の所得格差を拡大させているという考えです。

そして、米国企業をはじめとする外資系企業との契約内容の一方的な変更や、税率の引き上げといった政策を行っています。

③強力な国家を目指す

ロシアでは、政府が強力な国家を目指すなかで資源ナショナリズム政策が生まれてきています。

冷戦崩壊後、ロシアでは「ショック療法」ともいわれる劇的な市場経済システムの導入で、国内経済は大混乱に陥りました。

しかし、00年に就任したプーチン大統領（現首相）は、国内経済の立て直しを主要な政策課題に据え、中央政府の権限を強化しました。これによって政治・経済システム全体を中央政府がコントロールし、ロシア経済に一定の秩序を取り戻すことに成功しました。

この過程で、ロシア経済の主要産業である石油ガス産業も、冷戦崩壊後に民営化された企業や資産を徐々に再国有化し、政府の財源を確保するという政策を展開するようになっています。

このように、資源ナショナリズムの台頭には、原油価格上昇とともに、各国の目指す政策の方向性という要素も大きく作用しています。

## 資源ナショナリズムが原油高騰をもたらす

原油価格の高騰が資源ナショナリズムを生み出すと説明してきましたが、その反対もあります。

例えば、産油国で資源ナショナリズム的な政策がとられた場合、外資系企業による原油開発や原油採掘設備などへの投資が進まず、外資企業がもつ効率的な原油開発技術の導入も遅れます。このため、産油国の原油の増産投資全体が遅れる傾向があります。

今後、中長期的に世界の石油需要が増えることが確実視されています。そのなかで、このような投資の遅れが出れば需給のひっ迫要因となり、原油価格の上昇をもたらす悪循環になる恐れがあります。

資源ナショナリズムを左右する要因

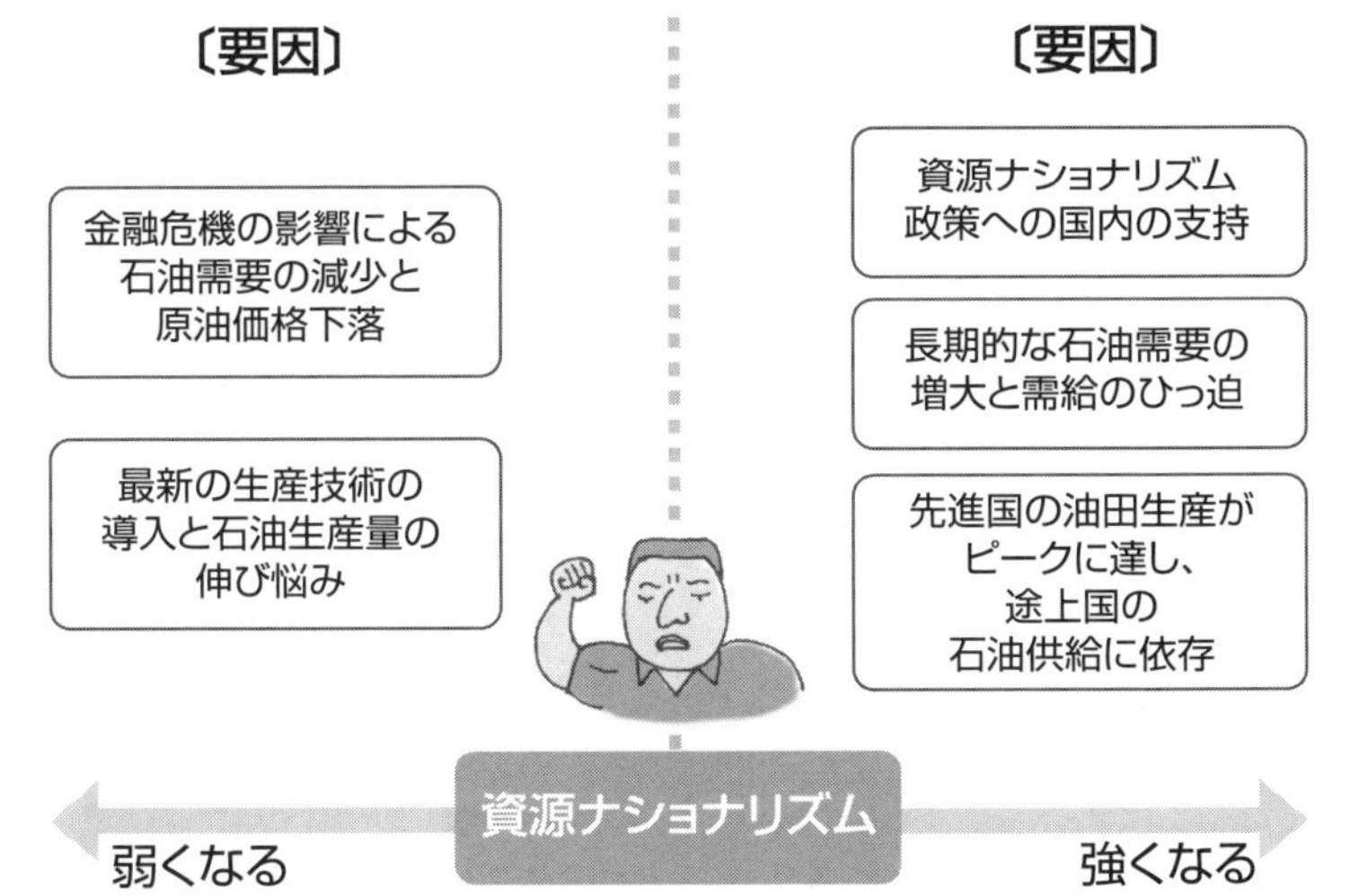
〔要因〕
金融危機の影響による
石油需要の減少と
原油価格下落
最新の生産技術の
導入と石油生産量の
伸び悩み
〔要因〕
資源ナショナリズム
政策への国内の支持
長期的な石油需要の
増大と需給のひっ迫
先進国の油田生産が
ピークに達し、
途上国の
石油供給に依存
資源ナショナリズム
弱くなる
強くなる

## ✤資源ナショナリズムは今後も続くのか

それでは、現在の資源ナショナリズムの動きは今後も続いていくのでしょうか。資源ナショナリズムが台頭してきた大きな要因の一つであった原油価格の高騰は、08年の夏をピークに収まっています。そこで、このような状況が長く続けば、現在の資源ナショナリズムも後退していくのではないかという見方もできます。

しかし、先に述べたように、南米諸国における反米主義路線、ロシアにおける強い国家を目指す政策は、いずれも国民の支持を得ています。ですから、各国の政権が原油価格の下落によって、簡単に現在の政策路線を大きく変えることは難しいでしょう。

また、原油価格下落で短期的には石油の需給バランスが緩和するものの、再び世界経済が回復基調になれば石油需要も増加に転じ、原油価格も上昇に転じるでしょう。

したがって、現在の資源ナショナリズムの動きはしばらくの間続くと考えられます。

# 5 原油市場へ流入する巨額マネーの動向

## 株・債券・不動産から商品へ投資家が動く

### 金融市場でマネーがあふれ出した

最近の国際石油市場では、投資ファンドや銀行などの金融機関の存在感が高まっています。投資ファンドは、複数の投資家や金融機関から集めた巨額のマネーを様々な分野に投資して利益を得ています。

投資ファンドや金融機関が巨額のマネーを容易に集められるようになった大きな理由は、欧米先進国で低金利政策が続き、低い金利で資金を調達できるようになったからです。低金利で世界的にマネーがあふれ、その一部が石油市場に向かっていると指摘されています。

では、なぜ低金利政策が続いているのでしょうか。

米国では、ITバブルが崩壊した00年以降、段階的に政策金利（FFレート）が引き下げられていきました。その後、インフレ（物価上昇）懸念が高まったため、04年には一転して政策金利が引き上げられました。

しかし07年夏、米国の低所得者層向けの住宅ローンである「サブプライムローン」の延滞が激増して不良債権化している事実が発覚し、金融不安の兆候が出てきました（サブプライムローン問題）。

それ以降、米国当局は金融市場に十分な資金を供給するために、政策金利を段階的に引き下げました。この低金利政策で金融市場には大量のマネーがあふれている状態になったのです。

### マネーはなぜ原油市場に向かうのか

それでは、このようにして創出されたマネーがなぜ、原油市場に向かったのでしょうか。その背景には、①当時のドル安・株安傾向、②原油市場特有の値動き、の2つの要因が挙げられます。

## サブプライム危機と原油市場

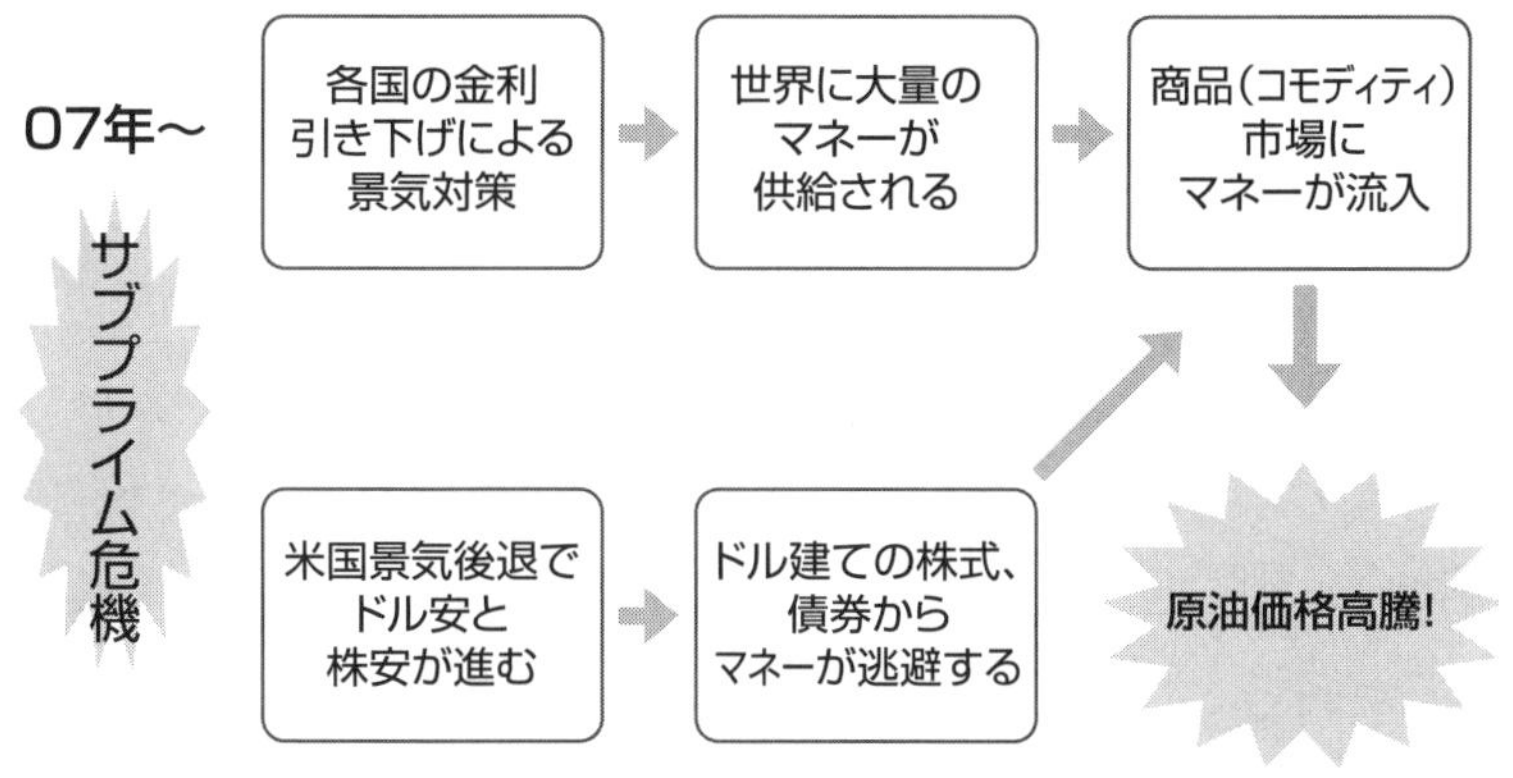


サブプライムローン問題をきっかけに、今後の米国経済に対する悲観的な見方が広がりました。07年後半以降、国際為替市場では米国の通貨ドルが売られる傾向が強まり、ドル安が進みました。また、米国株式市場においても、同じ理由から株安が進みました。

この結果、ドル建ての株式や債券を所有していた投資家は、資産をドル建ての金融商品以外に投資しようと考えたのです。また時を同じくして、米国の不動産価格が下落しつつあったことも、それまで不動産への投資に向けられていた資金を原油市場に誘引する一因にもなりました。

原油を始めとする商品（コモディティ）市場は、それまで株価や債券価格とは異なる値動きをしていました。しかし、それが株価下落局面においては魅力となって、投資ファンドや金融機関の大量の資金が商品市場に流入するようになったのです。

### ✤ 大きすぎる投資ファンドのマネー

しかし、他の金融市場と比較して、原油市場はあまりにも小さすぎました。図（上）は株式市場・債券市場と原油市場の規模を比較したものです。両者の間には圧倒的な規模の差があります。

また、投資ファンドの資金規模のほうが、原油先物市場（14兆円）の規模よりもずっと大きいのです。例えば、投資ファンドのうち年金ファンド（年金の運用機関）は17兆ドル、ヘッジファンド（大規模な資金を集めて様々な金融手法を駆使して利益を上げるファンド）は2兆ドルと、非常に大きな資金を運用しています。こうした莫大なマネーが小さな原油市場へと向かったのです。

年金ファンドは長期的な安定運用を行う必要性があるので、これまで原油などの商品市場への投資には慎重でした。しかし、ドル安と株安のなかで、商品市場に対して高い関心を寄せるようになりました。

例えば、米国の有力年金ファンドの一つ、カリフォルニア州職員退職年金基金（カルパース）は08年2月、商品市場への資金配分比率を0・5％から3％に引き上げる決定をしました。

## ✤商品インデックスは石油を多く組み込んでいる

原油市場へのマネーの流入は、①原油先物への直接的流入と、②「商品インデックス」への投資を介した間接的流入、の2つに大きく分けられます。

商品インデックスに投資する金融商品は90年代から販売されていましたが、販売残高が100億ドルに達することはなく、90年代当時はあまり目立たない商品でした。

しかし00年以降、低金利時代が到来して徐々にその運用残高は増え、07年時点での残高は1600億ドルと大きく膨れ上がっています。

図（下）は代表的な商品インデックスである米国スタンダード＆プアーズのGSCIと、米国ダウ・ジョーンズのAIGCIの構成比率です。両商品ともに石油のシェアがもっとも大きく、GSCIは実に過半数の運用残高を石油市場に分配しています。

このような商品インデックスによる投資活動が、最近の原油価格高騰の主な原因であるという見方があります。しかし、インデックスを運用する金融機

# 原油市場に流れ込むマネー

〔金融市場の規模と原油先物市場の規模〕

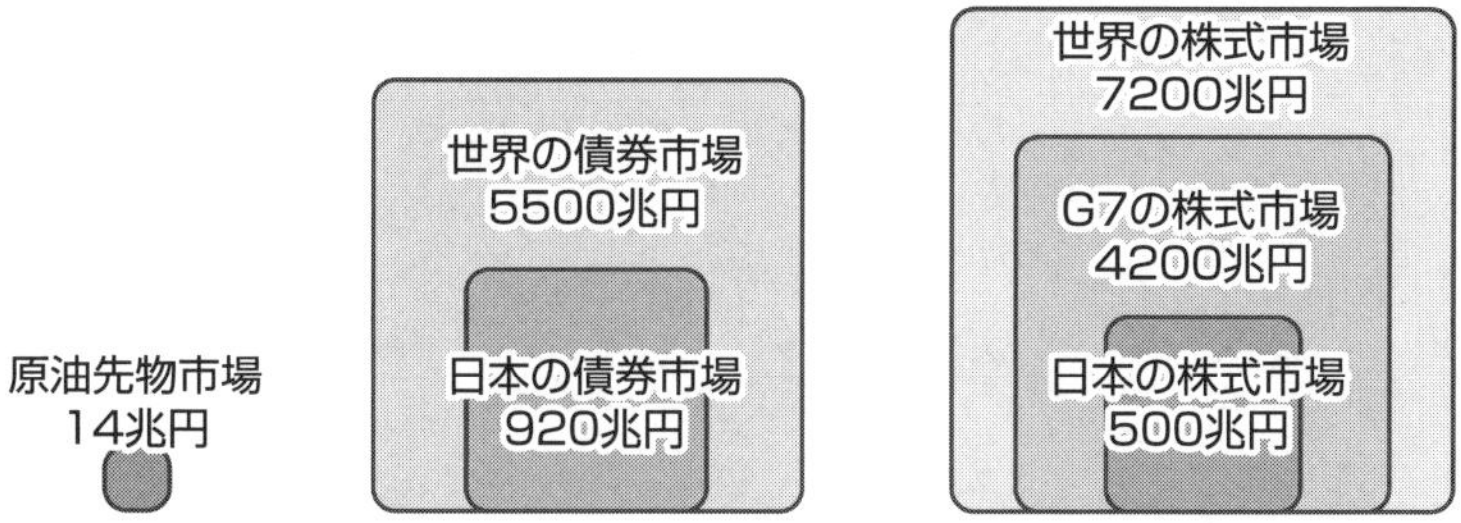


※注:原油市場は2007年11月時点。それ以外は2007年10月時点

株式・債券市場からやってきたマネーを
受け入れるには原油市場は小さすぎる

〔商品インデックスの構成比率〕

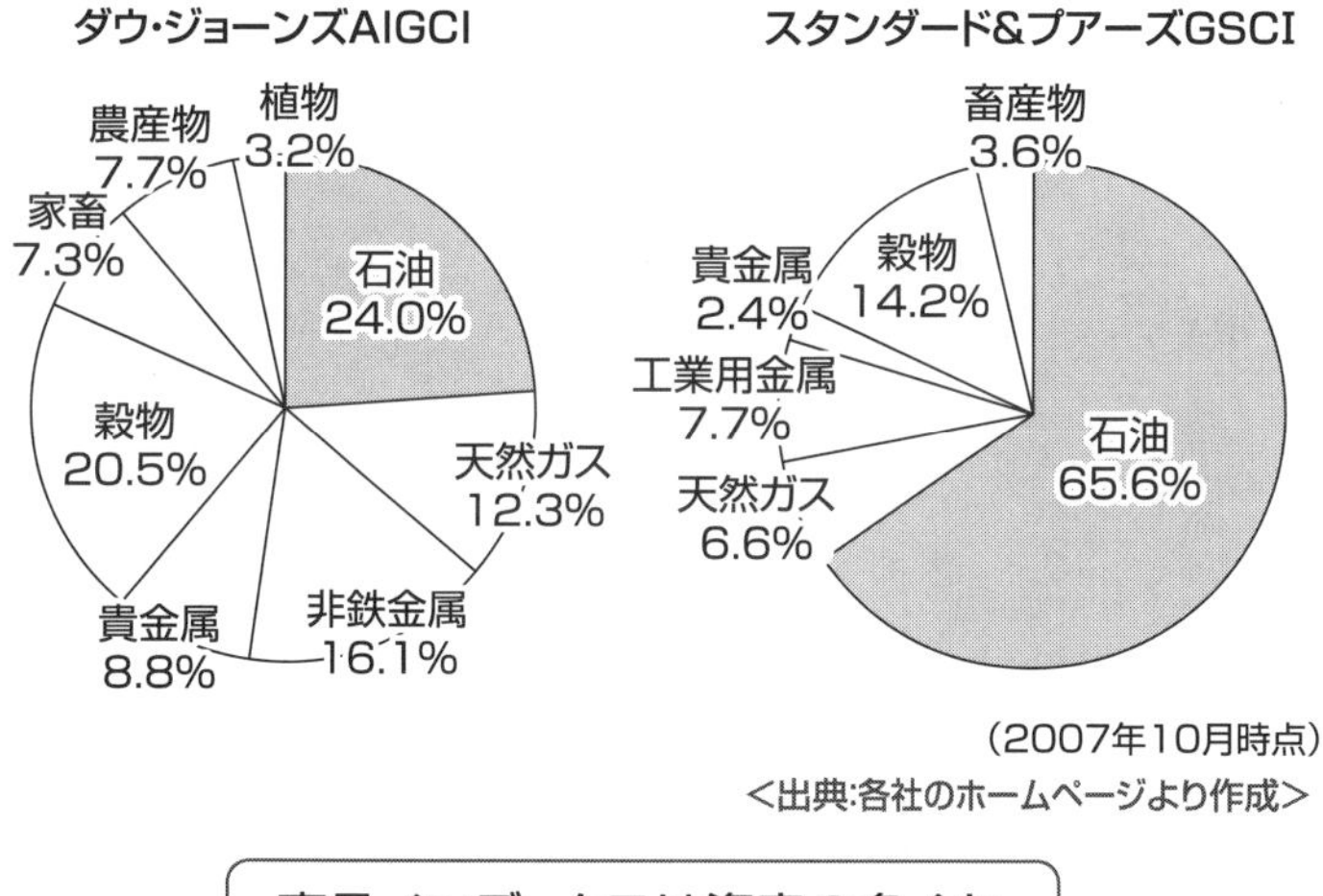


(2007年10月時点)
<出典:各社のホームページより作成>

商品インデックスは資産の多くを
石油に振り向けている

関は、期近（決済期限が近いもの）の先物を売りながら、同時に期先（決済期限が遠いもの）の先物を買っています。つまり、売りと買いを同時に行っているので、商品先物価格を動かす要因にはなっていないという見方があります。

また、マネーの流入自体は市場取引の流動性や変動幅を高める効果はあっても、市況を一方的に動かす効果はないという意見もあり、本当のところは不明です。

この分野は、公開されているデータが少なく、実際の投資ファンドの影響を検証するのは困難で、さらなるデータの開示と分析が必要です。

## ❖マネーは投機目的と投資目的に分けられる

これまで、原油市場に流入しているマネーは、すべて投機目的のマネーであるという見方がされがちでした。投機目的とは、短期的な価格の変動を利用して利益を得ようとすることを指します。

しかし、実際に原油市場に流入しているマネーは、投機目的と一般的な投資目的の2つのタイプに分けて考えたほうがいいでしょう。

### ①投機目的のマネー

ヘッジファンドのように、原油市場の日々の値動きを利用して利益を上げる投資手法を行う投資家のマネーです。市況（市場の価格動向）の上下に対して非常に敏感に反応するため、市況の変動を強める働きをする傾向があります。

### ②投資目的のマネー

年金ファンドのような長期安定型の運用をする投資家のマネーです。投資手法は、一般的に買い持ち（買った後、すぐに売却せずに持ち続けること）です。

このような投資家は、運用リスクを分散させることを目的に、保有する資産全体の配分構成のバランスを重視します。そのため、個別の金融商品の価格水準よりも、他の金融商品の値動きとの相関関係を重視しているとみられます。

この点、先に述べたように原油への投資は株や債券の価格とは違った値動きをするので、リスクの分散に役立つわけです。

## 石油市場に流入する投機マネーと投資マネーの違い

| | 投機マネー | 投資マネー |
|---|---|---|
| 先物市場の買いポジションシェア | 原油(10%)<br>ガソリン(20%) | 原油(31%)<br>ガソリン(39%) |
| 主なプレーヤー | トレーダー、ヘッジファンドなど | 年金ファンド、政府系ファンドなど |
| 取引形態 | 先物市場で実際に売買する | 商品インデックスを介して投資する |
| 原油市場への投資目的 | 値動きによるさや取り | ポートフォリオ(資産構成)の分散化 |
| 取引の流動性供給効果 | 高い | 低い |
| 価格に対する敏感性 | 高い | 低い |
| 投資スタイル | 売り買い両方 | 買い持ちを継続 |

(2008年平均)

### ✤マネーの規制は可能なのか

原油市場へのマネーの流入が進むなかで、このマネーの流入が原油高の主な原因であり、規制をかけるべきだという意見が世界的に強まりました。

08年7月に開催された北海道洞爺湖サミットでは、IMF(国際通貨基金)とIEA(国際エネルギー機関)が共同で、原油市場におけるマネーの影響を分析することに合意しました。米国議会でも、投機マネーの規制を求める法案が提出されました。

しかし一方で、市場の自由な取引に規制をかけるという発想に対して根強い反対意見も存在します。

本当にマネーの流入が原油価格を押し上げる役割を果たしているのかどうかについて、現時点では分析するのに十分なデータがありません。

今後、データを収集・整理し、原油市場にマネーがどのタイミングでどの程度の規模でどのような取引形態で流入してきているのかを、客観的に分析することが求められます。

# 非在来型原油の生産が本格化している

オイルサンド、オリノコ超重質油が代表的

## 非在来型原油とは？

最近、「非在来型原油」と総称される原油に関心が高まっています。これは、従来の原油生産技術とは異なった方法で生産される原油のことです。その代表的なものとして、カナダのオイルサンドやベネズエラのオリノコ超重質油などがあります。

これらの非在来型原油は、以前からその存在が知られていましたが、生産コストが高いこともあり、十分な投資が進められてきませんでした。

しかし、①近年の原油価格上昇で高い生産コストをカバーできるようになってきたこと、②オイルサンドの生産技術が進歩して生産コストが削減されたこと、を理由に非在来型原油の生産が注目されています。

## 開発に追い風が吹くカナダのオイルサンド

カナダのオイルサンドは同国中部に存在し、砂岩中に粘度の高い原油を含んだ石油資源です。最近活発な開発投資が進められています。図のように、石油メジャー（→P52）を始め、日本企業も含めて世界の石油会社が開発投資を進めています。

また、オイルサンドの生産量は00年の日量約60万バレルから07年の同約120万バレルへと倍増しています。カナダの石油生産企業からなる業界団体の予測によれば、今後さらに増産が続き、10年には日量150万バレルの大台に乗せ、20年には同320万バレルと、現在の3倍近くの生産が見込まれています。

実際には、生産施設を建設するのに必要な資機材や労働者の確保が想定どおりに進まず、増産の規模はこの見通しより小さくなるとの見方もあります。

## オイルサンドの開発状況と所在地域

| 企業 | 状況 |
| --- | --- |
| シェル（英蘭） | カナダ・アサバスカ地方のオイルサンド生産プロジェクトが進行中。生産量を日量15.5万バレルから2010年に増産する計画 |
| エクソンモービル（米国） | 子会社のインペリアル・オイルを介して日量15万バレルを生産。2012年に新たにKearlプロジェクトを立ち上げ、同10万バレルを増産する計画 |
| コノコフィリップス（米国） | カナダのエンカナ社と合弁会社を設立し、2015年に日量40万バレルを生産する計画。合弁会社の製油所にコーカー建設を進める |
| トタル（フランス） | ジョスリンプロジェクトで日量3500バレルを生産。2015年にさらに同10万バレルの生産能力増強を計画中 |
| BP（英国） | オイルサンド生産と、米国オハイオ州にある自社のトレド製油所での合弁事業実施にカナダのハスキー・エナジー社と合意。2012年生産開始予定 |

| | |
| --- | --- |
| 石油資源開発（日本） | 現地子会社のJACOS社が日量8000バレルを生産中。今後、追加投資で同3万5000バレルに引き上げる計画 |
| 新日本石油開発（日本） | シンクルード・カナダ社が操業管理するシンクルードプロジェクト（日量30万バレル生産）に5%権益参加 |
| 国際石油開発帝石（日本） | トタルの子会社がオペレーターのジョスリンプロジェクトに10%権益参加 |

しかし、それでもオイルサンドからの原油供給が今後順調に伸びていくことは確実でしょう。

非在来型原油の中で、とくにカナダのオイルサンドの開発が進んでいますが、その背景には次の4つの理由があります。

**①探鉱リスクが小さい**

すでに大量のオイルサンドの埋蔵量が確認されており、新規に資源を探鉱するリスクが小さいのです。探鉱リスクは原油開発を進める上でもっとも高いリスク要因の一つであり、このリスクが小さいことはオイルサンドの大きな利点です。

**②政治的リスクが小さい**

他の多くの産油国と異なり、カナダの政治情勢は安定していて、政治的リスクが小さいのです。

**③市場リスクが小さい**

隣国に米国という世界最大の石油市場があり、産出された原油を安定的に販売できるメリットがあり、市場リスクが少ないのです。

**④採掘技術の進歩による生産コスト減**

従来は、オイルサンドの採掘方法は、地表をブルドーザーなどで削って採取する露天掘りという生産方法が主流でした。

しかし最近では、オイルサンドが存在している地中に水蒸気を注入することで、地中の油分だけを抽出する新しい生産技術（水蒸気圧入法）も導入されています。このような技術革新による生産コスト低下も、オイルサンドの開発には大きなプラス要因です。

## ❖開発が遅れるベネズエラのオリノコ超重質油

オリノコ超重質油は、ベネズエラ中部のオリノコ地方にある非常に比重（密度）の大きい（重い）石油資源です。カナダのオイルサンドよりも深い地中に存在しています。しかし、油分そのものがオイルサンドよりも採取しやすい状態で存在しているため、生産はオイルサンドよりも容易です。

オリノコ超重質油の生産のために、90年代にベネズエラの国営石油会社PDVSAと外資系企業によって4つの提携事業体がつくられました。各事業体は超重質油を採掘し、分解して合成原油を生産

## オイルサンドの生産実績と見通し

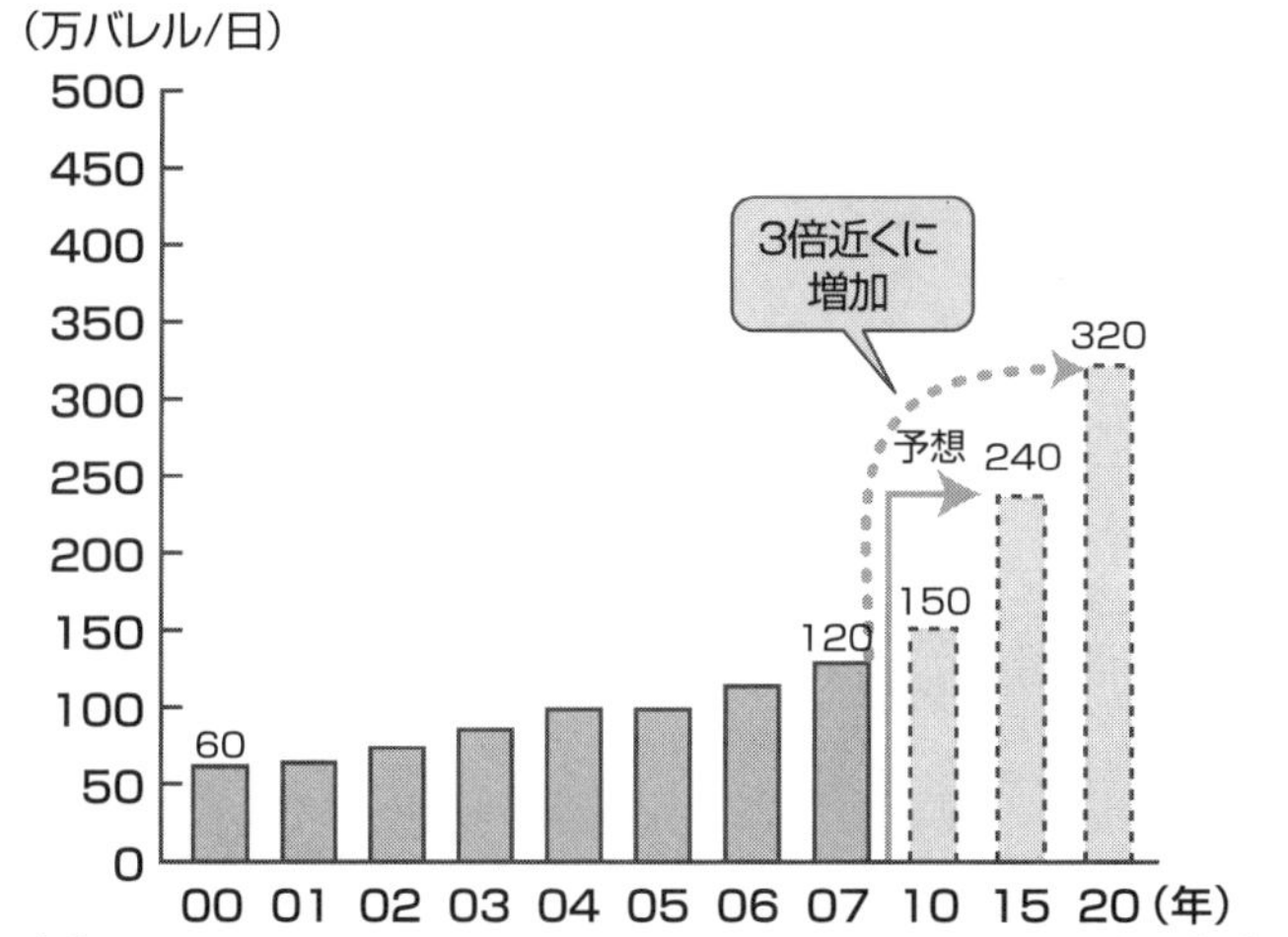


<出典:Canadian Association of Petroleum Producers ホームページより作成>

しています。07年時点で合成原油の生産量は日量約58万バレルとなっています。

この他にもベネズエラはオリノコ超重質油の生産量を引き上げるべく、外資系企業との提携を行う計画です。資源ナショナリズム（→P264）的な姿勢を強める現在のチャベス政権は、従来のような欧米の石油会社ではなく、中国やインド、イランなどの石油会社との提携を模索しています。

しかし、欧米系以外の石油会社の超重質油開発能力には限界もあり、新たな超重質油開発は遅れています。

### ✤非在来型原油の生産は今後増えるのか

IEA（国際エネルギー機関→P63）が08年発表したエネルギー需給見通しでは、非在来型原油の生産量は、07年の日量160万バレルから30年には約5・5倍の同880万バレルにまで増えると予測されています。しかし、世界全体の石油供給に占めるシェアは30年でも8・3％にすぎません。

今後、技術革新による生産コスト低減と、持続的な増産に向けた投資環境の整備が求められます。

# 7 原油生産コストが上昇している

## 先進国の原油開発が高コスト体質になっていく

### ❖産油国の増産意欲がわかない理由

世界の石油需要が大きく増加するなかで、需要の伸びに見合った新規油田開発を進める必要があります。

しかし、現在の世界の原油埋蔵量のうち実に77％が産油国の国営石油会社の管理下にあり、日本のような消費国の企業が自由に探鉱・開発を行いにくい状況にあります。

豊富な石油埋蔵量をもつ国は、石油収入に大きく依存しています。そのような国にとって自国の石油資源は貴重な財産であり、生産量を抑制し、できるだけ長く生産を続けようとする傾向があります。

また、産油国にとって重要なのは、輸出量と輸出価格を掛け合わせた輸出収入です。原油価格が上昇している局面では、輸出量を増やさなくても十分な輸出収入が確保できます。したがって、あえて生産量を増やすという動機が働きにくいのです。

以上のようなことから、原油価格が上昇しているにもかかわらず、それに見合った増産のための油田開発などの投資が進みにくい状況にあります。

### ❖先進国は未開拓分野へ向かう

一般的に、低コストで開発や生産が可能な油田がいずれも産油国の国営石油会社の管理下にあるため、日本のような消費国の投資は、生産コストのかかるフロンティア(未開拓)分野へと向かっていきます。

フロンティア分野には、次の2種類があります。

①生産コストが高い油田

2000〜3000m以上の深さまで掘削する超深海油田、北極圏のように過酷な気候条件下にあるため、産出された原油を輸送するインフラが十分に

## 世界の未開拓の油田地帯

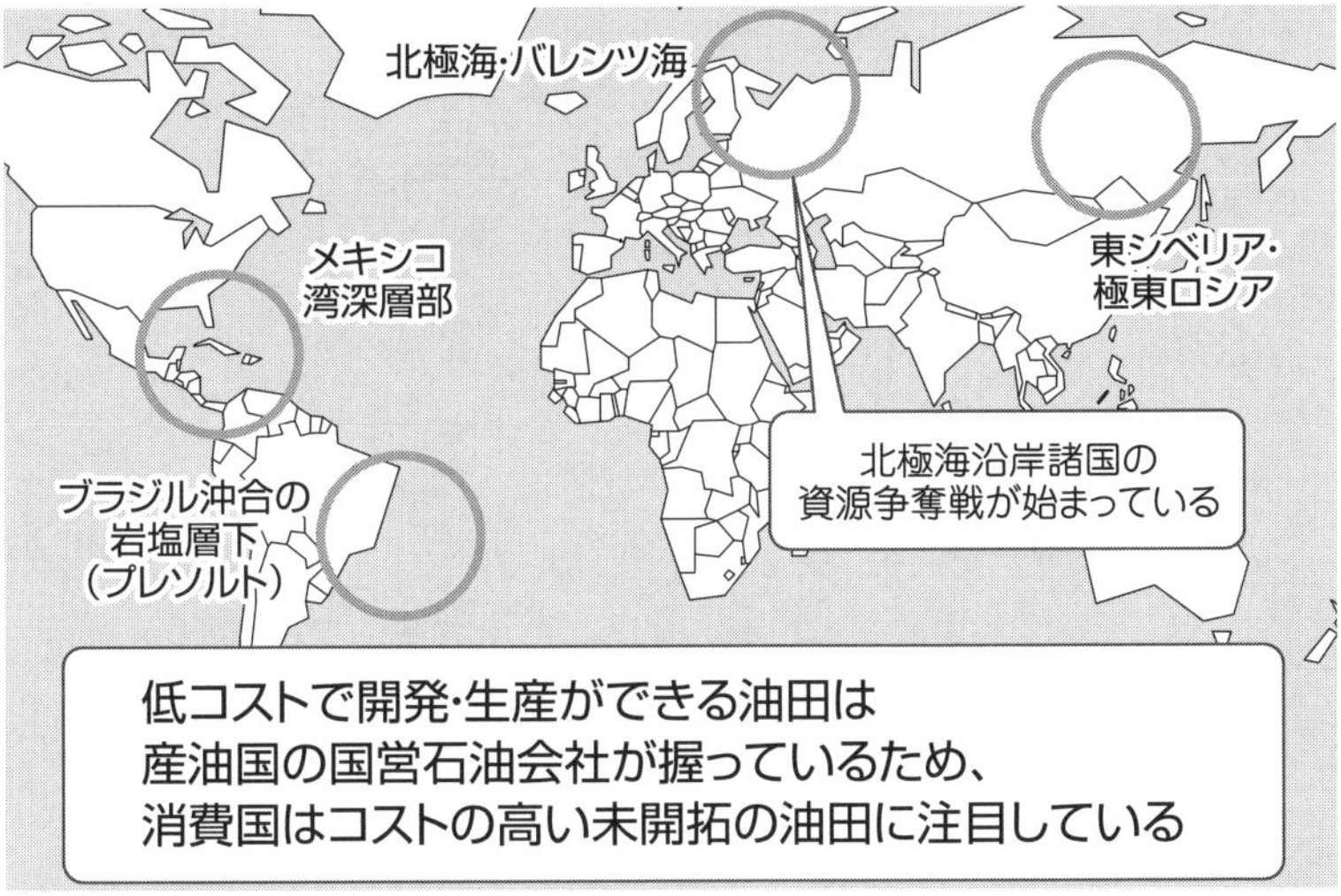
北極海・バレンツ海
東シベリア・
極東ロシア
メキシコ
湾深深層部
北極海沿岸諸国の
資源争奪戦が始まっている
ブラジル沖合の
岩塩層下
（プレソルト）
低コストで開発・生産ができる油田は
産油国の国営石油会社が握っているため、
消費国はコストの高い未開拓の油田に注目している

整っていない地域の油田などがあります。

とくに北極圏は「地球上でもっとも有望な資源の未開発地域」と評価されています。08年に米国地質調査所が発表した調査結果によれば、北極圏には世界の未発見石油資源の13％が存在しています。

近年の地球温暖化の影響で、北極圏の氷が融解して資源開発を進めやすくなっており、開発に対する関心が高まっています。

とくにロシアは、北極圏の資源確保に向けてもっとも積極的に行動しています。07年には、潜水艦による北極海底の探査に乗り出し、北極点の海底約4000ｍの地点にロシア国旗を立てました。

### ②革新的な原油生産技術の開発・導入

二酸化炭素や化学品を油田に注入することで、油田から回収できる原油の量を増やす増進回収法や、掘削中にリアルタイムで地中の状況を判断しながら掘削を行う方法などの先端技術があります。革新技術の導入は既存油田の回収率を上げる一方で、生産コストを上昇させる一因にもなっています。

### ✤資機材価格の高騰と人材不足

原油開発を進める上で必要となる「リグ」（掘削装置）などの資機材の価格が上昇していることも原油生産コストを押し上げる要因となっています。

世界の油田で用いられているリグの数は、00年の約1800基から約3480基（08年7月時点）に増加しています。しかし、まだ増産投資に十分な量ではありません。

原油開発を進める上で、必要な人材も不足しています。生産施設を建設する労働者と、開発作業を統括する技術者の数は、現在減少の一途をたどっています。開発すべき油田が存在し、開発に必要な資金も確保できたのに、人材を確保できないために開発が遅れてしまうという事例もみられます。

このような状況から、原油を生産するコスト全般は上昇傾向にあります。世界全体での生産コストを集計したデータがないため、世界の油田地域で操業する欧米の石油メジャー2社の生産コストの推移を図に示します。

技術力やプロジェクト管理能力に定評のある石油メジャーですらも、生産コストが過去8年間で2～3倍に増大してきています。

### ✤コスト上昇が原油価格を下支えする可能性

生産コスト上昇が原油価格上昇の一因になったという見方があります。しかし実際には、原油の開発を行う際には、その時々の原油価格水準を基に生産期間の原油価格を想定し、これから行う開発のコストを吸収できるかどうかを検証した上で、開発をするかどうかを決めます。

ですから、その時々の原油価格の水準が、油田の新規開発コストを決めるというほうが正しいでしょう。

しかし、ある程度原油価格が上昇し、比較的高い生産コストがかかる油田の開発が進んだ場合、「開発コストの増加」という事実が原油取引をする市場参加者の間で「暗黙の前提」として認識されます。そうなれば、原油の市況価格のボーダーラインが実質的に上昇する可能性も出てきます。

## 先進国の原油生産コストの上昇

| | | | |
|---|---|---|---|
| コストのかかる革新的な原油生産技術の導入 | 原油採掘のためのリグ(掘削装置)など資機材価格の高騰 | 原油生産施設を建設する労働者と開発作業を統括する技術者の不足 | 開発・生産コストがかかる新規油田を開拓 |

▼

**原油生産コストの上昇**

〔石油メジャー2社の1バレルあたりの原油生産コスト〕

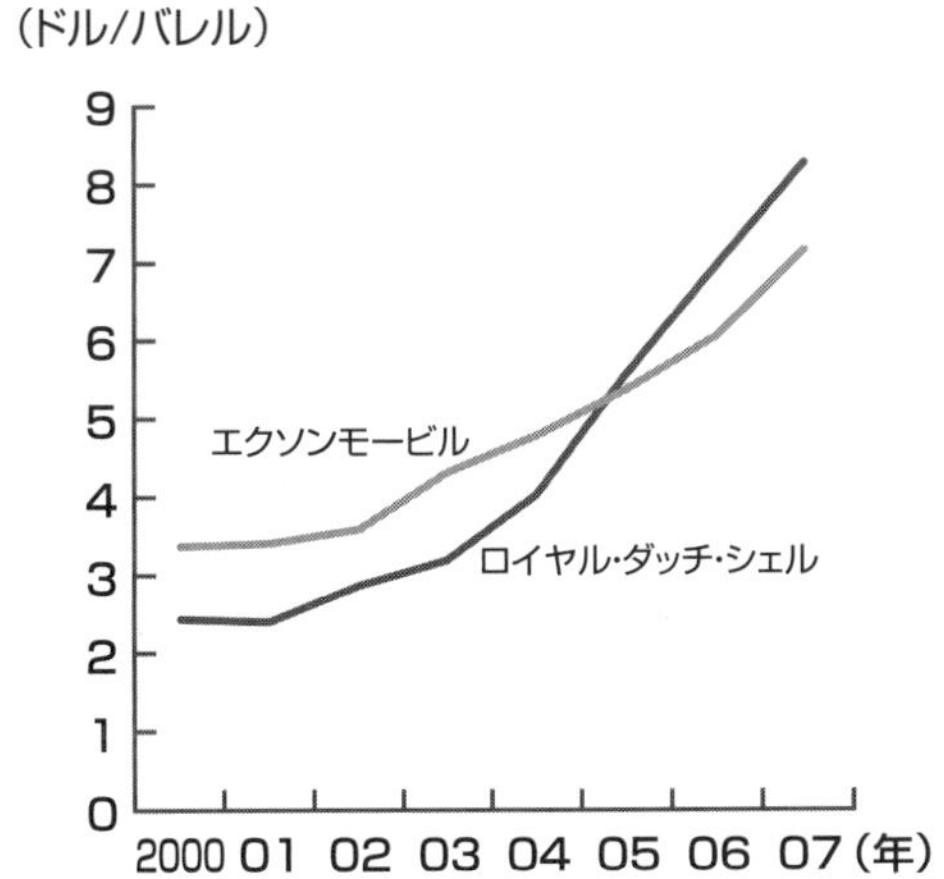
(ドル/バレル)
9
8
7
6
5
4
3
2
1
0
2000 01 02 03 04 05 06 07 (年)
エクソンモービル
ロイヤル・ダッチ・シェル

技術力、プロジェクト管理力がある石油メジャーですら過去8年間で生産コストが2〜3倍に上がっている

<出典:各社年次報告書>

# 8 地球温暖化対策を求められる石油業界

## エネルギー消費と二酸化炭素排出を削減する

### ✤温室効果ガスの削減が課題になった

97年に京都で行われた気候変動枠組条約第3回締約国会議（COP3）において、先進国の二酸化炭素などの温室効果ガス削減義務などを定めた「京都議定書」が策定されました。

議定書の中で、日本の温室効果ガスの排出量は08～12年の目標期間に、基準年である90年度比で6％削減することが定められました。

これを受けて、日本は98年に議定書の目標を達成するための具体的な施策を掲げた「地球温暖化対策推進大綱」を閣議決定しました。

ロシアの批准で05年に議定書が発効し、大綱は「京都議定書目標達成計画」に改定されました。

08年の最新の改定では、民生・運輸部門の機器性能を効率化し、産業部門の自主行動計画を推進することで、温室効果ガスを削減するとしています。

### ✤経団連の環境対策に石油産業が参加

97年に日本経済団体連合会（経団連）は「環境自主行動計画」を発表しました。この計画は、産業界自らが地球温暖化対策に取り組み、循環型経済社会を築くために目標を掲げ、毎年その進捗を追跡調査するというものです。

また、産業部門とエネルギー転換部門（発電、石油精製）の二酸化炭素排出量を、08～12年度平均で90年度レベル以下に抑えるように努力することが、統一目標として盛り込まれています。

さらに、業種ごとに一製品あたりのエネルギー消費量と二酸化炭素排出量の原単位（分量）の改善量を示して、エネルギー消費量と二酸化炭素排出量を削減する具体的な指標を示しています。

## 温室効果ガスの削減

〔国別のエネルギー起源二酸化炭素排出割合〕

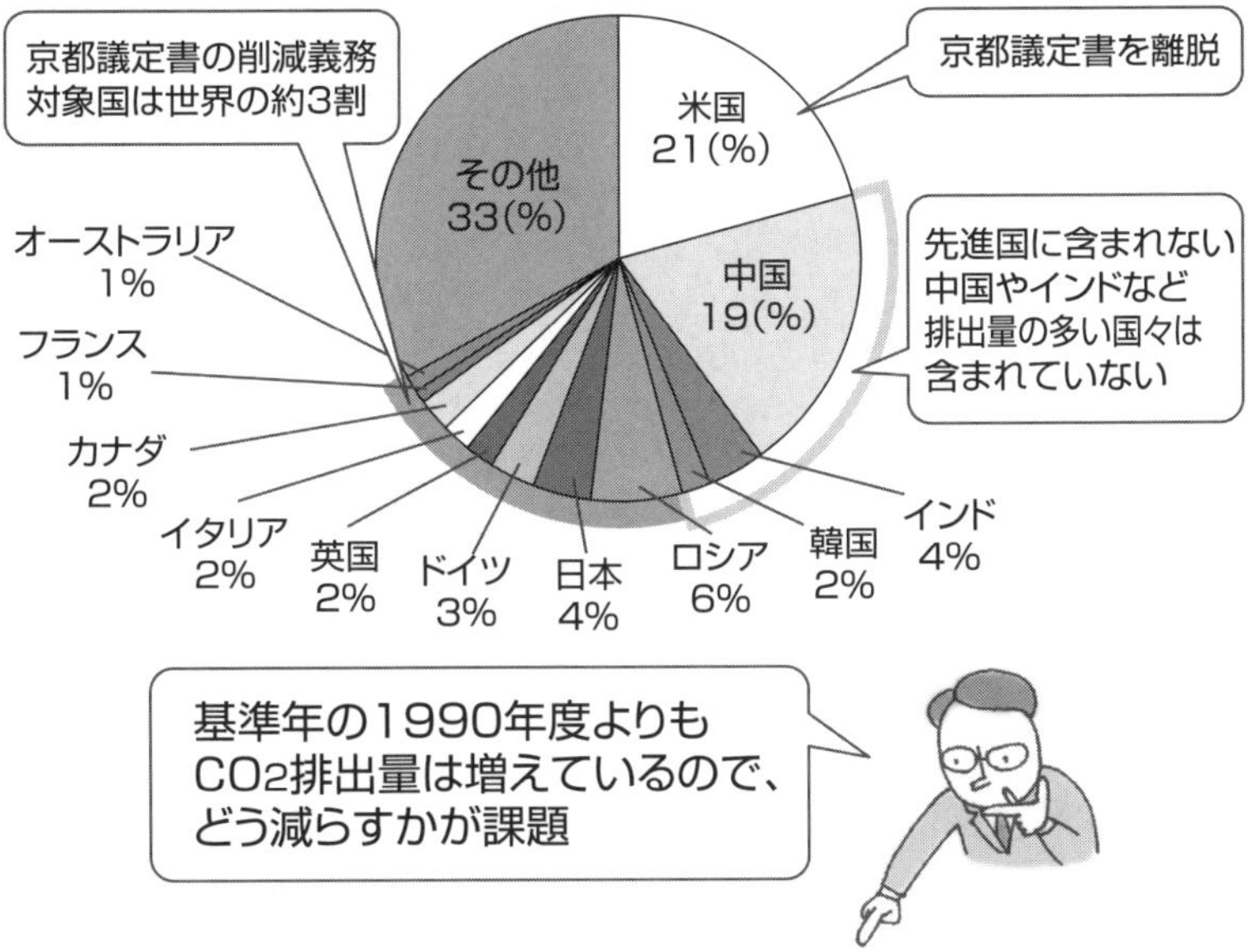


〔京都議定書に基づく2010年度の温室効果ガス排出量の見通し〕

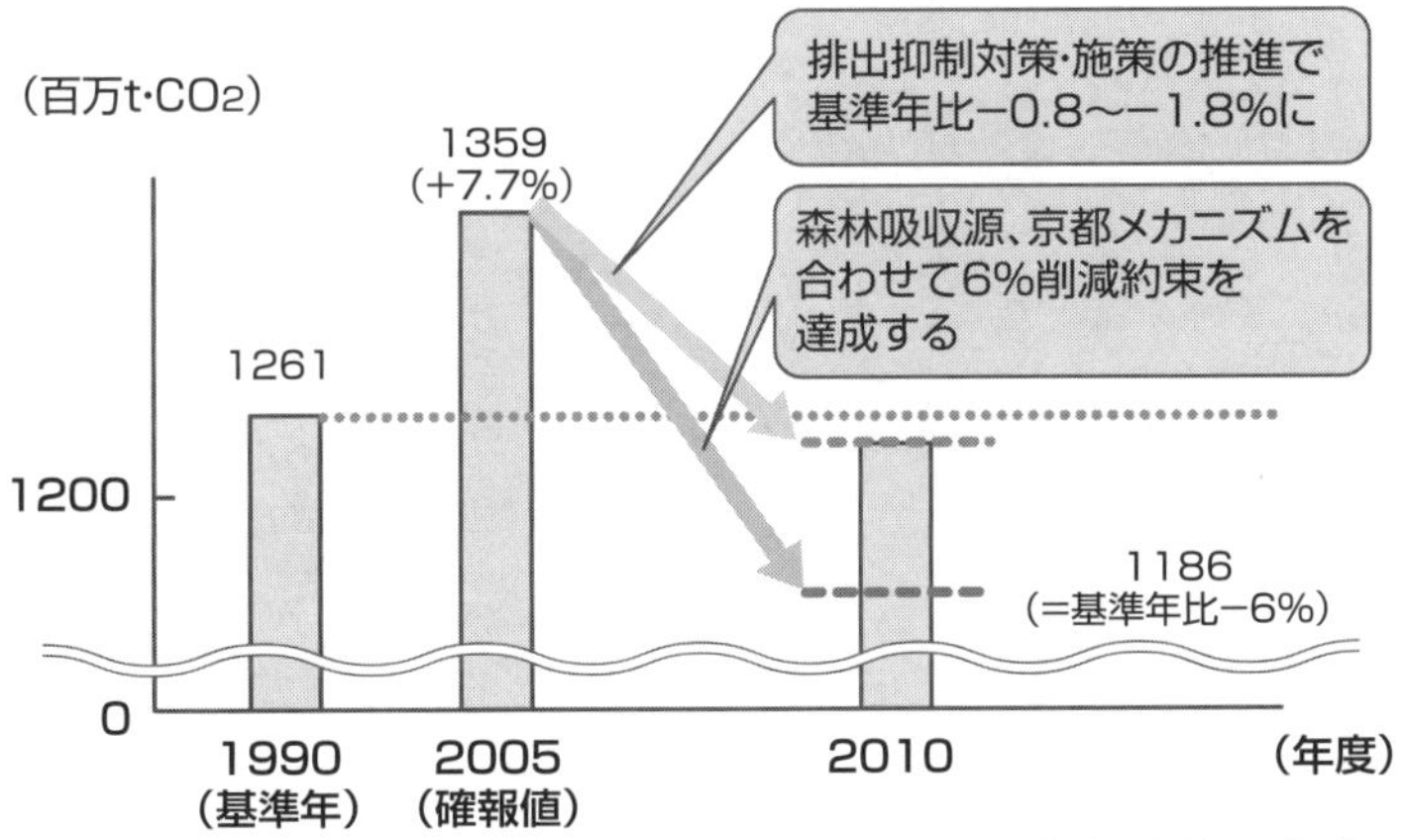


<出典:京都議定書目標達成計画資料より作成>

## ❖製油所と輸送・消費段階で省エネ対策を実行

石油産業も計画に参加し、①製油所での省エネ、②石油製品の輸送・消費段階での省エネに取り組んでいます。

①製油所での省エネ

石油業界は製油所での省エネ推進を温暖化対策の中心と位置付け、自主行動計画で数値目標を設定しています。

97年の計画策定時は、10年度の製油所のエネルギー消費原単位を、90年度実績から10%削減するという目標を定めていました。07年には目標評価期間を08～12年度の間に変更し、削減目標を13%に引き上げています。

製油所によって装置の種類、構成が異なるため、各装置の稼働状況を反映した原油換算処理量が用いられます。

08年の調査によると、07年度の製油所のエネルギー消費原単位は8.64（原油換算kl／換算通油量kl）と、90年度の10.19よりも約15%改善し削減目標を達成しました。

製油所のエネルギー消費原単位は、今後も環境に配慮した製品の生産増加（製品の品質改善）、需要構成の変化（軽質化）などによって増加が見込まれるため、省エネ努力を続ける必要があります。

②石油製品の輸送・消費段階での省エネ

石油業界は、石油製品の輸送段階と消費段階での省エネにも取り組んでいます。

輸送段階では、タンクローリーや内航タンカーの大型化、油槽所の統廃合や共同利用化、企業間の石油製品融通などで物流の効率化を進めています。06年施行の改正省エネルギー法では、一定量以上の貨物を継続的に輸送する事業者（特定荷主）に対して、計画的に省エネ対策を行うことを義務付けています。消費段階においては、次の2部門に分けて取り組みを進めています。

・民生・業務部門

高効率給湯器（燃焼効率の高い給湯器）や石油コージェネレーション（石油を燃料に発電を行った際に

## 製油所のエネルギー消費原単位削減目標

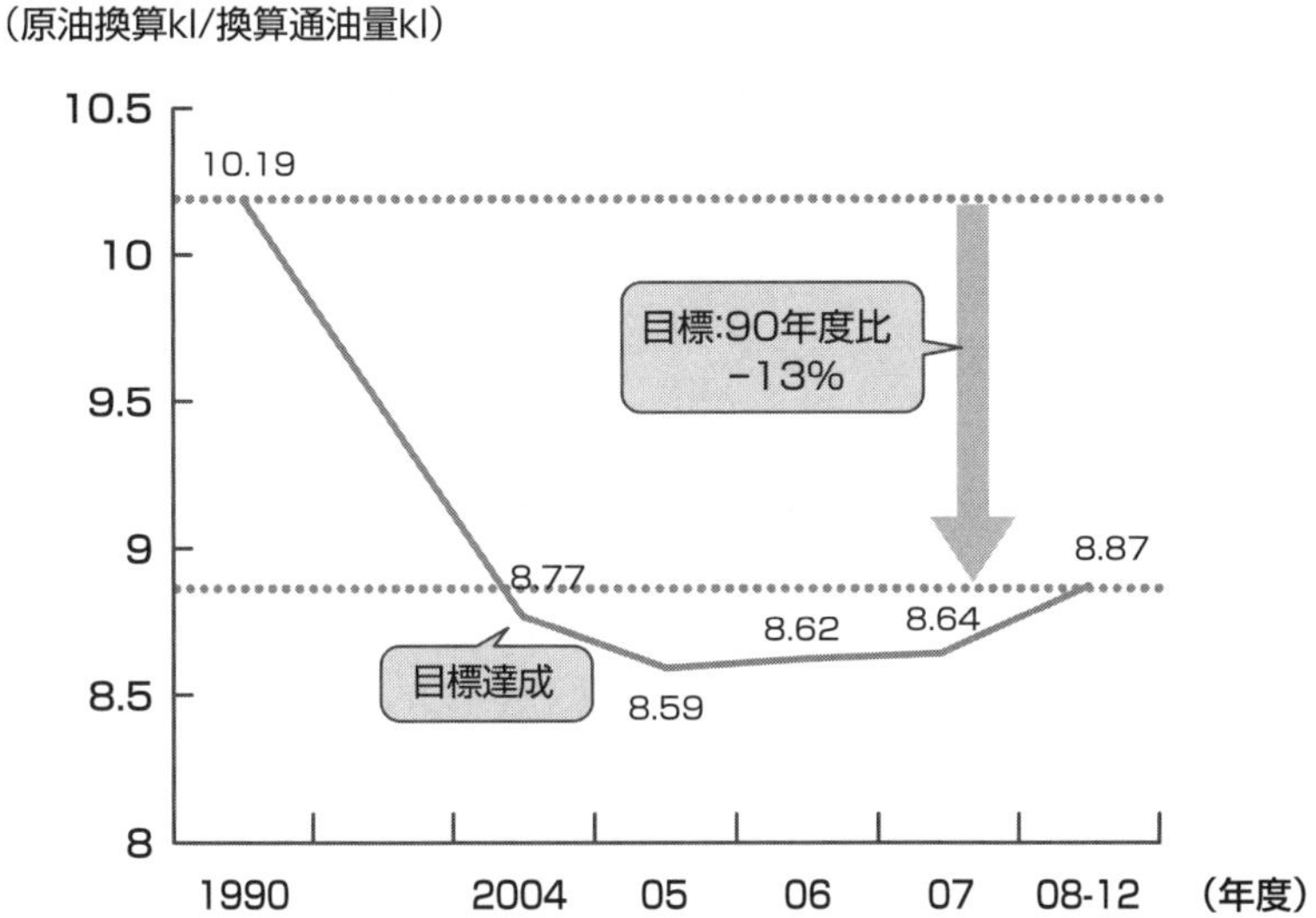


<出典:石油連盟「石油業界の地球環境保全自主行動計画」2008年度(第11回)フォローアップ資料より作成>

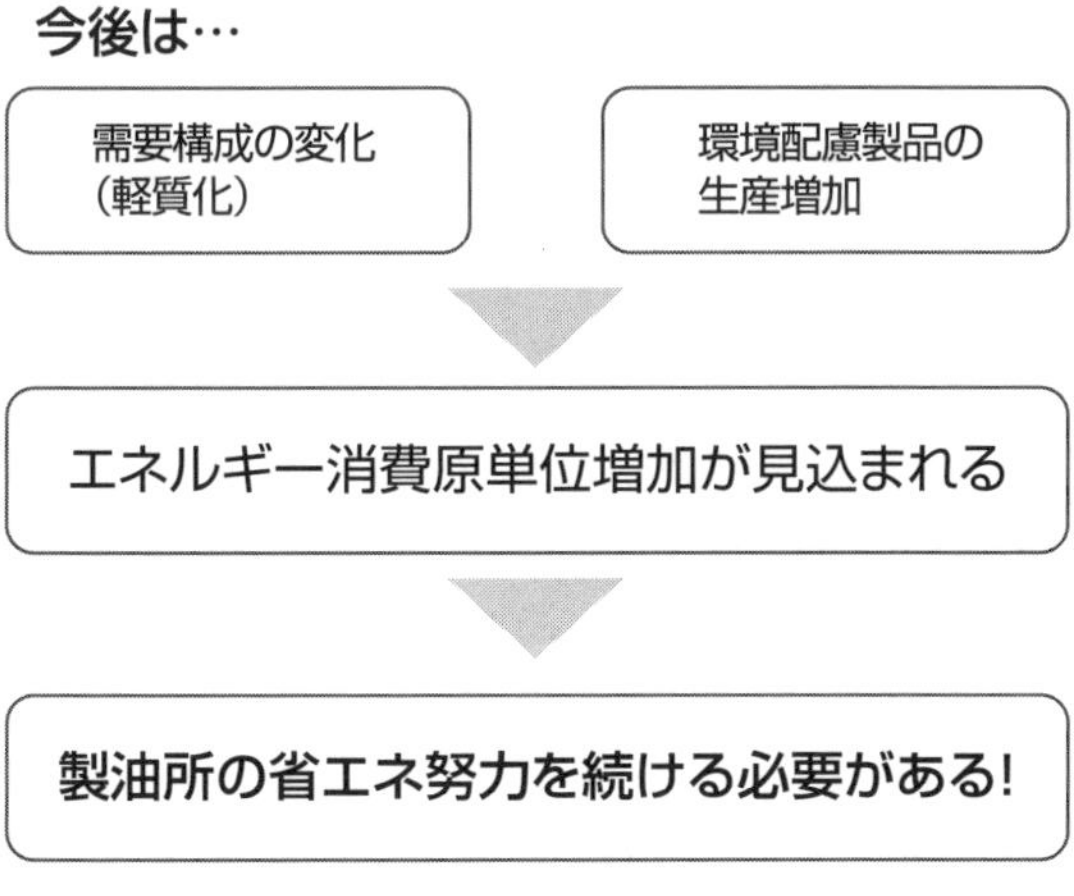

出る廃熱をエネルギーとして利用）などのエネルギー効率の高い機器の開発と普及に取り組んでいます。

・運輸部門

バイオエタノール混合ガソリン（↓P156）の試験販売、ガソリン・軽油のサルファーフリー化（↓P152）、省燃費エンジンオイルの開発を進めています。

さらに石油業界では、日本の優れた精製・省エネ技術などを中東産油国やアジア諸国に移転するため、技術者派遣や研修生受入れなどの事業を関係機関と行っています。

## ✤地球温暖化対策のエネルギー消費への影響

08年に経済産業省は「長期エネルギー需給見通し」を取りまとめました。その中で、京都議定書の温室効果ガス削減の第一約束期間（08〜12年）の中間点である10年のエネルギー消費量、二酸化炭素排出量の見通しを、現行対策の進展見込みを反映した「現行対策シナリオ」と追加対策の効果も加えた「追加対策シナリオ」に分けて試算しています。

**①エネルギー起源の二酸化炭素排出量**

現行対策シナリオでは、90年度の二酸化炭素排出量（10億5900万トン）と比較して、約3・9〜5・1％増加します。追加対策シナリオでは、約1・3〜2・3％の増加に抑えられます。

**②エネルギー消費量**

現行対策シナリオでは、05年度のエネルギー消費量（5億8700万kl、原油換算）と比較してわずかに減少します。追加対策シナリオでは、5億6600万〜5億6800万klに大きく減ります。

**③石油消費量**

現行対策シナリオでは、05年度の石油消費量（2億5500万kl、原油換算）と比較して2億3000万kl（原油換算）に減ります。追加対策シナリオでは2億2000万klとさらに減ります。

日本の石油消費は、自動車の燃費改善、自動車普及の成熟化、物流効率化が進んだことで、今後減少するとみられています。しかし、燃費改善やクリーン自動車の導入などの地球温暖化対策が強化されれば、いっそうの減少が見込まれます。

## 石油製品の輸送・消費段階での省エネの取り組み

### 物流の効率化

・タンクローリー、内航タンカーの大型化
・油槽所の統廃合・共同利用
・企業間の石油製品融通　など

### 民生・業務部門の省エネ化

・高効率給湯器
・石油コージェネレーションシステム
・高効率・低NOx（窒素酸化物）
　ボイラーなどの開発・普及

### 運輸部門の省エネ化

・バイオエタノール混合ガソリンの試験販売
・ガソリン・軽油のサルファーフリー（硫黄分10ppm以下）化
・省燃費エンジンオイルの開発

＜出典:石油連盟資料より作成＞

# 9 石油製品の環境規制が厳しくなっている

硫黄分の規制強化に対応する

## ❖国によって石油製品規格が異なる

石油製品の品質規格は、発展途上国は緩く、先進国は厳しくなる傾向にあります。日本の品質規格は、世界でもっとも厳しい部類に入ります。

品質規格は、環境面や安全面で厳しくなっていきます。しかし、発展途上国・新興国は環境面や安全面での要求が強くありません。また、品質規格を厳しくすると製油所への設備投資が必要となるため、発展途上国の品質規格は緩やかです。

しかし、発展途上国・新興国でも深刻な大気汚染が発生していて、品質規格は厳しくなる傾向にあります。

次に、主要各国の石油製品に対する環境規制の特徴を説明します。品質規格には様々な専門的項目がありますが、一般的によく知られている硫黄分規制について取り上げます。

## ❖米国の硫黄分規制が強化された

米国は世界最大の石油消費国であり、消費量の約半分はガソリンです。

大気環境改善と健康被害防止に関係する品質項目は「環境保護庁」（EPA）が強制規格（強制的に守らせる罰則付きの規格）を定め、安全性や出力性能に関係する一般的な品質項目は「材料試験協会」（ASTM）が自主規格（自主的に守る規格）を定めています。

さらに州レベルでは、大気環境改善の面からEPA規格を、消費者保護の面からASTM規格を取り入れ、両方の規格を州の強制規格としているのが一般的です。

米国のガソリンの硫黄分規制は、製油所に要求さ

## 米国・EU・日本のガソリン中硫黄分規制

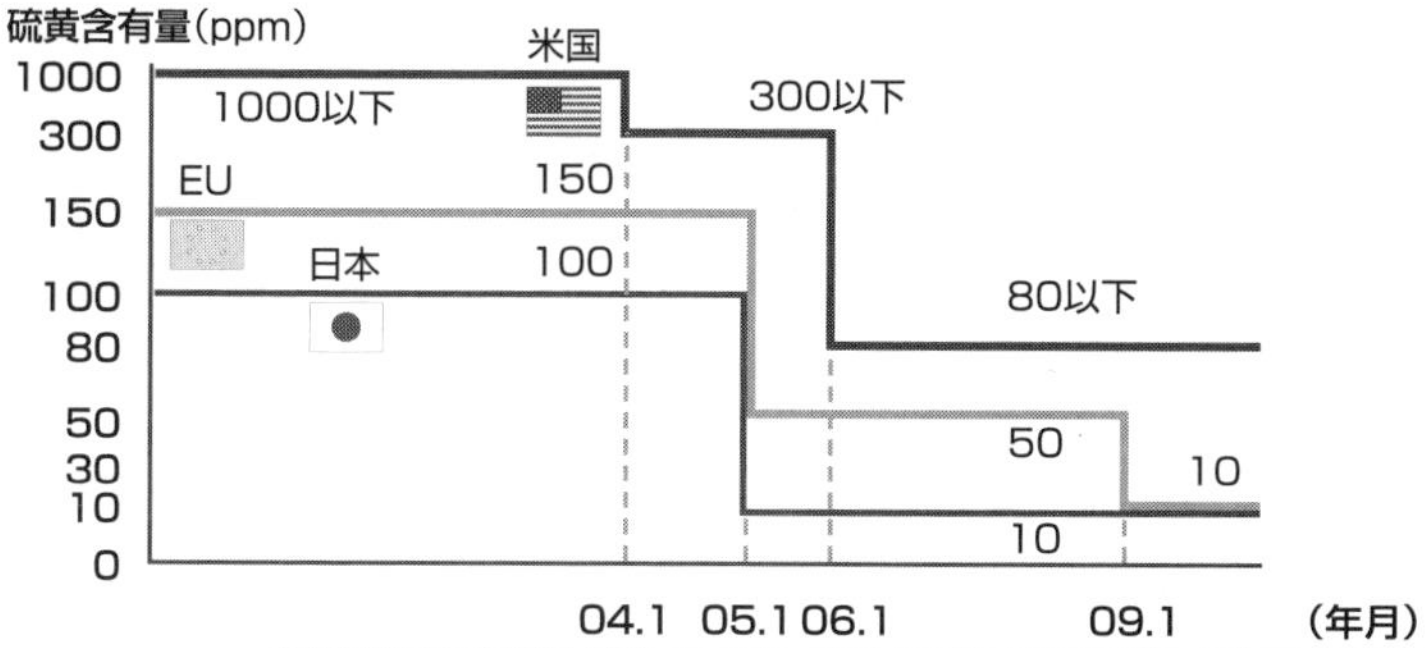
硫黄含有量(ppm)
1000
300
150
100
80
50
30
10
0
米国
1000以下
300以下
EU
150
日本
100
80以下
50
10
10
04.1
05.1
06.1
09.1
(年月)

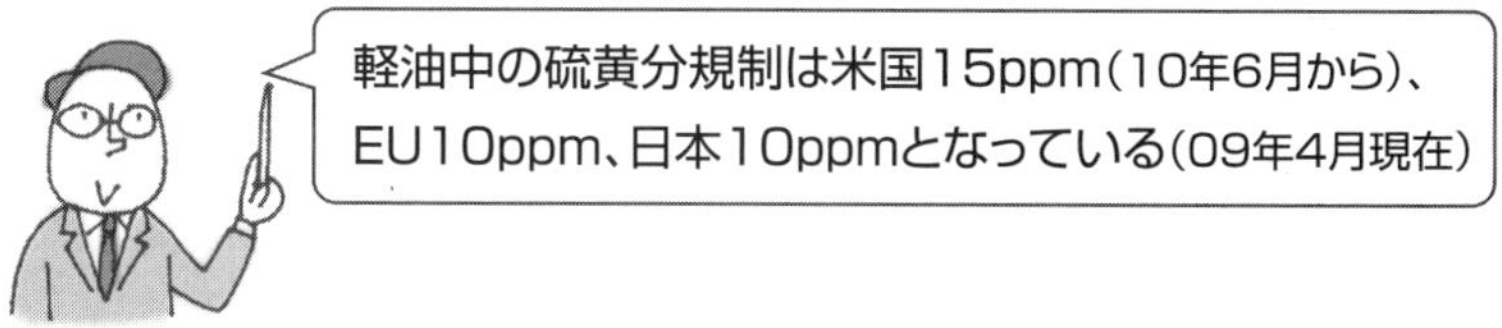
軽油中の硫黄分規制は米国15ppm(10年6月から)、EU10ppm、日本10ppmとなっている(09年4月現在)

れるレベルと販売業者に要求されるレベルが異なっています。

製油所に要求されるガソリンの硫黄分規制は、従来1ガロンあたり300ppm（ppmは100万分の1）でしたが、06年から同80ppmに引き下げられました。

軽油も、車種や用途によって規制が異なり、州によって規制の実施時期も異なります。一般的には、軽油の硫黄分は06年から従来の1ガロンあたり500ppmから15ppmへ引き下げられています。

### ✤欧州の硫黄分規制

EU（欧州連合）には、「ユーロ規格」という製品規格があり、石油製品も規制されています。ユーロ規格は、石油製品の品質規格の国際的な基準としてみられることも多く、自国の品質規格に採用する国もあります。

ユーロ規格は年を経るにつれて、94年のユーロ1から09年のユーロ5まで改定されてきました。時代順にユーロ1（94年〜）、ユーロ2（96年〜）、ユーロ3（00年〜）、ユーロ4（05年〜）となっており、09年からユーロ5になりました。

硫黄分規制は、ユーロ2はガソリン・軽油が500ppm、ユーロ3はガソリンが150ppm、軽油が350ppm、ユーロ4はガソリン・軽油が50ppmとなっています。

ユーロ5では、ガソリン・軽油が10ppmに引き下げられました。日本ではすでに、ガソリン・軽油の硫黄分は10ppm以下となっており、日本の品質規格は世界最先端を走っています。

## ❖ユーロ規格に準じた中国、インドの硫黄分規制

石油需要増大の代表格が中国とインドです。両国とも都市部では深刻な大気汚染問題を抱えています。08年の北京オリンピック時に、北京の空気の悪さが問題になったように、中国の大気汚染は有名です。

もちろん、石油製品だけの問題ではありませんが、両国とも大気汚染の原因の一つであるガソリンや軽油の硫黄分規制を強めています。

中国で販売されるガソリンの硫黄分についてみると、すでに北京ではユーロ4相当、広州ではユーロ3相当になっています。その他の地域でも09年からユーロ3相当になる予定です。

インドは、品質規格の強化が遅れており、硫黄分は現在主要11都市でユーロ3のレベル、その他の地域では依然としてユーロ2のレベルです。10年から主要11都市でユーロ4のレベル、その他の地域でユーロ3のレベルに引き下げられる予定です。

## ❖外航船の硫黄分規制はIMOが定める

各国が定める石油製品の品質規格は、公海上を航行する船舶用燃料には適用されません。したがって、硫黄分に関しては、国連の機関である国際海事機関（IMO）が取り決めます。

IMOは、事務局をロンドンに置き、国際的な航海を行う船について、安全確保や海洋汚染防止などについて全世界統一のルールを作成しています。そして、海洋汚染に関しては、海洋汚染防止条約（マーポール条約）が締結されています。

船舶用の主な燃料である重油（残油）の硫黄分は

## 中国とインドの自動車用燃料硫黄分規制

**中国**

| 油種 | 地域 | 相当する規格 | 硫黄分(最大ppm) | 導入時期 |
|---|---|---|---|---|
| ガソリン | 北京 | ユーロ4 | 50 | 2007年 |
| | 広州 | ユーロ3 | 150 | 2006年 |
| | 全国 | ユーロ2 | 500 | 2005年 |
| | 全国 | ユーロ3 | 150 | 2009年 |
| 軽油 | 北京・上海 | ユーロ3 | 350 | 2008年 |
| | 全国 | ユーロ2 | 500 | 2007年 |

**インド**

| 油種 | 地域 | 準用する規格 | 硫黄分(最大ppm) | 導入時期 |
|---|---|---|---|---|
| 軽油 | 主要11都市 | ユーロ3 | 350 | 2005年 |
| | その他 | ユーロ2 | 500 | 2005年 |
| | 主要11都市 | ユーロ4 | 50 | 2010年 |
| | その他 | ユーロ3 | 350 | 2010年 |
| ガソリン | 主要11都市 | ユーロ3 | 150 | 2005年 |
| | その他 | ユーロ2 | 500 | 2005年 |
| | 主要11都市 | ユーロ4 | 50 | 2010年 |
| | その他 | ユーロ3 | 150 | 2010年 |

4・5％以下、バルト海など特別海域に指定されているところでは、1・5％以下の重油を使用するか、排ガス浄化装置を付けなければ航海できません。

硫黄分に関しては、船舶から排出される硫黄酸化物の規制として議論されています。硫黄酸化物を下げるためには、燃料中の硫黄分を下げれば可能となります。しかし、燃料を供給する石油業界にとっては、膨大な設備投資と期間が必要になります。

船舶側にとっても、硫黄分の低い燃料を入手できなければ、船に排ガス浄化装置を付けなければならず、膨大な設備投資が必要となります。このように、様々な利害関係があるため、合意に至るのは容易ではありません。

08年10月に開催されたIMOの海洋環境保護委員会では、硫黄分について次のように合意されました。①10年から指定海域を1・0％に引き下げ、②12年から一般海域を3・5％に引き下げ、③15年から指定海域を0・1％に引き下げ、④20年または25年から一般海域を0・5％に引き下げる。

10

# 石油代替燃料となる天然ガス・石炭の新技術

## 液化技術開発とプラント建設が各国で進む

### ❖天然ガス・石炭を液化する

輸送機器は人や荷物を運ぶものですから、エネルギーを積むスペースを小さく軽くしようとします。その典型的な例は航空機でしょう。

原油は、天然ガスや石炭と比較すると扱いやすく、容量あたりのエネルギー密度が高いという利点があるので、輸送機器の大半は液体燃料の石油製品をエネルギーに利用しています。

一方で、天然ガスはクリーンなイメージがありますが、輸送するにはパイプラインを敷設するか超低温にして液化する必要があります。また、輸送用エネルギーとして使うには、圧力タンクに圧縮注入する必要があります。

石炭はコストは安いのですが、粉塵や燃えた後に残る灰の問題があり、用途としては産業用が中心となります。

石油代替エネルギーには様々なものがありますが、今後も需要が伸びる輸送用の液体燃料向けが中心となるでしょう。ここでは、輸送用の石油代替燃料となる天然ガスや石炭の液化技術について説明します。

### ❖液化技術のＦＴ合成

天然ガスや石炭から化学反応などをもちいて合成油という石油とほぼ同じような油をつくります。

天然ガスからつくる合成油は「ＧＴＬ」（ガス・トゥ・リキッド）、石炭からつくる合成油は「ＣＴＬ」（コール・トゥ・リキッド）です。最近では、バイオガス（生物の排泄物、汚水、ゴミなどを発酵させてつくるガスで、主成分はメタンガスと二酸化炭素）の合成油「ＢＴＬ」（バイオガス・トゥ・リキッド）が研究されています。

## 天然ガス、石炭から合成油をつくる

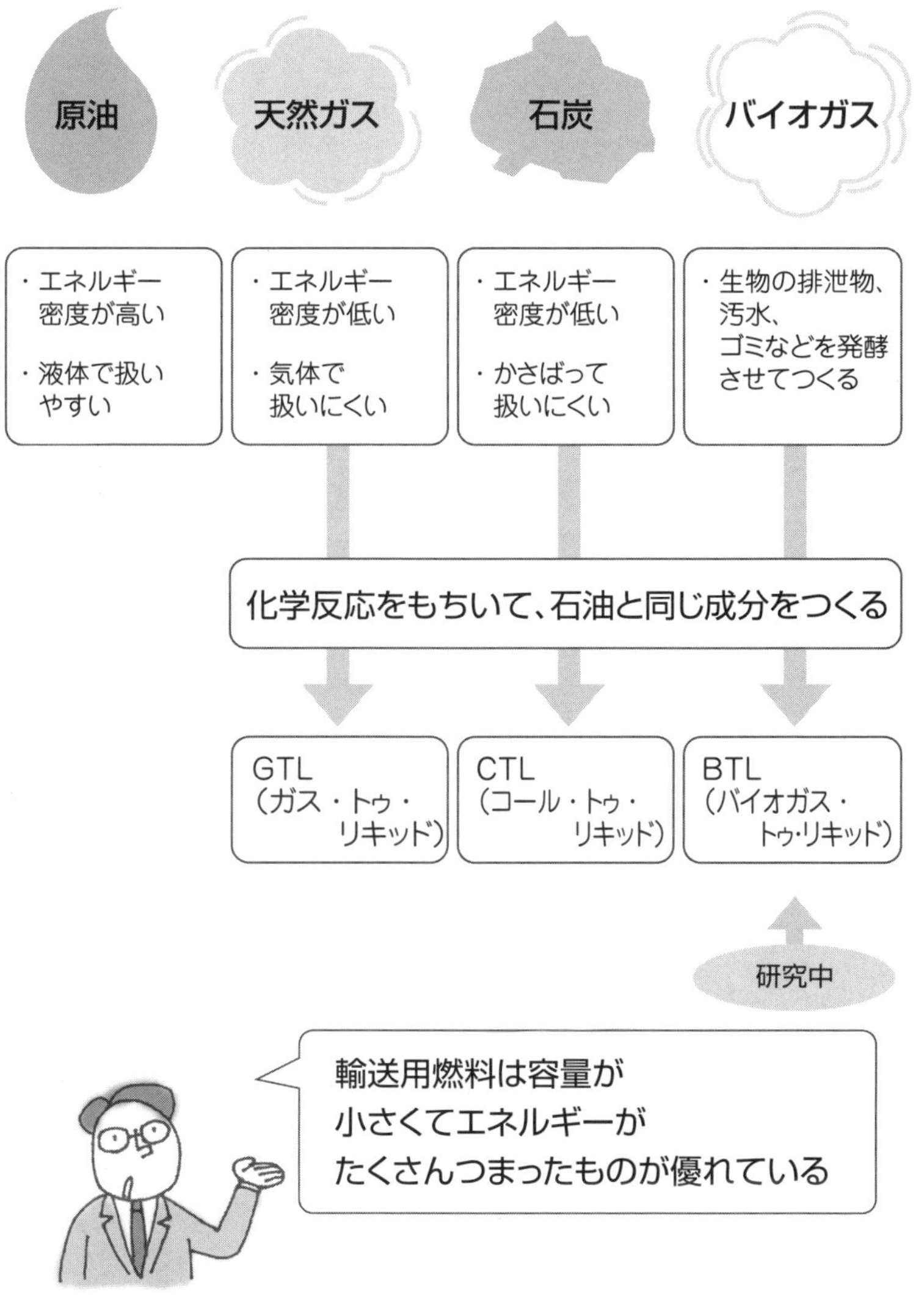
原油
天然ガス
石炭
バイオガス
・エネルギー密度が高い
・液体で扱いやすい
・エネルギー密度が低い
・気体で扱いにくい
・エネルギー密度が低い
・かさばって扱いにくい
・生物の排泄物、汚水、ゴミなどを発酵させてつくる
化学反応をもちいて、石油と同じ成分をつくる
GTL（ガス・トゥ・リキッド）
CTL（コール・トゥ・リキッド）
BTL（バイオガス・トゥ・リキッド）
研究中
輸送用燃料は容量が小さくてエネルギーがたくさんつまったものが優れている

天然ガスや石炭を液体にする技術は「FT（フィッシャー・トロプシュ）合成」と呼ばれています。これは1920年代にドイツのフィッシャーとトロプシュが開発した技術で、ドイツ国内には石油資源が少ないものの、石炭資源が豊富にあったことが開発の背景にあります。

FT合成の原理は、天然ガスや石炭から一酸化炭素や水素をつくり、一酸化炭素と水素を反応させて炭化水素をつくり出すことです。

## 南アフリカのサソール社が有名

合成油を手がけている有名な会社は、南アフリカのサソール社です。かつて人種差別政策（アパルトヘイト）をとっていた南アフリカは国際的に孤立していて、欧米各国は南アフリカ向けの原油輸出を禁止していました。

そこで、サソール社は、国内の石炭や天然ガスを原料として合成油を製造し、国内に供給してきました。FT合成技術を積み上げたサソール社は、世界各地で行われているGTLの生産や開発計画に参加しています。

## 生産コスト、エネルギー効率で問題も

GTL・CTLから軽油・灯油・ナフサなどの石油製品が製造されます。GTL・CTLの特徴は、①性質が軽油と類似していて、セタン価（ディーゼルエンジンのノッキングの起こりにくさ）が高いこと、②硫黄分やセタン価の低い芳香族分（ベンゼンなどの炭化水素で、ディーゼル排ガスから出る「スス」発生源の一つ）を含まないため、燃焼させても硫黄酸化物の発生がなく、窒素酸化物や粒子状物質の排出量も低減できることです。

GTL・CTL製造上の問題は、天然ガスや石炭を合成油に転換する過程で、非常に多くのエネルギーを必要とすることです。つまり、現在地球規模で問題となっている二酸化炭素などの温室効果ガスを大量に排出することになります。

また、GTL・CTLのプラント建設には、巨額の投資が必要となり、競合する原油価格しだいでは、採算がとれないケースも出てきます。

## GTL の製造方法と特徴

### 〔製造方法〕

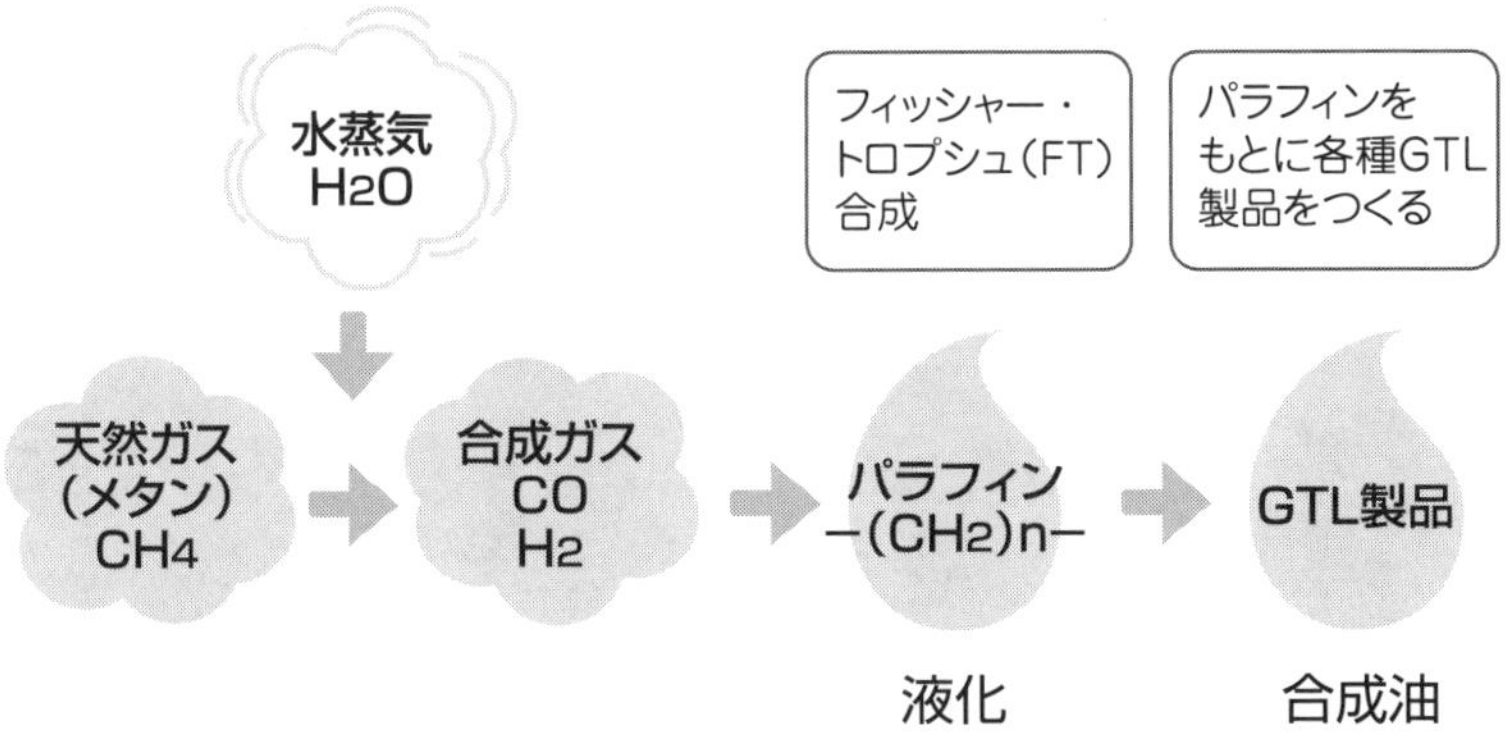


### 〔GTLのメリットとデメリット〕

**メリット**

- セタン価
  (ノッキングの起こりにくさ)が高い
- 硫黄分や芳香族分を含まない
  (排出ガスがクリーン)

**デメリット**

- 製造過程での
  エネルギー消費量が大きい
- 製造プラント建設コストが高い

## ✤GTL・CTLプラント建設の状況

現在稼働しているGTLプラントは、南アフリカ以外に、英国シェルがマレーシアにもっています。また、中東の産ガス国カタールには、サソール社が参加している試験運転中のGTLプラントがあり、シェルもプラント建設を計画しています。

米国エクソンモービルもカタールに建設を計画していましたが、すでに撤退しました。そのほかの産ガス国にも多くのプラント建設計画がありますが、建設に多額の資金が必要なほか、現在の原油価格も不安定なため、進行は不透明な状況です。

CTLは米国、中国、インドといった国内に豊富な石炭資源を抱える国で計画されています。この中で、最近、中国は建設中の2つのプラントを除いて、新たなCTLの計画を中止すると発表しました。

CTLは、エネルギーを大量に消費して二酸化炭素を大量に放出すること、水を大量に消費するにもかかわらず、中国の炭田は内陸部の乾燥地にあること、が大きな理由です。

また、中国では石炭は発電用に使用されており、CTL用に石炭を大量に使用すると、今度は発電用石炭が不足する事態になります。

## ✤天然ガスからジメチルエーテルをつくる

天然ガスなどを原料として「DME」(ジメチルエーテル)を製造する技術もあります。DMEは常温で気体ですが、LPG(液化石油ガス)と同じく、加圧または冷却することで容易に液体になります。現在は、主にスプレー噴射剤として使われています。

また、物性がLPガスと類似しているので、既存のLPGインフラが活用できます。そのため、発電用、工業用、家庭用のLPGの代替が想定されます。

セタン価が高いため、ディーゼル用燃料となる可能性もあります。さらに、硫黄分を含まないため、燃焼させても硫黄酸化物や粒子状物質が発生せず、窒素酸化物の発生も低く抑えられます。

日本国内外でDMEの大規模なプロジェクトがいくつか計画されていますが、プラントの建設はまだ着工されていません。

## DME の製造方法と特徴

### 〔製造方法〕

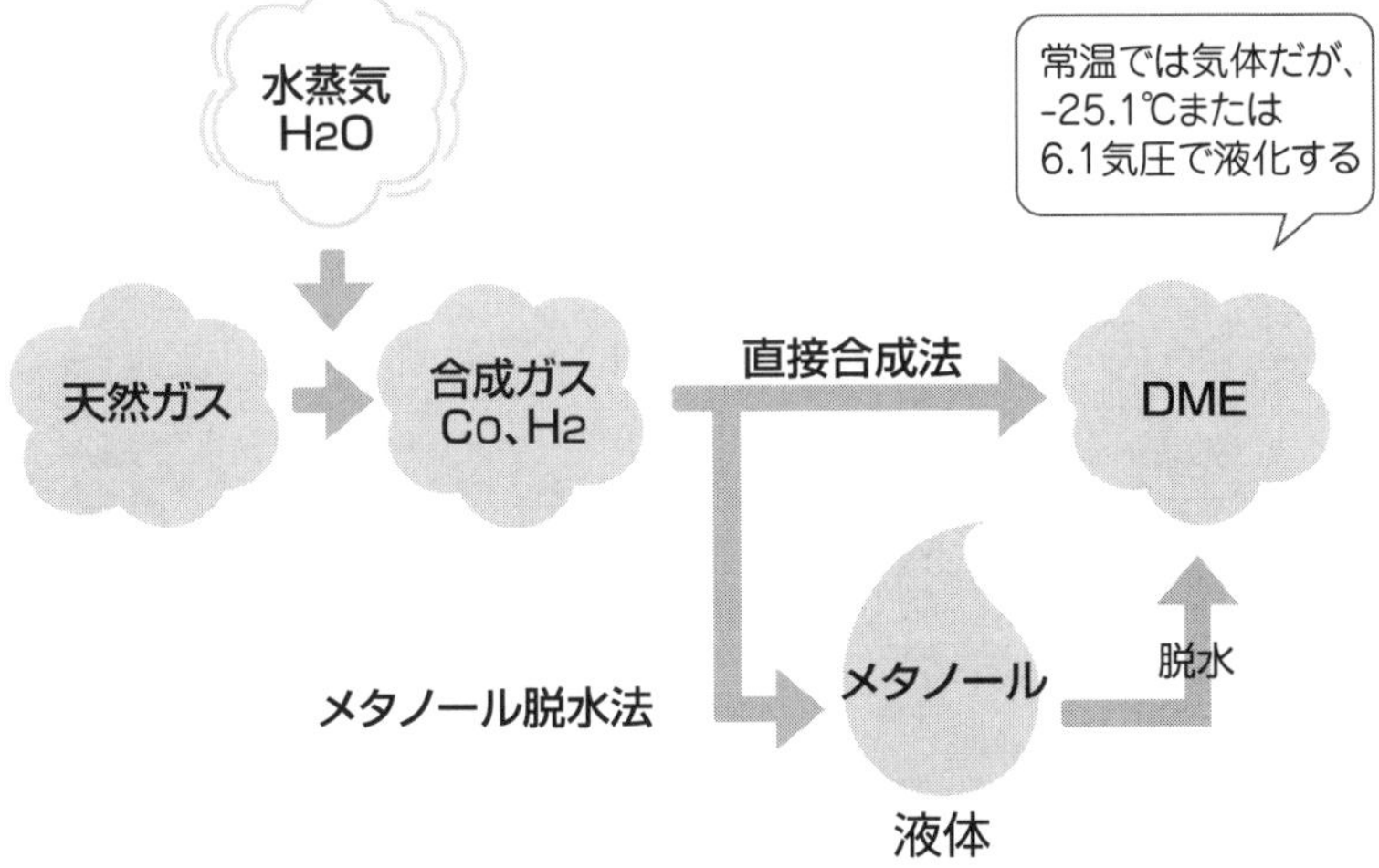


**現状はスプレー噴射剤に使われている**

**燃料に適したメリット**

- LPGと物性が類似し、LPGインフラを使える
- 加圧・冷却で容易に液化する
- セタン価が高い
- 硫黄分を含まない

ディーゼル用燃料
LPガス代替
**になる可能性がある**

11

# 運輸部門は省エネをどう進めているのか

## 自動車の燃費・道路交通システムを改善する

### 運輸部門のエネルギー消費が増えている

自動車や鉄道、航空機などの運輸部門は、使用するエネルギー（燃料）全体の9割以上を石油が占めます。そこで、運輸部門がエネルギーを効率的に利用して、消費量を抑える「省エネルギー」をすることは、有限な資源である石油の将来の消費を考える上で大変重要です。

運輸部門の省エネの程度を測る指標を「エネルギー消費原単位」といいます。これは、輸送量（人・km、トン・km）あたりのエネルギー消費量のことで、数字が小さくなるほど省エネ効果は高くなります。

運輸部門は、人の移動にかかわる「旅客部門」と物資の移動にかかわる「貨物部門」に分かれます。貨物部門のエネルギー消費原単位は、石油ショックがあった73年以降ほぼ横ばいで推移しています。

しかし、旅客部門は73～00年までで、エネルギー消費原単位は約1.5倍に上昇しました。この理由は、旅客部門でエネルギー消費原単位が比較的大きい乗用車の利用が増えたためです。

図のように、輸送手段ごとのエネルギー消費原単位はかなり違います。よりエネルギー消費原単位の小さい輸送手段にシフトすること（モーダルシフト）で、エネルギー消費を節約することができます。

### 自動車の燃費改善が進む

自動車は、運輸部門のエネルギー消費の8割以上を占め、省エネに取り組むことが大事です。自動車メーカーは、燃費性能の向上に取り組んでいます。

90年代以降、軽自動車・コンパクトカーの販売が拡大して燃費の改善が進み、99年には乗用車と小型貨物車で「トップランナー方式」による新燃費基準が設定されました。

トップランナー方式とは、特定機器の省エネ基準を、現在商品化されている製品のうちもっとも優れている機器の性能以上にするという考え方です。この考え方で、ガソリン乗用車は10年度までに、95年度比22・8%の燃費向上が義務付けられました。

## 輸送量手段ごとのエネルギー消費原単位

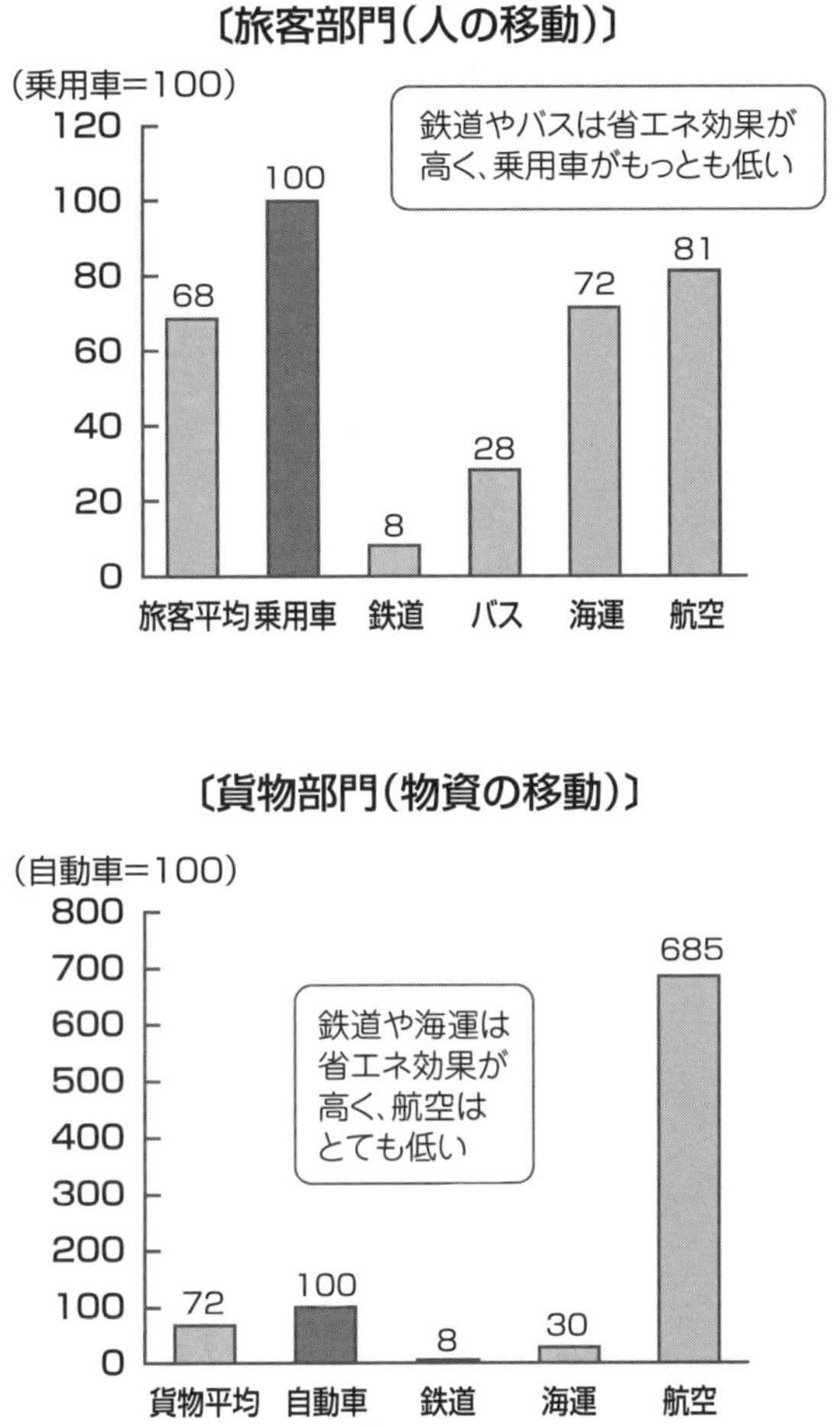


（2006年度）

<出典:日本エネルギー経済研究所「EDMCエネルギー・経済統計要覧 2008」より作成>

しかし、目標年度の10年度を待たずに目標燃費が達成されたため、07年に新たな基準（15年度までに04年度比23・5％改善）が設定されました。

## ❖交通状況の改善

自動車は一般道路で時速40㎞、高速道路で時速80㎞で走行しているときがもっとも燃費がよいとされます。しかし、日本の道路状況から、実際の平均速度は全国平均で時速40㎞を下回ります。さらに、渋滞の激しい大都市圏では時速20㎞程度です。これでは燃費が悪化します。

そこで、渋滞緩和や交通事故などを情報通信技術を活用して解決する「高度道路交通システム」（ITS）の導入が進められています。

ITSは、渋滞情報などの道路交通情報をカーナビゲーションなどに送る「道路交通情報通信システム」（VICS）や、高速道路での「自動料金収受システム」（ETC）などの技術からなります。

## ❖今後の自動車燃料消費は？

今後の運輸部門のエネルギー消費は、輸送需要があまり伸びないなかで、燃費改善、輸送効率の上昇などで減少していくことが見込まれています。

将来の自動車のエネルギー消費について、保有台数、走行距離、燃費の3つの要因から分析します。

### ①乗用車の保有台数

普及率の飽和や人口の減少で頭打ちとなり、24年をピークに減少に転じます。貨物車保有台数は、貨物輸送の効率化などから90年をピークに減少しており、今後もこの傾向は続くでしょう。

### ②乗用車の平均走行距離

高齢者・女性ドライバーの増加やセカンドカーの増加で短くなり、貨物車は稼働率が向上して長くなります。

### ③燃費

トップランナー方式による燃費基準の達成以降も、自動車メーカーの改善努力やハイブリッド車（電気モーターとガソリンエンジンを組み合わせた燃費効率の高い自動車）の普及などで、長期間にわたって改善が進みます。

## ガソリン乗用車の平均燃費（10.15 モード）推移

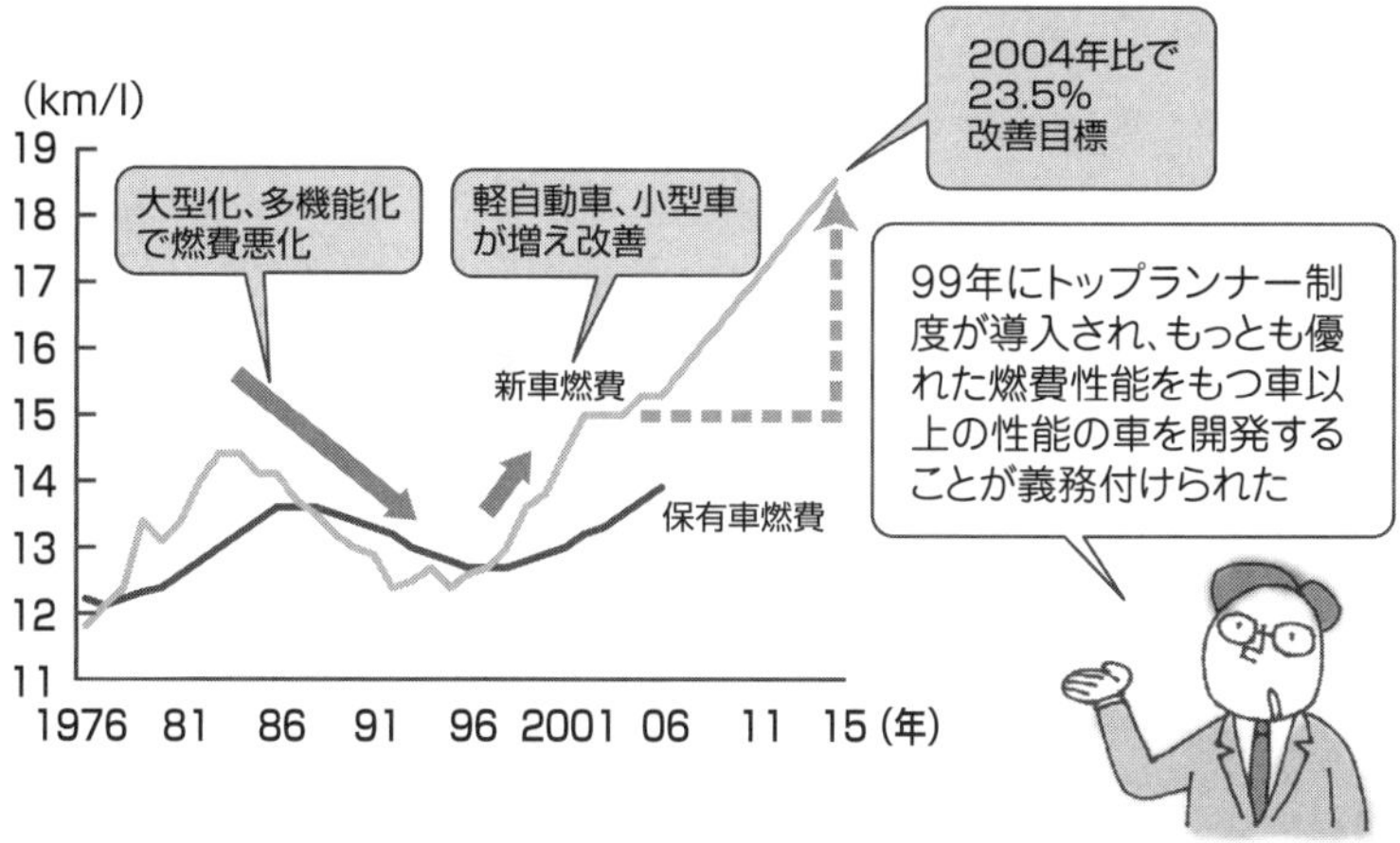


<出典:日本エネルギー経済研究所「EDMC エネルギー・経済統計要覧 2008」より作成>

### ❖ハイブリッド車、燃料電池車普及の見通し

30年までの乗用車のガソリン消費の伸び率は、04年と比較してマイナス0・6%となる見込みです。燃費の改善がガソリン消費量の減少に大きく寄与するでしょう。

とくに、ハイブリッド車は、①従来のガソリン車との価格差が縮小していくこと、②ガソリンを燃料とするため、既存のガソリンスタンドで燃料補給できること、といった点から乗用車を中心に普及が進み、30年には1000万台を超えるでしょう。

一方で、燃料電池車（水素を燃料とする車）、天然ガス車（天然ガスを燃料とする車）などの「クリーンエネルギー自動車」の実用化に向けて開発が進んでいます。

しかし、燃料を補給するためのスタンドの設置というインフラ整備が必要となるので、30年時点では、環境志向が強い一部の企業や自治体を中心に導入される程度にとどまるとみられます。

# 索引

## 石油（第1、2、3、5章）

### 【アルファベット】


ACG油田……………………………86
APIボーメ度………………………20
ASTM（材料試験協会）……… 290
A重油…………………………74、134
BP………………………………52
BTL（バイオガス・トゥ・リキッド）
……………………………… 294
CERM（協調的緊急時対応措置）…
……………………………… 110
CFTC（米国商品先物取引委員会）
………………………………46
CTL（コール・トゥ・リキッド）…
……………………………… 294
C重油……………………………74
DME（ジメチルエーテル）…… 298
DME（ドバイ商業取引所） 43、44
DPF……………………………… 152
EPA（環境保護庁）…………… 290
ETBE（エチルターシャリーブチルエーテル）………………… 158
GTL（ガス・トゥ・リキッド）……
……………………………… 294
ICE（インターコンチネンタル・エクスチェンジ）……………42、114
IEA（国際エネルギー機関）……63
IMO（国際海事機関）………… 292
IOC（国際石油会社）……………50
IPIC……………………………… 118
ITS（高度道路交通システム） 302
JIS規格………………………… 132
LNGタンカー………………………94
LPG（液化石油ガス）……………
………………………… 136、298
LPGタンカー………………………94
NYMEX（ニューヨーク商業取引所）
……………………… 40、46、114
ONGC………………………… 256
ONGCビデシュ（OVL）…… 256
OPEC（石油輸出国機構） 24、60
OTC（店頭）取引…………………43
PDVSA…………………………… 278
SQマーク………………………… 154
VLCC………………………………94
WTI原油……………………… 38、46


### 【あ】


アジア金融危機……………………50
アスファルト…………………… 136
アブダビ石油………………………86
硫黄分………………………… 130、152
硫黄分規制……………………… 290
出光オイルアンドガス開発…………78
出光興産……………………………80
伊藤忠石油開発……………………78
インデックスファンド………………46
インペックス北カスピ海石油………86
エクソンモービル……………52、118
エネルギー基本計画…………………70
エネルギー政策基本法………………70
オイルサンド………………18、276
オイルシェール……………………18
オイルロード………………………90
オクタン価……………………… 132
オズバーグ原油……………………42
オノリコ超重質油……………… 276
オマーン原油………………………43
温室効果ガス…………………… 284


### 【か】


カーボンニュートラル………… 156

改質……………………………………… 124
海賊問題……………………………………92
海洋汚染防止条約（マーポール条約）
……………………………………97、292
カシャガン油田……………………………86
ガソリン………………………… 36、76
ガソリン税………………………………… 146
カフジ油田…………………………………84
下流部門………………………… 50、78
ガワール油田………………………………28
キグナス石油………………………………80
九州石油…………………………………… 120
強制規格……………………… 132、154
京都議定書………………………………… 284
グリース…………………………………… 136
クリーンタンカー………………………… 138
軽質ナフサ………………………………… 134
軽油………………………… 36、74、134
軽油引取税………………………………… 146
ケミカルタンカー…………………………94
減圧軽油…………………………………… 129
減圧残油…………………………………… 129
減圧蒸留…………………………………… 129
現物取引……………………………………44
原油…………………………………………16
原油生産コスト…………………………… 280
原油タンカー………………………………94
原油埋蔵量…………………………………26
原油輸入基地……………………………… 106
原油余剰生産能力…………………………24
航空機燃料税……………………………… 146
合成燃料……………………………………36
合成油……………………………………… 294
合同石油開発………………………………86
コーカー…………………………………… 129
国営石油会社（ＮＯＣ）………………
……………………… 52、56、280
国際エネルギーフォーラム………………64
国際石油開発帝石……………… 80、121
国内石油製品卸マーケット連動方式…
…………………………………………… 115
黒油ローリー……………………………… 140
コスモ石油………………………… 80、116
国家備蓄…………………………………… 106
コントラクター……………………………54

## 【さ】

サービスステーション（ＳＳ）………
……………………… 121、140、144
在来型原油…………………………………18
材料油……………………………………… 131
サウジアラムコ…………………… 58、118
先物取引……………………………………44
サソール…………………………………… 296
サハリン１／２……………………………86
サハリン石油ガス開発……………………86
サルファーフリー化……………………… 152
サワー原油…………………………………20
ジェット燃料………… 36、76、134
シェブロン…………………………………52
直売………………………………… 80、142
資源ナショナリズム……………………… 264
自社船………………………………………96
自主開発原油………… 78、82、102
市場連動型価格決定方式…………………48
品確法（揮発油等の品質の確保等に関する法律）…………………… 132、154
指標原油……………………………………38
ジャパンエナジー………………… 80、120
ジャパン石油開発…………………………86
重質ナフサ………………………………… 134
重油………………………………… 36、136

潤滑油……………………………… 136
常圧残油…………………………… 128
常圧蒸留…………………………… 128
省エネルギー……………… 286、300
商品インデックス………………… 272
蒸留………………………………… 124
上流部門……………………… 50、78
昭和シェル石油………………80、116
触媒………………………………… 129
シングルハル（一重船殻）構造……97
新・国家エネルギー戦略……71、102
新日鉱ホールディングス………… 120
新日本石油…………………80、120
新日本石油開発……………………78
水蒸気改質………………………… 131
水素化精製………………………… 124
水素化分解………………………… 129
スウィート原油……………………20
スーパーメジャーズ………………52
スポット契約………………………44
製油所……………… 116、124、286
石炭………………………………… 294
石油天然ガス・金属鉱物資源機構……
……………………………………… 121
石油会社……………………………78
石油開発会社………………………78
石油ガス税………………………… 146
石油業法……………………………70
石油コークス……………………… 136
石油コージェネレーション……… 286
石油資源開発………………………80
石油消費…………32、72、248、252
石油情報センター………………… 144
石油諸税…………………………… 148
石油ショック………………32、106
石油精製…………………………… 124
石油精製会社………………………80
石油石炭税………………………… 146
石油代替エネルギー……………… 294
石油備蓄……………………64、106
石油備蓄法………………………… 110
石油メジャー………………………50
石油元売会社………………………80
接触分解…………………………… 129
セブン・シスターズ………………50
セルロース系エタノール………… 160
遡及的価格決定方式………………48

**【た】**

ダーティータンカー……………… 138
ターム契約…………………………44
第２世代バイオ燃料 …………… 160
太陽石油……………………………80
脱硫………………………………… 129
ダブルハル（二重船殻）構造………97
炭化水素…………………………… 124
タンクブレンド…………………… 131
タンクローリー…………………… 138
地下岩盤タンク方式……………… 106
地下岩盤貯蔵方式………………… 108
地球温暖化…………………………37
地上タンク方式…………………… 106
地上低温タンク方式……………… 108
地政学的リスク…………………… 258
地中タンク方式…………………… 106
中間留分…………………………… 136
中国海洋石油総公司（ＣＮＯＯＣ）…
……………………………………… 254
中国石油化工集団公司（シノペック）
……………………………………… 254
中国石油天然気集団公司（ＣＮＰＣ）
……………………………………… 254
中東産原油………………………… 112
中部大阪商品取引所……………… 112
チョークポイント……………………92
天然ガス…………………………… 294
天然ガス車………………………… 303
東京工業品取引所（ＴＯＣＯＭ）……
………………………… 43、44、112
当業者………………………………46

投資ファンド…………………………270
東燃ゼネラル石油……………………118
灯油………………………74、134、142
特殊タンカー…………………………138
特定石油製品輸入暫定措置法……118
特約店販売……………………80、142
トタル……………………………………52
トップランナー方式…………………300
ドバイ原油………………………………38

**【な】**

内航タンカー…………………………138
ナフサ……………………………………36
ネットバック価格決定方式…………48
熱分解…………………………………129
燃費……………………………………300
燃料油…………………………………136
燃料電池車……………………………303
ノッキング……………………………132

**【は】**

バイオエタノール…………152、156
バイオガス……………………………294
ハイオク……………………112、132
バイオディーゼル……………………156
バイオ燃料……………………37、156
ハイブリッド車………………36、302
白油ローリー…………………………140
ピークオイル論…………………………30
非在来型原油…………………18、276
比重………………………………………20
備蓄基地………………………………106
非当業者…………………………………46
品質規格………………………………290
フィッシャー・トロプシュ（ＦＴ）合成
……………………………………………296
フォーティーズ原油……………………42
沸点……………………………………124
プラグインハイブリッド車…………37
ブレント原油……………………………38
プロダクト（製品）タンカー………94
分解……………………………………124
分解ガソリン…………………………150
分別蒸留………………………………128
ヘッジファンド………………46、272
ペトロブラス…………………58、120
ホールレンジナフサ…………………134
北海油田…………………………………22
北極圏…………………………………280
ホルムズ海峡……………………………92

**【ま】**

マラッカ海峡……………………………90
三井石油…………………………………80
三井石油開発……………………………78
三元触媒………………………………152
民間備蓄………………………………106
ユーロ規格……………………………291

**【や・ら・わ】**

油槽所………………………106、140
溶剤……………………………………136
洋上タンク方式………………………106
用船………………………………………96
芳香族…………………………………130
ラインブレンド………………………131
リフォーメートガソリン……………130
留分……………………………………124
レギュラー…………………112、132
ロイヤル・ダッチ・シェル…52、298
ロスネフチ………………………………59
ロンボク海峡……………………………90
ワールド・スケール……………………96
ワックス………………………………136

## 石油化学（第４章）


**【アルファベット】**

ＢＴＸ……………………………… 190
ＬＤＰＥ（高圧法低密度ポリエチレン）
……………………………………… 200
ＬＬＤＰＥ(直鎖状低密度ポリエチレン)
……………………………………… 200
ＭＯＦ価格………………………… 186
ＭＯＰＪ…………………………… 184
ＲＩＮＧ（石油コンビナート高度統合運営技術研究組合）……………… 232
ＳＡＢＩＣ（サウジ基礎産業公社）…
……………………………………… 218

**【あ】**

アクリル酸………………………… 196
アクリル繊維……………………… 206
アクリロニトリル………… 196、208
アクリロニトリル・スチレン樹脂 204
アクリロニトリル・ブタジエン・スチレン樹脂………………………… 204
一次精製装置……………… 182、192
一般用ポリスチレン……………… 204
液晶ディスプレイ………………… 234
エステル反応……………………… 208
エタン……………………… 192、218
エタン分解炉……………………… 192
エチレン…………………… 180、188
エチレンオキサイド（酸化エチレン）
……………………………………… 194
エチレングリコール……… 191、194
エチレン酢酸ビニル樹脂………… 202
エチレンセンター企業…………… 180
塩化ビニル樹脂…………………… 204
塩化ビニルモノマー……………… 194
エンジニアリング・プラスチック 205
オフガス…………………… 182、190
オレフィン………………………… 188

**【か】**

改質……………………………… 182
化学工業………………………… 176
カプロラクタム………………… 198
加硫……………………………… 210
キシレン………………………… 190
基礎原料………………………… 194
逆浸透膜（ＲＯ膜）…………… 238
共同販売会社…………………… 228
グリーンプラスチック………… 242
軽質ナフサ……………………… 182
ケミカルリサイクル…………… 240
硬質塩化ビニル樹脂…………… 204
高純度テレフタル酸…………… 198
合成繊維………………………… 206
高密度ポリエチレン…………… 200
コポリマー……………………… 204
コモノマー……………………… 202
コンビナート・ルネッサンス計画 232

**【さ】**

サーマルリサイクル…………… 240
再生繊維………………………… 206
重合……………………………… 200
重質ナフサ……………………… 182
水素化分解……………………… 191
スチレン系樹脂………………… 205
スチレンモノマー………… 196、204
ステープル（短繊維）………… 206
スプリッター…………………… 192
石油化学系基礎製品…………… 178
石油化学工業……………… 164、176
石油化学コンビナート…… 168、170

石油随伴ガス…………………………192
セパレータ……………………………236

【た】

耐衝撃性ポリスチレン………………204
太陽電池………………………………238
炭化水素………………………………164
中間原料………………………………194
低密度ポリエチレン…………………200
デュポン………………………………206
特殊ゴム………………………………210
得率……………………………………190
トルエン………………………………190

【な】

ナイロン6……………………………208
ナイロン66 …………………………206
ナイロン繊維…………………………206
ナフサ…………………………172、182
ナフサスライド制……………………216
ナフサ分解……………………………188
ナフサ分解設備………………………169
ナフサ分解炉…………………………188
軟質塩化ビニル樹脂…………………204
二次精製装置…………………………192
熱可塑性エラストマー………………210
熱可塑性樹脂…………………………200
熱硬化性樹脂…………………………200

【は】

バイオプラスチック…………………242
バイオマスプラスチック……………242
廃プラスチック………………………240
バックシート…………………………238
パラキシレン…………………………198
パラフィン……………………………188
汎用ゴム………………………………210
フィラメント（長繊維）……………206
フェノール……………………………198
ブテン・ブチレン留分………………190
ブロックコポリマー…………………204
プロパン………………………………192
プロピレン……………………………188
プロピレンオキサイド………………196
分解ガソリン…………………………190
分解重油………………………………190
ベンゼン………………………………190
ホールレンジナフサ…………………182
芳香族…………………………………190
ホモポリマー…………………………202
ポリエステル繊維……………………206
ポリエチレン………………191、200
ポリエチレンテレフタレート………208
ポリスチレン…………………………204
ポリ乳酸………………………………242
ポリプロピレン………………………202
ポリマー………………………………200

【ま】

マテリアルリサイクル………………240
無機化学工業…………………………166
モノマー………………………………200

【や・ら】

有機ＥＬディスプレイ………………236
有機化学工業…………………………166
有機化学製品…………………………164
容器包装リサイクル法………………240
ランダムコポリマー…………………204
リチウムイオン電池…………………236
流動接触分解（ＦＣＣ）……………191
留分……………………………………190
臨海コンビナート……………………170

**【執筆者一覧】**

◆ **石油（第１、２、３、５章）**

**石田　博之**（いしだ・ひろゆき）

◉――1995年青山学院大学国際政治経済学研究科博士課程修了。博士（国際経済学）。1989年日本経済研究センター入所。1992年日本エネルギー経済研究所入所。現在、同研究所戦略・産業ユニット国際動向・戦略分析グループ研究主幹。

**小林　良和**（こばやし・よしかず）

◉――2004年ジョンズ・ホプキンズ大学高等国際問題研究大学院修士課程修了。1996年東燃（現東燃ゼネラル石油）入社。2004年日本エネルギー経済研究所入所。現在、同研究所戦略・産業ユニット石油･ガス戦略グループリーダー。

**永田　安彦**（ながた・やすひこ）

◉――1988年ニューヨーク大学経営大学院修士課程修了。1976年興亜石油（現新日本石油）入社。2005年日本エネルギー経済研究所入所。現在、同研究所戦略・産業ユニット国際動向・戦略分析グループ研究主幹。

**本蔵　満**（もとくら・みつる）

◉――1982年九州大学法学部卒業、同年日本石油（現新日本石油）入社。2006年より日本エネルギー経済研究所に出向。現在、同研究所戦略・産業ユニット国際動向・戦略分析グループ研究主幹。

**山縣　英紀**（やまがた・ひでき）

◉――1973年同志社大学法学部卒業、同年丸善石油（現コスモ石油）入社。2000年より日本エネルギー経済研究所に出向。現在、同研究所戦略･産業ユニット国際動向・戦略分析グループ研究主幹。

◆ **石油化学（第４章）**

**金成　宏**（かなり・ひろし）

◉――1970年化学経済研究所入所、1987年情報管理部長、1994年事務局長、1996年常務理事。1999年化学工業日報社入社、2002年化学経済編集室長、2007年嘱託社員。『石油化学工業20年史』、『石油化学工業30年の歩み』、『石油化学の50年』（いずれも石油化学工業協会）などの書籍で執筆を担当。

**佐藤　豊**（さとう・ゆたか）

◉――早稲田大学商学部中退。1990年重化学工業通信社入社。1998年化学工業日報社入社。石油化学を中心に、記者として化学企業、総合商社の化学部門などを約20年間担当。

【編著者紹介】

**財団法人 日本エネルギー経済研究所**

◉――1966年に設立された日本でも有数のエネルギー・環境問題に特化したシンクタンク。「世界の中で、日本とアジアのエネルギー・環境を考え、発信する」をスローガンに、世界のエネルギー政策や気候変動政策、エネルギー需給、エネルギー市場の動向などについて情報の収集・分析、政策提言を行っている。

URL：http://eneken.ieej.or.jp


**これが石油《せきゆ》産業《さんぎょう》の全貌《ぜんぼう》だ！** 〈検印廃止〉

2009年4月20日　第1刷発行

編著者――財団法人 日本エネルギー経済研究所 ©

発行者――境　健一郎

発行所――株式会社かんき出版

東京都千代田区麴町4-1-4 西脇ビル　〒102-0083

電話　営業部：03(3262)8011㈹　総務部：03(3262)8015㈹

編集部：03(3262)8012㈹　教育事業部：03(3262)8014㈹

FAX　03(3234)4421　振替　00100-2-62304

http://www.kankidirect.com/

DTP――株式会社 虔

印刷所――ベクトル印刷株式会社

乱丁・落丁本は小社にてお取り替えいたします。





ISBN978-4-7612-6596-0 C0050